中国农业标准经典收藏系列

最新中国农业行业标准

第五辑

1

农业标准出版研究中心　编

中国农业出版社

图书在版编目（CIP）数据

最新中国农业行业标准．第5辑/农业标准出版研究
中心编．—北京：中国农业出版社，2010.12
（中国农业标准经典收藏系列）
ISBN 978-7-109-15322-6

Ⅰ.①最⋯　Ⅱ.①农⋯　Ⅲ.①农业—行业标准—汇编
—中国—2010　Ⅳ.①S-65

中国版本图书馆 CIP 数据核字（2010）第 261199 号

中国农业出版社出版
（北京市朝阳区农展馆北路2号）
（邮政编码 100125）
责任编辑　刘　炜

人民教育出版社印刷厂印刷　新华书店北京发行所发行
2011年1月第1版　2011年1月北京第1次印刷

开本：880mm×1230mm 1/16　印张：80.5
字数：2 353 千字
总定价：400.00 元
（凡本版图书出现印刷、装订错误，请向出版社发行部调换）

出 版 说 明

为全面提升农产品质量安全水平，进一步推动农业生产标准化工作，我社在 2004—2009 年出版的 1 858 项单行标准的基础上，根据农业标准化生产的需要，组织出版了《中国农业标准经典收藏系列》，包括《最新中国农业行业标准》、《最新中国水产行业标准》和《最新农业部公告国家标准》。

《最新中国农业行业标准》根据年代不同分六辑出版，每一辑按照标准的顺序号从小到大排列。第一辑收录了 2004 年发布的农业行业标准 276 项，共 2 册；第二辑收录了 2005 年发布的农业行业标准 57 项；第三辑收录了 2006 年发布的农业行业标准 444 项，共 4 册；第四辑收录了 2007 年发布的农业行业标准 380 项，共 4 册；第五辑收录了 2008 年发布的农业行业标准 187 项，共 2 册；第六辑收录了 2009 年发布的农业行业标准 168 项，共 2 册。

《最新中国水产行业标准》收录了 2004—2009 年发布的水产行业标准 209 项，共 2 册。

《最新农业部公告国家标准》收录了 2004—2009 年发布的农业部公告国家标准 137 项。

特别声明：

1. 目录中标有 * 表示该标准已经被替代，但考虑到研究和参考比对的需要，也收录其中，请读者在选用标准时注意。

2. 目录中标有 * * 表示因各种原因未能出版。

3. 本汇编所收录标准的发布年代不尽相同，本着尊重原著的原则，除明显差错外，对标准中所涉及的有关量、符号、单位和编写体例均未做统一改动。

4. 从印制工艺的角度考虑，原标准中的彩色部分在此只给出了黑白图片。

本书可供农业生产人员、标准管理干部和科研人员使用，也可供有关农业院校师生参考。

2010 年 12 月

目　　录

出版说明

NY/T 761—2008　蔬菜和水果中有机磷、有机氯、拟除虫菊酯和氨基甲酸酯类农药多残留
的测定 ……………………………………………………………………………………… 1

NY/T 1121.19—2008　土壤检测第 19 部分：土壤水稳性大团聚体组成的测定 ………………… 33

NY/T 1121.20—2008　土壤检测第 20 部分：土壤微团聚体组成的测定 ……………………… 39

NY/T 1121.21—2008　土壤检测第 21 部分：土壤最大吸湿量的测定 ………………………… 49

NY/T 1154.9—2008　农药室内生物测定试验准则　杀虫剂第 9 部分：喷雾法 ……………… 53

NY/T 1154.10—2008　农药室内生物测定试验准则　杀虫剂第 10 部分：人工饲料混药法 …… 57

NY/T 1154.11—2008　农药室内生物测定试验准则　杀虫剂第 11 部分：稻茎浸渍法 ………… 61

NY/T 1154.12—2008　农药室内生物测定试验准则　杀虫剂第 12 部分：叶螨玻片浸渍法 …… 65

NY/T 1154.13—2008　农药室内生物测定试验准则　杀虫剂第 13 部分：叶碟喷雾法 ………… 69

NY/T 1154.14—2008　农药室内生物测定试验准则　杀虫剂第 14 部分：浸叶法 ……………… 73

NY/T 1155.9—2008　农药室内生物测定试验准则　除草剂第 9 部分：水田除草剂活性测定
试验茎叶喷雾法 …………………………………………………………………………… 77

NY/T 1156.9—2008　农药室内生物测定试验准则　杀菌剂第 9 部分：抑制灰霉病菌试验
叶片法 ……………………………………………………………………………………… 81

NY/T 1156.10—2008　农药室内生物测定试验准则　杀菌剂第 10 部分：防治灰霉病试验
盆栽法 ……………………………………………………………………………………… 85

NY/T 1156.11—2008　农药室内生物测定试验准则　杀菌剂第 11 部分：防治瓜类白粉病试验
盆栽法 ……………………………………………………………………………………… 89

NY/T 1156.12—2008　农药室内生物测定试验准则　杀菌剂第 12 部分：防治晚疫病试验
盆栽法 ……………………………………………………………………………………… 93

NY/T 1156.13—2008　农药室内生物测定试验准则　杀菌剂第 13 部分：抑制晚疫病菌试验
叶片法 ……………………………………………………………………………………… 97

NY/T 1156.14—2008　农药室内生物测定试验准则　杀菌剂第 14 部分：防治瓜类炭疽病试验
盆栽法 …………………………………………………………………………………… 103

NY/T 1156.15—2008　农药室内生物测定试验准则　杀菌剂第 15 部分：防治麦类叶锈病试验
盆栽法 …………………………………………………………………………………… 107

NY/T 1156.16—2008　农药室内生物测定试验准则　杀菌剂第 16 部分：抑制细菌生长量试验
浑浊度法 ………………………………………………………………………………… 113

NY/T 1498—2008　饲料添加剂　蛋氨酸铁 …………………………………………………… 117

NY 1500.13.3～4　1500.31.1～49.2—2008 ……………………………………………………… 123

NY/T 1583—2008　莲藕 ………………………………………………………………………… 127

NY/T 1584—2008　洋葱等级规格 ……………………………………………………………… 135

NY/T 1585—2008　芦笋等级规格 ……………………………………………………………… 141

NY/T 1586—2008　结球甘蓝等级规格 ………………………………………………………… 147

NY/T 1587—2008　黄瓜等级规格 …………………………………………………………………… 153

NY/T 1588—2008　苦瓜等级规格 …………………………………………………………………… 161

NY/T 1589—2008　香石竹切花种苗等级规格 ……………………………………………………… 167

NY/T 1590—2008　满天星切花种苗等级规格 ……………………………………………………… 173

NY/T 1591—2008　菊花切花种苗等级规格 ………………………………………………………… 179

NY/T 1592—2008　非洲菊切花种苗等级规格 ……………………………………………………… 185

NY/T 1593—2008　月季切花种苗等级规格 ………………………………………………………… 191

NY/T 1594—2008　水果中总膳食纤维的测定　非酶—重量法 ………………………………… 199

NY/T 1595—2008　芝麻中芝麻素含量的测定　高效液相色谱法 ……………………………… 203

NY/T 1596—2008　油菜饼粕中异硫氰酸酯的测定　硫脲比色法 ……………………………… 207

NY/T 1597—2008　动植物油脂　紫外吸光值的测定 …………………………………………… 211

NY/T 1598—2008　食用植物油中维生素E组分和含量的测定　高效液相色谱法 …………… 217

NY/T 1599—2008　大豆热损伤率的测定 ………………………………………………………… 223

NY/T 1600—2008　水果、蔬菜及其制品中单宁含量的测定　分光光度法 …………………… 229

NY/T 1601—2008　水果中辛硫磷残留量的测定　气相色谱法 ………………………………… 233

NY/T 1602—2008　植物油中叔丁基羟基茴香醚（BHA）、2，6-二叔丁基对甲酚（BHT）
　　　　　　　　　和特丁基对苯二酚（TBHQ）的测定　高效液相色谱法 ………………… 239

NY/T 1603—2008　蔬菜中溴氰菊酯残留量的测定——气相色谱法 …………………………… 245

NY/T 1604—2008　人参产地环境技术条件 ……………………………………………………… 251

NY/T 1605—2008　加工用马铃薯　油炸 ………………………………………………………… 257

NY/T 1606—2008　马铃薯种薯生产技术操作规程 ……………………………………………… 267

NY/T 1607—2008　水稻抛秧技术规程 …………………………………………………………… 285

NY/T 1608—2008　小麦赤霉病防治技术规范 …………………………………………………… 293

NY/T 1609—2008　水稻条纹叶枯病测报技术规范 ……………………………………………… 297

NY/T 1610—2008　桃小食心虫测报技术规范 …………………………………………………… 311

NY/T 1611—2008　玉米螟测报技术规范 ………………………………………………………… 323

NY/T 1612—2008　农作物病虫电视预报节目制作技术规范 …………………………………… 343

NY/T 1613—2008　土壤质量重金属测定王水回流消解原子吸收法 …………………………… 349

NY 1614—2008　农田灌溉水中4-硝基氯苯、2，4-二硝基氯苯、邻苯二甲酸二丁酯、邻苯
　　　　　　　　二甲酸二辛酯的最大限量 ……………………………………………………… 359

NY/T 1615—2008　石灰性土壤交换性盐基及盐基总量的测定 ………………………………… 363

NY/T 1616—2008　土壤中9种磺酰脲类除草剂残留量的测定液相色谱-质谱法 …………… 369

NY/T 1617—2008　农药登记用杀钉螺剂药效试验方法和评价 ………………………………… 377

NY/T 1618—2008　鹿茸中氨基酸的测定氨基酸自动分析仪法 ………………………………… 383

NY/T 1619—2008　饲料中甜菜碱的测定离子色谱法 …………………………………………… 391

NY/T 1620—2008　种鸡场孵化厂动物卫生规范 ………………………………………………… 397

NY 1621—2008　兽医通奶针 ……………………………………………………………………… 403

NY 1622—2008　兽医塑钢连续注射器 …………………………………………………………… 411

NY/T 1623—2008　兽医运输冷藏箱（包） ……………………………………………………… 419

NY/T 1624—2008　兽医组织镊、敷料镊 ………………………………………………………… 425

NY/T 1625—2008　柞蚕种质量 …………………………………………………………………… 433

NY/T 1626—2008　柞蚕种放养技术规程 ………………………………………………………… 441

NY/T 1627—2008　手扶拖拉机底盘　质量评价技术规程 ……………………………………… 447

NY/T 1628—2008　玉米免耕播种机　作业质量 …………………………………………… 453

NY 1629—2008　拖拉机排气烟度限值 …………………………………………………… 461

NY/T 1630—2008　农业机械修理质量标准编写规则 …………………………………… 465

NY/T 1631—2008　方草捆打捆机　作业质量 …………………………………………… 471

NY/T 1632—2008　可燃废料压制机　质量评价技术规范 ……………………………… 477

NY/T 1633—2008　微型耕耘机　质量评价技术规范 …………………………………… 485

NY/T 1634—2008　耕地地力调查与质量评价技术规程 ………………………………… 491

NY/T 1635—2008　水稻工厂化（标准化）育秧设备　试验方法 ……………………… 521

NY/T 1636—2008　高效预制组装架空炕连灶施工工艺规程 …………………………… 547

NY/T 1637—2008　二甲醚民用燃料 ……………………………………………………… 557

NY/T 1638—2008　沼气饭锅 ……………………………………………………………… 565

NY/T 1639—2008　农村沼气"一池三改"技术规范 …………………………………… 573

NY/T 1640—2008　农业机械分类 ………………………………………………………… 581

NY/T 1641—2008　农业机械质量评价技术规范标准编写规则 ………………………… 593

NY/T 1642—2008　在用背负式机动喷雾机质量评价技术规范 ………………………… 605

NY/T 1643—2008　在用手动喷雾器质量评价技术规范 ………………………………… 613

NY 1644—2008　粮食干燥机运行安全技术条件 ………………………………………… 621

NY/T 1645—2008　谷物联合收割机适用性评价方法 …………………………………… 631

NY/T 1646—2008　甘蔗深耕机械　作业质量 …………………………………………… 643

NY/T 1647—2008　菜心等级规格 ………………………………………………………… 649

NY/T 1648—2008　荔枝等级规格 ………………………………………………………… 655

NY/T 1649—2008　水果、蔬菜中噻苯咪唑残留量的测定高效液相色谱法 …………… 661

NY/T 1650—2008　苹果及山楂制品中展青霉素的测定高效液相色谱法 ……………… 667

NY/T 1651—2008　蔬菜及制品中番茄红素的测定高效液相色谱法 …………………… 673

NY/T 1652—2008　蔬菜、水果中克螨特残留量的测定气相色谱法 …………………… 679

NY/T 1653—2008　蔬菜、水果及制品中矿质元素的测定电感耦合等离子体发射光谱法 …… 685

NY/T 1654—2008　蔬菜安全生产关键控制技术规程 …………………………………… 693

NY/T 1655—2008　蔬菜包装标识通用准则 ……………………………………………… 699

NY/T 1656.1—2008　花卉检验技术规范第1部分：基本规则 ………………………… 703

NY/T 1656.2—2008　花卉检验技术规范第2部分：切花检验 ………………………… 711

NY/T 1656.3—2008　花卉检验技术规范第3部分：盆花检验 ………………………… 723

NY/T 1656.4—2008　花卉检验技术规范第4部分：盆栽观叶植物检验 ……………… 733

NY/T 1656.5—2008　花卉检验技术规范第5部分：花卉种子检验 …………………… 737

NY/T 1656.6—2008　花卉检验技术规范第6部分：种苗检验 ………………………… 753

NY/T 1656.7—2008　花卉检验技术规范第7部分：种球检验 ………………………… 759

NY/T 1657—2008　花卉脱毒种苗生产技术规程——香石竹、菊花、兰花、补血草、满

　　　　　　　　　天星 ………………………………………………………………… 765

NY 1658—2008　大通牦牛 ………………………………………………………………… 775

NY 1659—2008　天祝白牦牛 ……………………………………………………………… 785

NY/T 1660—2008　鸵鸟种鸟 ……………………………………………………………… 795

NY/T 1661—2008　乳与乳制品中多氯联苯的测定气相色谱法 ………………………… 803

NY/T 1662—2008　乳与乳制品中1，2-丙二醇的测定气相色谱法 …………………… 809

NY/T 1663—2008　乳与乳制品中β-乳球蛋白的测定聚丙烯酰胺凝胶电泳法 ………… 815

NY/T 1664—2008 牛乳中黄曲霉毒素 M_1 的快速检测双流向酶联免疫法 …………………… 823

NY/T 1665—2008 畜禽饮用水中总大肠菌群和大肠埃希氏菌的测定 酶底物法 …………… 827

NY/T 1666—2008 肉制品中苯并［a］芘的测定高效液相色谱法 ………………………………… 835

NY/T 1667.1—2008 农药登记管理术语第 1 部分：基本术语 …………………………………… 841

NY/T 1667.2—2008 农药登记管理术语第 2 部分：产品化学 …………………………………… 857

NY/T 1667.3—2008 农药登记管理术语第 3 部分：农药药效 …………………………………… 885

NY/T 1667.4—2008 农药登记管理术语第 4 部分：农药毒理 …………………………………… 907

NY/T 1667.5—2008 农药登记管理术语第 5 部分：环境影响 …………………………………… 927

NY/T 1667.6—2008 农药登记管理术语第 6 部分：农药残留 …………………………………… 943

NY/T 1667.7—2008 农药登记管理术语第 7 部分：农药监督 …………………………………… 951

NY/T 1667.8—2008 农药登记管理术语第 8 部分：农药应用 …………………………………… 961

NY/T 1668—2008 农业野生植物原生境保护点建设技术规范 ………………………………… 1025

NY/T 1669—2008 农业野生植物调查技术规范 ………………………………………………… 1031

NY/T 1670—2008 猪雌激素受体和卵泡刺激素 β 亚基单倍体型检测技术规程 …………… 1047

NY/T 1671—2008 乳及乳制品中共轭亚油酸（CLA）含量测定 气相色谱法 …………… 1059

NY/T 1672—2008 绵羊多胎主效基因 Fec^B 分子检测技术规程 ………………………………… 1067

NY/T 1673—2008 畜禽微卫星 DNA 遗传多样性检测技术规程 ……………………………… 1077

NY/T 1674—2008 牛羊胚胎质量检测技术规程 ………………………………………………… 1105

NY/T 1675—2008 农区草地螟预测预报技术规范 ……………………………………………… 1115

NY/T 1676—2008 食用菌中粗多糖含量的测定 ………………………………………………… 1143

NY/T 1677—2008 破壁灵芝孢子粉破壁率的测定 ……………………………………………… 1149

NY/T 1678—2008 乳与乳制品中蛋白质的测定双缩脲比色法 ……………………………… 1155

NY 5003—2008 无公害食品 白菜类蔬菜 ……………………………………………………… 1159

NY 5005—2008 无公害食品 茄果类蔬菜 ……………………………………………………… 1165

NY 5008—2008 无公害食品 甘蓝类蔬菜 ……………………………………………………… 1171

NY 5021—2008 无公害食品 香蕉 ……………………………………………………………… 1177

NY 5027—2008 无公害食品 畜禽饮用水水质 ………………………………………………… 1181

NY 5028—2008 无公害食品 畜禽产品加工用水水质 ………………………………………… 1187

NY 5029—2008 无公害食品 猪肉 ……………………………………………………………… 1193

NY 5044—2008 无公害食品 牛肉 ……………………………………………………………… 1199

NY 5045—2008 无公害食品 生鲜牛乳 ………………………………………………………… 1205

NY 5062—2008 无公害食品 扇贝 ……………………………………………………………… 1215

NY 5068—2008 无公害食品 鳗鲡 ……………………………………………………………… 1221

NY 5115—2008 无公害食品 稻米 ……………………………………………………………… 1227

NY 5134—2008 无公害食品 蜂蜜 ……………………………………………………………… 1233

NY 5147—2008 无公害食品 羊肉 ……………………………………………………………… 1239

NY 5154—2008 无公害食品 牡蛎 ……………………………………………………………… 1245

NY 5162—2008 无公害食品 海水蟹 …………………………………………………………… 1251

NY 5164—2008 无公害食品 乌鳢 ……………………………………………………………… 1257

NY 5166—2008 无公害食品 鳜 ………………………………………………………………… 1263

NY 5272—2008 无公害食品 鲈 ………………………………………………………………… 1269

ICS 65.020
B 17

中华人民共和国农业行业标准

NY/T 761—2008
代替 NY/T 761—2004

蔬菜和水果中有机磷、有机氯、拟除虫菊酯和氨基甲酸酯类农药多残留的测定

Pesticide multiresidue screen methods for determination of organophosphorus
pesticides,organochlorine pesticides, pyrethroid pesticides and
carbamate pesticedes in vegetables and fruits

2008-04-30 发布   2008-04-30 实施

中华人民共和国农业部 发布

前　言

NY/T 761—2008《蔬菜和水果中有机磷、有机氯、拟除虫菊酯和氨基甲酸酯类农药多残留的测定》分为三个部分：

——第1部分：蔬菜和水果中54种有机磷类农药多残留的测定；

——第2部分：蔬菜和水果中41种有机氯和拟除虫菊酯类农药多残留的测定；

——第3部分：蔬菜和水果中10种氨基甲酸酯类农药及其代谢物多残留的测定。

本部分为 NY/T 761 的第1部分。

本标准代替 NY/T 761—2004《蔬菜和水果中有机磷、有机氯、拟除虫菊酯和氨基甲酸酯类农药多残留检测方法》。

本标准与 NY/T 761—2004 相比主要修改如下：

——将标准名称由《蔬菜和水果中有机磷、有机氯、拟除虫菊酯和氨基甲酸酯类农药多残留检测方法》改为《蔬菜和水果中有机磷、有机氯、拟除虫菊酯和氨基甲酸酯类农药多残留的测定》。

——增加了49种农药，对农药重新进行了分组，重新给出方法检出限；

——增加规范性引用文件；

——原标准精密度数据用方法回收率及相对标准偏差表示改为按 GB/T 6379.2 规定的确定精密度方法表示。

本部分的附录 A 为资料性附录。

本部分由中华人民共和国农业部提出。

本部分起草单位：农业部环境质量监督检验测试中心（天津）、农业部环境保护科研监测所。

本部分主要起草人：刘潇威、买光熙、李凌云、李卫建、王璐、吕俊岗、刘凤枝、刘长武、王一茹。

蔬菜和水果中有机磷、有机氯、拟除虫菊酯和氨基甲酸酯类农药多残留的测定

第1部分:蔬菜和水果中有机磷类农药多残留的测定

方 法 一

1 范围

本部分规定了蔬菜和水果中敌敌畏、甲拌磷、乐果、对氧磷、对硫磷、甲基对硫磷、杀螟硫磷、异柳磷、乙硫磷、喹硫磷、伏杀硫磷、敌百虫、氧乐果、磷胺、甲基嘧啶磷、马拉硫磷、辛硫磷、亚胺硫磷、甲胺磷、二嗪磷、甲基毒死蜱、毒死蜱、倍硫磷、杀扑磷、乙酰甲胺磷、胺丙畏、久效磷、百治磷、苯硫磷、地虫硫磷、速灭磷、皮蝇磷、治螟磷、三唑磷、硫环磷、甲基硫环磷、益棉磷、保棉磷、蝇毒磷、地毒磷、灭菌磷、乙拌磷、除线磷、嘧啶磷、溴硫磷、乙基溴硫磷、丙溴磷、二溴磷、吡菌磷、特丁硫磷、水胺硫磷、灭线磷、伐灭磷、杀虫畏 54 种有机磷类农药多残留气相色谱的检测方法。

本部分适用于蔬菜和水果中上述 54 种农药残留量的检测。

本方法检出限为:0.01 mg/kg~0.3 mg/kg(参见附录A)。

2 规范性引用文件

下列文件中的条款通过本标准的引用而成为本标准的条款。凡是注明日期的引用文件,其随后所有的修改单(不包括勘误的内容)或修订版均不适用本标准,然而,鼓励根据本标准达成协议的各方研究是否可使用这些文件的最新版本。凡是不注日期的引用文件,其最新版本适用本标准。

GB/T 6379.2 测量方法与结果的准确度(正确度与精密度)第2部分:确定标准测量方法重复性与再现性的基本方法(GB/T 6379.2—2004,ISO 5725-2:1994,IDT)

GB/T 6682 分析实验室用水规格和试验方法(GB/T 6682—1992,neq ISO 3696:1987)

GB/T 8855 新鲜水果和蔬菜的取样方法(GB/T 8855—1988,eqv ISO 874:1980)

3 原理

试样中有机磷类农药经乙腈提取,提取溶液经过滤、浓缩后,用丙酮定容,用双自动进样器同时注入气相色谱仪的两个进样口,农药组分经不同极性的两根毛细管柱分离,火焰光度检测器(FPD磷滤光片)检测。用双柱的保留时间定性,外标法定量。

4 试剂与材料

除非另有说明,在分析中仅使用确认为分析纯的试剂和GB/T 6682中规定的至少二级的水。

4.1 乙腈。

4.2 丙酮,重蒸。

4.3 氯化钠,140℃烘烤4 h。

4.4 滤膜,0.2 μm,有机溶剂膜。

4.5 铝箔。

4.6 农药标准品见表1。

表1 54种有机磷农药标准品

序号	中文名	英文名	纯度	溶剂	组别
1	敌敌畏	dichlorvos	≥96%	丙酮	Ⅰ
2	乙酰甲胺磷	acephate	≥96%	丙酮	Ⅰ
3	百治磷	dicrotophos	≥96%	丙酮	Ⅰ
4	乙拌磷	disulfoton	≥96%	丙酮	Ⅰ
5	乐果	dimethoate	≥96%	丙酮	Ⅰ
6	甲基对硫磷	parathion-methyl	≥96%	丙酮	Ⅰ
7	毒死蜱	chlorpyrifos	≥96%	丙酮	Ⅰ
8	嘧啶磷	pirimiphos-ethyl	≥96%	丙酮	Ⅰ
9	倍硫磷	fenthion	≥96%	丙酮	Ⅰ
10	辛硫磷	phoxim	≥96%	丙酮	Ⅰ
11	灭菌磷	ditalimfos	≥96%	丙酮	Ⅰ
12	三唑磷	triazophos	≥96%	丙酮	Ⅰ
13	亚胺硫磷	phosmet	≥96%	丙酮	Ⅰ
14	敌百虫	trichlorfon	≥96%	丙酮	Ⅱ
15	灭线磷	ethoprophos	≥96%	丙酮	Ⅱ
16	甲拌磷	phorate	≥96%	丙酮	Ⅱ
17	氧乐果	omethoate	≥96%	丙酮	Ⅱ
18	二嗪磷	diazinon	≥96%	丙酮	Ⅱ
19	地虫硫磷	fonofos	≥96%	丙酮	Ⅱ
20	甲基毒死蜱	chlorpyrifos-methyl	≥96%	丙酮	Ⅱ
21	对氧磷	paraoxon	≥96%	丙酮	Ⅱ
22	杀螟硫磷	fenitrothion	≥96%	丙酮	Ⅱ
23	溴硫磷	bromophos	≥96%	丙酮	Ⅱ
24	乙基溴硫磷	bromophos-ethyl	≥96%	丙酮	Ⅱ
25	丙溴磷	profenofos	≥96%	丙酮	Ⅱ
26	乙硫磷	ethion	≥96%	丙酮	Ⅱ
27	吡菌磷	pyrazophos	≥96%	丙酮	Ⅱ
28	蝇毒磷	coumaphos	≥96%	丙酮	Ⅱ
29	甲胺磷	methamidophos	≥96%	丙酮	Ⅲ
30	治螟磷	sulfotep	≥96%	丙酮	Ⅲ
31	特丁硫磷	terbufos	≥96%	丙酮	Ⅲ
32	久效磷	monocrotophos	≥96%	丙酮	Ⅲ
33	除线磷	dichlofenthion	≥96%	丙酮	Ⅲ
34	皮蝇磷	fenchlorphos	≥96%	丙酮	Ⅲ
35	甲基嘧啶硫磷	pirimiphos-methyl	≥96%	丙酮	Ⅲ
36	对硫磷	parathion	≥96%	丙酮	Ⅲ
37	异柳磷	isofenphos	≥96%	丙酮	Ⅲ
38	杀扑磷	methidathion	≥96%	丙酮	Ⅲ
39	甲基硫环磷	phosfolan-methyl	≥96%	丙酮	Ⅲ
40	伐灭磷	famphur	≥96%	丙酮	Ⅲ
41	伏杀硫磷	phosalone	≥96%	丙酮	Ⅲ
42	益棉磷	azinphos-ethyl	≥96%	丙酮	Ⅲ
43	二溴磷	naled	≥96%	丙酮	Ⅳ
44	速灭磷	mevinphos	≥96%	丙酮	Ⅳ
45	胺丙畏	propetamphos	≥96%	丙酮	Ⅳ
46	磷胺	phosphamidon	≥96%	丙酮	Ⅳ
47	地毒磷	trichloronate	≥96%	丙酮	Ⅳ

表1（续）

序号	中文名	英文名	纯度	溶剂	组别
48	马拉硫磷	malathion	≥96％	丙酮	Ⅳ
49	水胺硫磷	isocarbophos	≥96％	丙酮	Ⅳ
50	喹硫磷	quinalphos	≥96％	丙酮	Ⅳ
51	杀虫畏	tetrachlorvinphos	≥96％	丙酮	Ⅳ
52	硫环磷	phosfolan	≥96％	丙酮	Ⅳ
53	苯硫磷	EPN	≥96％	丙酮	Ⅳ
54	保棉磷	azinphos-methyl	≥96％	丙酮	Ⅳ

4.7 农药标准溶液配制

4.7.1 单一农药标准溶液

准确称取一定量（精确至 0.1 mg）某农药标准品，用丙酮做溶剂，逐一配制成 1000 mg/L 的单一农药标准储备液，贮存在 −18℃ 以下冰箱中。使用时根据各农药在对应检测器上的响应值，准确吸取适量的标准储备液，用丙酮稀释配制成所需的标准工作液。

4.7.2 农药混合标准溶液

将 54 种农药分为 4 组，按照表 1 中组别，根据各农药在仪器上的响应值，逐一准确吸取一定体积的同组别的单个农药储备液分别注入同一容量瓶中，用丙酮稀释至刻度，采用同样方法配制成 4 组农药混合标准储备溶液。使用前用丙酮稀释成所需质量浓度的标准工作液。

5 仪器设备

5.1 气相色谱仪，带有双火焰光度检测器（FPD 磷滤光片），双自动进样器，双分流/不分流进样口。

5.2 分析实验室常用仪器设备。

5.3 食品加工器。

5.4 旋涡混合器。

5.5 匀浆机。

5.6 氮吹仪。

6 分析步骤

6.1 试样制备

按 GB/T 8855 抽取蔬菜、水果样品，取可食部分，经缩分后，将其切碎，充分混匀放入食品加工器粉碎，制成待测样。放入分装容器中，于 −20℃～−16℃ 条件下保存，备用。

6.2 提取

准确称取 25.0 g 试样放入匀浆机中，加入 50.0 mL 乙腈，在匀浆机中高速匀浆 2 min 后用滤纸过滤，滤液收集到装有 5 g～7 g 氯化钠的 100 mL 具塞量筒中，收集滤液 40 mL～50 mL，盖上塞子，剧烈震荡 1 min，在室温下静置 30 min，使乙腈相和水相分层。

6.3 净化

从具塞量筒中吸取 10.00 mL 乙腈溶液，放入 150 mL 烧杯中，将烧杯放在 80℃ 水浴锅上加热，杯内缓缓通入氮气或空气流，蒸发近干，加入 2.0 mL 丙酮，盖上铝箔，备用。

将上述备用液完全转移至 15 mL 刻度离心管中，再用约 3 mL 丙酮分三次冲洗烧杯，并转移至离心管，最后定容至 5.0 mL，在旋涡混合器上混匀，分别移入两个 2 mL 自动进样器样品瓶中，供色谱测定。如定容后的样品溶液过于混浊，应用 0.2 μm 滤膜过滤后再进行测定。

6.4 测定

6.4.1 色谱参考条件

6.4.1.1 色谱柱

预柱:1.0 m,0.53 mm 内径,脱活石英毛细管柱。

两根色谱柱,分别为:

A柱:50%聚苯基甲基硅氧烷(DB-17 或 HP-50+)[1]柱,30 m×0.53 mm×1.0 μm,或相当者;

B柱:100%聚甲基硅氧烷(DB-1 或 HP-1)[1]柱,30 m×0.53 mm×1.50 μm,或相当者。

6.4.1.2 温度

进样口温度:220℃。

检测器温度:250℃。

柱温:150℃(保持 2 min)$\xrightarrow{8℃/min}$ 250℃(保持 12 min)。

6.4.1.3 气体及流量

载气:氮气,纯度≥99.999%,流速为 10 mL/min。

燃气:氢气,纯度≥99.999%,流速为 75 mL/min。

助燃气:空气,流速为 100 mL/min。

6.4.1.4 进样方式

不分流进样。样品溶液一式两份,由双自动进样器同时进样。

6.4.2 色谱分析

由自动进样器分别吸取 1.0 μL 标准混合溶液和净化后的样品溶液注入色谱仪中,以双柱保留时间定性,以 A 柱获得的样品溶液峰面积与标准溶液峰面积比较定量。

7 结果表述

7.1 定性分析

双柱测得样品溶液中未知组分的保留时间(RT)分别与标准溶液在同一色谱柱上的保留时间(RT)相比较,如果样品溶液中某组分的两组保留时间与标准溶液中某一农药的两组保留时间相差都在±0.05 min 内的可认定为该农药。

7.2 定量结果计算

试样中被测农药残留量以质量分数 w 计,单位以毫克每千克(mg/kg)表示,按公式(1)计算。

$$w = \frac{V_1 \times A \times V_3}{V_2 \times A_S \times m} \times \rho \quad \cdots\cdots\cdots\cdots\cdots\cdots\cdots\cdots\cdots\cdots\cdots (1)$$

式中:

ρ——标准溶液中农药的质量浓度,单位为毫克每升(mg/L);

A——样品溶液中被测农药的峰面积;

A_S——农药标准溶液中被测农药的峰面积;

V_1——提取溶剂总体积,单位为毫升(mL);

V_2——吸取出用于检测的提取溶液的体积,单位为毫升(mL);

V_3——样品溶液定容体积,单位为毫升(mL);

m——试样的质量,单位为克(g)。

计算结果保留两位有效数字,当结果大于 1 mg/kg 时保留三位有效数字。

8 精密度

本标准精密度数据是按照 GB/T 6379.2 规定确定,获得重复性和再现性的值以 95% 的可信度来计算,本方法的精密度数据参见附录 A。

9 色谱图

色谱图见图1～图4。

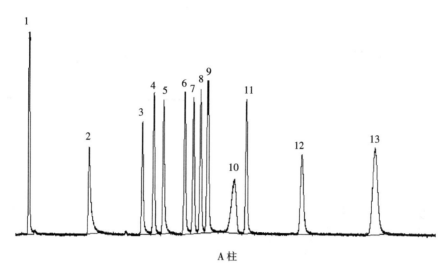

A柱

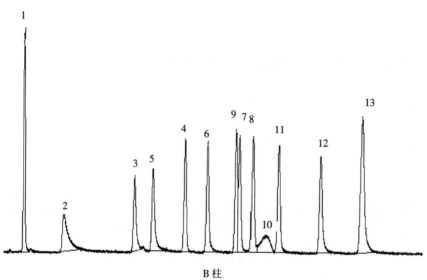

B柱

1——敌敌畏；

2——乙酰甲胺磷；

3——百治磷；

4——乙拌磷；

5——乐果；

6——甲基对硫磷；

7——毒死蜱；

8——嘧啶磷；

9——倍硫磷；

10——辛硫磷；

11——灭菌磷；

12——三唑磷；

13——亚胺硫磷。

图 1 第 I 组有机磷农药标准溶液

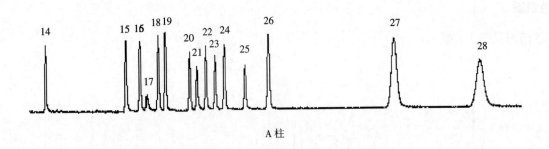

A柱

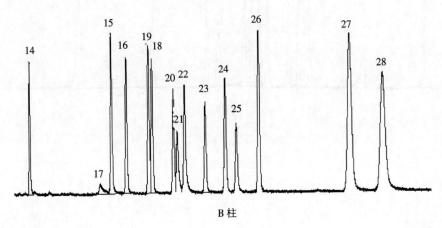

B柱

14——敌百虫；　　　　　　　　　　　　22——杀螟硫磷；

15——灭线磷；　　　　　　　　　　　　23——溴硫磷；

16——甲拌磷；　　　　　　　　　　　　24——乙基溴硫磷；

17——氧乐果；　　　　　　　　　　　　25——丙溴磷；

18——二嗪磷；　　　　　　　　　　　　26——乙硫磷；

19——地虫硫磷；　　　　　　　　　　　27——吡菌磷；

20——甲基毒死蜱；　　　　　　　　　　28——蝇毒磷。

21——对氧磷；

图 2　第Ⅱ组有机磷农药标准溶液

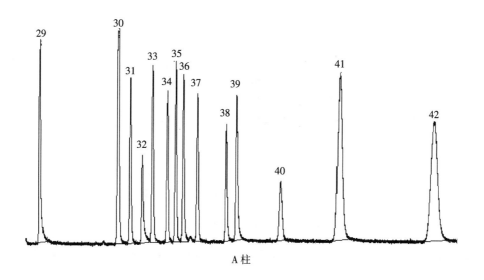

A柱

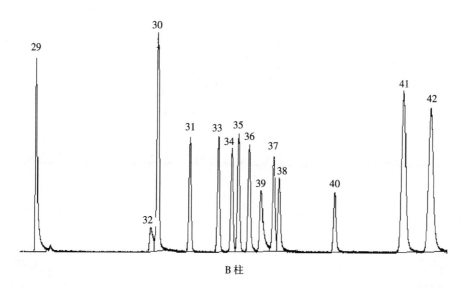

B柱

29——甲胺磷；　　　　　　　　　　　　　　36——对硫磷；

30——治螟磷；　　　　　　　　　　　　　　37——异柳磷；

31——特丁硫磷；　　　　　　　　　　　　　38——杀扑磷；

32——久效磷；　　　　　　　　　　　　　　39——甲基硫环磷；

33——除线磷；　　　　　　　　　　　　　　40——伐灭磷；

34——皮蝇磷；　　　　　　　　　　　　　　41——伏杀硫磷；

35——甲基嘧啶磷；　　　　　　　　　　　　42——益棉磷。

图3　第Ⅲ组有机磷农药标准溶液

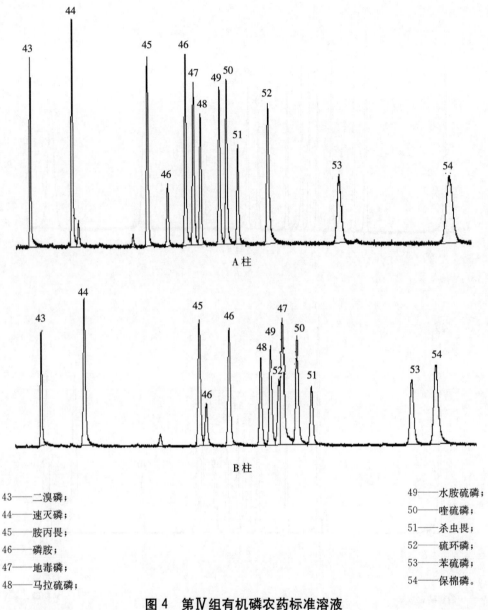

图4 第Ⅳ组有机磷农药标准溶液

43——二溴磷；　　　　　　　　　　　　　　49——水胺硫磷；
44——速灭磷；　　　　　　　　　　　　　　50——喹硫磷；
45——胺丙畏；　　　　　　　　　　　　　　51——杀虫畏；
46——磷胺；　　　　　　　　　　　　　　　52——硫环磷；
47——地毒磷；　　　　　　　　　　　　　　53——苯硫磷；
48——马拉硫磷；　　　　　　　　　　　　　54——保棉磷。

方　法　二

1　范围

同方法一。

2　规范性引用文件

同方法一。

3　原理

试样中有机磷类农药用乙腈提取，提取溶液经过滤、浓缩后，用丙酮定容，注入气相色谱仪，农药组分经毛细管柱分离，用火焰光度检测器(FPD 磷滤光片)检测。保留时间定性、外标法定量。

4 试剂与材料

同方法一。

5 仪器设备

5.1 气相色谱仪,带有火焰光度检测器(FPD),毛细管进样口。

5.2 除气相色谱仪外,其他仪器设备同方法一。

6 分析步骤

6.1 试样制备、提取、净化

同方法一。

6.2 测定

6.2.1 色谱参考条件

6.2.1.1 色谱柱

预柱:1.0 m(0.53 mm 内径、脱活石英毛细管柱);

色谱柱:50%聚苯基甲基硅氧烷(DB-17 或 HP-50+)柱,30 m×0.53 mm×1.0 μm。

6.2.1.2 温度

同方法一。

6.2.1.3 气体及流量

同方法一。

6.2.1.4 进样方式

不分流进样。

6.2.2 色谱分析

分别吸取 1.0 μL 标准混合溶液和净化后的样品溶液注入色谱仪中,以保留时间定性,以样品溶液峰面积与标准溶液峰面积比较定量。

7 结果表述

同方法一。

8 精密度

同方法一。

9 色谱图

同方法一中 A 柱色谱图。

附　录　A

（资料性附录）

有机磷类农药检测参考数据与精密度数据

表 A.1　有机磷类农药检测参考数据

序号	中文名	英文名	保留时间 min		检出限 mg/kg	组别
			A-RRT,DB-17	B-RRT,DB-1		
1	敌敌畏	dichlorvos	0.24	0.22	0.01	I
2	乙酰甲胺磷	acephate	0.52	0.36	0.03	I
3	百治磷	dicrotophos	0.77	0.62	0.03	I
4	乙拌磷	disulfoton	0.82	0.80	0.02	I
5	乐果	dimethoate	0.86	0.68	0.02	I
6	甲基对硫磷	parathion-methyl	0.96	0.88	0.02	I
7	毒死蜱	chlorpyrifos	1.00	1.00	0.02	I
8	嘧啶磷	pirimiphos-ethyl	1.03	1.05	0.02	I
9	倍硫磷	fenthion	1.07	0.99	0.02	I
10	辛硫磷	phoxim	1.19	1.10	0.3	I
11	灭菌磷	ditalimfos	1.24	1.14	0.02	I
12	三唑磷	triazophos	1.51	1.29	0.01	I
13	亚胺硫磷	phosmet	1.88	1.44	0.06	I
14	敌百虫	triclorfon	0.24	0.22	0.06	II
15	灭线磷	ethoprophos	0.63	0.60	0.02	II
16	甲拌磷	phorate	0.69	0.67	0.02	II
17	氧乐果	omethoate	0.72	0.53	0.02	II
18	二嗪磷	diazinon	0.78	0.79	0.02	II
19	地虫硫磷	fonofos	0.82	0.78	0.02	II
20	甲基毒死蜱	chlropyrifos-methyl	0.94	0.89	0.03	II
21	对氧磷	paraoxon	0.97	0.91	0.03	II
22	杀螟硫磷	fenitrothion	1.01	0.94	0.02	II
23	溴硫磷	bromophos	1.06	1.04	0.03	II
24	乙基溴硫磷	bromophos-ethyl	1.10	1.14	0.03	II
25	丙溴磷	profenofos	1.20	1.19	0.04	II
26	乙硫磷	ethion	1.32	1.29	0.02	II
27	吡菌磷	pyrazophos	1.95	1.71	0.08	II
28	蝇毒磷	coumaphos	2.39	1.86	0.09	II
29	甲胺磷	methamidophos	0.30	0.19	0.01	III
30	治螟磷	sulfotep	0.69	0.65	0.01	III
31	特丁硫磷	terbufos	0.75	0.77	0.02	III
32	久效磷	monocrotophos	0.81	0.61	0.03	III
33	除线磷	dichlofenthion	0.86	0.88	0.02	III
34	皮蝇磷	fenchlorphos	0.94	0.93	0.03	III
35	甲基嘧啶硫磷	pirimiphos-methyl	0.98	0.96	0.02	III
36	对硫磷	parathion	1.01	1.00	0.02	III

表 A.1（续）

序号	中文名	英文名	保留时间 min		检出限 mg/kg	组别
			A-RRT,DB-17	B-RRT,DB-1		
37	异柳磷	isofenphos	1.08	1.09	0.02	Ⅲ
38	杀扑磷	methidathion	1.23	1.11	0.03	Ⅲ
39	甲基硫环磷	phosfolan-methyl	1.28	1.03	0.03	Ⅲ
40	伐灭磷	famphur	1.51	1.31	0.03	Ⅲ
41	伏杀硫磷	phosalone	1.82	1.58	0.05	Ⅲ
42	益棉磷	azinphos-ethyl	2.33	1.68	0.06	Ⅲ
43	二溴磷	naled	0.24	0.22	0.02	Ⅳ
44	速灭磷	mevinphos	0.43	0.36	0.02	Ⅳ
45	胺丙畏	propetamphos	0.78	0.76	0.02	Ⅳ
46	磷胺-1	phosphamidon-1	0.87	0.78	0.04	Ⅳ
	磷胺-2	phosphamidon-2	0.95	0.86		
47	地毒磷	trichloronate	0.98	1.04	0.03	Ⅳ
48	马拉硫磷	malathion	1.02	0.97	0.03	Ⅳ
49	水胺硫磷	isocarbophos	1.10	1.00	0.03	Ⅳ
50	喹硫磷	quinalphos	1.13	1.09	0.03	Ⅳ
51	杀虫畏	tetrachlorvinphos	1.18	1.14	0.04	Ⅳ
52	硫环磷	phosfolan	1.33	1.02	0.03	Ⅳ
53	苯硫磷	EPN	1.67	1.47	0.04	Ⅳ
54	保棉磷	azinphos-methyl	2.19	1.55	0.09	Ⅳ

注1：伏杀硫磷、益棉磷、保棉磷、吡菌磷、蝇毒磷、亚胺硫磷、敌百虫在DB-1柱上比在DB-17柱上灵敏度高。
注2：除敌敌畏、敌百虫、二溴磷3种农药在两个柱子上均重叠在一起外，其他在DB-17柱上重叠的组分在DB-1柱上能分离。

表 A.2 54种有机磷类农药精密度数据表

单位：mg/kg

序号	农药名称	质量浓度	重复性限 r	再现性限 R	质量浓度	重复性限 r	再现性限 R	质量浓度	重复性限 r	再现性限 R
1	敌敌畏	0.05	0.003 6	0.004 1	0.1	0.005 8	0.027 2	0.5	0.025 6	0.040 5
2	乙酰甲胺磷	0.05	0.004 6	0.007 6	0.1	0.011 4	0.017 1	0.5	0.062 7	0.091 1
3	百治磷	0.05	0.003 3	0.008 6	0.1	0.012 6	0.020 2	0.5	0.040 4	0.063 4
4	乙拌磷	0.05	0.004 2	0.007 7	0.1	0.006 8	0.008 8	0.5	0.027 3	0.065 6
5	乐果	0.05	0.004 0	0.011 5	0.1	0.010 3	0.024 7	0.5	0.013 5	0.077 4
6	甲基对硫磷	0.05	0.002 9	0.008 3	0.1	0.004 9	0.011 4	0.5	0.019 1	0.072 2
7	毒死蜱	0.05	0.002 4	0.006 2	0.1	0.004 6	0.007 8	0.5	0.019 0	0.052 1
8	嘧啶磷	0.05	0.003 7	0.008 0	0.1	0.007 4	0.010 9	0.5	0.017 8	0.059 3
9	倍硫磷	0.05	0.003 9	0.004 6	0.1	0.007 2	0.010 4	0.5	0.031 8	0.039 0
10	辛硫磷	0.2	0.011 6	0.029 3	0.4	0.016 6	0.030 5	2.0	0.070 6	0.242 8
11	灭菌磷	0.05	0.003 0	0.007 0	0.1	0.008 6	0.010 3	0.5	0.017 8	0.059 1
12	三唑磷	0.05	0.004 5	0.005 6	0.1	0.011 9	0.012 5	0.5	0.020 1	0.055 9
13	亚胺硫磷	0.2	0.018 4	0.021 6	0.4	0.028 2	0.041 4	2.0	0.092 0	0.193 7
14	敌百虫	0.2	0.018 2	0.026 3	0.4	0.034 8	0.044 0	2.0	0.155 9	0.274 3
15	灭线磷	0.05	0.003 5	0.009 6	0.1	0.010 1	0.017 8	0.5	0.026 8	0.098 8
16	甲拌磷	0.05	0.004 5	0.008 5	0.1	0.007 7	0.021 2	0.5	0.038 1	0.103 2
17	氧乐果	0.05	0.003 4	0.011 6	0.1	0.008 7	0.028 6	0.5	0.032 0	0.059 9

13

表 A.2（续）

序号	农药名称	质量浓度	重复性限 r	再现性限 R	质量浓度	重复性限 r	再现性限 R	质量浓度	重复性限 r	再现性限 R
18	二嗪磷	0.05	0.003 9	0.010 8	0.1	0.006 1	0.023 0	0.5	0.035 4	0.072 2
19	地虫硫磷	0.05	0.002 3	0.008 6	0.1	0.004 8	0.013 1	0.5	0.032 9	0.064 6
20	甲基毒死蜱	0.05	0.003 1	0.005 6	0.1	0.004 9	0.012 0	0.5	0.033 7	0.062 7
21	对氧磷	0.05	0.002 5	0.004 8	0.1	0.005 6	0.013 4	0.5	0.049 1	0.065 1
22	杀螟硫磷	0.05	0.001 6	0.004 3	0.1	0.006 8	0.010 1	0.5	0.035 1	0.040 6
23	溴硫磷	0.05	0.002 9	0.006 1	0.1	0.005 7	0.009 5	0.5	0.036 3	0.048 3
24	乙基溴硫磷	0.05	0.004 4	0.004 9	0.1	0.004 4	0.008 2	0.5	0.033 6	0.038 4
25	丙溴磷	0.05	0.004 9	0.005 5	0.1	0.005 3	0.012 2	0.5	0.035 2	0.043 8
26	乙硫磷	0.05	0.002 3	0.004 2	0.1	0.003 7	0.009 6	0.5	0.030 6	0.039 2
27	吡菌磷	0.2	0.009 8	0.028 2	0.4	0.018 4	0.054 2	2.0	0.130 2	0.274 1
28	蝇毒磷	0.2	0.014 4	0.025 6	0.4	0.020 0	0.060 4	2.0	0.117 1	0.317 6
29	甲胺磷	0.05	0.002 9	0.005 9	0.1	0.008 0	0.014 6	0.5	0.024 9	0.049 5
30	治螟磷	0.05	0.003 0	0.007 3	0.1	0.008 9	0.019 3	0.5	0.038 9	0.067 2
31	特丁硫磷	0.05	0.003 5	0.008 1	0.1	0.005 7	0.014 1	0.5	0.027 7	0.061 2
32	久效磷	0.05	0.003 3	0.007 3	0.1	0.008 4	0.011 9	0.5	0.027 7	0.053 1
33	除线磷	0.05	0.002 2	0.006 0	0.1	0.008 3	0.013 3	0.5	0.025 5	0.056 9
34	皮蝇磷	0.05	0.004 5	0.006 1	0.1	0.010 1	0.015 3	0.5	0.025 8	0.054 7
35	甲基嘧啶硫磷	0.05	0.004 9	0.007 5	0.1	0.009 6	0.012 6	0.5	0.023 6	0.062 0
36	对硫磷	0.05	0.003 9	0.007 3	0.1	0.007 6	0.008 7	0.5	0.026 8	0.054 5
37	异柳磷	0.05	0.004 6	0.007 5	0.1	0.012 9	0.014 2	0.5	0.028 4	0.067 2
38	杀扑磷	0.05	0.003 2	0.007 1	0.1	0.009 0	0.010 3	0.5	0.020 9	0.058 1
39	甲基硫环磷	0.05	0.003 7	0.006 4	0.1	0.008 7	0.011 5	0.5	0.037 0	0.079 7
40	伐灭磷	0.05	0.005 4	0.005 8	0.1	0.006 7	0.013 8	0.5	0.030 2	0.059 3
41	伏杀硫磷	0.2	0.015 2	0.031 1	0.4	0.031 9	0.040 0	2.0	0.157 8	0.223 6
42	益棉磷	0.2	0.013 8	0.031 6	0.4	0.030 1	0.060 2	2.0	0.046 9	0.157 6
43	二溴磷	0.1	0.010 3	0.013 6	0.2	0.013 0	0.031 9	1.0	0.023 5	0.078 8
44	速灭磷	0.05	0.006 1	0.007 3	0.1	0.007 7	0.018 8	0.5	0.036 5	0.079 2
45	胺丙畏	0.05	0.003 7	0.006 8	0.1	0.003 3	0.014 2	0.5	0.037 8	0.064 5
46	磷胺	0.1	0.007 7	0.015 4	0.2	0.018 4	0.032 3	1.0	0.032 9	0.136 7
47	地毒磷	0.05	0.005 2	0.006 1	0.1	0.005 7	0.013 6	0.5	0.032 2	0.070 1
48	马拉硫磷	0.05	0.003 3	0.006 3	0.1	0.004 3	0.011 0	0.5	0.034 6	0.063 5
49	水胺硫磷	0.05	0.002 9	0.005 8	0.1	0.006 9	0.014 7	0.5	0.043 2	0.070 4
50	喹硫磷	0.05	0.004 8	0.006 2	0.1	0.004 9	0.012 6	0.5	0.036 6	0.062 1
51	杀虫畏	0.05	0.004 4	0.005 7	0.1	0.004 2	0.009 8	0.5	0.030 7	0.048 1
52	硫环磷	0.05	0.003 7	0.007 5	0.1	0.006 5	0.016 4	0.5	0.024 4	0.072 6
53	苯硫磷	0.05	0.004 8	0.006 6	0.1	0.006 3	0.017 2	0.5	0.030 2	0.064 6
54	保棉磷	0.2	0.018 4	0.036 5	0.4	0.029 7	0.071 2	2.0	0.101 2	0.317 0

前　　言

NY/T 761—2008《蔬菜和水果中有机磷、有机氯、拟除虫菊酯和氨基甲酸酯类农药多残留的测定》分为三个部分：

——第 1 部分：蔬菜和水果中 54 种有机磷类农药多残留的测定；

——第 2 部分：蔬菜和水果中 41 种有机氯和拟除虫菊酯类农药多残留的测定；

——第 3 部分：蔬菜和水果中 10 种氨基甲酸酯类农药及其代谢物多残留的测定。

本部分为 NY/T 761 的第 2 部分。

本标准代替 NY/T 761—2004《蔬菜和水果中有机磷、有机氯、拟除虫菊酯和氨基甲酸酯类农药多残留检测方法》。

本标准与 NY/T 761—2004 相比主要修改如下：

——将标准名称由《蔬菜和水果中有机磷、有机氯、拟除虫菊酯和氨基甲酸酯类农药多残留检测方法》改为《蔬菜和水果中有机磷、有机氯、拟除虫菊酯和氨基甲酸酯类农药多残留的测定》。

——增加了 49 种农药，对农药重新进行了分组，重新给出方法检出限；

——增加规范性引用文件；

——原标准精密度数据用方法回收率及相对标准偏差表示改为按 GB/T 6379.2 规定的确定精密度方法表示。

本部分的附录 A 为资料性附录。

本部分由中华人民共和国农业部提出。

本部分起草单位：农业部环境质量监督检验测试中心（天津）、农业部环境保护科研监测所。

本部分主要起草人：刘潇威、买光熙、李凌云、李卫建、王璐、吕俊岗、刘凤枝、刘长武、王一茹。

蔬菜和水果中有机磷、有机氯、拟除虫菊酯和氨基甲酸酯类农药多残留的测定

第2部分：蔬菜和水果中有机氯类、拟除虫菊酯类农药多残留的测定

方 法 一

1 范围

本部分规定了蔬菜和水果中 α-666、β-666、δ-666、o,p′-DDE、p,p′-DDE、o,p′-DDD、p,p′-DDD、o,p′-DDT、p,p′-DDT、七氯、艾氏剂、异菌脲、联苯菊酯、顺式氯菊酯、氯菊酯、氟氯氰菊酯、西玛津、莠去津、五氯硝基苯、林丹、乙烯菌核利、敌稗、三氯杀螨醇、硫丹、高效氯氟氰菊酯、氯硝胺、六氯苯、百菌清、三唑酮、腐霉利、丁草胺、狄氏剂、异狄氏剂、胺菊酯、甲氰菊酯、乙酯杀螨醇、氟胺氰菊酯、氟氰戊菊酯、氯氰菊酯、氰戊菊酯、溴氰菊酯 41 种有机氯类、拟除虫菊酯类农药多残留气相色谱检测方法。

本部分适用于蔬菜和水果中上述 41 种农药残留量的检测。

本方法检出限为 0.000 1 mg/kg～0.01 mg/kg（参见附录 A）。

2 规范性引用文件

下列文件中的条款通过本标准的引用而成为本标准的条款。凡是注明日期的引用文件，其随后所有的修改单（不包括勘误的内容）或修订版均不适用本标准，然而，鼓励根据本标准达成协议的各方研究是否可使用这些文件的最新版本。凡是不注日期的引用文件，其最新版本适用本标准。

GB/T 6379.2 测量方法与结果的准确度（正确度与精密度）第 2 部分：确定标准测量方法重复性与再现性的基本方法（GB/T 6379.2—2004，ISO 5725-2：1994，IDT）

GB/T 6682 分析实验室用水规格和试验方法（GB/T 6682—1992，neq ISO 3696：1987）

GB 8855 新鲜水果和蔬菜的取样方法（GB 8855—1988，eqv ISO 874：1980）

3 原理

试样中有机氯类、拟除虫菊酯类农药用乙腈提取，提取液经过滤、浓缩后，采用固相萃取柱分离、净化，淋洗液经浓缩后，用双塔自动进样器同时将样品溶液注入气相色谱仪的两个进样口，农药组分经不同极性的两根毛细管柱分离，电子捕获检测器（ECD）检测。双柱保留时间定性，外标法定量。

4 试剂与材料

除非另有说明，在分析中仅使用确认为分析纯的试剂和 GB/T 6682 中规定的至少二级的水。

4.1 乙腈。

4.2 丙酮，熏蒸。

4.3 己烷，熏蒸。

4.4 氯化钠，140℃烘烤 4 h。

4.5 固相萃取柱，弗罗里矽柱（Florisil®），容积 6 mL，填充物 1 000 mg。

4.6 铝箔。

4.7 农药标准品见表1。

表1 40种有机氯农药及拟除虫菊酯类农药标准品

序号	中文名	英文名	纯度	溶剂	组别
1	α-666	α-BHC	≥96%	正己烷	I
2	西玛津	simazine	≥96%	正己烷	I
3	莠去津	atrazine	≥96%	正己烷	I
4	δ-666	δ-BHC	≥96%	正己烷	I
5	七氯	heptachlor	≥96%	正己烷	I
6	艾氏剂	aldrin	≥96%	正己烷	I
7	o,p'-DDE	o,p'-DDE	≥96%	正己烷	I
8	p,p'-DDE	p,p'-DDE	≥96%	正己烷	I
9	o,p'-DDD	o,p'-DDD	≥96%	正己烷	I
10	p,p'-DDT	p,p'-DDT	≥96%	正己烷	I
11	异菌脲	iprodione	≥96%	正己烷	I
12	联苯菊酯	bifenthrin	≥96%	正己烷	I
13	顺式氯菊酯	cis-permethrin	≥96%	正己烷	I
14	氟氯氰菊酯	cyfluthrin	≥96%	正己烷	I
15	氟胺氰菊酯	tau-fluvalinate	≥96%	正己烷	I
16	β-666	β-BHC	≥96%	正己烷	I
17	林丹	γ-BHC	≥96%	正己烷	II
18	五氯硝基苯	pentachloronitrobenzene	≥96%	正己烷	II
19	敌稗	propanil	≥96%	正己烷	II
20	乙烯菌核利	vinclozolin	≥96%	正己烷	II
21	硫丹	endosulfan	≥96%	正己烷	II
22	p,p'-DDD	p,p'-DDD	≥96%	正己烷	II
23	三氯杀螨醇	dicofol	≥96%	正己烷	II
24	高效氯氟氰菊酯	lambda-cyhalothrin	≥96%	正己烷	II
25	氯菊酯	permethrin	≥96%	正己烷	II
26	氟氰戊菊酯	flucythrinate	≥96%	正己烷	II
27	氯硝胺	dicloran	≥96%	正己烷	II
28	六氯苯	hexachlorobenzene	≥96%	正己烷	III
29	百菌清	chlorothalonil	≥96%	正己烷	III
30	三唑酮	traidimefon	≥96%	正己烷	III
31	腐霉利	procymidone	≥96%	正己烷	III
32	丁草胺	butachlor	≥96%	正己烷	III
33	狄氏剂	dieldrin	≥96%	正己烷	III
34	异狄氏剂	endrin	≥96%	正己烷	III
35	乙酯杀螨醇	chlorobenzilate	≥96%	正己烷	III
36	o,p'-DDT	o,p'-DDT	≥96%	正己烷	III
37	胺菊酯	tetramethrin	≥96%	正己烷	III
38	甲氰菊酯	fenpropathrin	≥96%	正己烷	III
39	氯氰菊酯	cypermethrin	≥96%	正己烷	III
40	氰戊菊酯	fenvalerate	≥96%	正己烷	III
41	溴氰菊酯	deltamethrin	≥96%	正己烷	III

4.8 农药标准溶液配制

4.8.1 单个农药标准溶液

准确称取一定量(精确至 0.1 mg)农药标准品,用正己烷稀释,逐一配制成 1 000 mg/L 单一农药标准储备液,贮存在一18℃以下冰箱中。使用时根据各农药在对应检测器上的响应值,准确吸取适量的标准储备液,用正己烷稀释配制成所需的标准工作液。

4.8.2 农药混合标准溶液

将 41 种农药分为 3 组,按照表 1 中组别,根据各农药在仪器上的响应值,逐一吸取一定体积的同组别的单个农药储备液分别注入同一容量瓶中,用正己烷稀释至刻度,采用同样方法配制成 3 组农药混合标准储备溶液。使用前用正己烷稀释成所需质量浓度的标准工作液。

5 仪器设备

5.1 气相色谱仪,配有双电子捕获检测器(ECD),双塔自动进样器,双分流/不分流进样口。

5.2 分析实验室常用仪器设备。

5.3 食品加工器。

5.4 旋涡混合器。

5.5 匀浆机。

5.6 氮吹仪。

6 测定步骤

6.1 试样制备

同第一部分方法一。

6.2 提取

同第一部分方法一。

6.3 净化

从 100 mL 具塞量筒中吸取 10.00 mL 乙腈溶液,放入 150 mL 烧杯中,将烧杯放在 80℃水浴锅上加热,杯内缓缓通入氮气或空气流,蒸发近干,加入 2.0 mL 正己烷,盖上铝箔,待净化。

将弗罗里矽柱依次用 5.0 mL 丙酮+正己烷(10+90)、5.0 mL 正己烷预淋洗,条件化,当溶剂液面到达柱吸附层表面时,立即倒入上述待净化溶液,用 15 mL 刻度离心管接收洗脱液,用 5 mL 丙酮+正己烷(10+90)冲洗烧杯后淋洗弗罗里矽柱,并重复一次。将盛有淋洗液的离心管置于氮吹仪上,在水浴温度 50℃条件下,氮吹蒸发至小于 5 mL,用正己烷定容至 5.0 mL,在旋涡混合器上混匀,分别移入两个 2 mL 自动进样器样品瓶中,待测。

6.4 测定

6.4.1 色谱参考条件

6.4.1.1 色谱柱

预柱:1.0 m,0.25 mm 内径,脱活石英毛细管柱。

分析柱采用两根色谱柱,分别为:

A 柱:100%聚甲基硅氧烷(DB-1 或 HP-1)[1] 柱,30 m×0.25 mm×0.25 μm,或相当者;

B 柱:50%聚苯基甲基硅氧烷(DB-17 或 HP-50+)[1] 柱,30 m×0.25 mm×0.25 μm,或相当者。

6.4.1.2 温度

进样口温度:200℃。

检测器温度:320℃。

柱温:150℃(保持 2 min) $\xrightarrow{6℃/min}$ 270℃(保持 8 min,测定溴氰菊酯保持 23 min)。

6.4.1.3 气体及流量

载气:氮气,纯度≥99.999%,流速为 1 mL/min。

辅助气:氮气,纯度≥99.999%,流速为 60 mL/min。

6.4.1.4 进样方式

分流进样,分流比 10:1。样品溶液一式两份,由双塔自动进样器同时进样。

6.4.2 色谱分析

由自动进样器分别吸取 1.0 μL 标准混合溶液和净化后的样品溶液注入色谱仪中,以双柱保留时间定性,以 A 柱获得的样品溶液峰面积与标准溶液峰面积比较定量。

7 结果

7.1 定性分析

双柱测得的样品溶液中未知组分的保留时间(RT)分别与标准溶液在同一色谱柱上的保留时间(RT)相比较,如果样品溶液中某组分的两组保留时间与标准溶液中某一农药的两组保留时间相差都在 ±0.05 min 内的可认定为该农药。

7.2 定量结果计算

试样中被测农药残留量以质量分数 w 计,单位以毫克每千克(mg/kg)表示,按公式(1)计算。

$$w = \frac{V_1 \times A \times V_3}{V_2 \times A_S \times m} \times \rho \quad\cdots\cdots\cdots\cdots\cdots\cdots\cdots\cdots\cdots \quad (1)$$

式中:

ρ——标准溶液中农药的质量浓度,单位为毫克每升(mg/L);

A——样品溶液中被测农药的峰面积;

A_S——农药标准溶液中被测农药的峰面积;

V_1——提取溶剂总体积,单位为毫升(mL);

V_2——吸取出用于检测的提取溶液的体积,单位为毫升(mL);

V_3——样品溶液定容体积,单位为毫升(mL);

m——试样的质量,单位为克(g)。

计算结果保留两位有效数字,当结果大于 1 mg/kg 时保留三位有效数字。

8 精密度

本标准精密度数据是按照 GB/T 6379.2 的规定确定的,获得重复性和再现性的值以 95% 的可信度来计算。本方法的精密度数据参见附录 A。

9 色谱图

色谱图见图 1~图 3。

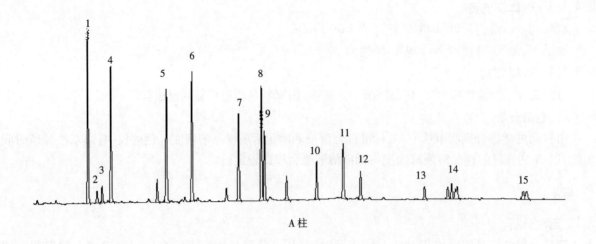

A柱

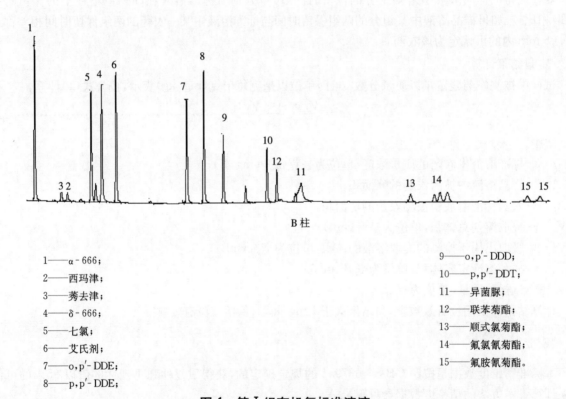

B柱

1——α-666；
2——西玛津；
3——莠去津；
4——δ-666；
5——七氯；
6——艾氏剂；
7——o,p'-DDE；
8——p,p'-DDE；

9——o,p'-DDD；
10——p,p'-DDT；
11——异菌脲；
12——联苯菊酯；
13——顺式氯菊酯；
14——氟氯氰菊酯；
15——氟胺氰菊酯。

图1 第Ⅰ组有机氯标准溶液

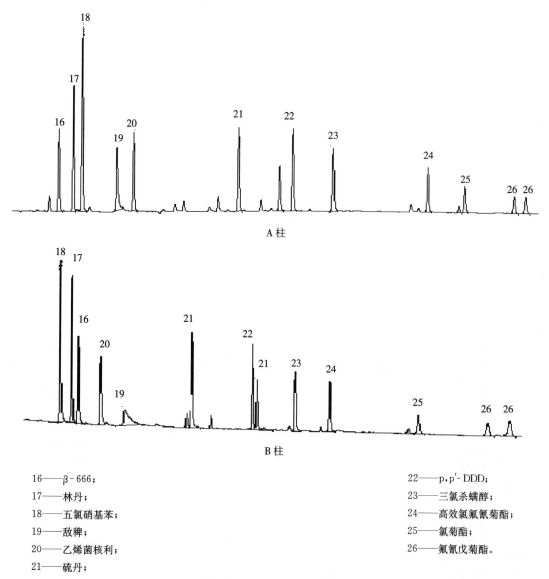

16——β-666；

17——林丹；

18——五氯硝基苯；

19——敌稗；

20——乙烯菌核利；

21——硫丹；

22——p,p′-DDD；

23——三氯杀螨醇；

24——高效氯氟氰菊酯；

25——氯菊酯；

26——氟氰戊菊酯。

图2 第Ⅱ组有机氯标准溶液

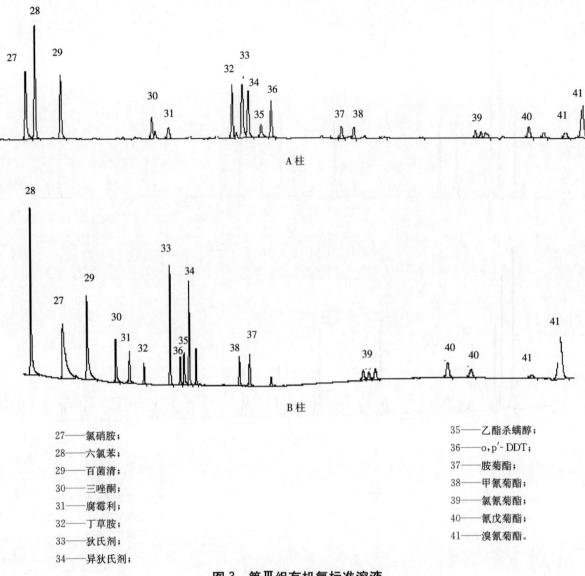

27——氯硝胺；
28——六氯苯；
29——百菌清；
30——三唑酮；
31——腐霉利；
32——丁草胺；
33——狄氏剂；
34——异狄氏剂；

35——乙酯杀螨醇；
36——o,p′-DDT；
37——胺菊酯；
38——甲氰菊酯；
39——氯氰菊酯；
40——氰戊菊酯；
41——溴氰菊酯。

图3 第Ⅲ组有机氯标准溶液

方 法 二

1 范围

同方法一。

2 规范性引用文件

同方法一。

3 原理

试样中有机氯、拟除虫菊酯类农药用乙腈提取，提取液经过滤、浓缩后，采用固相萃取柱分离、净化，淋洗液经浓缩后，被注入气相色谱，农药组分经毛细管柱分离，用电子捕获检测器（ECD）检测。保留时间定性，外标法定量。

4 试剂与材料

同方法一。

5 仪器设备

5.1 气相色谱仪,带电子捕获检测器(ECD),毛细管进样口。

5.2 其余仪器设备同方法一。

6 分析步骤

6.1 试样制备、提取、净化

同方法一。

6.2 测定

6.2.1 色谱参考条件

6.2.1.1 色谱柱

预柱:1.0 m(0.25 mm 内径,脱活石英毛细管柱);

分析柱:100%聚甲基硅氧烷(DB-1 或 HP-1)柱,30 m×0.25 mm×0.25 μm。

6.2.1.2 温度

同方法一。

6.2.1.3 气体及流量

同方法一。

6.2.1.4 进样方式

同方法一。

6.2.2 色谱分析

分别吸取 1.0 μL 标准混合溶液和净化后的样品溶液注入色谱仪中,以保留时间定性,以样品溶液峰面积与标准溶液峰面积比较定量。

7 结果表述

同方法一。

8 精密度

同方法一。

9 色谱图

同方法一中 A 柱色谱图。

附 录 A

（资料性附录）

有机氯和拟除虫菊酯类农药检测参考数据与精密度数据

表 A.1 有机氯和拟除虫菊酯类农药检测参考数据

序号	中文名	英文名	保留时间 min		检出限 mg/kg	组别
			A-RRT,DB-1	B-RRT,DB-17		
1	α-666	αBHC	0.63	0.69	0.000 1	I
2	西玛津	simazine	0.66	0.78	0.01	I
3	莠去津	atrazine	0.70	0.76	0.01	I
4	δ-666	δ-BHC	0.71	0.89	0.000 1	I
5	七氯	heptachlor	0.91	0.86	0.000 2	I
	毒死蜱	chlorpyrifos	1.00	1.00		
6	艾氏剂	aldrin	1.01	0.93	0.000 1	I
7	o,p'-DDE	o,p'-DDE	1.16	1.14	0.000 2	I
8	p,p'-DDE	p,p'-DDE	1.24	1.20	0.000 1	I
9	o,p'-DDD	o,p'-DDD	1.26	1.25	0.000 4	I
10	p,p'-DDT	p,p'-DDT	1.44	1.38	0.000 9	I
11	异菌脲	iprodione	1.52	1.49	0.001	I
12	联苯菊酯	bifenthrin	1.58	1.41	0.000 6	I
13	顺式氯菊酯	cis-permethrin	1.81	1.80	0.001	I
14	氟氯氰菊酯-1	cyfluthrin-1	1.90	1.89	0.002	I
	氟氯氰菊酯-2	cyfluthrin-2	1.91	1.91		
	氟氯氰菊酯-3	cyfluthrin-3	1.93	1.93		
	氟氯氰菊酯-4	cyfluthrin-4	1.93			
15	氟胺氰菊酯-1	tau-fluvalinate-1	2.21	2.18	0.002	I
	氟胺氰菊酯-2	tau-fluvalinate-2	2.23	2.22		
16	β-666	β-666	0.66	0.80	0.000 4	II
17	林丹	γ-BHC	0.70	0.78	0.000 2	II
18	五氯硝基苯	pentachloronitrobenzene	0.73	0.75	0.000 2	II
19	敌稗	propanil	0.83	0.93	0.002	II
20	乙烯菌核利	vinclozolin	0.88	0.87	0.000 4	II
21	硫丹-1	endosulfan-1	1.18	1.14	0.000 3	II
	硫丹-2	endosulfan-2	1.30	1.33		
22	p,p'-DDD	p,p'-DDD	1.33	1.32	0.000 3	II
23	三氯杀螨醇	dicofol	1.45	1.44	0.000 8	II
24	高效氯氟氰菊酯	lambda-cyhalothrin	1.70	1.55	0.000 5	II
25	氯菊酯	permethrin	1.82	1.83	0.001	II
26	氟氰戊菊酯-1	flucythrinate-1	1.99	2.04	0.001	II
	氟氰戊菊酯-2	flucythrinate-2	2.03	2.11		
27	氯硝胺	dicloran	0.65	0.76	0.000 3	II
28	六氯苯	hexachlorobenzene	0.67	0.64	0.000 2	III
29	百菌清	chlorothalonil	0.73	0.87	0.000 3	III
30	三唑酮	traidimefon	1.01	0.99	0.001	III

表 A.1（续）

序号	中文名	英文名	保留时间 min		检出限 mg/kg	组别
			A-RRT,DB-1	B-RRT,DB-17		
31	腐霉利	procymidone	1.11	1.14	0.002	Ⅲ
32	丁草胺	butaclor	1.20	1.10	0.003	Ⅲ
33	狄氏剂	dieldrin	1.25	1.21	0.000 4	Ⅲ
34	异狄氏剂	endrin	1.30	1.32	0.000 5	Ⅲ
35	乙酯杀螨醇	chlorobenzilate	1.32	1.29	0.003	Ⅲ
36	o,p'-DDT	o,p'-DDT	1.36	1.27	0.001	Ⅲ
37	胺菊酯-1	tetramethrin-1	1.53	1.54	0.003	Ⅲ
	胺菊酯-2	tetramethrin-2	1.55			
38	甲氰菊酯	fenpropathrin	1.59	1.50	0.002	Ⅲ
39	氯氰菊酯-1	cypermethrin-1	1.95	2.02	0.003	Ⅲ
	氯氰菊酯-2	cypermethrin-2	1.97	2.05		
	氯氰菊酯-3	cypermethrin-3	1.98	2.07		
	氯氰菊酯-4	cypermethrin-4	1.99			
40	氰戊菊酯-1	fenvalerate-1	2.14	2.38	0.002	Ⅲ
	氰戊菊酯-2	fenvalerate-2	2.19	2.48		
41	溴氰菊酯-1	deltamethrin-1	2.26	2.74	0.001	Ⅲ
	溴氰菊酯-2	deltamethrin-2	2.32	2.86		

表 A.2 41种有机氯及拟除虫菊酯类农药精密度数据表

单位：mg/kg

序号	农药名称	质量浓度	重复性限 r	再现性限 R	质量浓度	重复性限 r	再现性限 R	质量浓度	重复性限 r	再现性限 R
1	α-666	0.05	0.003 2	0.005 7	0.1	0.007 9	0.025 2	0.5	0.026 6	0.134 3
2	西玛津	0.5	0.031 5	0.069 9	1.0	0.044 8	0.139 9	5.0	0.310 0	0.935 6
3	莠去津	0.5	0.037 4	0.088 9	1.0	0.095 8	0.106 2	5.0	0.377 2	0.459 7
4	δ-666	0.05	0.004 0	0.009 4	0.1	0.005 3	0.015 9	0.5	0.097 8	0.122 1
5	七氯	0.05	0.003 8	0.005 5	0.1	0.007 0	0.020 7	0.5	0.052 1	0.105 6
6	艾氏剂	0.05	0.003 5	0.008 4	0.1	0.004 4	0.015 3	0.5	0.039 6	0.084 5
7	o,p'-DDE	0.05	0.003 3	0.005 9	0.1	0.004 5	0.009 6	0.5	0.035 2	0.071 9
8	p,p'-DDE	0.05	0.001 6	0.004 9	0.1	0.008 4	0.015 6	0.5	0.036 4	0.085 7
9	o,p'-DDD	0.05	0.002 8	0.004 1	0.1	0.004 6	0.014 1	0.5	0.037 6	0.065 5
10	p,p'-DDT	0.05	0.003 7	0.005 9	0.1	0.005 2	0.012 4	0.5	0.045 4	0.054 2
11	异菌脲	0.1	0.006 0	0.009 9	0.2	0.016 2	0.024 7	1.0	0.094 7	0.143 1
12	联苯菊酯	0.05	0.004 2	0.005 1	0.1	0.005 3	0.011 4	0.5	0.031 9	0.076 0
13	顺式氯菊酯	0.05	0.003 8	0.004 8	0.1	0.005 9	0.012 3	0.5	0.030 9	0.074 7
14	氟氯氰菊酯	0.05	0.003 0	0.007 3	0.1	0.005 4	0.014 3	0.5	0.034 2	0.073 3
15	氟胺氰菊酯	0.05	0.004 3	0.006 0	0.1	0.007 0	0.010 0	0.5	0.045 5	0.083 9
16	β-666	0.05	0.003 4	0.007 7	0.1	0.009 1	0.014 7	0.5	0.038 2	0.069 0
17	林丹	0.05	0.004 4	0.014 2	0.1	0.008 6	0.020 3	0.5	0.050 4	0.119 5
18	五氯硝基苯	0.05	0.004 8	0.012 8	0.1	0.010 2	0.021 4	0.5	0.056 8	0.137 1
19	敌稗	0.15	0.014 6	0.027 2	0.3	0.031 4	0.050 6	1.5	0.052 8	0.222 9
20	乙烯菌核利	0.05	0.003 9	0.008 3	0.1	0.006 8	0.014 7	0.5	0.124 2	1.306 0
21	硫丹	0.05	0.003 4	0.006 8	0.1	0.007 0	0.013 6	0.5	0.026 1	0.058 7
22	p,p'-DDD	0.05	0.003 4	0.006 0	0.1	0.005 2	0.014 2	0.5	0.029 7	0.050 0

表 A.2（续）

序号	农药名称	质量浓度	重复性限 r	再现性限 R	质量浓度	重复性限 r	再现性限 R	质量浓度	重复性限 r	再现性限 R
23	三氯杀螨醇	0.1	0.008 9	0.013 4	0.2	0.012 7	0.028 3	1.0	0.062 9	0.250 1
24	高效氯氟氰菊酯	0.05	0.004 1	0.007 0	0.1	0.008 2	0.014 5	0.5	0.038 9	0.047 9
25	氯菊酯	0.1	0.008 2	0.015 0	0.2	0.016 3	0.024 1	1.0	0.070 4	0.122 1
26	氟氰戊菊酯	0.05	0.003 5	0.006 9	0.1	0.010 2	0.014 1	0.5	0.028 5	0.064 4
27	氯硝胺	0.05	0.004 5	0.006 4	0.1	0.008 0	0.011 5	0.5	0.035 1	0.074 8
28	六氯苯	0.05	0.005 1	0.009 6	0.1	0.007 6	0.015 8	0.5	0.041 4	0.101 7
29	百菌清	0.05	0.004 5	0.015 3	0.1	0.007 9	0.027 3	0.5	0.042 4	0.073 2
30	三唑酮	0.05	0.004 2	0.008 6	0.1	0.007 0	0.014 8	0.5	0.039 8	0.056 5
31	腐霉利	0.05	0.003 2	0.006 4	0.1	0.003 2	0.009 8	0.5	0.023 6	0.042 3
32	丁草胺	0.05	0.004 9	0.005 8	0.1	0.007 6	0.015 0	0.5	0.041 2	0.058 3
33	狄氏剂	0.05	0.004 6	0.008 6	0.1	0.005 6	0.011 8	0.5	0.040 5	0.058 1
34	异狄氏剂	0.05	0.005 3	0.007 9	0.1	0.006 3	0.013 1	0.5	0.038 0	0.064 7
35	乙酯杀螨醇	0.1	0.008 6	0.012 0	0.2	0.013 3	0.024 0	1.0	0.065 2	0.135 3
36	o,p'-DDT	0.05	0.004 7	0.007 5	0.1	0.007 0	0.012 4	0.5	0.036 2	0.100 1
37	胺菊酯	0.15	0.009 9	0.013 2	0.3	0.011 7	0.032 1	1.5	0.086 6	0.148 9
38	甲氰菊酯	0.05	0.003 6	0.005 2	0.1	0.005 4	0.012 2	0.5	0.039 4	0.054 8
39	氯氟氰菊酯	0.05	0.004 9	0.007 7	0.1	0.004 8	0.013 9	0.5	0.034 5	0.070 6
40	氰戊菊酯	0.05	0.004 2	0.006 6	0.1	0.005 9	0.015 9	0.5	0.034 3	0.062 0
41	溴氰菊酯	0.15	0.011 2	0.020 4	0.3	0.021 4	0.058 4	1.5	0.106 3	0.232 7

前　言

NY/T 761—2008《蔬菜和水果中有机磷、有机氯、拟除虫菊酯和氨基甲酸酯类农药多残留的测定》分为三个部分：
——第 1 部分：蔬菜和水果中 54 种有机磷类农药多残留的测定；
——第 2 部分：蔬菜和水果中 41 种有机氯和拟除虫菊酯类农药多残留的测定；
——第 3 部分：蔬菜和水果中 10 种氨基甲酸酯类农药及其代谢物多残留的测定。
本部分为 NY/T 761 的第 3 部分。
本标准代替 NY/T 761—2004《蔬菜和水果中有机磷、有机氯、拟除虫菊酯和氨基甲酸酯类农药多残留检测方法》。
本标准与 NY/T 761—2004 相比主要修改如下：
——将标准名称由《蔬菜和水果中有机磷、有机氯、拟除虫菊酯和氨基甲酸酯类农药多残留检测方法》改为《蔬菜和水果中有机磷、有机氯、拟除虫菊酯和氨基甲酸酯类农药多残留的测定》。
——增加了 49 种农药，对农药重新进行了分组，重新给出方法检出限；
——增加规范性引用文件；
——原标准精密度数据用方法回收率及相对标准偏差表示改为按 GB/T 6379.2 规定的确定精密度方法表示。
本部分的附录 A 为资料性附录。
本部分由中华人民共和国农业部提出。
本部分起草单位：农业部环境质量监督检验测试中心（天津）、农业部环境保护科研监测所。
本部分主要起草人：刘潇威、买光熙、李凌云、李卫建、王璐、吕俊岗、刘凤枝、刘长武、王一茹。

蔬菜和水果中有机磷、有机氯、拟除虫菊酯和氨基甲酸酯类农药多残留的测定

第3部分:蔬菜和水果中氨基甲酸酯类农药多残留的测定

1 范围

本部分规定了蔬菜和水果中涕灭威砜、涕灭威亚砜、灭多威、3-羟基克百威、涕灭威、克百威、甲萘威、异丙威、速灭威、仲丁威10种氨基甲酸酯类农药及其代谢物多残留液相色谱检测方法。

本部分适用于蔬菜和水果中上述10种农药及其代谢物残留量的检测。

本方法检出限为0.008 mg/kg～0.02 mg/kg(参见附录A)。

2 规范性引用文件

下列文件中的条款通过本标准的引用而成为本标准的条款。凡是注明日期的引用文件,其随后所有的修改单(不包括勘误的内容)或修订版均不适用本标准,然而,鼓励根据本标准达成协议的各方研究是否可使用这些文件的最新版本。凡是不注日期的引用文件,其最新版本适用本标准。

GB/T 6379.2 测量方法与结果的准确度(正确度与精密度) 第2部分:确定标准测量方法重复性与再现性的基本方法(GB/T 6379.2—2004,ISO 5725-2:1994,IDT)

GB/T 6682 分析实验室用水规格和试验方法(GB/T 6682—1992,neq ISO 3696:1987)

GB 8855 新鲜水果和蔬菜的取样方法(GB 8855—1988,eqv ISO 874:1980)

3 原理

试样中氨基甲酸酯类农药及其代谢物用乙腈提取,提取液经过滤、浓缩后,采用固相萃取技术分离、净化,淋洗液经浓缩后,使用带荧光检测器和柱后衍生系统的高效液相色谱进行检测。保留时间定性,外标法定量。

4 试剂与材料

除非另有说明,在分析中仅使用确认为分析纯的试剂和GB/T 6682规定的一级水。

4.1 乙腈。

4.2 丙酮,重蒸。

4.3 甲醇,色谱纯。

4.4 氯化钠,140℃烘烤4 h。

4.5 柱后衍生试剂

4.5.1 0.05 mol/L NaOH溶液,Pickering®(cat. NO CB130)[1];

4.5.2 OPA稀释溶液,Pickering®(cat. NO CB910)[1];

4.5.3 邻苯二甲醛(O-Phthaladehyde,OPA),Pickering®(cat. NO 0120)[1];

---

[1] 柱后衍生试剂是由Pickering公司提供的产品。给出这一信息是为了方便标准的使用者,并不代表对该产品的认可。如果其他产品能有相同的效果,则可使用这些等效的产品。

4.5.4 巯基乙醇(Thiofluor)，Pickering®(cat. No 3700 - 2000)[1]。

4.6 固相萃取柱，氨基柱(Aminopropyl®)，容积 6 mL，填充物 500 mg。

4.7 滤膜，0.2 μm，0.45 μm，溶剂膜。

4.8 农药标准品见表1。

表1 10种氨基甲酸酯类农药及其代谢物标准品

序号	中文名	英文名	纯度	溶剂
1	涕灭威亚砜	aldicarb sulfoxide	≥96%	甲醇
2	涕灭威砜	aldicarb sulfone	≥96%	甲醇
3	灭多威	methomyl	≥96%	甲醇
4	3-羟基克百威	3 - hydroxycarbofuran	≥96%	甲醇
5	涕灭威	aldicarb	≥96%	甲醇
6	速灭威	metolcarb	≥96%	甲醇
7	克百威	carbofuran	≥96%	甲醇
8	甲萘威	carbaryl	≥96%	甲醇
9	异丙威	isoprocarb	≥96%	甲醇
10	仲丁威	fenobucarb	≥96%	甲醇

4.9 农药标准溶液配制

4.9.1 单个农药标准溶液

准确称取一定量(精确至 0.1mg)农药标准品，用甲醇做溶剂，逐一配制成 1 000 mg/L 的单一农药标准储备液，贮存在-18℃以下冰箱中。使用时根据各农药在对应检测器上的响应值，吸取适量的标准储备液，用甲醇稀释配制成所需的标准工作液。

4.9.2 农药混合标准溶液

根据各农药在仪器上的响应值，逐一准确吸取一定体积的单个农药储备液分别注入同一容量瓶中，用甲醇稀释至刻度配制成农药混合标准储备溶液，使用前用甲醇稀释成所需质量浓度的标准工作液。

5 仪器设备

5.1 液相色谱仪，可进行梯度淋洗，配有柱后衍生反应装置和荧光检测器(FLD)。

5.2 食品加工器。

5.3 匀浆机。

5.4 氮吹仪。

6 测定步骤

6.1 试样制备

同第一部分方法一。

6.2 提取

同第一部分方法一。

6.3 净化

从 100 mL 具塞量筒中准确吸取 10.00 mL 乙腈相溶液，放入 150 mL 烧杯中，将烧杯放在 80℃水浴锅上加热，杯内缓缓通入氮气或空气流，将乙腈蒸发近干；加入 2.0 mL 甲醇＋二氯甲烷(1+99)溶解残

---

[1] 柱后衍生试剂是由 Pickering 公司提供的产品。给出这一信息是为了方便标准的使用者，并不代表对该产品的认可。如果其他产品能有相同的效果，则可使用这些等效的产品。

渣,盖上铝箔,待净化。

将氨基柱用 4.0 mL 甲醇+二氯甲烷(1+99)预洗条件化,当溶剂液面到达柱吸附层表面时,立即加入上述待净化溶液,用 15 mL 离心管收集洗脱液,用 2 mL 甲醇+二氯甲烷(1+99)洗烧杯后过柱,并重复一次。将离心管置于氮吹仪上,水浴温度 50℃,氮吹蒸发至近干,用甲醇准确定容至 2.5 mL。在混合器上混匀后,用 0.2 μm 滤膜过滤,待测。

6.4 色谱参考条件

6.4.1 色谱柱

预柱:C₁₈预柱,4.6 mm×4.5 cm;分析柱:C₈,4.6 mm×25 cm,5 μm 或 C₁₈,4.6 mm×25 cm,5 μm。

6.4.2 柱温,42℃。

6.4.3 荧光检测器,λex330 nm,λem465 nm。

6.4.4 溶剂梯度与流速

溶剂梯度与流速见表 2。

表 2 溶剂梯度与流速

时间 min	水 %	甲醇 %	流速 mL/min
0.00	85	15	0.5
2.00	75	25	0.5
8.00	75	25	0.5
9.00	60	40	0.8
10.00	55	45	0.8
19.00	20	80	0.8
25.00	20	80	0.8
26.00	85	15	0.5

6.4.5 柱后衍生

6.4.5.1 0.05 mol/L 氢氧化钠溶液,流速 0.3 mL/min。

6.4.5.2 OPA 试剂,流速 0.3 mL/min。

6.4.5.3 反应器温度

水解温度,100℃;衍生温度,室温。

6.5 色谱分析

分别吸取 20.0 μL 标准混合溶液和净化后的样品溶液注入色谱仪中,以保留时间定性,以样品溶液峰面积与标准溶液峰面积比较定量。

7 结果

7.1 结果计算

试样中被测农药残留量以质量分数 w 计,单位以毫克每千克(mg/kg)表示,按公式(1)计算。

$$w = \frac{V_1 \times A \times V_3}{V_2 \times A_S \times m} \times \rho \quad\cdots\cdots\cdots\cdots\cdots\cdots\cdots\cdots\cdots\cdots (1)$$

式中:

ρ——标准溶液中农药的质量浓度,单位为毫克每升(mg/L);

A——样品溶液中被测农药的峰面积;

A_S——农药标准溶液中被测农药的峰面积;

V_1——提取溶剂总体积,单位为毫升(mL);

V_2——吸取出用于检测的提取溶液的体积,单位为毫升(mL);

V_3——样品溶液定容体积,单位为毫升(mL);

m——试样的质量,单位为克(g)。

计算结果保留两位有效数字,当结果大于 1 mg/kg 时保留三位有效数字。

8 精密度

本标准精密度数据是按照 GB/T 6379.2 的规定确定的,获得重复性和再现性的值以 95% 的可信度来计算。本方法的精密度数据参见附录 A。

9 色谱图

色谱图见图 1。

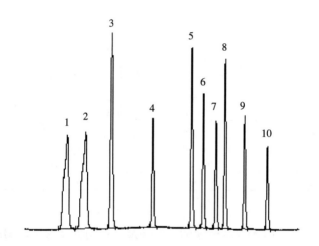

1——涕灭威亚砜;   6——速灭威;
2——涕灭威砜;   7——克百威;
3——灭多威;   8——甲萘威;
4——三羟基克百威;   9——异丙威;
5——涕灭威;   10——仲丁威。

图 1 氨基甲酸酯类农药标准溶液

附 录 A

（资料性附录）

氨基甲酸酯类农药检测参考数据与精密度数据

表 A.1 氨基甲酸酯类农药检测参考数据表

序号	中文名	英文名	保留时间 min RRT(C₁₈,FLD)	检出限 mg/kg
1	涕灭威亚砜	aldicarb sulfoxide	0.53	0.02
2	涕灭威砜	aldicarb sulfone	0.59	0.02
3	灭多威	methomyl	0.66	0.01
4	三羟基克百威	3 - hydroxycarbofuran	0.79	0.01
5	涕灭威	aldicarb	0.90	0.009
6	速灭威	metolcarb	0.94	0.01
7	克百威	carbofuran	0.97	0.01
8	甲萘威	carbaryl	1.00	0.008
9	异丙威	isoprocarb	1.06	0.01
10	仲丁威	fenobucarb	1.13	0.01

表 A.2 10 种氨基甲酸酯类农药及其代谢物精密度数据表

单位：mg/kg

序号	农药名称	质量浓度	重复性限 r	再现性限 R	质量浓度	重复性限 r	再现性限 R	质量浓度	重复性限 r	再现性限 R
1	涕灭威亚砜	0.05	0.002 9	0.006 5	0.1	0.007 2	0.010 6	0.5	0.038 3	0.076 3
2	涕灭威砜	0.05	0.003 4	0.005 7	0.1	0.008 2	0.008 0	0.5	0.027 6	0.058 9
3	灭多威	0.05	0.003 6	0.005 9	0.1	0.005 9	0.010 5	0.5	0.037 5	0.053 9
4	3-羟基克百威	0.05	0.002 7	0.005 4	0.1	0.006 1	0.011 5	0.5	0.037 3	0.062 6
5	涕灭威	0.05	0.007 2	0.008 8	0.1	0.004 6	0.009 9	0.5	0.028 3	0.067 9
6	速灭威	0.05	0.004 1	0.005 9	0.1	0.007 3	0.014 0	0.5	0.022 4	0.121 9
7	克百威	0.05	0.003 8	0.006 0	0.1	0.003 9	0.005 9	0.5	0.024 4	0.051 0
8	甲萘威	0.05	0.002 4	0.004 5	0.1	0.003 8	0.009 3	0.5	0.019 3	0.069 9
9	异丙威	0.05	0.003 3	0.007 7	0.1	0.005 2	0.017 8	0.5	0.029 7	0.112 2
10	仲丁威	0.05	0.003 2	0.006 2	0.1	0.004 4	0.015 8	0.5	0.022 4	0.108 2

ICS 13.080.05
B 11

中华人民共和国农业行业标准

NY/T 1121.19—2008

土壤检测
第19部分：土壤水稳性大团聚体
组成的测定

Soil testing—

Part 19：Method for determination of soil water stable macro-aggregates distribution

2008-05-16 发布

2008-07-01 实施

中华人民共和国农业部 发布

前　言

NY/T 1121《土壤检测》为系列标准：

——第1部分：土壤样品的采集、处理和贮存
——第2部分：土壤 pH 的测定
——第3部分：土壤机械组成的测定
——第4部分：土壤容重的测定
——第5部分：石灰性土壤阳离子交换量的测定
——第6部分：土壤有机质的测定
——第7部分：酸性土壤有效磷的测定
——第8部分：土壤有效硼的测定
——第9部分：土壤有效钼的测定
——第10部分：土壤总汞的测定
——第11部分：土壤总砷的测定
——第12部分：土壤总铬的测定
——第13部分：土壤交换性钙和镁的测定
——第14部分：土壤有效硫的测定
——第15部分：土壤有效硅的测定
——第16部分：土壤水溶性盐总量的测定
——第17部分：土壤氯离子含量的测定
——第18部分：土壤硫酸根离子含量的测定
——第19部分：土壤水稳性大团聚体组成的测定
——第20部分：土壤微团聚体组成的测定
——第21部分：土壤最大吸湿量的测定

本部分为 NY/T 1121 的第19部分。

本部分由中华人民共和国农业部种植业管理司提出并归口。

本部分的负责起草单位为：全国农业技术推广服务中心、农业部肥料质量监督检验测试中心（成都）、农业部肥料质量监督检验测试中心（沈阳）、贵州省土壤肥料工作总站。

本部分的主要起草人：辛景树、许宗林、于立宏、高雪、宋文琪、高飞、何琳、曲华。

土壤检测
第19部分:土壤水稳性大团聚体组成的测定

1 范围

本部分规定了湿筛法测定土壤水稳性大团聚体组成的方法。

本部分适用于各类土壤中水稳性大团聚体组成的测定。

2 规范性引用文件

下列文件中的条款通过本部分的引用而成为本部分的条款。凡是注日期的引用文件,其随后所有的修改单(不包括勘误的内容)或修订版均不适用于本部分,然而,鼓励根据本部分达成协议的各方研究是否可使用这些文件的最新版本。凡是不注日期的引用文件,其最新版本适用于本部分。

NY/T 52 土壤水分的测定

3 术语和定义

下列术语和定义适用于本部分。

3.1

土壤团聚体 soil aggregate

土壤所含的大小不同、形状不一、有不同孔隙度和机械稳定性及水稳性的团聚体的总和。它是由胶体的凝聚、胶结和黏结而相互联结的土壤原生颗粒组成的。

3.2

土壤大团聚体 soil macro—aggregate

土壤中直径 0.25 mm～10 mm 的团聚体称为土壤大团聚体。

3.3

土壤水稳性大团聚体 soil water stable macro—aggregate

是钙、镁、有机质、菌丝等胶结起来的土粒,在水中振荡、浸泡、冲洗而不易崩解,仍维持其原来结构的大团聚体。

4 方法原理

对风干样品进行干筛后确定一定机械稳定下的团粒分布,然后将干筛法得到的团粒分布按相应比例混合并在水中进行湿筛,用以确定水稳性大团聚体的数量及分布。

5 仪器与设备

5.1 天平(感量 0.01 g);

5.2 电热恒温干燥箱;

5.3 1 000 mL 沉降筒;

5.4 水桶(直径 33 cm、高 43 cm);

5.5 孔径为 10 mm、7 mm、5 mm、3 mm、1 mm、0.5 mm、0.25 mm 的土壤筛组(直径 20 cm、高 5 cm)和孔径为 5 mm、3 mm、2 mm、1 mm、0.5 mm、0.25 mm 的土壤筛组(直径 20 cm、高 5 cm)各一套,2 mm 土

壤筛,并附有固定筛子的铁夹子;

5.6 大号铝盒(直径 5.5 cm);

5.7 干燥器。

6 样品采集与制备

6.1 样品采集

采样时土壤湿度不宜过干或过湿,应在土不粘锹、经接触不变形时采取。采样时从下至上分层采取,注意不要使土块受挤压,以保持原来结构状态。剥去土块外面直接与土锹接触而变形的土壤,均匀地取内部未变形的土壤约 2 kg,置于封闭的木盒或白铁盒内,运回室内备用。

6.2 样品制备

将带回的土壤沿自然结构面轻轻剥成 10 mm~12 mm 直径的小土块,弃去粗根和小石块。剥样时应沿土壤的自然结构而轻轻剥开,避免受机械压力而变形。然后将样品放置风干。

取上述风干土一部分,压碎,过 2 mm 筛,混合均匀后,供测土壤水分用。

7 分析步骤

7.1 土壤水分(干基)含量的测定

按 NY/T 52 规定的方法执行。

7.2 干筛

7.2.1 取风干土样 500 g 左右(精确到 0.01 g),装入孔径顺序依次为 10 mm、7 mm、5 mm、3 mm、2 mm、1 mm、0.5 mm、0.25 mm 的筛组(包含筛盖和筛底)的最上层。

7.2.2 土壤样品装好后,往返匀速筛动筛组至样品过筛完全。从上向下依次取下筛子,在分开每个筛子时要用手掌在筛壁上敲打几下,震落其中塞住孔眼的团聚体。分别收集＞10 mm,10 mm~7 mm,7 mm~5 mm,5 mm~3 mm,3 mm~2 mm,2 mm~1 mm,1 mm~0.5 mm,0.5 mm~0.25 mm 和底盒中＜0.25 mm 的各级土粒,称重,并计算各级干筛团聚体的百分含量(精确到小数点后一位)。

7.3 湿筛

7.3.1 根据干筛法求得的各级团聚体的百分含量,把干筛分取的风干土壤样品按比例配成 50.00 g。为了防止在湿筛时堵塞筛孔,不把＜0.25 mm 的团聚体倒入准备湿筛的样品内,但在计算取样数量和其他计算中都需计算这一数值。

7.3.2 将按比例配好的样品倒入 1 000 mL 沉降筒,沿筒壁缓慢灌水,使水由下部逐渐湿润至表层,并达到饱和状态为止。将样品在水中浸泡 10 min 后,沿沉降筒壁灌水至标线,塞住筒口,立即把沉降筒颠倒过来,直至筒中样品完全沉到筒口处。然后再把沉降筒倒转过来,至样品全部沉到底部,重复倒转 10 次。

7.3.3 用白铁(或其他金属)薄板将一套孔径为 5 mm、3 mm、2 mm、1 mm、0.5 mm、0.25 mm 的筛子夹住,放入盛有水的水桶中,水面应高出筛组上缘 10 cm。

7.3.4 将沉降筒倒转过来,筒口置于最上层筛上,待样品全部沉到筒口处,拔去塞子,使土样均匀地分布在整个筛面上。

7.3.5 将沉降筒缓缓移开,取出沉降筒。

7.3.6 将筛组缓慢提起、迅速沉下,重复 10 次后(提起时勿使样品露出水面,沉下时勿使水面漫过筛组顶部),取出上部三个筛子(5 mm、3 mm、2 mm),再将下部三个筛子(1 mm、0.5 mm、0.25 mm)重复上述操作 5 次,以洗净下部 3 个筛子中的水稳性团聚体表面的附着物。

7.3.7 将筛组分开,将各级筛子上的样品分别转移到已恒重的铝盒中。

7.3.8 将铝盒置入电热恒温干燥箱中,在60℃~70℃烘至近干,然后在105℃~110℃下干燥约6 h,取出铝盒,在干燥器中冷却至室温称重,重复操作,直至恒重。计算各级水稳性团聚体的百分含量。

注:如土壤质地较轻,经干筛和湿筛后,各粒级中有石块、石砾、植物残体和砂粒,应将石块、石砾和植物残体挑出。若这一层筛中全部为单个砂粒,这些砂粒也应弃去,但结合在大团聚体中的砂粒与细砾不应挑出,应包括在大团聚体中。计算时,土样的质量应扣除全部被挑出的石块、石砾、植物残体和砂粒的质量,再换算出各粒级团聚体的质量分数。

8 结果计算

土壤水稳性大团聚体数值以百分含量(%)表示,按下列公式计算:

$$m_0 = \frac{m}{w + 100} \times 100 \quad \cdots\cdots\cdots\cdots\cdots\cdots\cdots\cdots\cdots\cdots\cdots \quad (1)$$

式中:

m_0——烘干样品重,单位为克(g);

m ——风干样品重,单位为克(g);

w ——土壤水分含量,单位为百分数(%)。

$$x_i = \frac{m_i}{m_0} \times 100 \quad \cdots\cdots\cdots\cdots\cdots\cdots\cdots\cdots\cdots\cdots\cdots \quad (2)$$

式中:

x_i——各级水稳性大团聚体含量,单位为百分数(%);

m_i——各级水稳性大团聚体烘干重,单位为克(g);

m_0——烘干样品重,单位为克(g)。

$$X = \sum_1^n x_i \quad \cdots\cdots\cdots\cdots\cdots\cdots\cdots\cdots\cdots\cdots\cdots \quad (3)$$

式中:

X——水稳性大团聚体总和,单位为百分数(%)。

$$P_i = \frac{x_i}{X} \times 100 \quad \cdots\cdots\cdots\cdots\cdots\cdots\cdots\cdots\cdots\cdots\cdots \quad (4)$$

式中:

P_i——各级水稳性大团聚体占水稳性大团聚体总和的百分含量,单位为百分数(%)。

两平行测定结果的算术平均值作为测定结果,保留一位小数。

9 允许差

两平行测定结果的绝对差值不超过3%。

ICS 13.080.10
B 11

中华人民共和国农业行业标准

NY/T 1121.20—2008

土壤检测
第20部分：土壤微团聚体组成的测定

Soil testing—
Part 20:Method for determination of soil micro–aggregates distribution

2008-05-16 发布

2008-07-01 实施

中华人民共和国农业部 发布

前　言

NY/T 1121《土壤检测》为系列标准：
——第1部分：土壤样品的采集、处理和贮存
——第2部分：土壤 pH 的测定
——第3部分：土壤机械组成的测定
——第4部分：土壤容重的测定
——第5部分：石灰性土壤阳离子交换量的测定
——第6部分：土壤有机质的测定
——第7部分：酸性土壤有效磷的测定
——第8部分：土壤有效硼的测定
——第9部分：土壤有效钼的测定
——第10部分：土壤总汞的测定
——第11部分：土壤总砷的测定
——第12部分：土壤总铬的测定
——第13部分：土壤交换性钙和镁的测定
——第14部分：土壤有效硫的测定
——第15部分：土壤有效硅的测定
——第16部分：土壤水溶性盐总量的测定
——第17部分：土壤氯离子含量的测定
——第18部分：土壤硫酸根离子含量的测定
——第19部分：土壤水稳性大团聚体组成的测定
——第20部分：土壤微团聚体组成的测定
——第21部分：土壤最大吸湿量的测定

本部分为 NY/T 1121 的第 20 部分。

本部分的附录 A 和附录 B 为资料性附录。

本部分由中华人民共和国农业部种植业管理司提出并归口。

本部分的负责起草单位为：全国农业技术推广服务中心、农业部肥料质量监督检验测试中心（武汉）、农业部肥料质量监督检验测试中心（郑州）、浙江省土壤肥料工作站、贵州省土壤肥料工作总站。

本部分的主要起草人：田有国、王忠良、董越勇、王小琳、巩细民、陈海燕、周焱。

土壤检测
第20部分：土壤微团聚体组成的测定

1 范围

本部分规定了吸管法测定土壤微团聚体组成的方法。

本部分适用于各类土壤微团聚体组成的测定。

2 规范性引用文件

下列文件中的条款通过本部分的引用而成为本部分的条款。凡是注日期的引用文件，其随后所有的修改单（不包括勘误的内容）或修订版均不适用于本部分，然而，鼓励根据本部分达成协议的各方研究是否可使用这些文件的最新版本。凡是不注日期的引用文件，其最新版本适用于本部分。

NY/T 52 土壤水分的测定

3 术语和定义

下列术语和定义适用于本部分。

土壤微团聚体 soil micro-aggregates

直径小于0.25 mm的团聚体称为土壤微团聚体。

4 方法原理

根据司笃克斯定律，按照不同直径微团聚体的沉降时间，将悬液分级，用吸管分别吸取各粒级悬液后烘干称重。在分析过程中用振荡方式分散样品，而不加入化学分散剂。

5 仪器与设备

5.1 电热板；

5.2 电热恒温干燥箱；

5.3 往返式振荡机（振荡濒率为40次/min～220次/min）；

5.4 天平（感量0.000 1 g、0.01 g两种）；

5.5 大漏斗（直径12 cm）；

5.6 大号铝盒（直径5.5 cm）；

5.7 0.25 mm孔径标准筛；

5.8 250 mL振荡瓶；

5.9 1 000 mL沉降筒（直径约6 cm，高约45 cm）；

5.10 土壤颗粒分析吸管装置（参见附录A）。

6 样品采集与制备

6.1 样品采集

采样时土壤湿度不宜过干或过湿，应在土不粘锹、经接触不变形时采取。采样时从下至上分层采取，注意不要使土块受挤压，以保持原来结构状态。剥去土块外面直接与土锹接触而变形的土壤，均匀地取内部未变形的土壤约2 kg，置于封闭的木盒或白铁盒内，运回室内备用。

6.2 样品制备

将带回的土壤沿自然结构面轻轻剥成 10 mm～12 mm 直径的小土块，弃去粗根和小石块。剥样时应沿土壤的自然结构而轻轻剥开，避免受机械压力而变形。然后将样品放置风干。

7 分析步骤

7.1 称取通过 2 mm 筛的风干土壤样品 10 g（精确到 0.000 1 g），倒入 250 mL 振荡瓶中，加蒸馏水 150 mL，静置浸泡 24 h。另称 10 g（精确到 0.01 g）样品，按 NY/T 52 的方法测定土壤水分含量。在测定盐渍化土壤的微团聚体时，用分析样品的水浸提液代替蒸馏水作为沉淀颗粒的介质。其制备方法是，称取＜2 mm 样品 40 g，加蒸馏水 1 000 mL，摇动 10 min，静置 24 h，上部的清液即为所需的水浸提取液。

7.2 将盛有样品的振荡瓶在往返式振荡机上振荡 2 h（振荡频率为 160 次/min～180 次/min）。

7.3 在 1 000 mL 沉降筒上放一大漏斗，将 0.25 mm 孔径洗筛置于漏斗上，用蒸馏水将振荡后的土液通过筛孔洗入沉降筒中（过筛时，切不可用橡皮头玻棒搅拌或擦洗，以免破坏土壤微团聚体），定量 1 000 mL。将筛内的土粒转移至已恒重的铝盒中，将铝盒置入电热恒温干燥箱中，在 60℃～70℃烘至近干，然后在 105℃～110℃温度下烘至恒重，取出后放入干燥器中冷却至室温，称重（精确到 0.000 1 g）。

7.4 测定悬液温度，查土壤颗粒分析各级土粒吸取时间表（参见附录 B），找出各级微团聚体的吸液时间。用塞子塞紧沉降筒口，上下颠倒 1 min，各约 30 次，使悬液均匀分布。再按不同粒级相应的沉降时间，用 25 mL 吸管或颗粒分析吸管（参见附录 A）分别吸取＜0.05 mm、＜0.01 mm、＜0.005 mm 及＜0.001 mm 粒级悬液，各移入已恒重的 50 mL 烧杯中，用蒸馏水冲洗吸管，使附于管壁的悬液全部移入 50 mL 烧杯中。将装有悬液的烧杯置于电热板上蒸干后，放入烘箱（105℃～110℃）中烘至恒重，取出后放入干燥器内冷却至室温，称重（精确到 0.000 1 g）。

8 结果计算

8.1 小于某粒径微团聚体含量的计算

$$X = \frac{g_v}{g} \times \frac{1\,000}{V} \times 100 \quad\cdots\cdots\cdots\cdots\cdots\cdots\cdots\cdots\cdots\cdots\cdots\cdots\cdots\cdots\quad (1)$$

式中：

X——小于某粒径微团聚体含量，单位为百分数（%）；

g_v——25 mL 吸液中小于某粒径微团聚体重量，单位为克（g）；

g——烘干样品重，单位为克（g）；

V——吸管容积（25 mL）。

两平行测定结果的算术平均值作为测定结果，保留两位小数。

8.2 大于 0.25 mm 粒径团聚体含量的计算

$$A = \frac{g_m}{g} \times 100 \quad\cdots\cdots\cdots\cdots\cdots\cdots\cdots\cdots\cdots\cdots\cdots\cdots\quad (2)$$

式中：

A——大于 0.25 mm 粒径团聚体含量，单位为百分数（%）；

g_m——洗筛中团聚体重量，单位为克（g）；

g——烘干样品重，单位为克（g）。

两平行测定结果的算术平均值作为测定结果，保留两位小数。

8.3 ＜2 mm 粒径的各级团聚体百分数的计算

2～0.25 mm：　　　　　　　　　　　　A

0.25～0.05 mm：　　　　　　　　　　$100-(A+X_{0.05})$

0.05～0.01 mm： $X_{0.05}-X_{0.01}$

0.01～0.005 mm： $X_{0.01}-X_{0.005}$

0.005～0.001 mm： $X_{0.005}-X_{0.001}$

＜0.001 mm： $X_{0.001}$

两平行测定结果的算术平均值作为测定结果,保留两位小数。

9 允许差

两平行测定结果的绝对差值:黏粒级(＜0.001 mm)≤1％;粉砂粒级(≥0.001 mm)≤2％。

附　录　A
（资料性附录）
土壤颗粒分析吸管装置

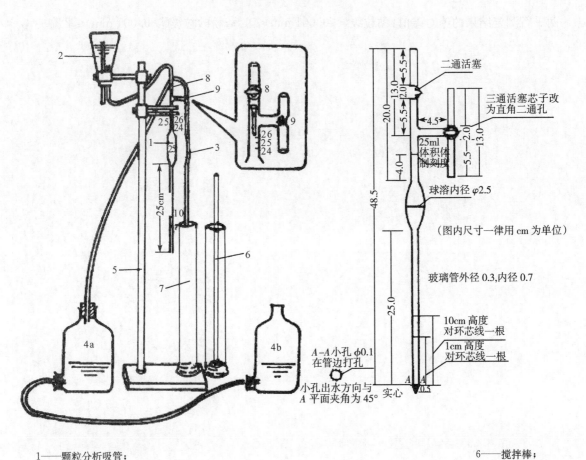

1——颗粒分析吸管；
2——盛水 250 mL 锥形瓶；
3——通气橡皮管；
4——抽气装置(包括两个 1 000 mL 下口瓶 4 a 和 4 b)；
5——支架；

6——搅拌棒；
7——沉降量筒；
8——活塞；
9——三通活塞。

图 A.1　土壤颗粒分析吸管装置图

附 录 B

（资料性附录）

土壤颗粒分析各级土粒吸取时间表

表 B.1 土壤颗粒分析各级土粒吸取时间表

土粒直径 mm		<0.05		<0.01	<0.005	<0.001
温度 ℃	土粒密度 g/cm³	吸液深度 25 cm	吸液深度 10 cm	吸液深度 10 cm	吸液深度 10 cm	吸液深度 10 cm
4	2.45	3′18″	1′20″	33′03″	2ʰ12′11″	55ʰ04′46″
	2.55	3′05″	1′15″	30′55″	2ʰ03′40″	51ʰ31′36″
	2.65	2′54″	1′10″	29′03″	1ʰ56′10″	48ʰ24′16″
	2.75	2′44″	1′06″	27′23″	1ʰ49′32″	45ʰ38′26″
5	2.45	3′13″	1′17″	32′02″	2ʰ08′09″	53ʰ23′33″
	2.55	3′01″	1′12″	29′58″	2ʰ59′53″	49ʰ56′54″
	2.65	2′50″	1′08″	28′09″	1ʰ52′37″	46ʰ55′19″
	2.75	2′40″	1′04″	26′33″	1ʰ46′11″	44ʰ14′34″
6	2.45	3′07″	1′15″	31′04″	2ʰ04′16″	51ʰ46′31″
	2.55	2′55″	1′10″	29′04″	2ʰ56′15″	48ʰ26′08″
	2.65	2′44″	1′06″	27′18″	1ʰ49′12″	45ʰ30′03″
	2.75	2′35″	1′02″	25′44″	1ʰ42′58″	42ʰ54′10″
7	2.45	3′01″	1′13″	30′07″	2ʰ0′28″	50ʰ11′37″
	2.55	2′49″	1′08″	28′10″	1ʰ52′42″	46ʰ57′22″
	2.65	2′39″	1′04″	26′28″	1ʰ45′52″	44ʰ06′39″
	2.75	2′30″	1′0″	24′57″	1ʰ39′49″	41ʰ35′32″
8	2.45	2′55″	1′11″	29′14″	1ʰ56′55″	48ʰ43′02″
	2.55	2′44″	1′06″	27′20″	1ʰ49′23″	45ʰ34′29″
	2.65	2′34″	1′02″	25′41″	1ʰ42′45″	42ʰ48′48″
	2.75	2′25″	58″	24′13″	1ʰ36′53″	40ʰ22′07″
9	2.45	2′51″	1′08″	28′23″	1ʰ53′33″	47ʰ18′41″
	2.55	2′40″	1′04″	26′34″	1ʰ46′13″	44ʰ15′34″
	2.65	2′30″	1′0″	24′57″	1ʰ39′47″	41ʰ34′40″
	2.75	2′21″	57″	23′32″	1ʰ34′05″	39ʰ12′13″
10	2.45	2′45″	1′06″	27′36″	1ʰ50′20″	45ʰ58′33″
	2.55	2′34″	1′02″	25′49″	1ʰ43′13″	43ʰ0′37″
	2.65	2′25″	58″	24′15″	1ʰ16′58″	40ʰ24′15″
	2.75	2′17″	55″	22′52″	1ʰ31′26″	38ʰ05′50″
11	2.45	2′40″	1′05″	26′48″	1ʰ47′14″	44ʰ40′31″
	2.55	2′30″	1′01″	25′04″	1ʰ40′19″	41ʰ47′36″
	2.65	2′21″	57″	23′33″	1ʰ34′14″	39ʰ15′40″
	2.75	2′13″	54″	22′12″	1ʰ28′51″	37ʰ01′09″
12	2.45	2′36″	1′03″	26′03″	1ʰ44′16″	43ʰ26′42″
	2.55	2′26″	59″	24′23″	1ʰ37′33″	40ʰ38′33″
	2.65	2′17″	55″	22′54″	1ʰ31′38″	38ʰ10′48″
	2.75	2′09″	52″	21′36″	1ʰ26′24″	36ʰ0′0″

表 B.1（续）

土粒直径 mm		<0.05		<0.01	<0.005	<0.001
温度 ℃	土粒密度 g/cm³	吸液深度 25 cm	吸液深度 10 cm	吸液深度 10 cm	吸液深度 10 cm	吸液深度 10 cm
13	2.45	2′32″	1′01″	25′23″	1ʰ 41′29″	42ʰ 17′06″
	2.55	2′23″	57″	23′44″	1ʰ 34′56″	39ʰ 33′27″
	2.65	2′14″	54″	22′18″	1ʰ 29′11″	37ʰ 09′38″
	2.75	2′06″	51″	21′02″	1ʰ 24′05″	35ʰ 02′19″
14	2.45	2′28″	59″	24′42″	1ʰ 38′47″	41ʰ 09′37″
	2.55	2′18″	55″	23′06″	1ʰ 32′25″	38ʰ 30′19″
	2.65	2′10″	52″	21′42″	1ʰ 26′49″	36ʰ 10′20″
	2.75	2′03″	49″	20′28″	1ʰ 21′52″	34ʰ 06′24″
15	2.45	2′25″	58″	24′03″	1ʰ 36′10″	40ʰ 04′01″
	2.55	2′15″	54″	22′30″	1ʰ 29′58″	37ʰ 29′09″
	2.65	2′07″	51″	21′08″	1ʰ 24′31″	35ʰ 12′52″
	2.75	2′0″	48″	19′56″	1ʰ 19′41″	33ʰ 12′13″
16	2.45	2′21″	56″	23′25″	1ʰ 33′43″	39ʰ 02′52″
	2.55	2′12″	52″	21′55″	1ʰ 27′41″	36ʰ 31′56″
	2.65	2′04″	49″	20′35″	1ʰ 22′22″	34ʰ 19′07″
	2.75	1′57″	46″	19′24″	1ʰ 17′40″	32ʰ 21′32″
17	2.45	2′17″	55″	22′50″	1ʰ 31′21″	38ʰ 03′50″
	2.55	2′08″	51″	21′22″	1ʰ 25′28″	35ʰ 36′42″
	2.65	2′0″	48″	20′04″	1ʰ 20′17″	33ʰ 27′14″
	2.75	1′53″	45″	18′55″	1ʰ 15′42″	31ʰ 32′37″
18	2.45	2′13″	53″	22′16″	1ʰ 29′04″	37ʰ 06′53″
	2.55	2′05″	50″	20′50″	1ʰ 23′20″	34ʰ 43′25″
	2.65	1′57″	47″	19′34″	1ʰ 18′17″	32ʰ 37′11″
	2.75	1′50″	44″	18′27″	1ʰ 13′49″	30ʰ 45′26″
19	2.45	2′11″	52″	21′43″	1ʰ 26′53″	36ʰ 12′04″
	2.55	2′02″	49″	20′19″	1ʰ 21′17″	33ʰ 51′56″
	2.65	1′55″	46″	19′05″	1ʰ 16′22″	31ʰ 49′0″
	2.75	1′48″	43″	18′0″	1ʰ 12′0″	30ʰ 0′0″
20	2.45	2′07″	51″	21′12″	1ʰ 24′46″	35ʰ 19′21″
	2.55	1′59″	48″	19′50″	1ʰ 19′18″	33ʰ 02′37″
	2.65	1′52″	45″	18′38″	1ʰ 14′30″	31ʰ 02′40″
	2.75	1′46″	42″	17′34″	1ʰ 10′15″	29ʰ 16′19″
21	2.45	2′04″	50″	20′41″	1ʰ 22′45″	34ʰ 28′33″
	2.55	1′56″	47″	19′21″	1ʰ 17′25″	32ʰ 15′16″
	2.65	1′49″	44″	18′11″	1ʰ 12′44″	30ʰ 18′11″
	2.75	1′43″	41″	17′09″	1ʰ 08′35″	28ʰ 34′22″
22	2.45	2′02″	49″	20′12″	1ʰ 20′48″	33ʰ 39′50″
	2.55	1′54″	46″	18′54″	1ʰ 15′35″	31ʰ 29′42″
	2.65	1′47″	43″	17′45″	1ʰ 11′01″	29ʰ 35′22″
	2.75	1′41″	41″	16′44″	1ʰ 06′58″	27ʰ 54′0″
23	2.45	1′58″	48″	19′44″	1ʰ 18′56″	32ʰ 53′14″
	2.55	1′51″	45″	18′28″	1ʰ 13′51″	30ʰ 46′06″
	2.65	1′44″	42″	17′21″	1ʰ 09′23″	28ʰ 54′24″
	2.75	1′38″	40″	16′22″	1ʰ 05′25″	27ʰ 15′22″

表 B.1（续）

土粒直径 mm		<0.05		<0.01	<0.005	<0.001
温度 ℃	土粒密度 g/cm³	吸液深度 25 cm	吸液深度 10 cm	吸液深度 10 cm	吸液深度 10 cm	吸液深度 10 cm
24	2.45	1′56″	47″	19′17″	1ʰ 17′06″	32ʰ 07′41″
	2.55	1′49″	44″	18′02″	1ʰ 12′08″	30ʰ 03′29″
	2.65	1′42″	41″	16′57″	1ʰ 07′46″	28ʰ 14′22″
	2.75	1′36″	39″	15′59″	1ʰ 03′54″	26ʰ 37′37″
25	2.45	1′53″	46″	18′51″	1ʰ 15′22″	31ʰ 24′28″
	2.55	1′45″	43″	17′38″	1ʰ 10′31″	29ʰ 23′03″
	2.65	1′39″	40″	16′34″	1ʰ 06′15″	27ʰ 36′23″
	2.75	1′33″	38″	15′37″	1ʰ 02′28″	26ʰ 01′58″
26	2.45	1′50″	44″	18′26″	1ʰ 13′41″	30ʰ 42′08″
	2.55	1′43″	42″	17′15″	1ʰ 08′56″	28ʰ 43′36″
	2.65	1′37″	39″	16′12″	1ʰ 04′46″	26ʰ 59′19″
	2.75	1′31″	37″	15′17″	1ʰ 01′04″	25ʰ 27′01″
27	2.45	1′48″	43″	18′01″	1ʰ 12′04″	30ʰ 01′39″
	2.55	1′41″	40″	16′51″	1ʰ 07′26″	28ʰ 05′44″
	2.65	1′35″	38″	15′50″	1ʰ 03′21″	26ʰ 23′44″
	2.75	1′30″	36″	14′56″	59′44″	24ʰ 53′28″
28	2.45	1′46″	42″	17′38″	1ʰ 10′31″	29ʰ 22′38″
	2.55	1′39″	39″	16′30″	1ʰ 05′59″	27ʰ 29′13″
	2.65	1′33″	37″	15′30″	1ʰ 01′59″	25ʰ 49′26″
	2.75	1′28″	35″	14′37″	58′27″	24ʰ 21′07″
29	2.45	1′44″	41″	17′15″	1ʰ 09′	28ʰ 44′42″
	2.55	1′37″	38″	16′09″	1ʰ 04′33″	26ʰ 53′43″
	2.65	1′31″	36″	15′10″	1ʰ 0′39″	25ʰ 16′05″
	2.75	1′26″	34″	14′18″	57′12″	23ʰ 49′40″
30	2.45	1′41″	41″	16′52″	1ʰ 07′32″	28ʰ 08′04″
	2.55	1′35″	38″	15′47″	1ʰ 03′11″	26ʰ 19′26″
	2.65	1′29″	36″	14′50″	59′22″	24ʰ 44′01″
	2.75	1′24″	34″	13′59″	55′59″	23ʰ 19′26″

ICS 13.080.05
B 11

中华人民共和国农业行业标准

NY/T 1121.21—2008

土壤检测
第21部分：土壤最大吸湿量的测定

Soil testing—

Part 21:Method for determination of soil maximum hygroscopicity

2008-05-16 发布

2008-07-01 实施

中华人民共和国农业部 发布

前　言

NY/T 1121《土壤检测》为系列标准：
——第1部分：土壤样品的采集、处理和贮存
——第2部分：土壤 pH 的测定
——第3部分：土壤机械组成的测定
——第4部分：土壤容重的测定
——第5部分：石灰性土壤阳离子交换量的测定
——第6部分：土壤有机质的测定
——第7部分：酸性土壤有效磷的测定
——第8部分：土壤有效硼的测定
——第9部分：土壤有效钼的测定
——第10部分：土壤总汞的测定
——第11部分：土壤总砷的测定
——第12部分：土壤总铬的测定
——第13部分：土壤交换性钙和镁的测定
——第14部分：土壤有效硫的测定
——第15部分：土壤有效硅的测定
——第16部分：土壤水溶性盐总量的测定
——第17部分：土壤氯离子含量的测定
——第18部分：土壤硫酸根离子含量的测定
——第19部分：土壤水稳性大团聚体组成的测定
——第20部分：土壤微团聚体组成的测定
——第21部分：土壤最大吸湿量的测定
本部分为 NY/T 1121 的第21部分。

本部分由中华人民共和国农业部种植业管理司提出并归口。

本部分的负责起草单位为：全国农业技术推广服务中心、农业部肥料质量监督检验测试中心（合肥）、北京市土壤肥料工作站。

本部分的主要起草人：任意、朱莉、褚敬东、方从权、徐玉梅、胡劲红、闫军印、郑磊。

土壤检测
第21部分:土壤最大吸湿量的测定

1 范围

本部分规定了硫酸钾饱和溶液法测定土壤最大吸湿量的方法。

本部分适用于各类土壤最大吸湿量的测定。

2 术语和定义

下列术语和定义适用于本部分。

土壤最大吸湿量　soil maximum hygroscopicity

大气相对湿度在饱和条件下,土壤吸湿水达到最大量,这时的吸湿水占土壤干重的百分数称为土壤最大吸湿量。

3 方法原理

本方法是在硫酸钾饱和溶液所形成的空气相对饱和湿度条件下,测定土壤样品最大吸湿量。

4 试剂

饱和硫酸钾溶液:称取 110 g～150 g 硫酸钾(K_2SO_4,化学纯)溶于 1 L 水中(应看到溶液中有白色未溶解的硫酸钾晶体为止)。

5 仪器与设备

5.1 天平:感量 0.001 g。

5.2 干燥器。

5.3 带磨口塞称量瓶:直径 50 mm,高 30 mm。

5.4 电热恒温干燥箱。

6 分析步骤

6.1 称取通过 2 mm 孔径的风干试样 5 g～20 g(黏土和有机质含量多的土壤为 5 g～10 g,壤土和有机质较少的土壤为 10 g～15 g,砂土和有机质极少的土壤为 15 g～20 g,精确至 0.001 g),放入已恒重的称量瓶中,平铺于瓶底。

6.2 在干燥器下层加入饱和硫酸钾溶液至瓷板以下 1 cm 处左右。

6.3 将称量瓶置于干燥器的瓷孔板上,将称量瓶盖打开斜靠在瓶上,瓶勿接触干燥器壁。盖好干燥器,放置于温度稳定处,温度应控制在 20℃±2℃。7 d 后,将称量瓶加盖取出,立即称重(精确至 0.001 g),再放入干燥器中,使其继续吸水,以后每隔 2 d～3 d 称量一次,直至前后两次质量差不超过 0.005 g 为止,取最大值进行计算。

6.4 将上述吸湿水达到恒重的试样,放入 105℃±2℃的恒温干燥箱中烘至恒重,冷却至室温称重,计算土壤最大吸湿量。

7 结果计算

$$W = \frac{m_1 - m_2}{m_2 - m_0} \times 100 \quad \cdots\cdots\cdots\cdots\cdots\cdots\cdots\cdots\cdots\cdots\cdots\cdots\cdots\cdots\cdots (1)$$

式中：

W——土壤最大吸湿量，单位为百分数（%）；

m_0——称量瓶质量，单位为克（g）；

m_1——相对湿度饱和后试样加称量瓶质量，单位为克（g）；

m_2——烘干后试样加称量瓶质量，单位为克（g）。

两平行测定结果的算术平均值作为测定结果，保留一位小数。

8 允许差

两平行测定结果的相对相差≤5%。

ICS 65.100
B 17

中华人民共和国农业行业标准

NY/T 1154.9—2008

农药室内生物测定试验准则 杀虫剂 第9部分:喷雾法

Guideline for laboratory bioassay of pesticides
Part 9: Spraying method

2008-05-16 发布

2008-07-01 实施

中华人民共和国农业部 发布

前　言

《农药室内生物测定试验准则　杀虫剂》为系列标准：
——第 1 部分：触杀活性试验　点滴法；
——第 2 部分：胃毒活性试验　夹毒叶片法；
——第 3 部分：熏蒸活性试验　锥形瓶法；
——第 4 部分：内吸活性试验　连续浸液法；
——第 5 部分：杀卵活性试验　浸渍法；
——第 6 部分：活性试验　浸虫法；
——第 7 部分：混配的联合作用测定；
——第 8 部分：滤纸药膜法；
——第 9 部分：喷雾法；
——第 10 部分：人工饲料混药法；
——第 11 部分：稻茎浸渍法；
——第 12 部分：叶螨玻片浸渍法；
——第 13 部分：叶碟喷雾法；
——第 14 部分：浸叶法；
　　　　……

本部分是《农药室内生物测定试验准则　杀虫剂》的第 9 部分。

本部分由中华人民共和国农业部提出并归口。

本部分起草单位：农业部农药检定所。

本部分主要起草人：陶岭梅、欧晓明、姜辉、张弘、嵇莉莉、林荣华、倪珏萍。

农药室内生物测定试验准则 杀虫剂
第9部分:喷雾法

1 范围

本部分规定了喷雾法测定杀虫剂生物活性的试验方法。

本部分适用于农药登记用杀虫剂触杀活性室内生物测定试验。

2 仪器设备

普通实验室常规仪器设备。

2.1 Potter喷雾塔。

2.2 恒温培养箱或恒温养虫室。

3 试剂与材料

方法所用试剂,凡未指明规格者,均为分析纯;水为蒸馏水。

3.1 生物试材

东方黏虫(*Mythimna separata* Walker)、小菜蛾(*Plutella xylostella* Linnaeus)、烟粉虱(*Bemisia tabaci* Gennadius)等昆虫。

3.2 试验药剂

原药(或母药)。

3.3 对照药剂

采用已登记注册且生产上常用农药的原药(或母药),其化学结构类型或作用方式应与试验药剂相同或相近。

4 试验步骤

4.1 试材准备

选择室内连续饲养、生理状态一致的标准试虫。

4.2 药剂配制

原药用有机溶剂(丙酮、二甲基亚砜、甲醇等)配置成母液,再用 0.05%~0.1%Triton X-100(或0.1%的吐温-80)水溶液按照等比或等差的方法配置5个~7个系列质量浓度。

4.3 Potter喷雾塔准备

将Potter喷雾塔的喷雾压力稳定在 1.47×10^5 Pa,喷雾头先用丙酮清洗2次,再用蒸馏水清洗2次。

4.4 药剂处理

先用毛笔选取生理状态一致的试虫不少于10头放入培养皿中,再将培养皿置于Potter喷雾塔底盘进行定量喷雾,喷液量为1 ml,药液沉降1 min后取出试虫,进行饲养。

每处理不少于4次重复,并设不含药剂(含所有溶剂和乳化剂)的处理作空白对照。

4.5 饲养与观察

处理后的试虫置于温度为(25±1)℃、相对湿度为60%~80%、光照光周期为 L:D=(16:8)h条件下饲养和观察。特殊情况可以适当调整试验环境条件。

4.6 检查

处理后 48 h 检查试虫死亡情况，分别记录总虫数和死虫数。根据试验要求和药剂特点，可以缩短或延长检查时间。

5 数据统计与分析

5.1 计算方法

根据调查数据，计算各处理的校正死亡率。按公式（1）和（2）计算，计算结果均保留到小数点后两位。

$$P = \frac{K}{N} \times 100 \quad \cdots\cdots\cdots\cdots\cdots\cdots\cdots\cdots\cdots\cdots\cdots\cdots\cdots\cdots \quad (1)$$

式中：

P ——死亡率，单位为百分数（%）；

K ——表示死亡虫数，单位为头；

N ——表示处理总虫数，单位为头。

$$P_1 = \frac{P_t - P_0}{1 - P_0} \times 100 \quad \cdots\cdots\cdots\cdots\cdots\cdots\cdots\cdots\cdots\cdots\cdots\cdots \quad (2)$$

式中：

P_1 ——校正死亡率，单位为百分数（%）；

P_t ——处理死亡率，单位为百分数（%）；

P_0 ——空白对照死亡率，单位为百分数（%）。

若对照死亡率＜5%，无需校正；对照死亡率在 5%～20% 之间，应按公式（2）进行校正；对照死亡率＞20%，试验需重做。

5.2 统计分析

采用几率值分析的方法对数据进行处理。可以用 SAS 统计分析系统、POLO 等软件进行统计分析，求出毒力回归线的 LC_{50} 和 LC_{90} 值及其 95% 置信限、b 值及其标准误差（SD），评价供试药剂对生物试材的活性。

6 结果与报告编写

根据统计结果进行分析评价，写出正式试验报告。

ICS 65.100
B 17

中华人民共和国农业行业标准

NY/T 1154.10—2008

农药室内生物测定试验准则　杀虫剂
第10部分：人工饲料混药法

Guideline for laboratory bioassay of pesticides
Part 10: Diet incorporation method

2008-05-16 发布

2008-07-01 实施

57

中华人民共和国农业部 发布

前　言

《农药室内生物测定试验准则　杀虫剂》为系列标准：
——第1部分:触杀活性试验　点滴法;
——第2部分:胃毒活性试验　夹毒叶片法;
——第3部分:熏蒸活性试验　锥形瓶法;
——第4部分:内吸活性试验　连续浸液法;
——第5部分:杀卵活性试验　浸渍法;
——第6部分:活性试验　浸虫法;
——第7部分:混配的联合作用测定;
——第8部分:滤纸药膜法;
——第9部分:喷雾法;
——第10部分:人工饲料混药法;
——第11部分:稻茎浸渍法;
——第12部分:叶螨玻片浸渍法;
——第13部分:叶碟喷雾法;
——第14部分:浸叶法;
　　　……

本部分是《农药室内生物测定试验准则　杀虫剂》的第10部分。

本部分由中华人民共和国农业部提出并归口。

本部分起草单位:农业部农药检定所。

本部分主要起草人:欧晓明、陶岭梅、张弘、嵇莉莉、林荣华、倪珏萍、姜辉。

农药室内生物测定试验准则 杀虫剂
第10部分:人工饲料混药法

1 范围

本部分规定了人工饲料混药法测定杀虫剂生物活性的试验方法。

本部分适用于农药登记用杀虫剂室内生物测定试验。

2 仪器设备

普通实验室常规仪器设备。

2.1 高压灭菌器。

2.2 恒温水浴锅。

2.3 12孔组织培养板。

2.4 恒温培养箱或恒温养虫室。

3 试剂与材料

方法所用试剂,凡未指明规格者,均为分析纯;水为蒸馏水。

3.1 生物试材

东方黏虫(*Mythimna separata* Walker)、二化螟(*Chilo suppressalis* Walker)、棉铃虫(*Heliocoverpa armigera* Hübner)、甜菜夜蛾(*Spodoptera exigue* Hübner)等鳞翅目昆虫。

3.2 试验药剂

原药(或母药)。

3.3 对照药剂

采用已登记注册且生产上常用农药的原药(或母药),其化学结构类型或作用方式应与试验药剂相同或相近。

4 试验设计

方法所用试剂,凡未指明规格者,均为分析纯;水为蒸馏水。

4.1 试材准备

选择室内连续饲养、生理状态一致的标准试虫。

4.2 药剂配制

原药用有机溶剂(丙酮、二甲基亚砜、甲醇等)配置成母液,用水或丙酮等有机溶剂按照等比或等差的方法配置5个~7个系列质量浓度。

4.3 人工饲料准备

根据被测试生物试材的人工饲料配方配制人工饲料。

4.4 混药

将适量稀释好的药液均匀混入制作好的人工饲料中(有机溶剂在饲料中的含量不超过1%),趁热分别倒入12孔板冷却备用,或凝固后切成小块转入指形管中备用。

4.5 接虫

每孔接入 1 头试虫,每处理重复 3 次,每重复 20 头,并设不含药剂(含有机溶剂)的处理作空白对照。

4.6 饲养与观察

处理后的试虫于温度为(25±1)℃、相对湿度为 60%~80%、光周期为 L：D=(16：8) h 条件下饲养和观察。特殊情况可以适当调整试验环境条件。

4.7 检查

处理后 48 h 检查试虫死亡情况,分别记录总虫数和死虫数。根据试验要求和药剂特点,可以缩短或延长检查时间。

5 数据统计与分析

5.1 计算方法

根据调查数据,计算各处理的校正死亡率。按公式(1)和(2)计算,计算结果均保留到小数点后两位。

$$P=\frac{K}{N}\times100 \quad\cdots\cdots\cdots\cdots\cdots\cdots\cdots\cdots\cdots\cdots\cdots\cdots\cdots\cdots\cdots\cdots\cdots\cdots\cdots (1)$$

式中：

P——死亡率,单位为百分数(%)；

K——表示死亡虫数,单位为头；

N——表示处理总虫数,单位为头。

$$P_1=\frac{P_t-P_0}{1-P_0}\times100 \quad\cdots\cdots\cdots\cdots\cdots\cdots\cdots\cdots\cdots\cdots\cdots\cdots\cdots\cdots\cdots\cdots (2)$$

式中：

P_1——校正死亡率,单位为百分数(%)；

P_t——处理死亡率,单位为百分数(%)；

P_0——空白对照死亡率,单位为百分数(%)。

若对照死亡率<5%,无需校正；对照死亡率在 5%~20%之间,应按公式(2)进行校正；对照死亡率>20%,试验需重做。

5.2 统计分析

采用几率值分析的方法对数据进行处理。可以用 SAS 统计分析系统、POLO 等软件进行统计分析,求出毒力回归线的 LC_{50} 和 LC_{90} 值及其 95%置信限、b 值及其标准误差,评价供试药剂对靶标昆虫的胃毒活性。

6 结果与报告编写

根据统计结果进行分析评价,写出正式试验报告。

ICS 65.100
B 17

中华人民共和国农业行业标准

NY/T 1154.11—2008

农药室内生物测定试验准则 杀虫剂
第11部分：稻茎浸渍法

Guideline for laboratory bioassay of pesticides
Part 11: Rice stemdipping method

2008-05-16 发布 　　　　　　　　　 2008-07-01 实施

中华人民共和国农业部 发布

前　言

《农药室内生物测定试验准则　杀虫剂》为系列标准：
——第1部分：触杀活性试验　点滴法；
——第2部分：胃毒活性试验　夹毒叶片法；
——第3部分：熏蒸活性试验　锥形瓶法；
——第4部分：内吸活性试验　连续浸液法；
——第5部分：杀卵活性试验　浸渍法；
——第6部分：活性试验　浸虫法；
——第7部分：混配的联合作用测定；
——第8部分：滤纸药膜法；
——第9部分：喷雾法；
——第10部分：人工饲料混药法；
——第11部分：稻茎浸渍法；
——第12部分：叶螨玻片浸渍法；
——第13部分：叶碟喷雾法；
——第14部分：浸叶法；
　　　　　　……
本部分是《农药室内生物测定试验准则　杀虫剂》的第11部分。
本部分由中华人民共和国农业部提出并归口。
本部分起草单位：农业部农药检定所。
本部分主要起草人：陶岭梅、张弘、嵇莉莉、林荣华、倪珏萍、姜辉、欧晓明。

农药室内生物测定试验准则 杀虫剂
第11部分:稻茎浸渍法

1 范围

本部分规定了稻茎浸渍法测定杀虫剂生物活性的试验方法。

本部分适用于农药登记用杀虫剂防治刺吸式口器昆虫室内生物测定试验。

2 仪器设备

普通实验室常规仪器设备。

2.1 吸虫器。

2.2 恒温培养箱或恒温养虫室。

3 试剂与材料

方法所用试剂,凡未指明规格者,均为分析纯;水为蒸馏水。

3.1 生物试材

同翅目若虫或成虫,如飞虱类、叶蝉类昆虫等。

3.2 试验药剂

原药(或母药)。

3.3 对照药剂

采用已登记注册且生产上常用农药的原药(或母药),其化学结构类型或作用方式应与试验药剂相同或相近。

4 试验步骤

4.1 试材准备

选择室内饲养、生理状态一致的若虫或成虫为标准试虫。

选取实验室培养的健壮一致的分蘖期水稻苗,连根挖取,洗净,剪成约10 cm长的带根稻茎,于阴凉处晾至表面无水痕,待用。

4.2 药剂配制

原药用有机溶剂(丙酮、二甲基亚砜、甲醇等)配置成母液后,用0.05%～0.1% Triton X-100(或0.1%的吐温-80)水溶液按照等比或等差的方法配置5个～7个系列质量浓度。

4.3 药剂处理

将准备好的稻茎在配制好的药液中浸渍30 s(根据药剂特性,可适当延长浸渍时间),取出晾干,用湿脱脂棉包住根部保湿,外包保鲜膜,置于试管中,每试管3株。

每处理不少于4次重复,并设不含药剂(含所有溶剂和乳化剂)的处理做空白对照。

4.4 接虫

用吸虫器将试虫移入试管中,每试管15头,管口用纱布罩住。

4.5 饲养与观察

处理后的试虫置于温度为(25±1)℃、相对湿度为60%～80%、光照光周期为L:D=(16:8)h条件下饲养和观察。特殊情况可以适当调整试验环境条件。

4.6 检查

处理后 48 h 检查试虫死亡情况，分别记录总虫数和死虫数。根据试验要求和药剂特点，可以缩短或延长检查时间。

5 数据统计与分析

5.1 计算方法

根据调查数据，计算各处理的校正死亡率。按公式(1)和(2)计算，计算结果均保留到小数点后两位。

$$P = \frac{K}{N} \times 100 \quad\cdots\cdots\cdots\cdots\cdots\cdots\cdots\cdots\cdots\cdots\cdots\cdots\cdots\cdots\cdots\cdots\cdots\cdots (1)$$

式中：

P——死亡率，单位为百分数(%)；

K——表示死亡虫数，单位为头；

N——表示处理总虫数，单位为头。

$$P_1 = \frac{P_t - P_0}{1 - P_0} \times 100 \quad\cdots\cdots\cdots\cdots\cdots\cdots\cdots\cdots\cdots\cdots\cdots\cdots\cdots\cdots\cdots\cdots (2)$$

式中：

P_1——校正死亡率，单位为百分数(%)；

P_t——处理死亡率，单位为百分数(%)；

P_0——空白对照死亡率，单位为百分数(%)。

若对照死亡率<5%，无需校正；对照死亡率在 5%～20%之间，应按公式(2)进行校正；对照死亡率>20%，试验需重做。

5.2 统计分析

采用几率值分析的方法对数据进行处理。可以用 SAS 统计分析系统、POLO 等软件进行统计分析，求出毒力回归线的 LC_{50} 和 LC_{90} 值及其95%置信限、b 值及其标准误差(SD)，评价供试药剂对生物试材的活性。

6 结果

根据统计结果进行分析评价，写出正式试验报告。

ICS 65.100
B 17

中华人民共和国农业行业标准

NY/T 1154.12—2008

农药室内生物测定试验准则 杀虫剂
第 12 部分：叶螨玻片浸渍法

Guideline for laboratory bioassay of pesticides
Part 12: Slide–dip method immersion

2008-05-16 发布
2008-07-01 实施

中华人民共和国农业部 发布

前　言

《农药室内生物测定试验准则　杀虫剂》为系列标准：
——第 1 部分：触杀活性试验　点滴法；
——第 2 部分：胃毒活性试验　夹毒叶片法；
——第 3 部分：熏蒸活性试验　锥形瓶法；
——第 4 部分：内吸活性试验　连续浸液法；
——第 5 部分：杀卵活性试验　浸渍法；
——第 6 部分：活性试验　浸虫法；
——第 7 部分：混配的联合作用测定；
——第 8 部分：滤纸药膜法；
——第 9 部分：喷雾法；
——第 10 部分：人工饲料混药法；
——第 11 部分：稻茎浸渍法；
——第 12 部分：叶螨玻片浸渍法；
——第 13 部分：叶碟喷雾法；
——第 14 部分：浸叶法；
　　　　　　　　……

本部分是《农药室内生物测定试验准则　杀虫剂》的第 12 部分。
本部分由中华人民共和国农业部提出并归口。
本部分起草单位：农业部农药检定所。
本部分主要起草人：张弘、嵇莉莉、林荣华、倪珏萍、王晓军、欧晓明、陶岭梅。

农药室内生物测定试验准则 杀虫剂
第 12 部分:叶螨玻片浸渍法

1 范围

本部分规定了玻片浸渍法测定杀螨剂杀螨活性的试验方法。

本部分适用于农药登记用杀螨剂室内生物测定试验。

2 仪器设备

普通实验室常规仪器设备。

2.1 体视显微镜。

2.2 载玻片。

2.3 具盖白磁盘。

2.4 双面胶。

2.5 恒温培养箱或恒温养虫室。

3 试剂与材料

方法所用试剂,凡未指明规格者,均为分析纯;水为蒸馏水。

3.1 生物试材

朱砂叶螨(*Tetranychus cinnabarinnum* Boisduval),柑橘全爪螨(*Panonychus citri* Wcgregov)等螨类。

3.2 试验药剂

原药(或母药)。

3.3 对照药剂

采用已登记注册且生产上常用农药的原药(或母药),其化学结构类型或作用方式应与试验药剂相同或相近。

4 试验步骤

4.1 试材准备

选择室内饲养、生理状态一致的雌成螨。

将双面胶剪成 2 cm 长,贴于载玻片的一端,然后选取健康雌成螨,将其背部粘于双面胶上(注意不要粘着螨足、触须和口器),每片 30 头,放入垫有湿海绵容器中,盖上盖子,置于(25±1)℃条件下。2 h 后镜检,剔除死亡和受伤个体,补足每片 30 头。

4.2 药剂配制

原药用有机溶剂(丙酮、二甲基亚砜、甲醇等)配置成母液,再用 0.05%～0.1%Triton X‑100(或 0.1%的吐温‑80)水溶液按照等比或等差的方法配置 5 个～7 个系列质量浓度。

4.3 药剂处理

将玻片浸于药液中轻轻振荡 5 s 后取出,用吸水纸吸去多余药液,置于垫有湿海绵的白磁盘中,使用透光性好的塑料薄膜覆盖。

每处理 4 次重复,并设不含药剂(含所有有机溶剂和乳化剂)的处理作空白对照。

4.4 饲养与观察

将盛有处理试虫的容器置于温度为(25±1)℃、光周期为 L：D＝(16：8)h 条件下饲养和观察。特殊情况可以适当调整试验环境条件。

4.5 检查

处理后 48 h 检查试虫死亡情况，分别记录总虫数和死虫数。根据试验要求和药剂特点，可以缩短或延长检查时间。

5 数据统计与分析

5.1 计算方法

根据调查数据，计算各处理的校正死亡率。按公式(1)和(2)计算，计算结果均保留到小数点后两位。

$$P = \frac{K}{N} \times 100 \quad\cdots\cdots\cdots\cdots\cdots\cdots\cdots\cdots\cdots\cdots\cdots\cdots\cdots\cdots\cdots\cdots\cdots\cdots\cdots \quad (1)$$

式中：

P——死亡率，单位为百分数(%)；

K——表示死亡虫数，单位为头；

N——表示处理总虫数，单位为头。

$$P_1 = \frac{P_t - P_0}{1 - P_0} \times 100 \quad\cdots\cdots\cdots\cdots\cdots\cdots\cdots\cdots\cdots\cdots\cdots\cdots\cdots\cdots\cdots\cdots \quad (2)$$

式中：

P_1——校正死亡率，单位为百分数(%)；

P_t——处理死亡率，单位为百分数(%)；

P_0——空白对照死亡率，单位为百分数(%)。

若对照死亡率＜5%，无需校正；对照死亡率在 5%～20%之间，应按公式(2)进行校正；对照死亡率＞20%，试验需重做。

5.2 统计分析

采用几率值分析的方法对数据进行处理。可以用 SAS 统计分析系统、POLO 等软件进行统计分析，求出毒力回归线的 LC_{50} 和 LC_{90} 值及其 95%置信限、b 值及其标准误差(SD)，评价供试药剂对生物试材的活性。

6 结果

根据统计结果进行分析评价，写出正式试验报告。

ICS 65.100
B 17

中华人民共和国农业行业标准

NY/T 1154.13—2008

农药室内生物测定试验准则 杀虫剂
第13部分:叶碟喷雾法

Guideline for laboratory bioassay of pesticides
Part 13:Leaf-disc spraying method

2008-05-16 发布

2008-07-01 实施

中华人民共和国农业部 发布

前　言

《农药室内生物测定试验准则　杀虫剂》为系列标准：
——第1部分：触杀活性试验　点滴法；
——第2部分：胃毒活性试验　夹毒叶片法；
——第3部分：熏蒸活性试验　锥形瓶法；
——第4部分：内吸活性试验　连续浸液法；
——第5部分：杀卵活性试验　浸渍法；
——第6部分：活性试验　浸虫法；
——第7部分：混配的联合作用测定；
——第8部分：滤纸药膜法；
——第9部分：喷雾法；
——第10部分：人工饲料混药法；
——第11部分：稻茎浸渍法；
——第12部分：叶螨玻片浸渍法；
——第13部分：叶碟喷雾法；
——第14部分：浸叶法；
……

本部分是《农药室内生物测定试验准则　杀虫剂》的第13部分。

本部分由中华人民共和国农业部提出并归口。

本部分起草单位：农业部农药检定所。

本部分主要起草人：嵇莉莉、林荣华、倪珏萍、姜辉、欧晓明、陶岭梅、张弘。

农药室内生物测定试验准则　杀虫剂
第13部分:叶碟喷雾法

1　范围

本部分规定了叶碟喷雾法测定杀螨剂杀螨活性的试验方法。

本部分适用于农药登记用杀螨剂室内生物测定试验。

2　仪器设备

普通实验室常规仪器设备。

2.1　体视显微镜。

2.2　孔径2 cm打孔器。

2.3　直径9 cm海绵块。

2.4　Potter喷雾塔。

2.5　恒温培养箱或恒温养虫室。

3　试剂与材料

方法所用试剂,凡未指明规格者,均为分析纯;水为蒸馏水。

3.1　生物试材

朱砂叶螨(*Tetranychus cinnabarinnum* Boisduval)、柑橘全爪螨(*Panonychus citri* Wcgregov)等螨类。

3.2　试验药剂

原药(或母药)。

3.3　对照药剂

采用已登记注册且生产上常用农药的原药(或母药),其化学结构类型或作用方式应与试验药剂相同或相近。

4　试验步骤

4.1　试材准备

选择室内饲养、生理状态一致的雌成螨。

选取生长一致的寄主植物叶片(例如蚕豆叶片、棉花叶片、柑橘叶片等),用打孔器做成叶碟,在培养皿内放置一湿海绵块,其上放滤纸,滤纸上放叶碟,每皿2个叶碟,将室内饲养的成螨或若螨接种到叶碟上,每叶碟15头~20头。

4.2　药剂配制

原药用有机溶剂(丙酮、二甲基亚砜、甲醇等)配置成母液,再用0.05%~0.1% Triton X-100(或0.1%的吐温-80)水溶液按照等比或等差的方法配置5个~7个系列质量浓度。

4.3　Potter喷雾塔准备

将Potter喷雾塔的喷雾压力调整在$1.47×10^5$ Pa的稳定状态,将洗净的喷雾头先用丙酮清洗2次,再用蒸馏水清洗2次。

4.4 药剂处理

将培养皿置于 Potter 喷雾塔底盘进行喷雾,喷液量为 1 mL,药液沉降 1 min 后取出,转移至饲养条件下饲养。

每处理不少于 4 次重复,并设不含药剂(含所有有机溶剂和乳化剂)的处理作空白对照。

4.5 饲养与观察

将处理的试虫置于温度为(25±1)℃、光周期 L∶D=(16∶8)h 条件下饲养和观察。特殊情况可以适当调整试验环境条件。

4.6 检查

处理后 48 h 检查试虫死亡情况,分别记录总虫数和死虫数。根据试验要求和药剂特点,可以缩短或延长检查时间。

5 数据统计与分析

5.1 计算方法

根据调查数据,计算各处理的校正死亡率。按公式(1)和(2)计算,计算结果均保留到小数点后两位:

$$P = \frac{K}{N} \times 100 \quad\cdots\cdots\cdots\cdots\cdots\cdots\cdots\cdots\cdots\cdots\cdots\cdots\cdots\cdots\cdots \quad (1)$$

式中:

P——死亡率,单位为百分数(%);

K——表示死亡虫数,单位为头;

N——表示处理总虫数,单位为头。

$$P_1 = \frac{P_t - P_0}{1 - P_0} \times 100 \quad\cdots\cdots\cdots\cdots\cdots\cdots\cdots\cdots\cdots\cdots\cdots \quad (2)$$

式中:

P_1——校正死亡率,单位为百分数(%);

P_t——处理死亡率,单位为百分数(%);

P_0——空白对照死亡率,单位为百分数(%)。

若对照死亡率<5%,无需校正;对照死亡率在 5%~20% 之间,应按公式(2)进行校正;对照死亡率>20%,试验需重做。

5.2 统计分析

采用几率值分析的方法对数据进行处理。可以用 SAS 统计分析系统、POLO 等软件进行统计分析,求出毒力回归线的 LC_{50} 和 LC_{90} 值及其 95% 置信限、b 值及其标准误差(SD),评价供试药剂对生物试材的活性。

6 结果

根据统计结果进行分析评价,写出正式试验报告。

ICS 65.100
B 17

中华人民共和国农业行业标准

NY/T 1154.14—2008

农药室内生物测定试验准则 杀虫剂
第14部分:浸叶法

Guideline for laboratory bioassay of pesticides
Part 14:Leaf-dipping method

2008-05-16 发布
2008-07-01 实施

73

中华人民共和国农业部 发布

前　言

《农药室内生物测定试验准则　杀虫剂》为系列标准：

——第 1 部分：触杀活性试验　点滴法；

——第 2 部分：胃毒活性试验　夹毒叶片法；

——第 3 部分：熏蒸活性试验　锥形瓶法；

——第 4 部分：内吸活性试验　连续浸液法；

——第 5 部分：杀卵活性试验　浸渍法；

——第 6 部分：活性试验　浸虫法；

——第 7 部分：混配的联合作用测定；

——第 8 部分：滤纸药膜法；

——第 9 部分：喷雾法；

——第 10 部分：人工饲料混药法；

——第 11 部分：稻茎浸渍法；

——第 12 部分：叶螨玻片浸渍法；

——第 13 部分：叶碟喷雾法；

——第 14 部分：浸叶法；

······

本部分是《农药室内生物测定试验准则　杀虫剂》的第 14 部分。

本部分由中华人民共和国农业部提出并归口。

本部分起草单位：农业部农药检定所。

本部分主要起草人：林荣华、倪珏萍、姜辉、欧晓明、陶岭梅、张弘、嵇莉莉。

农药室内生物测定试验准则 杀虫剂
第14部分:浸叶法

1 范围

本部分规定了浸叶法测定杀虫剂生物活性的试验方法。

本部分适用于农药登记用杀虫剂室内生物测定试验。

2 仪器设备

普通实验室常规仪器设备。

2.1 孔径1 cm打孔器。

2.2 恒温培养箱或恒温养虫室。

3 试验条件试剂与材料

方法所用试剂,凡未指明规格者,均为分析纯;水为蒸馏水。

3.1 生物试材

小菜蛾(*Plutella xylostella* Linnaeus)、甜菜夜蛾(*Laphygma exigue* Hübner)等鳞翅目昆虫。

3.2 试验药剂

原药(或母药)。

3.3 对照药剂

采用已登记注册且生产上常用农药的原药(或母药),其化学结构类型或作用方式应与试验药剂相同或相近。

4 试验步骤

4.1 试材准备

选择室内连续饲养、生理状态一致的标准试虫。

选取生长一致的植物叶片如玉米、棉花和甘蓝等,制成适宜的叶碟或叶段。

4.2 药剂配制

原药用有机溶剂(丙酮、二甲基亚砜、甲醇等)配置成母液,再用0.05%～0.1% Triton X-100(或0.1%的吐温-80)水溶液按照等比或等差的方法配置5个～7个系列质量浓度。

4.3 药剂处理

将叶碟或叶段浸于待测药剂溶液中,10 s(可根据药剂特性适当延长或缩短浸渍时间)后取出晾干置于含有1%水琼脂或保湿滤纸的培养皿中,接入试虫,每重复不少于10头。

每处理不少于4次重复,并设不含药剂(含所有有机溶剂和乳化剂)的处理作空白对照。

4.4 饲养与观察

将处理的试虫置于温度为(25±1)℃、湿度为60%～80%、光周期为L:D=(16:8)h条件下饲养和观察,特殊情况可以适当调整试验环境条件。

4.5 检查

处理后48 h检查试虫死亡情况,分别记录总虫数和死虫数。根据试验要求和药剂特点,可以缩短或延长检查时间。

5 数据统计与分析

5.1 计算方法

根据调查数据,计算各处理的校正死亡率。按公式(1)和(2)计算,计算结果均保留到小数点后两位:

$$P = \frac{K}{N} \times 100 \quad\text{······································}\quad (1)$$

式中:

P——死亡率,单位为百分数(%);

K——表示死亡虫数,单位为头;

N——表示处理总虫数,单位为头。

$$P_1 = \frac{P_t - P_0}{1 - P_0} \times 100 \quad\text{······································}\quad (2)$$

式中:

P_1——校正死亡率,单位为百分数(%);

P_t——处理死亡率,单位为百分数(%);

P_0——空白对照死亡率,单位为百分数(%)。

若对照死亡率<5%,无需校正;对照死亡率在5%～20%之间,应按公式(2)进行校正;对照死亡率>20%,试验需重做。

5.2 统计分析

采用几率值分析的方法对数据进行处理。可以用SAS统计分析系统、POLO等软件进行统计分析,求出毒力回归线的LC_{50}和LC_{90}值及其95%置信限、b值及其标准误差(SD),评价供试药剂对生物试材的活性。

6 结果

根据统计结果进行分析评价,写出正式试验报告。

ICS 65.100
B 17

中华人民共和国农业行业标准

NY/T 1155.9—2008

农药室内生物测定试验准则　除草剂

第9部分：水田除草剂活性测定试验

茎叶喷雾法

Guideline for laboratory bioassay of pesticides

Part 9:Foliar application test for paddy phytocidal activity

2008-05-16 发布

2008-07-01 实施

中华人民共和国农业部 发布

前　言

《农药室内生物测定试验准则　除草剂》为系列标准。

——第1部分：活性试验　平皿法；

——第2部分：活性测定试验　玉米根长法；

——第3部分：活性测定试验　土壤喷雾法；

——第4部分：活性测定试验　茎叶喷雾法；

——第5部分：水田除草剂土壤活性测定试验　浇灌法；

——第6部分：对作物的安全性试验　土壤喷雾法；

——第7部分：混配的联合作用测定；

——第8部分：作物的安全性试验　茎叶喷雾法；

——第9部分：水田除草剂活性测定试验　茎叶喷雾法；

……

本部分是《农药室内生物测定试验准则　除草剂》的第9部分。

本部分由中华人民共和国农业部提出并归口。

本部分起草单位：农业部农药检定所。

本部分主要起草人：张宗俭、张宏军、刘学、张佳、王贵启。

农药室内生物测定试验准则 除草剂
第9部分：水田除草剂活性测定试验 茎叶喷雾法

1 范围

本部分规定了喷雾法测定水田除草剂茎叶处理活性的基本要求和方法。

本部分适用于农药登记用水田除草剂茎叶活性测定的室内试验。

2 仪器设备

普通实验室常规仪器设备：

2.1 光照培养箱或可控日光温室(光照、温度、湿度等)。

2.2 可控喷雾设备。

2.3 电子天平(感量0.1 mg)。

2.4 移液器或移液管等。

3 试剂与材料

方法所用试剂，凡未指明规格者，均为分析纯。

3.1 试验土壤

试验采用有机质含量≤4%、中性(pH6.0~8.0)、通透性良好的过筛风干沙壤土。

3.2 生物试材

选择易于培养、生育期一致的代表性敏感杂草，其种子发芽率在80%以上。常用杂草种类如下：

禾本科杂草：稗草(*Echinochloa crus - galli*)、千金子(*Leptochloa chinensis*)、双穗雀稗(*Paspalum distichum*)等。

阔叶杂草：眼子菜(*Potamogeton distinctus*)、鳢肠(*Eclipta prostrata*)、鸭舌草(*Monochoria vaginalis*)、矮慈姑(*Sagittaria pygmaea*)、浮萍(*Lemna minor*)等。

莎草科杂草：异型莎草(*Cyperus difformis*)、碎米莎草(*Cyperus iria*)、水莎草(*Juncellus serotinus*)等。

3.3 试验药剂

原药(或母药)。

3.4 对照药剂

采用已登记注册且生产上常用农药的原药(或母药)，其化学结构类型或作用方式应与试验药剂相同或相近。

4 试验步骤

4.1 试材准备

将试验土壤定量装至盆钵的4/5处，采用顶部浇灌，使土壤完全润湿至饱和状态。将预处理的供试杂草种子均匀撒播于土壤表面，根据种子大小覆土0.5 cm~2.0 cm，播种后保持土壤充分湿润，移入温室正常管理，培养杂草至适宜叶期进行喷雾处理。

4.2 药剂配制

水溶性药剂用蒸馏水溶解、稀释。其他药剂选用合适的溶剂(丙酮、二甲基甲酰胺或二甲基亚砜等)溶解,用0.1%的吐温-80水溶液稀释。根据药剂特性,试验药剂和对照药剂各设5个~7个系列剂量。

4.3 药剂处理

按试验设计从低剂量到高剂量分别进行喷雾处理。每处理不少于4次重复,并设不含药剂的处理作空白对照。

处理后保持土壤充分湿润,移入温室正常管理,如试验需要,施药1d后可保持1cm~4cm水层。用温湿度记录仪,记录试验期间温室内的温湿度动态数据。

4.4 检查

处理后定期检查记载杂草生长状态。处理后14d或21d,检查各处理地上部分的株高和鲜重,同时描述受害症状。根据除草剂的类型及特性,检查时间可适当调整。

5 数据统计与分析

5.1 计算方法

5.1.1 目测法

根据测试靶标杂草受害症状和严重程度,评价药剂的除草活性。可以采用下列统一级别进行检查:

1级:全部死亡;

2级:相当于空白对照杂草的0~2.5%;

3级:相当于空白对照杂草的2.6%~5%;

4级:相当于空白对照杂草的5.1%~10%;

5级:相当于空白对照杂草的10.1%~15%;

6级:相当于空白对照杂草的15.1%~25%;

7级:相当于空白对照杂草的25.1%~35%;

8级:相当于空白对照杂草的35.1%~67.5%;

9级:相当于空白对照杂草的67.6%~100%。

5.1.2 生长抑制法

根据检查数据,按公式(1)计算各处理的生长抑制率,计算结果保留小数点后两位。

$$R = \frac{X_0 - X_1}{X_0} \times 100 \quad \cdots\cdots\cdots\cdots\cdots\cdots\cdots\cdots\cdots\cdots \quad (1)$$

式中:

R——生长抑制率,单位为百分数(%);

X_0——对照鲜重(或株高),单位为克或厘米;

X_1——处理鲜重(或株高),单位为克或厘米。

5.2 统计分析

用DPS(数据处理系统)、SAS(统计分析系统)或SPSS(社会科学统计程序)标准统计软件对药剂剂量的对数值与抑制率的机率值进行回归分析,计算ED_{50}和ED_{90}值及95%置信限。

6 结果与报告编写

根据统计结果进行分析评价,写出正式试验报告,并列出原始数据。

ICS 65.100
B 17

中华人民共和国农业行业标准

NY/T 1156.9—2008

农药室内生物测定试验准则 杀菌剂
第9部分：抑制灰霉病菌试验 叶片法

Guideline for laboratory bioassay of pesticides
Part 9:Detached leaf test for fungicide control *Botrytis cinerea* Pers.

2008-05-16 发布

2008-07-01 实施

中华人民共和国农业部 发布

前　言

《农药室内生物测定试验准则　杀菌剂》为系列标准:
——第 1 部分:抑制病原真菌孢子萌发试验　凹玻片法;
——第 2 部分:抑制病原真菌菌丝生长试验　平皿法;
——第 3 部分:抑制黄瓜霜霉菌病菌试验　平皿叶片法;
——第 4 部分:防治小麦白粉病试验　盆栽法;
——第 5 部分:抑制水稻纹枯病菌试验　蚕豆叶片法;
——第 6 部分:混配的联合作用测定;
——第 7 部分:防治黄瓜霜霉病试验　盆栽法;
——第 8 部分:防治水稻稻瘟病试验　盆栽法;
——第 9 部分:抑制灰霉病菌试验　叶片法;
——第 10 部分:防治灰霉病试验　盆栽法;
——第 11 部分:防治瓜类白粉病试验　盆栽法;
——第 12 部分:防治晚疫病试验　盆栽法;
——第 13 部分:抑制晚疫病菌试验　叶片法;
——第 14 部分:防治瓜类炭疽病试验　盆栽法;
——第 15 部分:防治麦类叶锈病试验　盆栽法;
——第 16 部分:抑制细菌生长量试验　浑浊度法;
……

本部分是《农药室内生物测定试验准则　杀菌剂》的第 9 部分。

本部分由中华人民共和国农业部提出并归口。

本部分起草单位:农业部农药检定所。

本部分主要起草人:徐文平、朱春雨、刘学、吴新平、张薇、袁善奎、李钟华。

农药室内生物测定试验准则 杀菌剂
第9部分：抑制灰霉病菌试验 叶片法

1 范围

本部分规定了叶片法测定杀菌剂抑制灰霉病菌的试验方法。

本部分适用于农药登记用杀菌剂对黄瓜、番茄、草莓、葡萄等作物的灰霉病菌的室内生物活性测定试验。

2 仪器设备

普通实验室常规仪器设备。

2.1 电子天平(感量0.1 mg)。

2.2 喷雾器械。

2.3 人工气候箱。

2.4 移液管或移液器等。

3 试剂与材料

方法所用试剂,凡未指明规格者,均为分析纯;水为蒸馏水。

3.1 生物试材

供试病菌为野生敏感型灰葡萄孢霉 *Botrytis cinerea* Pers. 菌株。记录菌种来源。

供试作物为感灰霉病品种,剪取充分展开、叶龄一致、带有1 cm～2 cm叶柄的健康叶片,用湿棉球包裹叶柄放置在培养皿中,保湿备用。

3.2 试验药剂

原药(或母药)。

3.3 对照药剂

采用已登记注册且生产上常用的原药(或母药),其化学结构类型或作用方式应与试验药剂相同或相近。

4 试验步骤

4.1 药剂配制

水溶性药剂用蒸馏水溶解稀释。其他药剂选用合适的溶剂(甲醇、丙酮、二甲基甲酰胺或二甲基亚砜等)溶解,用0.1%吐温-80或其他合适表面活性剂的水溶液稀释。根据药剂活性,设置5个～7个系列质量浓度,有机溶剂最终含量一般不超过0.5%～1%。制剂可以直接用水稀释。

4.2 药剂处理

将药液均匀喷施于叶片背面,每处理10片叶,重复4次。待药液自然风干后,将各处理叶片叶背向上,按处理标记后排放在培养皿中保湿,并设只含溶剂和表面活性剂而不含有效成分的处理作空白对照。

4.3 接种与培养

用接种器将直径5 mm菌斑有菌丝的一面接种于处理叶片背面。保护作用试验在药剂处理后24 h

接种，治疗作用试验在药剂处理前 24 h 接种。接种后盖上皿盖，置于人工气候箱，在 23℃～25℃、相对湿度 80%～90%和 12 h 光暗交替(光强 5 000 Lux～10 000 Lux)的条件下培养 7 d。

4.4 调查

视空白对照发病情况调查。用游标卡尺以十字交叉垂直法测量病斑直径各一次，取平均值，单位为毫米(mm)。

5 数据统计及分析

5.1 计算方法

根据调查数据，按公式(1)计算防治效果，以百分率(%)表示，计算结果保留小数点后两位。

$$P = \frac{D_0 - D_1}{D_0} \times 100 \quad \text{(1)}$$

式中：

P——防治效果；

D_0——空白对照病斑直径，单位为毫米(mm)；

D_1——药剂处理病斑直径，单位为毫米(mm)。

5.2 统计分析

用 DPS(数据处理系统)、SAS(统计分析系统)或 SPSS(社会科学统计程序)等标准统计软件对药剂浓度对数值与防效几率值进行回归分析，计算各药剂的 EC_{50}、EC_{90} 等值及其 95% 置信限，并进行各药剂处理间的差异显著性分析。

6 结果与报告编写

根据统计结果进行分析评价，写出正式试验报告。

ICS 65.100
B 17

中华人民共和国农业行业标准

NY/T 1156.10—2008

农药室内生物测定试验准则 杀菌剂 第10部分:防治灰霉病试验 盆栽法

Guideline for laboratory bioassay of pesticides
Part 10:Potted plant test for fungicide control *Botrytis cinerea* Pers.

2008-05-16 发布

2008-07-01 实施

中华人民共和国农业部 发布

前　言

《农药室内生物测定试验准则　杀菌剂》为系列标准：
——第1部分:抑制病原真菌孢子萌发试验　凹玻片法;
——第2部分:抑制病原真菌菌丝生长试验　平皿法;
——第3部分:抑制黄瓜霜霉菌病菌试验　平皿叶片法;
——第4部分:防治小麦白粉病试验　盆栽法;
——第5部分:抑制水稻纹枯病菌试验　蚕豆叶片法;
——第6部分:混配的联合作用测定;
——第7部分:防治黄瓜霜霉病试验　盆栽法;
——第8部分:防治水稻稻瘟病试验　盆栽法;
——第9部分:抑制灰霉病菌试验　叶片法;
——第10部分:防治灰霉病试验　盆栽法;
——第11部分:防治瓜类白粉病试验　盆栽法;
——第12部分:防治晚疫病试验　盆栽法;
——第13部分:抑制晚疫病菌试验　叶片法;
——第14部分:防治瓜类炭疽病试验　盆栽法;
——第15部分:防治麦类叶锈病试验　盆栽法;
——第16部分:抑制细菌生长量试验　浑浊度法;
　　　　　　……

本部分是《农药室内生物测定试验准则　杀菌剂》的第10部分。
本部分由中华人民共和国农业部提出并归口。
本部分起草单位:农业部农药检定所。
本部分主要起草人:徐文平、朱春雨、刘学、吴新平、张薇、袁善奎。

农药室内生物测定试验准则 杀菌剂
第 10 部分:防治灰霉病试验 盆栽法

1 范围

本部分规定了盆栽法测定杀菌剂防治灰霉病的试验方法。

本部分适用于农药登记用杀菌剂防治黄瓜、番茄、草莓、葡萄等作物灰霉病的室内生物活性测定试验。

2 仪器设备

普通实验室常规仪器设备。

2.1 电子天平(感量 0.1 mg)。

2.2 喷雾器械。

2.3 人工气候箱。

2.4 保湿箱。

2.5 移液管或移液器等。

3 试剂与材料

方法所用试剂,凡未指明规格者,均为分析纯;水为蒸馏水。

3.1 生物试材

供试病菌为野生敏感型灰葡萄孢霉 *Botrytis cinerea* Pers. 菌株。记录菌种来源。

供试作物为感灰霉病品种,盆栽培养至 2 片~4 片真叶期,编号备用。

3.2 试验药剂

原药(或母药)。

3.3 对照药剂

采用已登记注册且生产上常用的原药(或母药),其化学结构类型或作用方式应与试验药剂相同或相近。

4 试验步骤

4.1 孢子悬浮液制备

将试验用病原菌在适宜的培养基上培养,或将病组织保湿培养,待产生孢子后,用无菌水洗下孢子,并用 2 层~4 层纱布过滤,制成浓度为 1×10^5 个孢子/mL 的悬浮液,备用。

4.2 药剂配制

水溶性药剂用蒸馏水溶解稀释。其他药剂选用合适的溶剂(甲醇、丙酮、二甲基甲酰胺或二甲基亚砜等)溶解,用 0.1%吐温-80 或其他合适的表面活性剂水溶液稀释。根据药剂活性,设置 5 个~7 个系列质量浓度,有机溶剂最终含量一般不超过 0.5%~1%。制剂可以直接用水稀释。

4.3 药剂处理

将药液均匀喷施于叶面至全部润湿,待药液自然风干后备用。每处理 3 盆,4 次重复,并设只含溶剂和表面活性剂而不含有效成分的处理作空白对照。

4.4 接种与培养

用孢子悬浮液喷雾接种。保护性试验在药剂处理后 24 h 接种;治疗性试验在药剂处理前 24 h 接种。接种后移至保湿箱中(相对湿度 95% 以上,温度 20℃~22℃)黑暗条件下培养 24 h,然后在 20℃~25℃、12 h 光暗交替(光照强度 5 000 Lux~10 000 Lux)、相对湿度 80%~90% 的条件下培养 7 d。

4.5 调查

待空白对照病叶率达到 50% 以上时,分级调查各处理发病情况,每处理至少调查 30 片叶,分级方法为:

0 级:无病斑;

1 级:病斑占整个叶面积的 5% 以下;

3 级:病斑占整个叶面积的 5%~15%;

5 级:病斑占整个叶面积的 15%~25%;

7 级:病斑占整个叶面积的 25%~50%;

9 级:病斑占整个叶面积的 50% 以上。

5 数据统计分析

5.1 计算方法

根据调查数据,计算各处理的病情指数和防治效果。

5.1.1 病情指数

按公式(1)计算,结果保留小数点后两位。

$$X = \frac{\sum(N_i \times i)}{N \times 9} \times 100 \quad\cdots\cdots\cdots\cdots\cdots\cdots\cdots\cdots\cdots\cdots\cdots\cdots\cdots \text{（1）}$$

式中:

X——病情指数;

N_i——各级病叶数;

i——相对级数值;

N——调查总叶数。

5.1.2 防治效果

按公式(2)计算,结果保留小数点后两位。

$$P = \frac{CK - PT}{CK} \times 100 \quad\cdots\cdots\cdots\cdots\cdots\cdots\cdots\cdots\cdots\cdots\cdots\cdots\cdots \text{（2）}$$

式中:

P——防治效果,单位为百分数(%);

CK——空白对照病情指数;

PT——药剂处理病情指数。

5.2 统计分析

用 DPS(数据处理系统)、SAS(统计分析系统)或 SPSS(社会科学统计程序)等标准统计软件对药剂浓度对数值与防效几率值进行回归分析,计算各药剂的 EC_{50}、EC_{90} 等值及其 95% 置信限,并进行各药剂处理间的差异显著性分析。

6 结果与报告编写

根据统计结果进行分析评价,写出正式试验报告。

ICS 65.100
B 17

中华人民共和国农业行业标准

NY/T 1156.11—2008

农药室内生物测定试验准则 杀菌剂
第11部分:防治瓜类白粉病试验 盆栽法

Guideline for laboratory bioassay of pesticides
Part 11:Potted plant test for fungicide control of powdery mildew [*Sphaerotheca fuliginea* (Sch.) Poll.、*Erysiphe cichoracearum* DC.] on cucurbits

2008-05-16 发布

2008-07-01 实施

中华人民共和国农业部 发布

前　言

《农药室内生物测定试验准则　杀菌剂》为系列标准：
——第 1 部分：抑制病原真菌孢子萌发试验　凹玻片法；
——第 2 部分：抑制病原真菌菌丝生长试验　平皿法；
——第 3 部分：抑制黄瓜霜霉菌病菌试验　平皿叶片法；
——第 4 部分：防治小麦白粉病试验　盆栽法；
——第 5 部分：抑制水稻纹枯病菌试验　蚕豆叶片法；
——第 6 部分：混配的联合作用测定；
——第 7 部分：防治黄瓜霜霉病试验　盆栽法；
——第 8 部分：防治水稻稻瘟病试验　盆栽法；
——第 9 部分：抑制灰霉病菌试验　叶片法；
——第 10 部分：防治灰霉病试验　盆栽法；
——第 11 部分：防治瓜类白粉病试验　盆栽法；
——第 12 部分：防治晚疫病试验　盆栽法；
——第 13 部分：抑制晚疫病菌试验　叶片法；
——第 14 部分：防治瓜类炭疽病试验　盆栽法；
——第 15 部分：防治麦类叶锈病试验　盆栽法；
——第 16 部分：抑制细菌生长量试验　浑浊度法；
　　　　　……

本部分是《农药室内生物测定试验准则　杀菌剂》的第 11 部分。

本部分由中华人民共和国农业部提出并归口。

本部分起草单位：农业部农药检定所。

本部分主要起草人：刘学、朱春雨、徐文平、李钟华、张薇、袁善奎、吴新平。

农药室内生物测定试验准则　杀菌剂
第 11 部分:防治瓜类白粉病试验　盆栽法

1　范围

本部分规定了盆栽法测定杀菌剂防治瓜类白粉病的试验方法。

本部分适用于农药登记用杀菌剂对瓜类作物白粉病菌的室内生物活性测定试验。

2　仪器设备

普通实验室常规仪器设备。

2.1　电子天平(感量 0.1 mg)。

2.2　喷雾器械。

2.3　人工气候箱。

2.4　移液管或移液器等。

3　试剂与材料

方法所用试剂,凡未指明规格者,均为分析纯;水为蒸馏水。

3.1　生物试材

供试病菌为野生敏感型瓜类白粉病菌 *Sphaerotheca fuliginea* (Sch.) Poll.、*Erysiphe cichora-cearum* DC. 菌株。记录菌种来源。

供试作物为感白粉病瓜类品种,盆栽培养至 2 片~4 片真叶期,编号备用。

3.2　试验药剂

原药(或母药)。

3.3　对照药剂

采用已登记注册且生产上常用的原药(或母药),其化学结构类型或作用方式应与试验药剂相同或相近。

4　试验步骤

4.1　孢子悬浮液制备

用加有少量表面活性剂(如吐温-80 等)的纯净水,洗取长满白粉病菌植物叶片上的新鲜孢子,用双层纱布过滤,制成孢子浓度为 1×10^5 个孢子/mL 的悬浮液,备用。

4.2　药剂配制

水溶性药剂直接用水溶解稀释。其他药剂选用合适的溶剂(甲醇、丙酮、二甲基甲酰胺或二甲基亚砜等)溶解,用 0.1% 的吐温-80 或其他合适的表面活性剂水溶液稀释。根据药剂活性,设置 5 个~7 个系列质量浓度,有机溶剂最终含量一般不超过 0.5%~1%。制剂可直接用水稀释。

4.3　药剂处理

将药液均匀喷施于叶面至全部润湿,待药液自然风干后备用。每处理 3 盆,4 次重复,并设只含溶剂和表面活性剂而不含有效成分的处理作空白对照。

4.4　接种与培养

用孢子悬浮液喷雾接种。保护性试验一般为药剂处理后 24 h 左右进行接种,治疗性试验一般在药剂处理前 24 h 接种,抗病激活性试验于药剂处理 3 d～7 d 后再接种。接种后的试材自然风干,然后移至恒温室,在温度 20℃～24℃ 的条件下培养 7 d～10 d。

4.5 调查

待空白对照病叶率达到 80% 以上时,分级调查各处理发病情况,每处理至少调查 30 片叶,分级标准为:

0 级:无病;

1 级:病斑面积占整片叶面积的 5% 以下;

3 级:病斑面积占整片叶面积的 5%～15%;

5 级:病斑面积占整片叶面积的 15%～25%;

7 级:病斑面积占整片叶面积的 25%～50%;

9 级:病斑面积占整片叶面积的 50%～75%;

11 级:病斑面积占整片叶面积的 75% 以上。

5 数据统计分析

5.1 计算方法

根据调查数据,计算各处理的病情指数和防治效果。

5.1.1 病情指数

按公式(1)计算,结果保留小数点后两位。

$$X = \frac{\sum (N_i \times i)}{N \times 11} \times 100 \qquad\cdots\cdots\cdots\cdots\cdots\cdots\cdots\cdots\cdots\cdots (1)$$

式中:

X——病情指数;

N_i——各级病叶数;

i——相对级数值;

N——调查总叶数。

5.1.2 防治效果

按公式(2)计算,结果保留小数点后两位。

$$P = \frac{CK - PT}{CK} \times 100 \qquad\cdots\cdots\cdots\cdots\cdots\cdots\cdots\cdots\cdots\cdots (2)$$

式中:

P——防治效果,单位为百分数(%);

CK——空白对照病情指数;

PT——药剂处理病情指数。

5.2 统计分析

用 DPS(数据处理系统)、SAS(统计分析系统)或 SPSS(社会科学统计程序)等标准统计软件对药剂浓度对数值与防效几率值进行回归分析,计算各药剂的 EC_{50}、EC_{90} 等值及其 95% 置信限,并进行各药剂处理间的差异显著性分析。

6 结果与报告编写

根据统计结果进行分析评价,写出正式试验报告。

ICS 65.100

B 17

中华人民共和国农业行业标准

NY/T 1156.12—2008

农药室内生物测定试验准则 杀菌剂
第12部分:防治晚疫病试验 盆栽法

Guideline for laboratory bioassay of pesticides
Part 12:Potted plant test for fungicide control late blight [*Phytophthora infestans* (Mont.) de Bary] on potato and tomato

2008-05-16 发布   2008-07-01 实施

中华人民共和国农业部 发布

前　言

《农药室内生物测定试验准则　杀菌剂》为系列标准：

——第1部分：抑制病原真菌孢子萌发试验　凹玻片法；

——第2部分：抑制病原真菌菌丝生长试验　平皿法；

——第3部分：抑制黄瓜霜霉菌病菌试验　平皿叶片法；

——第4部分：防治小麦白粉病试验　盆栽法；

——第5部分：抑制水稻纹枯病菌试验　蚕豆叶片法；

——第6部分：混配的联合作用测定；

——第7部分：防治黄瓜霜霉病试验　盆栽法；

——第8部分：防治水稻稻瘟病试验　盆栽法；

——第9部分：抑制灰霉病菌试验　叶片法；

——第10部分：防治灰霉病试验　盆栽法；

——第11部分：防治瓜类白粉病试验　盆栽法；

——第12部分：防治晚疫病试验　盆栽法；

——第13部分：抑制晚疫病菌试验　叶片法；

——第14部分：防治瓜类炭疽病试验　盆栽法；

——第15部分：防治麦类叶锈病试验　盆栽法；

——第16部分：抑制细菌生长量试验　浑浊度法；

……

本部分是《农药室内生物测定试验准则　杀菌剂》的第12部分。

本部分由中华人民共和国农业部提出并归口。

本部分起草单位：农业部农药检定所。

本部分主要起草人：刘学、朱春雨、徐文平、吴新平、袁善奎、张薇、杨峻。

农药室内生物测定试验准则　杀菌剂
第 12 部分：防治晚疫病试验　盆栽法

1　范围

本部分规定了盆栽法测定杀菌剂防治晚疫病试验的方法。

本部分适用于农药登记用杀菌剂防治番茄和马铃薯晚疫病的室内生物活性测定试验。

2　仪器设备

普通实验室常规仪器设备。

2.1　电子天平(感量 0.1 mg)。

2.2　喷雾器械。

2.3　人工气候箱。

2.4　移液管或移液器等。

3　试剂与材料

方法所用试剂,凡未指明规格者,均为分析纯;水为蒸馏水。

3.1　生物试材

供试病菌为野生敏感型致病疫霉 *Phytophthora infestans*(Mont.)de Bary 菌株。记录菌种来源。

供试作物为感晚疫病番茄或马铃薯品种,盆栽培养至 2 片～4 片真叶期,编号备用。

3.2　试验药剂

原药(或母药)。

3.3　对照药剂

采用已登记注册且生产上常用的原药(或母药),其化学结构类型或作用方式应与试验药剂相同或相近。

4　试验步骤

4.1　游动孢子悬浮液制备

将试验用病原菌在适宜的培养基上培养,或将病组织保湿培养,待产生孢子囊后,用无菌水将孢子囊洗下,用双层纱布过滤,制成孢子囊悬浮液,置于 4℃低温下,黑暗处理 0.5 h～3 h,使其释放出游动孢子,并调节孢子浓度至 1×10^5 个孢子/mL,备用,或直接配制 1×10^5 个孢子囊/mL 悬浮液作为接种体。

4.2　药剂配制

水溶性药剂直接用蒸馏水溶解稀释。其他药剂选用合适的溶剂(甲醇、丙酮、二甲基甲酰胺或二甲基亚砜等)溶解,用 0.1% 的吐温-80 或其他合适的表面活性剂水溶液稀释。根据药剂活性,设置 5 个～7 个系列质量浓度,有机溶剂最终含量一般不超过 0.5%～1%。制剂可以直接用水稀释。

4.3　药剂处理

将药液均匀喷施于叶面至全部润湿,待药液自然风干后备用。每处理 3 盆,4 次重复,开设只含溶剂和表面活性剂而不含有效成分的处理作空白对照。

4.4　接种与培养

用孢子囊或游动孢子悬浮液喷雾接种。保护性试验一般为药剂处理后 24 h 左右进行接种；治疗性试验一般在药剂处理前 24 h 接种。接种后在每天连续光照/黑暗各 12 h 交替（光照强度 5 000 Lux～20 000 Lux）、温度为 18℃～20℃，以及接种后 24 小时内保持叶面有水膜，以后相对湿度为 90％以上的条件下培养 7 d。

4.5 调查

待空白对照病叶率达到 50％以上时，分级调查各处理发病情况，每处理至少调查 30 片叶，分级方法为：

0 级：无病；

1 级：叶片上仅有少量小病斑，病斑占叶面积 10％以下；

3 级：叶片上病斑占叶面积 10％～25％；

5 级：叶片上病斑占叶面积 25％～50％；

7 级：叶片上病斑占叶面积 50％以上；

9 级：全叶发病枯萎。

5 数据统计分析

5.1 计算方法

根据调查数据，计算各处理的病情指数和防治效果。

5.1.1 病情指数

按公式（1）计算，结果保留小数点后两位：

$$X = \frac{\sum (N_i \times i)}{N \times 9} \times 100 \quad\cdots\cdots\cdots\cdots\cdots\cdots\cdots\cdots\cdots\cdots\cdots (1)$$

式中：

X——病情指数；

N_i——各级病叶数；

i——相对级数值；

N——调查总叶数。

5.1.2 防治效果

按公式（2）计算，结果保留小数点后两位：

$$P = \frac{CK - PT}{CK} \times 100 \quad\cdots\cdots\cdots\cdots\cdots\cdots\cdots\cdots\cdots\cdots\cdots (2)$$

式中：

P——防治效果，单位为百分数（％）；

CK——空白对照病情指数；

PT——药剂处理病情指数。

5.2 统计分析

用 DPS（数据处理系统）、SAS（统计分析系统）或 SPSS（社会科学统计程序）等标准统计软件对药剂浓度对数值与防效几率值进行回归分析，计算各药剂的 EC_{50}、EC_{90} 等值及其 95％置信限，并进行各药剂处理间的差异显著性分析。

6 结果与报告编写

根据统计结果进行分析评价，写出正式试验报告。

ICS 65.100
B 17

中华人民共和国农业行业标准

NY/T 1156.13—2008

农药室内生物测定试验准则 杀菌剂 第13部分:抑制晚疫病菌试验 叶片法

Guideline for laboratory bioassay of pesticides
Part 13:Detached leaf test for fungicide control late blight [*Phytophthora infestans* (Mont.) de Bary] on potato and tomato

2008-05-16 发布

2008-07-01 实施

中华人民共和国农业部 发布

前　　言

《农药室内生物测定试验准则　杀菌剂》为系列标准：

——第1部分：抑制病原真菌孢子萌发试验　凹玻片法；

——第2部分：抑制病原真菌菌丝生长试验　平皿法；

——第3部分：抑制黄瓜霜霉菌病菌试验　平皿叶片法；

——第4部分：防治小麦白粉病试验　盆栽法；

——第5部分：抑制水稻纹枯病菌试验　蚕豆叶片法；

——第6部分：混配的联合作用测定；

——第7部分：防治黄瓜霜霉病试验　盆栽法；

——第8部分：防治水稻稻瘟病试验　盆栽法；

——第9部分：抑制灰霉病菌试验　叶片法；

——第10部分：防治灰霉病试验　盆栽法；

——第11部分：防治瓜类白粉病试验　盆栽法；

——第12部分：防治晚疫病试验　盆栽法；

——第13部分：抑制晚疫病菌试验　叶片法；

——第14部分：防治瓜类炭疽病试验　盆栽法；

——第15部分：防治麦类叶锈病试验　盆栽法；

——第16部分：抑制细菌生长量试验　浑浊度法；

　　　　　　　……

本部分是《农药室内生物测定试验准则　杀菌剂》的第13部分。

本部分由中华人民共和国农业部提出并归口。

本部分起草单位：农业部农药检定所。

本部分主要起草人：张薇、朱春雨、徐文平、吴新平、袁善奎、刘学。

农药室内生物测定试验准则　杀菌剂
第13部分:抑制晚疫病菌试验　叶片法

1　范围

本部分规定了叶片法测定杀菌剂抑制晚疫病菌生物活性的试验方法。

本部分适用于农药登记用杀菌剂对番茄和马铃薯晚疫病菌的室内生物活性测定试验。

2　仪器设备

普通实验室常规仪器设备。

2.1　电子天平(感量0.1 mg)。

2.2　喷雾器械。

2.3　人工气候箱或光照保湿箱。

2.4　生物培养箱。

2.5　移液管或移液器等。

3　试剂与材料

方法所用试剂,凡未指明规格者,均为分析纯;水为蒸馏水。

3.1　生物试材

供试病菌为野生敏感型致病疫霉 *Phytophthora infestans*(Mont.)de Bary 菌株。记录菌种来源。

供试作物为感晚疫病番茄或马铃薯品种,在盆栽苗上选择相同叶位、长势一致的叶片,从叶柄1 cm～2 cm处剪下,用湿棉球包裹叶柄放置培养皿中,保湿备用。

3.2　试验药剂

原药(或母药)。

3.3　对照药剂

采用已登记注册且生产上常用的原药(或母药),其化学结构类型或作用方式应与试验药剂相同或相近。

4　试验步骤

4.1　孢子囊悬浮液制备

将试验用病原菌在适宜的培养基上培养,或将病组织保湿培养,待产生孢子囊后,用无菌水洗下孢子,用双层纱布过滤,制成孢子囊悬浮液,置于4℃低温下,黑暗处理0.5 h～3 h,使其释放出游动孢子,并调节孢子浓度至$1×10^5$个孢子/L,备用;或直接配制$1×10^5$个孢子囊/mL悬浮液作为接种体。

4.2　药剂配制

水溶性药剂直接用蒸馏水溶解稀释。其他药剂选用合适的溶剂(甲醇、丙酮、二甲基甲酰胺或二甲基亚砜等)溶解,用0.1％的吐温-80或其他合适的表面活性剂水溶液稀释。根据药剂活性,设置5个～7个系列质量浓度,有机溶剂最终含量一般不超过0.5％～1％。制剂可以直接用水稀释。

4.3　药剂处理

将药液均匀喷施于叶片背面,待药液自然风干后,将各处理叶片背面朝上,按处理标记后排放在保湿盒中。每处理不少于 10 片叶，4 次重复，并设只含溶剂和表面活性剂而不含有效成分的处理作空白对照。

4.4 接种与培养

用孢子囊或游动孢子悬浮液喷雾接种。保护性试验一般为药剂处理后 24 h 左右进行接种；治疗性试验一般在药剂处理前 24 h 接种。接种后在每天连续光照/黑暗各 12 h 交替(光照强度 5 000 Lux～20 000 Lux)、温度为 18℃～20℃，以及接种后 24 h 内保持叶面有水膜，以后相对湿度为 90％以上的条件下培养 6 d～7 d。

4.5 调查

待空白对照病叶率达到 50％以上时，分级调查各处理发病情况。分级方法为：

0 级： 不发病；

1 级： 叶片上仅有少量小病斑，病斑占叶面积 10％以下；

3 级： 叶片上病斑占叶面积 10％～25％；

5 级： 叶片上病斑占叶面积 25％～50％；

7 级： 叶片上病斑占叶面积 50％以上；

9 级： 全叶发病枯萎。

5 数据统计分析

5.1 计算方法

根据调查数据，计算各处理的病情指数和防治效果。

5.1.1 病情指数

按公式(1)计算，结果保留小数点后两位。

$$X = \frac{\sum (N_i \times i)}{N \times 9} \times 100 \qquad \cdots\cdots\cdots\cdots\cdots\cdots\cdots\cdots\cdots\cdots\cdots\cdots\cdots\cdots (1)$$

式中：

X——病情指数；

N_i——各级病叶数；

i——相对级数值；

N——调查总叶数。

5.1.2 防治效果

按公式(2)计算，结果保留小数点后两位。

$$P = \frac{CK - PT}{CK} \times 100 \qquad \cdots\cdots\cdots\cdots\cdots\cdots\cdots\cdots\cdots\cdots\cdots\cdots\cdots (2)$$

式中：

P——防治效果，单位为百分数(％)；

CK——空白对照病情指数；

PT——药剂处理病情指数。

5.2 统计分析

用 DPS(数据处理系统)、SAS(统计分析系统)或 SPSS(社会科学统计程序)等标准统计软件对药剂浓度对数值与防效几率值进行回归分析，计算各药剂的 EC_{50}、EC_{90} 等值及其 95％置信限，并进行各药剂处理间的差异显著性分析。

6 结果与报告编写

根据统计结果进行分析评价,写出正式试验报告。

———————————

ICS 65.100
B 17

中华人民共和国农业行业标准

NY/T 1156.14—2008

农药室内生物测定试验准则　杀菌剂
第14部分:防治瓜类炭疽病试验　盆栽法

Guideline for laboratory bioassay of pesticides
Part 14: Potted plant test for fungicide control anthracnose [*Colletotrichum orbiculare* (Berk.&Mont.) Arx] on cucurbits

2008-05-16 发布　　　　　　　　　　　　2008-07-01 实施

中华人民共和国农业部 发布

前　言

《农药室内生物测定试验准则　杀菌剂》为系列标准：
——第1部分：抑制病原真菌孢子萌发试验　凹玻片法；
——第2部分：抑制病原真菌菌丝生长试验　平皿法；
——第3部分：抑制黄瓜霜霉菌病菌试验　平皿叶片法；
——第4部分：防治小麦白粉病试验　盆栽法；
——第5部分：抑制水稻纹枯病菌试验　蚕豆叶片法；
——第6部分：混配的联合作用测定；
——第7部分：防治黄瓜霜霉病试验　盆栽法；
——第8部分：防治水稻稻瘟病试验　盆栽法；
——第9部分：抑制灰霉病菌试验　叶片法；
——第10部分：防治灰霉病试验　盆栽法；
——第11部分：防治瓜类白粉病试验　盆栽法；
——第12部分：防治晚疫病试验　盆栽法；
——第13部分：抑制晚疫病菌试验　叶片法；
——第14部分：防治瓜类炭疽病试验　盆栽法；
——第15部分：防治麦类叶锈病试验　盆栽法；
——第16部分：抑制细菌生长量试验　浑浊度法；
……

本部分是《农药室内生物测定试验准则　杀菌剂》的第14部分。

本部分由中华人民共和国农业部提出并归口。

本部分起草单位：农业部农药检定所。

本部分主要起草人：袁善奎、朱春雨、徐文平、吴新平、张薇、杨峻。

农药室内生物测定试验准则 杀菌剂
第14部分：防治瓜类炭疽病试验 盆栽法

1 范围

本部分规定了盆栽法测定杀菌剂防治炭疽病的试验方法。

本部分适用于农药登记用杀菌剂对瓜类作物炭疽病菌的室内生物活性测定试验。

2 仪器设备

普通实验室常规仪器设备。

2.1 电子天平(感量0.1 mg)。

2.2 喷雾器械。

2.3 人工气候箱。

2.4 移液管或移液器等。

3 试剂与材料

方法所用试剂,凡未指明规格者,均为分析纯;水为蒸馏水。

3.1 生物试材

供试病菌为野生敏感型瓜类炭疽病菌 *Colletotrichum orbiculare*(Berk. & Mont.)Arx 菌株。记录菌种来源。

供试作物为感灰霉病品种,盆栽、培养至2片~4片真叶期,编号备用。

3.2 试验药剂

原药(或母药)。

3.3 对照药剂

采用已登记注册且生产上常用的原药(或母药),其化学结构类型或作用方式应与试验药剂相同或相近。

4 试验步骤

4.1 孢子悬浮液制备

将试验用病原菌在适宜的培养基上培养,待产生孢子后,用无菌水洗下孢子,并用2层~4层纱布过滤,制成浓度为$1×10^5$个孢子/mL的悬浮液,备用。

4.2 药剂配制

水溶性药剂直接用蒸馏水溶解稀释。其他药剂选用合适的溶剂(甲醇、丙酮、二甲基甲酰胺或二甲基亚砜等)溶解,用0.1%的吐温-80或其他合适的表面活性剂水溶液稀释。根据药剂活性,设置5个~7个系列质量浓度,有机溶剂最终含量一般不超过0.5%~1%。制剂可以直接用水稀释。

4.3 药剂处理

将药液均匀喷施于叶面至全部润湿,待药液自然风干后备用。每处理3盆,4次重复,并设只含溶剂和表面活性剂而不含有效成分及水的对照处理。

4.4 接种与培养

用微量取样器吸取 10 μl 孢子悬浮液接种于叶片正面,每处理不少于 30 个接种点。保护性试验在药剂处理后 24 h 接种;治疗性试验在药剂处理前 24 h 接种。抗病激活性试验于药剂处理3 d~7 d 后再接种。接种后移至保湿箱中(相对湿度 95%~100%)黑暗培养 24 h,然后在 22℃~27℃、光照强度 20 000 Lux、湿度 80%~90%的条件下培养。

4.5 调查

空白对照发病率达到 50%以上时,用游标卡尺以十字交叉垂直法测量病斑直径各一次,取平均值,单位为毫米(mm)。

5 数据统计及分析

5.1 计算方法

根据调查数据,按公式(1)计算防治效果,以百分率(%)表示,计算结果保留小数点后两位。

$$P = \frac{D_0 - D_1}{D_0} \times 100 \quad\text{················ (1)}$$

式中:

P——防治效果,单位为百分数(%);

D_0——空白对照病斑直径,单位为毫米(mm);

D_1——药剂处理病斑直径,单位为毫米(mm)。

5.2 统计分析

用 DPS(数据处理系统)、SAS(统计分析系统)或 SPSS(社会科学统计程序)等标准统计软件对药剂浓度对数值与防效几率值进行回归分析,计算各药剂的 EC_{50}、EC_{90} 等值及其 95%置信限,并进行各药剂处理间的差异显著性分析。

6 结果与报告编写

根据统计结果进行分析评价,写出正式试验报告。

ICS 65.100
B 17

中华人民共和国农业行业标准

NY/T 1156.15—2008

农药室内生物测定试验准则 杀菌剂
第15部分:防治麦类叶锈病试验 盆栽法

Guideline for laboratory bioassay of pesticides
Part 15:Potted plant test for fungicide control leaf rust on cereals

2008-05-16 发布
2008-07-01 实施

中华人民共和国农业部 发布

前　言

《农药室内生物测定试验准则　杀菌剂》为系列标准：
——第1部分:抑制病原真菌孢子萌发试验　凹玻片法；
——第2部分:抑制病原真菌菌丝生长试验　平皿法；
——第3部分:抑制黄瓜霜霉菌病菌试验　平皿叶片法；
——第4部分:防治小麦白粉病试验　盆栽法；
——第5部分:抑制水稻纹枯病菌试验　蚕豆叶片法；
——第6部分:混配的联合作用测定；
——第7部分:防治黄瓜霜霉病试验　盆栽法；
——第8部分:防治水稻稻瘟病试验　盆栽法；
——第9部分:抑制灰霉病菌试验　叶片法；
——第10部分:防治灰霉病试验　盆栽法；
——第11部分:防治瓜类白粉病试验　盆栽法；
——第12部分:防治晚疫病试验　盆栽法；
——第13部分:抑制晚疫病菌试验　叶片法；
——第14部分:防治瓜类炭疽病试验　盆栽法；
——第15部分:防治麦类叶锈病试验　盆栽法；
——第16部分:抑制细菌生长量试验　浑浊度法；
　　　　　　……

本部分是《农药室内生物测定试验准则　杀菌剂》的第15部分。

本部分由中华人民共和国农业部提出并归口。

本部分起草单位:农业部农药检定所。

本部分主要起草人:杨峻、刘学、吴新平、朱春雨、袁善奎、徐文平、张薇。

农药室内生物测定试验准则 杀菌剂
第15部分:防治麦类叶锈病试验 盆栽法

1 范围

本部分规定了盆栽法测定杀菌剂防治麦类叶锈病的试验方法。

本部分适用于农药登记用杀菌剂防治小麦、大麦等麦类叶锈病病菌的室内生物活性测定试验。

2 仪器设备

普通实验室常规仪器设备。

2.1 电子天平(感量0.1 mg)。

2.2 喷雾器械。

2.3 显微镜。

2.4 锥形瓶。

2.5 移液管或移液器。

2.6 量筒。

2.7 血球计数板。

2.8 计数器等。

3 试剂与材料

方法所用试剂,凡未指明规格者,均为分析纯;水为蒸馏水。

3.1 生物试材

供试病菌为野生敏感型小麦叶锈病菌 *Puccinia recondita* Rob. ex Desm. f. sp. *tritici* Erikss. et Henn. 菌株,或大麦白粉病菌 *P. hordei* 菌株等。记录菌种来源。

供试作物为感锈病麦类作物品种,每盆播种20粒种子,出苗后选定其中10株,长至2叶1心期备用。

3.2 试验药剂

原药(或母药)。

3.3 对照药剂

采用已登记注册且生产上常用的原药(或母药),其化学结构类型或作用方式应与试验药剂相同或相近。

4 试验步骤

4.1 孢子悬浮液制备

将发病叶片上24 h内产生的锈菌新鲜夏孢子用0.1%吐温-80水溶液洗下,并用2层～4层纱布过滤,制成浓度为$1×10^5$个孢子/mL的悬浮液,备用。

4.2 药剂配制

水溶性药剂直接用蒸馏水溶解稀释。其他药剂选用合适的溶剂(甲醇、丙酮、二甲基甲酰胺或二甲基亚砜等)溶解,用0.1%的吐温-80或其他合适的表面活性剂水溶液稀释。根据药剂活性,设置5个～

7个系列质量浓度,有机溶剂最终含量一般不超过0.5%～1%。制剂可以直接用水稀释。

4.3 药剂处理

将药液均匀喷施于叶面至全部润湿,待药液自然风干后备用。每处理1盆,4次重复,并设不含药剂的处理作空白对照。

4.4 接种与培养

用孢子悬浮液喷雾接种。保护性试验在药剂处理后24 h接种,治疗性试验在约剂处理前24 h接种,抗病激活性试验于药剂处理3 d～7 d后再接种。麦苗接种后,黑暗保湿培养12 h以上,保湿阶段要求的最适温度为15℃～20℃,然后在18℃～22℃的温室中培养,每天光照12 h以上。

4.5 调查

待空白对照发病率达到80%以上时,分级调查各处理发病情况,分级方法为:

0级:无孢子堆;

1级:孢子堆占整片叶面积的5%以下;

3级:孢子堆占整片叶面积的5%～10%:

5级:孢子堆占整片叶面积的10%～25%;

7级:孢子堆占整片叶面积的25%～50%;

9级:孢子堆占整片叶面积的50%以上。

5 数据统计分析

5.1 计算方法

根据调查数据,计算各处理的病情指数和防治效果。

5.1.1 病情指数

按公式(1)计算,结果保留小数点后两位。

$$X = \frac{\sum (N_i \times i)}{N \times 9} \times 100 \quad \text{…………………………} (1)$$

式中:

X——病情指数;

N_i——各级病叶数;

i——相对级数值;

N——调查总叶数。

5.1.2 防治效果

按公式(2)计算,结果保留小数点后两位。

$$P = \frac{CK - PT}{CK} \times 100 \quad \text{…………………………} (2)$$

式中:

P——防治效果,单位为百分数(%);

CK——空白对照病情指数;

PT——药剂处理病情指数。

5.2 统计分析

用DPS(数据处理系统)、SAS(统计分析系统)或SPSS(社会科学统计程序)等标准统计软件对药剂浓度对数值与防效几率值进行回归分析,计算各药剂的EC_{50}、EC_{90}等值及其95%置信限,并进行各药剂处理间的差异显著性分析。

6 结果与报告编写

根据统计结果进行分析评价,写出正式试验报告。

ICS 65.100
B 17

中华人民共和国农业行业标准

NY/T 1156.16—2008

农药室内生物测定试验准则 杀菌剂
第16部分：抑制细菌生长量试验 浑浊度法

Guideline for laboratory bioassay of pesticides
Part 16:The turbidimeter test for bactericide inhibit bacteria reproduction

2008-05-16 发布　　　　　　　　　　　　　　2008-07-01 实施

中华人民共和国农业部 发布

前　言

《农药室内生物测定试验准则　杀菌剂》为系列标准：
——第 1 部分：抑制病原真菌孢子萌发试验　凹玻片法；
——第 2 部分：抑制病原真菌菌丝生长试验　平皿法；
——第 3 部分：抑制黄瓜霜霉菌病菌试验　平皿叶片法；
——第 4 部分：防治小麦白粉病试验　盆栽法；
——第 5 部分：抑制水稻纹枯病菌试验　蚕豆叶片法；
——第 6 部分：混配的联合作用测定；
——第 7 部分：防治黄瓜霜霉病试验　盆栽法；
——第 8 部分：防治水稻稻瘟病试验　盆栽法；
——第 9 部分：抑制灰霉病菌试验　叶片法；
——第 10 部分：防治灰霉病试验　盆栽法；
——第 11 部分：防治瓜类白粉病试验　盆栽法；
——第 12 部分：防治晚疫病试验　盆栽法；
——第 13 部分：抑制晚疫病菌试验　叶片法；
——第 14 部分：防治瓜类炭疽病试验　盆栽法；
——第 15 部分：防治麦类叶锈病试验　盆栽法；
——第 16 部分：抑制细菌生长量试验　浑浊度法；
……

本部分是《农药室内生物测定试验准则　杀菌剂》的第 16 部分。
本部分由中华人民共和国农业部提出并归口。
本部分起草单位：农业部农药检定所。
本部分主要起草人：朱春雨、吴新平、袁善奎、李钟华、徐文平、张薇、杨峻。

农药室内生物测定试验准则 杀菌剂
第16部分:抑制细菌生长量试验 浑浊度法

1 范围

本部分规定了浑浊度法测定杀菌剂抑制细菌生长量的试验方法。

本部分适用于农药登记用杀菌剂抑制植物病原细菌生长的室内生物活性测定试验。

2 仪器设备

普通实验室常规仪器设备。

2.1 电子天平(感量0.1 mg)。

2.2 生物培养箱。

2.3 压力蒸汽灭菌器。

2.4 浊度仪。

2.5 移液管或移液器等。

3 试剂与材料

方法所用试剂,凡未指明规格者,均为分析纯;水为蒸馏水。

3.1 病原细菌

供试植物病原细菌为野生敏感型菌株,记录菌种来源。根据试验目的和要求及菌种的生长规律,预先在固体培养基斜面上培养至适用期,作菌种备用。

3.2 培养基

根据试验靶标细菌特性,一般选用NA(nutrient agar)培养基(1 L NA培养基含聚蛋白胨5 g,酵母粉1 g,牛肉浸膏3 g,蔗糖15 g,琼脂17 g,用10 mol/L的NaOH调至pH 7.0)和NB(nutrient broth)培养基(1 L NB培养基含聚蛋白胨5 g,酵母粉1 g,牛肉浸膏3 g,蔗糖15 g,用10 mol/L的NaOH调至pH 7.0)。在100 mL广口三角瓶中装量50 mL,封口灭菌。

3.3 试验药剂

原药(或母药)。

3.4 对照药剂

采用已登记注册且生产上常用的原药(或母药),其化学结构类型或作用方式应与试验药剂相同或相近。

4 试验步骤

4.1 药剂配制

水溶性药剂直接用蒸馏水溶解稀释。其他药剂选用合适的溶剂(甲醇、丙酮、二甲基甲酰胺或二甲基亚砜等)溶解后,用0.1%的吐温-80或其他合适的表面活性剂水溶液稀释。根据药剂活性,设置5个~7个系列质量浓度,有机溶剂最终含量一般不超过0.5%~1%。

4.2 药剂处理与培养

按试验设计浓度在灭菌后冷却的NB培养基中定量加入药液,每处理设4个重复,并设只含溶剂和表面活性剂而不含有效成分的处理作空白对照。将生长在 NA 培养基斜面上的菌种用灭菌水稀释为 1×10^7 个孢子/mL 浓度的悬浮液,向各处理培养基中分别接种 $100 \, \mu L$ 菌液,置于 28℃～30℃ 条件下振荡培养(120 r/min)。

4.3 调查

开始培养前分别测定各处理的浑浊度,待对照处理达到对数生长期时,测定并记载各处理的浑浊度。

5 数据统计及分析

5.1 计算方法

根据调查数据,按公式(1)计算细菌的生长抑制率,以百分数(%)表示,计算结果保留小数点后两位。

$$P = \frac{A_0 - A_1}{A_0} \times 100 \quad\text{.............................}\quad (1)$$

式中:

P——生长抑制率;

A_0——空白对照浑浊度增加值;

A_1——药剂处理浑浊度增加值。

5.2 统计分析

用 DPS(数据处理系统)、SAS(统计分析系统)或 SPSS(社会科学统计程序)等标准统计软件对药剂浓度对数值与防效几率值进行回归分析,计算各药剂的 EC_{50}、EC_{90} 等值及其 95% 置信限,并进行各药剂处理间的差异显著性分析。

6 结果与报告编写

根据统计结果进行分析评价,写出正式试验报告。

ICS 65.120
B 46

中华人民共和国农业行业标准

NY/T 1498—2008

饲料添加剂　蛋氨酸铁

Feed additive　Ferrous methionine

2008-05-16 发布

2008-07-01 实施

中华人民共和国农业部 发布

前　言

本标准由全国饲料工业标准化技术委员会提出。

本标准主要起草单位：中国饲料工业协会、国家饲料质量监督检验中心（武汉）、广州天科科技有限公司。

本标准主要起草人：胡广东、杨林、滕冰、粟胜兰、杨海鹏、何一帆、李燕松。

饲料添加剂 蛋氨酸铁

1 范围

本标准规定了饲料添加剂蛋氨酸铁的要求、试验方法、检验规则及标签、包装、运输、储存等内容。
本标准适用于由可溶性亚铁盐及蛋氨酸合成的蛋氨酸铁产品。

2 规范性引用文件

下列文件中的条款通过本标准的引用而成为本标准的条款。凡是注日期的引用文件，其随后所有的修改单（不包括勘误的内容）或修订版均不适用于本标准，然而，鼓励根据本标准达成协议的各方研究是否可使用这些文件的最新版本。凡是不注日期的引用文件，其最新版本适用于本标准。

GB/T 5917 配合饲料粉碎粒度测定法

GB/T 6435 饲料中水分和其他挥发性物质含量的测定

GB 10648 饲料标签

GB 13078 饲料卫生标准

GB/T 13079 饲料中总砷的测定

GB/T 13080 饲料中铅的测定

GB/T 18823 检验结果判定允许误差

GB/T 17810 饲料级 DL-蛋氨酸

GB/T 14699.1 饲料 采样

3 要求

3.1 感官性状

蛋氨酸铁为浅灰黄色粉末，无结块、发霉、变质现象，具有蛋氨酸铁特有气味。

3.2 鉴别

甲醇提取物与相应试剂反应符合要求。

3.3 粉碎粒度

过 0.25 mm 孔径分析筛，筛上物不得大于 2%。

3.4 技术指标

技术指标应符合表1要求。

表1 要 求

项 目		指 标
蛋氨酸占标示量的百分比，%	≥	93
铁(Ⅱ)占标示量的百分比，%	≥	90
水分，%	≤	5.0
铅，mg/kg	≤	30
总砷，mg/kg	≤	10

如产品中含有载体，应注明载体的成分及含量。

4 检验方法

4.1 感官性状的检验

采用目测及嗅觉检验。

4.2 鉴别

称取 1.0 g 试样,用 25 ml 甲醇提取,过滤,取滤液 0.1 ml,按顺序分别加入邻菲罗啉(100 μg/ml 氯仿溶液)3 ml,溴酚蓝 3 滴(0.1%甲醇溶液),吡啶 1 ml,KOH 1 ml(0.5 mol/L 水溶液),溶液不得出现灰绿或棕红色沉淀。

4.3 水分

按 GB/T 6435 中规定的方法测定。

4.4 粉碎粒度

按 GB/T 5917 中规定的方法测定。

4.5 总砷的测定

按 GB/T 13079 中规定的方法测定。

4.6 铅的测定

按 GB/T 13080 中规定的方法测定。

4.7 铁含量的测定

4.7.1 原理

样品溶液中的二价铁与邻菲罗啉作用生成红色螯合离子,根据颜色的深浅可以定量地比色测定出铁的含量。

4.7.2 仪器和试剂

4.7.2.1 0.1%邻菲罗啉溶液:称取 0.1 g 邻菲罗啉,加水 50 ml,稍加热使其溶解,冷却,稀释至 100 ml,贮于棕色瓶中。

4.7.2.2 盐酸溶液:(2+3)。

4.7.2.3 乙酸-乙酸钠缓冲溶液:溶解 3.0 g 无水乙酸钠于水中,加入 12 ml 冰乙酸,加水稀释至 100 ml。

4.7.2.4 铁标准储备液:称取 0.500 0 g 的高纯铁粉,用 1+1 盐酸 20 ml 煮沸溶解,转移至 500 ml 容量瓶中加水稀释至刻度,摇匀。每 1 ml 相当于 1 mg 的铁。

4.7.2.5 铁标准工作液:精密移取铁标准溶液 10.0 ml,置 1 000 ml 容量瓶中,用水稀释至刻度,摇匀。每 1 ml 相当于 10 μg 的铁。

4.7.2.6 分光光度计。

4.7.3 分析步骤

4.7.3.1 试样溶液的制备

称取试样约 0.8 g,精确到 0.000 2 g 于 100 ml 容量瓶中,加入 5 ml 盐酸(4.7.2.2)溶解并定容,摇匀。准确吸取 5 ml,用水定容 100 ml,摇匀备用。

4.7.3.2 标准曲线的绘制

精密移取铁标准工作液 0.0、2.0、4.0、6.0、8.0、10.0 ml(相当 0、20、40、60、80、100 μg 铁),置于 25 ml 比色管中,加缓冲液(4.7.2.3)5 ml 混匀,加邻菲罗啉溶液(4.7.2.1)2 ml,用水稀释至 25 ml,混匀,放置 15 min,用试剂空白作为参比溶液,1 cm 比色皿测定 510 nm 波长处的吸光度,绘制标准曲线。

4.7.3.3 试样测定

精密吸取 1 ml 试样溶液于 25 ml 比色管中,按标准曲线的绘制步骤操作,求得含量 X(μg)。

4.7.3.4 计算

试样中铁含量(%)按公式(1)计算:

$$\frac{X \times 100 \times 100 \times 10^{-6}}{m \times 5} \times 100 = \frac{X}{m \times 5} \quad\quad\quad\quad\quad\quad (1)$$

式中：

X——由标准曲线查得的试样中铁的含量，单位为微克（μg）；

5——换算系数；

m——试样质量，单位为克（g）。

4.7.3.5 结果表示

每个试样取两份试料进行平行测定，以其算术平均值为测定结果，结果保留两位小数。同一分析者对同一试样同时或快速连续地进行两次测定，所得结果之间的绝对偏差≤0.3%。

4.8 蛋氨酸含量的测定

按 GB/T 17810 规定方法测定。

5 检验规则

5.1 采样方法

按 GB/T 14699.1 进行。

5.2 出厂检验

5.2.1 批

以同班、同原料、同配方的产品为一批，每批产品进行出厂检验。

5.2.2 检验项目

感官检验、鉴别、水分、粒度、铁（Ⅱ）含量、蛋氨酸含量。

5.2.3 判定方法

以本标准的有关试验方法和要求判断方法和依据，对抽取样品按出厂检验项目进行检验。检验结果如有一项指标不符合本标准要求时，应重新加倍抽样进行复检，复检结果如仍有任何一项不符合标准要求，则判定该批产品为不合格产品，不能出厂。

5.3 型式检验

5.3.1 有下列情况之一，应进行型式检验

5.3.1.1 改变配方或生产工艺。

5.3.1.2 正常生产每半年或停产半年后恢复生产。

5.3.1.3 国家技术监督部门提出要求时。

5.3.2 型式检验项目

为本标准"3 要求"项目下的全部项目。

5.3.3 判定方法

以本标准的有关试验方法和要求为依据，对抽取样品按型式检验项目进行检验。检验结果如有一项指标不符合本标准要求时，应重新加倍抽样进行复检，复检结果如仍有任何一项不符合标准要求，则判型式检验不合格。

6 标签、包装、运输、贮存及保质期

6.1 标签

应符合 GB 10648 中的标准规定。

6.2 包装

本产品内包装采用食品级聚乙烯薄膜，外包装采用纸箱、纸桶或聚丙烯塑料桶包装。

6.3 运输

运输过程中，不得与有毒、有害、有污染和有放射性的物质混放混载，防止日晒雨淋。

6.4 贮存

本品应贮存在清洁、干燥、阴凉、通风、无污染的仓库中。

6.5 保质期

在符合上述运输、贮存条件下，本产品自生产之日起保质期为 24 个月。

_____

ICS 65.020
B 17

中华人民共和国农业行业标准

NY 1500.13.3~4 1500.31.1~49.2—2008

蔬菜、水果中甲胺磷等20种农药最大残留限量

Maximum residue limits for twenty pesticides in vegetables and fruits

2008-04-30 发布　　　　　　　　　　　　2008-04-30 实施

中华人民共和国农业部 发布

前　言

本标准由中华人民共和国农业部种植业管理司提出并归口。

本标准起草单位:农业部农药检定所。

本标准主要起草人:季颖、龚勇、秦冬梅、朱光艳、郑尊涛、苏青云、孙建鹏。

蔬菜、水果中甲胺磷等 20 种农药最大残留限量

1 范围

本标准规定了蔬菜、水果中甲胺磷等 20 种农药的最大残留限量。

本标准适用于表 1 所列农药对应的蔬菜、水果。

2 规范性引用文件

下列文件中的条款通过本标准的引用而成为本标准的条款。凡是注日期的引用文件，其随后所有的修改单(不包括勘误的内容)或修订版均不适用于本标准，然而，鼓励根据本标准达成协议的各方研究是否可使用这些文件的最新版本。凡是不注日期的引用文件，其最新版本适用于本标准。

GB/T 19648　水果和蔬菜中 500 种农药及相关化学品残留量的测定　气相色谱—质谱法

NY/T 761　蔬菜和水果中有机磷、有机氯、拟除虫菊酯和氨基甲酸酯类农药多残留的测定

3 要求

蔬菜、水果中甲胺磷等 20 种农药最大残留限量指标见表 1。

表 1　蔬菜、水果中甲胺磷等 20 种农药最大残留限量

序号	中文通用名称	英文通用名称	农产品名称	最大残留限量 mg/kg	检测方法标准	标准号
1	甲拌磷	phorate	水果	0.01[a]	GB/T 19648	NY 1500.13.3—2008
			蔬菜	0.01[a]		NY 1500.13.4—2008
2	甲胺磷	methamidophos	水果	0.05	NY/T 761	NY 1500.31.1—2008
3	甲基对硫磷	parathion - methyl	水果	0.02	NY/T 761 或 GB/T 19648	NY 1500.32.1—2008
			蔬菜	0.02		NY 1500.32.2—2008
4	久效磷	monocrotophos	水果	0.03	NY/T 761	NY 1500.33.1—2008
			蔬菜	0.03		NY 1500.33.2—2008
5	磷胺	phosphamidon	水果	0.05	NY/T 761 或 GB/T 19648	NY 1500.34.1—2008
			蔬菜	0.05		NY 1500.34.2—2008
6	甲基异柳磷	isofenphos - methyl	水果	0.01	GB/T 19648	NY 1500.35.1—2008
			蔬菜	0.01		NY 1500.35.2—2008
7	特丁硫磷	terbufos	水果	0.01	GB/T 19648	NY 1500.36.1—2008
			蔬菜	0.01		NY 1500.36.2—2008
8	甲基硫环磷	phosfolan - methyl	水果	0.03	NY/T 761	NY 1500.37.1—2008
			蔬菜	0.03		NY 1500.37.2—2008
9	治螟磷	sulfotep	水果	0.01	NY/T 761 或 GB/T 19648	NY 1500.38.1—2008
			蔬菜	0.01		NY 1500.38.2—2008
10	内吸磷	demeton	水果	0.02	GB/T 19648	NY 1500.39.1—2008
			蔬菜	0.02		NY 1500.39.2—2008
11	克百威	carbofuran	水果	0.02[b]	NY/T 761	NY 1500.40.1—2008
			蔬菜	0.02[b]		NY 1500.40.2—2008
12	涕灭威	aldicarb	水果	0.02[a]	NY/T 761	NY 1500.41.1—2008
			蔬菜	0.02[a]		NY 1500.41.2—2008
13	灭线磷	ethoprophos	水果	0.02	NY/T 761 或 GB/T 19648	NY 1500.42.1—2008
			蔬菜	0.02		NY 1500.42.2—2008

表1（续）

序号	中文通用名称	英文通用名称	农产品名称	最大残留限量 mg/kg	检测方法标准	标准号
14	硫环磷	phosfolan	水果	0.03	NY/T 761	NY 1500.43.1—2008
			蔬菜	0.03		NY 1500.43.2—2008
15	蝇毒磷	coumaphos	水果	0.05	GB/T 19648	NY 1500.44.1—2008
			蔬菜	0.05		NY 1500.44.2—2008
16	地虫硫磷	fonofos	水果	0.01	GB/T 19648	NY 1500.45.1—2008
			蔬菜	0.01		NY 1500.45.2—2008
17	氯唑磷	isazofos	水果	0.01	NY/T 761 或 GB/T 19648	NY 1500.46.1—2008
			蔬菜	0.01		NY 1500.46.2—2008
18	苯线磷	fenamiphos	水果	0.02	GB/T 19648	NY 1500.47.1—2008
			蔬菜	0.02		NY 1500.47.2—2008
19	杀虫脒	chlordimeform	水果	0.01	GB/T 19648	NY 1500.48.1—2008
			蔬菜	0.01		NY 1500.48.2—2008
20	氧乐果	omethoate	蔬菜	0.02	NY/T 761	NY 1500.49.1—2008
			水果（除柑橘）	0.02		NY 1500.49.2—2008

a 表示包括母体及其砜、亚砜的总和；
b 表示包括母体及三羟基克百威的总和。

ICS 67.080.20
B 31

中华人民共和国农业行业标准

NY/T 1583—2008

莲　藕

Lotus root

2008-05-16 发布

2008-07-01 实施

中华人民共和国农业部 发布

前 言

本标准由中华人民共和国农业部提出并归口。

本标准起草单位：农业部食品质量监督检验测试中心（武汉）、湖北省绿色食品管理办公室。

本标准主要起草人：樊铭勇、陈平、程运斌、袁友明、袁泳、罗昆。

莲　　藕

1　范围

本标准规定了莲藕的术语和定义、要求、试验方法、检验规则、标志、包装、运输和贮存。

本标准适用于鲜食莲藕。

2　规范性引用文件

下列文件中的条款通过本标准的引用而成为本标准的条款。凡是注日期的引用文件,其随后所有的修改单(不包括勘误的内容)或修订版均不适用于本标准,然而,鼓励根据本标准达成协议的各方研究是否可使用这些文件的最新版本。凡是不注日期的引用文件,其最新版本适用于本标准。

GB/T 5009.11　食品中总砷及无机砷的测定

GB/T 5009.12　食品中铅的测定

GB/T 5009.15　食品中镉的测定

GB/T 5009.17　食品中总汞及有机汞的测定

GB/T 5009.18　食品中氟的测定

GB/T 5009.104　植物性食品中氨基甲酸酯类农药残留量的测定

GB/T 5009.188　蔬菜、水果中甲基托布津、多菌灵农药残留量的测定

GB 7718　食品标签通用标准

GB/T 8855　新鲜水果和蔬菜的取样方法

GB/T 10466　蔬菜、水果形态学和结构学术语(一)

NY/T 761　蔬菜和水果中有机磷、有机氯、拟除虫菊酯和氨基甲酸酯类农药多残留检测方法

3　术语和定义

GB/T 10466中2.13确立的以及下列术语和定义适用于本标准。

3.1

整齐度　uniformity

同一批产品外形的一致程度。

3.2

净藕　clean lotus root

采收后清洗干净的莲藕。

3.3

泥藕　muddy lotus root

采收后未清洗的莲藕。

4　要求

4.1　感官

感官指标应符合表1的规定。

表 1 感官指标

项目	指标		
	一级	二级	三级
品种	同一品种		相似品种
形态	具有本品种应有的形状和特征，顶芽完整	具有本品种应有的形状和特征，顶芽基本完整	具有本品种应有的形状和特征
色泽	具有本品种应有的色泽		个体间色泽无显著差异
新鲜度	藕表光滑、硬实、无皱缩	藕表光滑、硬实、无萎缩	藕表光滑、硬实
清洁程度	藕节无须根，空腔内无泥痕及其他污染物。净藕藕表应无泥痕及其他污染物	藕节有少许须根，空腔内无泥痕及其他污染物。净藕藕表应无泥痕及其他污染物	空腔无泥痕或其他污染物。净藕藕表允许有少许泥痕或其他污染物
病虫害	无	每个藕斑痕不多于2处，且总面积不超过2 cm²，内部组织无病变	
损伤斑痕	每个藕斑痕不多于2处，且总面积不超过3 cm²		每个藕斑痕少于4处，且总面积不超过10 cm²
整齐度(%)	≥90	≥85	≥80
限度	每批样品中不符合感官要求的按质量计，其不合格率应不超过5%	每批样品中不符合感官要求的按质量计，其不合格率应不超过10%	每批样品中不符合感官要求的按质量计，其不合格率应不超过15%

4.2 卫生

卫生指标应符合表2的规定。

表 2 卫生指标

单位为毫克每千克

项 目	指 标
无机砷(以 As 计)，≤	0.05
铅(以 Pb 计)，≤	0.1
总汞(以 Hg 计)，≤	0.01
镉(以 Cd 计)，≤	0.05
氟(以 F 计)，≤	1.0
六六六(BHC)，≤	0.05
滴滴涕(DDT)，≤	0.05
氯氰菊酯(cypermethrin)，≤	0.5
溴氰菊酯(deletamethrin)，≤	0.2
多菌灵(carbendazol)，≤	0.5
百菌清(chlorothalonil)，≤	5
敌百虫(trichlorfon)，≤	0.1
抗蚜威(pirimicarb)，≤	1
乐果(dimethoate)，≤	0.5

5 试验方法

5.1 感官检测

5.1.1 用目测法检验产品的形态、色泽、新鲜度、表面清洁程度、表面病虫害、损伤斑痕等项目，然后纵横向剖开检验内部组织清洁程度及病变。泥藕应清洗干净后再检测。

5.1.2 整齐度

从抽取的样品中用四分法随机抽取样品，用台秤逐个称量样品的质量、用直尺逐个测量样品的长度,测量结果精确到小数点后两位,按公式(1)、(2)计算出样品的平均质量、平均长度,计算结果精确到小数点后一位。按公式(3)、(4)计算出以样品的整齐度,计算结果精确到小数点后一位。

$$m = \frac{m_1 + m_2 + \cdots + m_i}{N} \quad \cdots\cdots (1)$$

式中:

m——样品的平均质量,单位为千克(kg);

$m_1 \sim m_i$——样品1、样品2、……、样品i的质量,单位为千克(kg);

N——所检样品的个数,单位为个。

$$l = \frac{l_1 + l_2 + \cdots + l_i}{N} \quad \cdots\cdots (2)$$

式中:

l——样品的平均长度,单位为米(m);

$l_1 \sim l_i$——样品1、样品2、……样品i的长度,单位为米(m);

N——所检样品的个数,单位为个。

$$X_1 = \frac{M_1}{N \times m} \times 100 \quad \cdots\cdots (3)$$

式中:

X_1——以样品质量表征的整齐度,单位为百分率(%);

M_1——质量在$m \times (1 \pm 15\%)$范围内的样品的质量之和,单位为千克(kg);

N——所检样品的个数,单位为个;

m——样品的平均质量,单位为千克(kg)。

$$X_2 = \frac{L_1}{N \times L} \times 100 \quad \cdots\cdots (4)$$

式中:

X_2——以样品长度表征的整齐度,单位为百分率(%);

L_1——长度在$L \times (1 \pm 10\%)$范围内的样品的长度之和,单位为米(m);

N——所检样品的个数,单位为个;

L——样品的平均长度,单位为米(m)。

5.1.3 不合格率

每批受检样品抽样检测时,对各感官项目不符合的样品分别记录。如果一个样品同时出现多个感官项目不合格,任选择一个项目计算。不合格率按公式(5)计算,计算结果精确到小数点后一位。

$$X = \frac{m_1 + m_2 + \cdots + m_j}{M} \times 100 \quad \cdots\cdots (5)$$

式中:

X——样品的不合格率,单位为百分数(%);

$m_1 \sim m_j$——感官项目1、项目2、……、项目j不合格的样品的质量,单位为千克(kg);

M——所检样品的总质量,单位为千克(kg)。

5.2 卫生指标检测

5.2.1 无机砷

按GB/T 5009.11规定执行。

5.2.2 铅

按GB/T 5009.12规定执行。

5.2.3 总汞

按GB/T 5009.17规定执行。

5.2.4 镉

按 GB/T 5009.15 规定执行。

5.2.5 氟

按 GB/T 5009.18 规定执行。

5.2.6 六六六、滴滴涕、氯氰菊酯、溴氰菊酯、百菌清、敌百虫、乐果

按 NY/T 761 规定执行。

5.2.7 多菌灵

按 GB/T 5009.188 规定执行。

5.2.8 抗蚜威

按 GB/T 5009.104 规定执行。

6 检验规则

6.1 检验分类

6.1.1 型式检验

型式检验是对产品进行全面考核,即对本标准规定的全部要求(指标)进行检验。有下列情形之一者应进行型式检验:

　　a. 国家质量监督机构或行业主管部门提出型式检验要求;

　　b. 因人为或自然因素使生产环境发生较大变化;

　　c. 前后两次抽样检验结果差异较大;

　　d. 合同纠纷导致的仲裁检验。

6.1.2 交收检验

每批产品交收前,生产单位都应进行交收检验,交收检验内容包括包装、标志、感官要求等,检验合格并附合格证方可交收。

6.2 批次检验

同产地、同品种、同时收购的莲藕作为一个检验批次。批发市场同产地、同品种、同时收购的莲藕作为一个检验批次。农贸市场和超市相同进货渠道的莲藕作为一个检验批次。

6.3 抽样方法

按照 GB/T 8855 中的有关规定执行。实验室样品取样量为 5 个个体。

6.4 判定规则

6.4.1 感官指标超过本级限度时按下一级指标判定,超过三级限度时则判为不合格产品。

6.4.2 卫生指标有一个项目不合格或检出国家规定禁用的农药,即判定该批产品不合格。

6.4.3 复验

卫生指标不合格,不得复检。对感官指标检测结果有争议时,应对留存样品进行复检,或在同批次产品中按本标准 6.3 的规定重新加倍抽样。对不合格项复验,以复检结果为最终结果。

7 标志、包装

7.1 标志

销售和运输包装均应按 GB 7718 的要求标明产品名称、净含量、产地、包装日期、生产单位、执行标准代号。

7.2 包装

应采用符合包装卫生标准的包装材料。

8 运输、贮存

8.1 运输

运输工具应清洁无异味，环境温度控制在 2℃～10℃，堆高不超过 2m，严禁与有毒、有害的物品混运。

8.2 贮存

贮存场所应清洁卫生，严防日晒雨淋，温度控制在 2℃～10℃，不应与有毒、有害的物品混存。

———————————

ICS 67.080.20
B 31

中华人民共和国农业行业标准

NY/T 1584—2008

洋 葱 等 级 规 格

Grades and specifications of bulb onions

2008-05-16 发布
2008-07-01 实施

135

中华人民共和国农业部 发布

NY/T 1584—2008

前　言

本标准由中华人民共和国农业部提出并归口。

本标准起草单位：中国农产品市场协会、农业部蔬菜品质监督检验测试中心（北京）。

本标准主要起草人：闵耀良、钱洪、张德纯、康组建、汪捷、孙忠源、邵连生。

洋 葱 等 级 规 格

1 范围

本标准规定了洋葱等级和规格的要求、抽样方法、包装、标识和图片。

本标准适用鲜食洋葱,不适用分蘖洋葱和顶球洋葱。

2 规范性引用文件

下列文件中的条款通过本标准的引用而成为本标准的条款。凡是注日期的引用文件,其随后所有的修改单(不包括勘误的内容)或修订版均不适用于本标准,然而,鼓励根据本标准达成协议的各方研究是否可使用这些文件的最新版本。凡是不注日期的引用文件,其最新版本适用于本标准。

GB 191 包装储运图示标志

GB/T 6543 瓦楞纸箱

GB/T 8855 新鲜水果和蔬菜的取样方法

GB 9687 食品包装用聚乙烯卫生标准

国家质量监督检验检疫总局75号令 定量包装商品计量监督管理办法

3 要求

3.1 等级

3.1.1 基本要求

洋葱鳞茎应符合下列基本要求:

——同一品种或相似品种;

——基本完好;

——最外面两层鳞片完全干燥、表皮基本保持清洁;

——无鳞芽萌发;

——无腐败、变质、异味;

——无严重损伤;

——无冻害。

3.1.2 等级划分

在符合基本要求的前提下,产品分为特级、一级和二级。洋葱的等级应符合表1的规定。

表 1 洋葱等级

等级	要　　　求
特级	鳞茎外形和颜色完好,大小均匀,饱满硬实;外层鳞片光滑无裂皮,无损伤;根和假茎切除干净、整齐。
一级	鳞茎外形和颜色有轻微的缺陷,大小较均匀,较为饱满硬实;外层鳞片干裂面积最多不超过鳞茎表面的1/5,基本无损伤;有少许根须,假茎切除基本整齐。
二级	鳞茎外形和颜色有缺陷,大小较均匀,不够饱满硬实;外层鳞片干裂面积最多不超过鳞茎表面的1/3,允许小的愈合的裂缝、轻微的已愈合的外伤;有少许根须,假茎切除不够整齐。

3.1.3 允许误差范围

等级的允许误差范围按其质量计:

a) 特级允许有5%的产品不符合该等级的要求,但应符合一级的要求;

b) 一级允许有 8% 的产品不符合该等级的要求,但应符合二级的要求;

c) 二级允许有 10% 的产品不符合该等级的要求,但符合基本要求。

3.2 规格

以洋葱横径为划分规格的指标,分为大(L)、中(M)、小(S)三个规格。

3.2.1 规格划分

洋葱的规格应符合表 2 的规定。

表 2 洋葱大小规格

单位为厘米

规格	大(L)	中(M)	小(S)
横径	>8	6~8	4~6
同一包装中的允许误差	≤2	≤1.5	≤1.0

3.2.2 允许误差范围

规格的允许误差范围按数量计:

a) 特级允许有 5% 的产品不符合该规格的要求;

b) 一级和二级允许有 10% 的产品不符合该规格的要求。

4 抽样方法

按 GB/T 8855 规定执行。

表 3 抽样数量

批量件数	≤100	101~300	301~500	501~1 000	>1 000
抽样件数	5	7	9	10	15

5 包装

5.1 基本要求

同一包装内,应为同一等级和同一规格的产品,包装内的产品可视部分应具有整个包装产品的代表性。

5.2 包装方式

塑料网袋或纸箱包装。

5.3 包装材质

包装材料应清洁、卫生、干燥、无毒、无异味,符合食品卫生要求。包装塑料网袋按 GB/T 9687 规定执行,包装纸箱按 GB 6543 规定执行。

5.4 净含量及允许负偏差

塑料网袋包装每袋质量 30 kg,纸箱包装每箱质量 15 kg 或视具体情况确定,净含量及允许负偏差应符合国家质量监督检验检疫总局 75 号令的规定。

5.5 限度范围

每批受检样品质量和大小不符合等级、规格要求的允许误差按所检单位的平均值计算,其值不应超过规定的限度,且任何所检单位的允许误差值不应超过规定值的 2 倍。

6 标识与标志

包装物上应有明显标识,内容包括:产品名称、等级、规格、产品的标准编号、生产与供应商单位及其详细地址、产地、净含量和采收、包装日期。标注内容要求字迹清晰、规范、完整。

包装外部应注明防晒、防雨要求,包装标识图示应符合 GB 191 要求。

7 图片

洋葱包装方式参考图片见图 1,等级、规格实物参考图片见图 2 和图 3。

图 1 洋葱包装方式实物参考图片

特级	一级	二级

图 2 各等级洋葱实物参考图片

大（L）	中(M)	小(S)
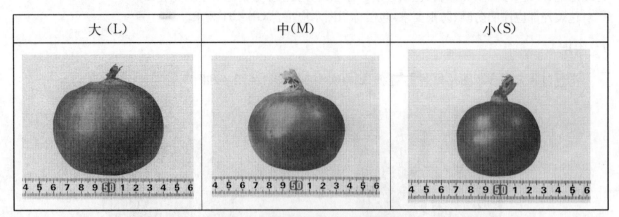		

图3　各规格洋葱实物参考图片

ICS 67.080.20
B 31

中华人民共和国农业行业标准

NY/T 1585—2008

芦笋等级规格

Grades and specifications of asparagus

2008-05-16 发布

2008-07-01 实施

中华人民共和国农业部 发布

前　言

本标准由中华人民共和国农业部种植业管理司提出并归口。

本标准起草单位:农业部农产品质量监督检验测试中心(杭州)、海通食品集团股份有限公司。

本标准主要起草人:王小骊、王强、胡桂仙、董秀金、董庆富、张永志、毛培成、陈健文。

芦 笋 等 级 规 格

1 范围

本标准规定了芦笋等级和规格的要求、包装、标识和图片。

本标准适用于鲜销的芦笋。

2 规范性引用文件

下列文件中的条款通过本标准的引用而成为本标准的条款。凡是注日期的引用文件,其随后所有的修改单(不包括勘误的内容)或修订版均不适用于本标准,然而,鼓励根据本标准达成协议的各方研究是否可使用这些文件的最新版本。凡是不注日期的引用文件,其最新版适用于本标准。

GB 191 包装贮运图示标志

GB/T 5033 出口产品包装用瓦楞纸箱

GB/T 6980 钙塑瓦楞箱

GB/T 9687 食品包装用聚乙烯成型品卫生标准

GB 9689 食品包装用聚苯乙烯成型品卫生标准

SB/T 10158 新鲜蔬菜包装通用技术条件

国家质量监督检验检疫总局 2005 年第 75 号令 定量包装商品计量监督管理办法

3 要求

3.1 等级

3.1.1 基本要求

芦笋应符合下列基本要求:

——具有本品种特征,色泽一致,无畸形;

——芦笋充分成长,其成长度达到鲜销、正常运输和装卸的要求;

——外观新鲜、清洁、完整、基部切口平整;

——笋体无空心、掉皮、破裂或断裂,允许有小的裂缝,但应在 3.1.3 所规定的质量允许误差范围内;

——清洁、无杂质、害虫,无异味,无不正常的外来水分;

——无病虫害引起的明显损伤,无冷害、冻害,无其他较严重的损伤;

——无腐烂、发霉、变质现象。

3.1.2 等级划分

在符合基本要求的前提下,芦笋分为特级、一级和二级,具体要求应符合表 1 的规定。

表 1 芦笋等级

等级	指标	要求	
		白芦笋	绿芦笋
特级	色泽	笋体洁白,允许笋尖带有轻微浅粉红色。	笋体鲜绿,允许带有浅紫色。
	外形	形态好且挺直,不弯曲,无锈斑,无损伤;笋头鳞片抱合紧密,无散头。	
	木质化	笋体鲜嫩,允许基部表皮有轻微木质化,但不超过笋体长度的 5%。	

表1（续）

等级	指标	要求	
		白芦笋	绿芦笋
一级	色泽	笋体乳白，允许笋头带有浅绿色或黄绿色。	笋体鲜绿，允许带有浅紫色，允许基部带有轻微乳白色或浅黄色。
	外形	形态良好且较直，允许轻微弯曲和轻度锈斑，无损伤；笋头鳞片抱合紧密，无散头。	形态良好且较直，允许轻微弯曲和轻度锈斑，无损伤；笋头略有伸长，鳞片抱合较紧密；允许轻微开散，但开散率不超过5%。
	木质化	笋体较鲜嫩，允许基部表皮有木质化，但不超过笋体长度的10%。	
二级	色泽	笋体乳白或黄白色，允许笋尖带有绿色或黄绿色。	笋体绿色或略带黄绿色，允许带有浅紫色，允许基部少量乳白色或浅黄色。
	外形	形态尚可，允许明显弯曲、轻度锈斑和轻微损伤；笋头鳞片尚紧，无散头。	形态尚可，允许明显弯曲、轻度锈斑和轻微损伤；笋头伸长明显，笋尖鳞片尚紧，允许少量开散，但开散率不超过10%。
	木质化	笋体基本鲜嫩，允许基部表皮有木质化，但不超过笋体长度的15%。	

3.1.3 等级允许误差

等级的允许误差按其数量计应符合：

a) 特级允许有5%的产品不符合该等级的要求，但应符合一级的要求；

b) 一级允许有10%的产品不符合该等级的要求，但应符合二级的要求；

c) 二级允许有10%的产品不符合该等级的要求，但应符合基本要求。

3.2 规格

3.2.1 规格划分

芦笋可采用按长度或直径进行规格划分。

3.2.1.1 按长度划分

以芦笋长度为划分规格的指标，分为长（L）、中（M）、短（S）三个规格，具体要求应符合表2的规定。

表2 按长度划分的芦笋规格 单位为厘米

规格		长（L）	中（M）	短（S）
芦笋长度	白芦笋	17～22	>12	>10
	绿芦笋	20～30	>15	>10
同一包装中最长和最短芦笋的差异		≤2		≤1

3.2.1.2 按直径划分

以芦笋基部最大直径为划分规格的指标，分为粗（B）、中（M）、细（T）三个规格，具体要求应符合表3的规定。

表3 按直径划分的芦笋规格 单位为毫米

规格	粗（B）	中（M）	细（T）
基部直径	>17	>10	>3
同一包装中最大和最小直径的差异	≤6	≤5	≤4

3.2.2 允许误差范围

对各等级芦笋，按数量计，允许有10%的产品不符合该规格的要求，其误差范围：长度为1 cm，直径为2 mm。

4 包装

4.1 基本要求

同一包装内芦笋产品的等级、规格应一致。包装内的产品可视部分应具有整个包装产品的代表性。

4.2 包装材料

包装材料应清洁卫生、干燥、无毒、无污染、无异味,并符合食品卫生要求;包装应牢固、耐压,适宜搬运、运输。

包装容器可采用内衬塑料薄膜袋瓦楞箱、聚苯乙烯泡沫箱或框架木箱等。使用的塑料薄膜袋应符合 GB/T 9687 的要求,使用的瓦楞纸箱应符合 GB/T 5033 的要求,使用的钙塑瓦楞箱应符合 GB/T 6980 的要求,使用的聚苯乙烯泡沫箱应符合 GB 9689 的要求。

4.3 包装方式

包装方式宜采用直立排列方式。若采用水平排列方式包装,则应尽量缩短装箱时间,开箱后宜直立放置。包装容器应有合适的通气口,并有利于保鲜。所有包装方式应符合 SB/T 10158 新鲜蔬菜包装通用技术条件要求。

4.4 净含量及允许负偏差

每个包装单位净含量应根据销售和运输要求而定,一般不超过 10 kg。

每个包装单位净含量允许负偏差按国家质量监督检验检疫总局 2005 年第 75 号令规定执行。

4.5 限度范围

每批受检样品质量和大小不符合等级、规格要求的允许误差按所检单位的平均值计算,其值不应超过规定的限度,且任何所检单位的允许误差值不应超过规定值的 2 倍。

5 标识

包装箱上应有明显标识,并符合 GB 191 的要求。内容包括产品名称、等级、规格、产品执行标准编号、生产和供应商及其详细地址、产地、净含量和采收、包装日期。若需冷藏保存,应注明保藏方式。标注内容要求字迹清晰、完整、规范。

6 参考图片

6.1 芦笋包装方式实物参考图片

芦笋包装方式实物参考图片见图 1。

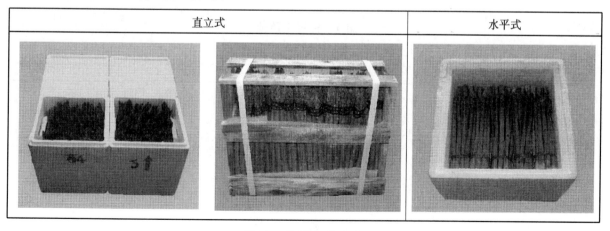

直立式	水平式

图 1 芦笋包装方式

6.2 各等级芦笋实物参考图片

各等级芦笋实物参考图片见图 2。

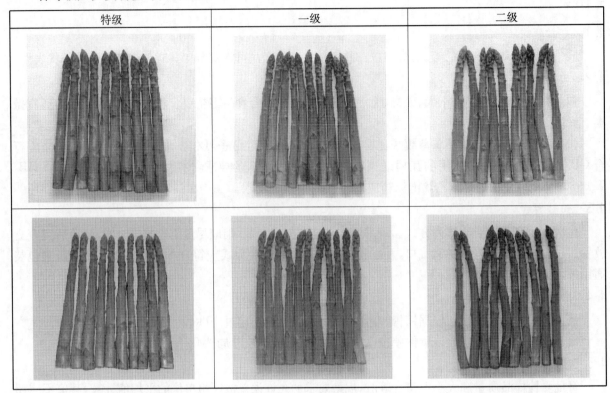

图 2　芦笋等级

6.3　各规格芦笋实物参考图片

6.3.1　按长度划分的各规格芦笋实物参考图片见图 3。

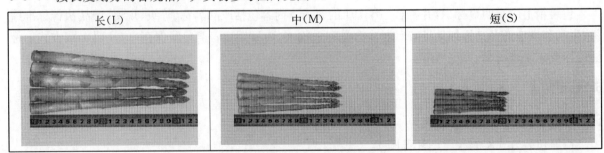

图 3　各规格芦笋

6.3.2　按直径划分的各规格芦笋实物参考图片见图 4。

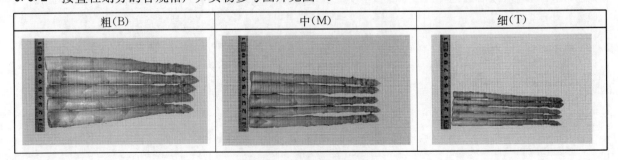

图 4　各规格芦笋

ICS 67.080.20
B 31

中华人民共和国农业行业标准

NY/T 1586—2008

结球甘蓝等级规格

Grades and specifications of cabbage

2008-05-16 发布　　　　　　　　　　　　2008-07-01 实施

中华人民共和国农业部 发布

前　言

本标准由中华人民共和国农业部提出并归口。

本标准起草单位:农业部农产品质量安全监督检验测试中心(重庆)、重庆市农业科学院蔬菜花卉所。

本标准主要起草人:柴勇、李必全、杨俊英、熊英、周优良。

结球甘蓝等级规格

1 范围

本标准规定了结球甘蓝的等级和规格的要求、抽样方法、包装、标识和图片。

本标准适用于鲜食结球甘蓝。

2 规范性引用文件

下列文件中的条款通过本标准的引用而成为本标准的条款。凡是注日期的引用文件,其随后所有的修改单(不包括勘误的内容)或修订版均不适用于本标准,然而,鼓励根据本标准达成协议的各方研究是否可使用这些文件的最新版本。凡是不注日期的引用文件,其最新版本适用于本标准。

GB 191 包装、贮运、标识

GB/T 6543 瓦楞纸箱

GB/T 8855 新鲜蔬菜水果的抽样方法

GB 9687 食品包装用聚乙烯成型品卫生标准

国家质量监督检验检疫总局 2005 年 75 号令 定量包装商品计量监督管理办法

3 要求

3.1 等级

3.1.1 基本要求

根据对每个等级的规定和允许误差,甘蓝均应符合下列条件:

——清洁,无杂质;

——外观形状完好,茎基部削平,叶片附着牢固;

——无外来水分;

——外观新鲜,色泽正常,无抽薹,无胀裂,无老、黄叶,无烧心、冻害和腐烂;

——无异味。

3.1.2 等级划分

在符合基本要求的前提下,甘蓝分为特级、一级和二级,各相应等级应符合表1的规定。

表 1 结球甘蓝等级

等　级	要　　　　求
特级	叶球大小整齐,外观一致,结球紧实,修整良好; 无老帮、焦边、侧芽萌发及机械损伤等,无病虫害损伤。
一级	叶球大小基本整齐,外观基本一致,结球较紧实,修整较好; 无老帮、焦边、侧芽萌发及机械损伤,允许少量虫害损伤等。
二级	叶球大小基本整齐,外观相似,结球不够紧实,修整一般; 允许少量焦边、侧芽萌发及机械损伤,允许少量病虫害损伤等。

3.1.3 允许误差

等级的允许误差按数量计:

a) 特级允许5%的产品不符合该等级的要求,但应符合一级的要求;

b) 一级允许10%的产品不符合该等级的要求,但应符合二级的要求;

c) 二级允许10%的产品不符合该等级的要求,但应符合基本要求。

3.2 规格

3.2.1 规格划分

按单球质量大小确定结球甘蓝规格，分为大、中、小三个规格。具体要求见表 2。

表 2 结球甘蓝规格 单位为千克每个

规 格	大（L）	中（M）	小（S）
平头结球甘蓝	>2.5	1.5～2.5	<1.5
同一包装中的最大和最小质量的差异	≤0.5	≤0.4	≤0.3
圆头结球甘蓝	>1.5	1.0～1.5	<1.0
同一包装中最大和最小质量的差异	≤0.4	≤0.3	≤0.2
尖头结球甘蓝	>1.2	0.7～1.2	<0.7
同一包装中最大和最小质量的差异	≤0.3	≤0.2	≤0.2

3.2.2 允许误差

对各等级的结球甘蓝，按数量计，允许有 10% 的甘蓝不符合该规格的规定。

4 抽样方法

抽样方法按 GB/T 8855 规定执行，抽样数量见表 3。

表 3 抽样数量 单位为件

批量件数	≤100	101～300	301～500	501～1 000	>1 000
抽样件数	5	7	9	10	15

5 包装

5.1 基本要求

同一包装内结球甘蓝的等级、规格应一致。包装内的产品可视部分应具有整个包装产品的代表性。

5.2 包装方式

结球甘蓝包装方式应根据包装物规格采用水平方式排列。宜采用纸箱、竹筐、塑料网袋。

5.3 包装材料

包装材料应清洁、卫生、干燥、无毒、无异味，应符合食品包装卫生要求，聚乙烯包装应符合 GB 9687 的要求，纸箱包装应符合 GB/T 6543 的要求。

5.4 净含量及允许负偏差

每个包装单位净含量及允许负偏差应符合国家质量监督检验检疫总局 2005 年 75 号令的要求。

5.5 限度范围

每批受检样品质量和大小不符合等级、规格要求的允许误差按所检单位的平均值计算，其值不应超过规定的限度，且任何所检单位的允许误差值不应超过规定值的 2 倍。

6 标识

包装上应有明显标识，内容包括：产品名称、等级、规格、产品执行标准编号、生产者和供应者详细地址、净含量及采收、包装日期等。若需冷藏保存，应注明其保存方式。标注内容要求字迹清晰、完整、准确，且不易褪色。包装、贮运、图示应符合 GB 191 的要求。

7 图片

结球甘蓝的包装方式及等级和规格的实物彩色图片见图1、图2、图3。

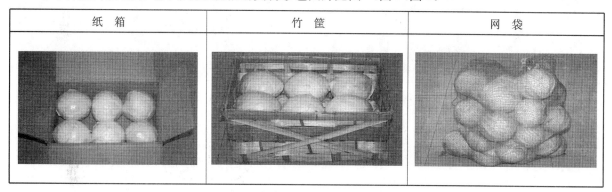

纸 箱	竹 筐	网 袋

图 1 包装图片

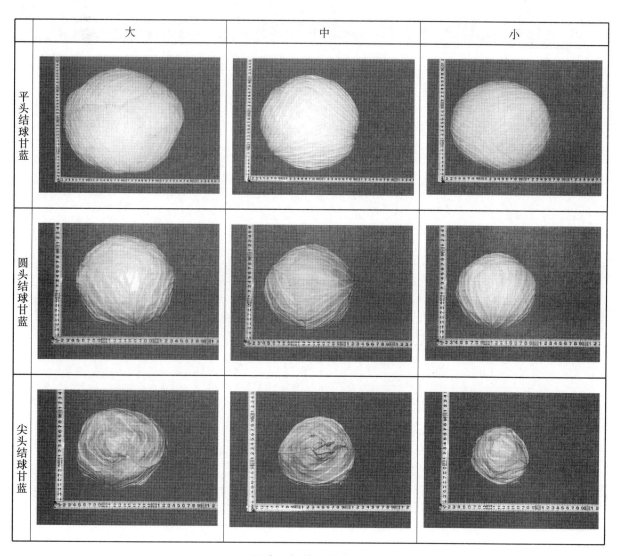

	大	中	小
平头结球甘蓝			
圆头结球甘蓝			
尖头结球甘蓝			

图 2 规格实物图片

	特　级	一　级	二　级
平头甘蓝			
圆头甘蓝			
尖头甘蓝			

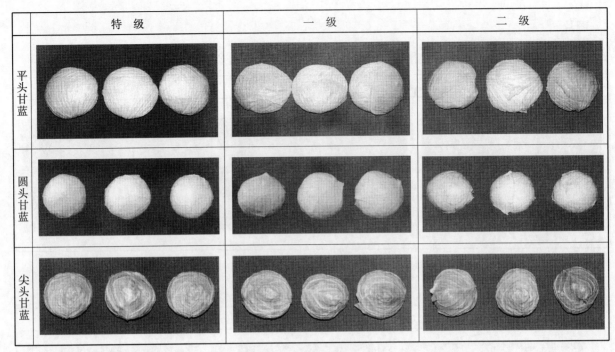

图3　等级实物图片

ICS 67.080.20
B 31

中华人民共和国农业行业标准

NY/T 1587—2008

黄瓜等级规格

Grades and specifications of cucumber

2008-05-16 发布

2008-07-01 实施

153

中华人民共和国农业部 发布

前　言

本标准由中华人民共和国农业部提出并归口。

本标准起草单位：中国农业大学。

本标准主要起草人：任华中、张振贤、高丽红、眭晓蕾。

黄 瓜 等 级 规 格

1 范围

本标准规定了黄瓜的等级和规格的要求、包装、标识和图片。

本标准适用于鲜食黄瓜,不适用于加工型黄瓜。

2 规范性引用文件

下列文件中的条款通过本标准的引用而成为本标准的条款。凡是注日期的引用文件,其随后所有的修改单(不包括勘误的内容)或修订版均不适用于本标准,然而,鼓励根据本标准达成协议的各方研究是否可使用这些文件的最新版本。凡是不注日期的引用文件,其最新版本适用于本标准。

GB 191 包装储运图示标志

GB/T 5033 出口产品包装用瓦楞纸箱

GB/T 6543 瓦楞纸箱

GB 8855 新鲜水果和蔬菜的取样方法

GB 9689 食品包装用聚苯乙烯成型品卫生标准

3 要求

3.1 等级

3.1.1 基本要求

黄瓜应满足下列基本要求:

——同一品种或相似品种;

——瓜条已充分膨大,但种皮柔嫩;

——瓜条完整;

——无苦味;

——清洁、无杂物、无异常外来水分;

——外观新鲜、有光泽,无萎蔫;

——无任何异常气味或味道;

——无冷害、冻害;

——无病斑、腐烂或变质产品;

——无虫害及其所造成的损伤。

3.1.2 等级划分

在符合基本要求的前提下,共分为特级、一级和二级,见表1。

表 1 黄瓜等级划分

等级	要　　　求
特级	具有该品种特有的颜色,光泽好; 瓜条直,每10 cm长的瓜条弓形高度≤0.5 cm; 距瓜把端和瓜顶端3 cm处的瓜身横径与中部相近,横径差≤0.5 cm; 瓜把长占瓜总长的比例≤1/8; 瓜皮无因运输或包装而造成的机械损伤。

表1（续）

等级	要　　求
一级	具有该品种特有的颜色，有光泽； 瓜条较直，每10 cm长的瓜条弓形高度＞0.5 cm且≤1 cm； 距瓜把端和瓜顶端3 cm处的瓜身与中部的横径差≤1 cm。 瓜把长占瓜总长的比例≤1/7； 允许瓜皮有因运输或包装而造成的轻微损伤。
二级	基本具有该品种特有的颜色，有光泽； 瓜条较直，每10 cm长的瓜条弓形高度＞1 cm且≤2 cm； 距瓜把端和瓜顶端3 cm处的瓜身横径与中部的横径差≤2 cm； 瓜把长占瓜总长的比例≤1/6； 允许瓜皮有少量因运输或包装而造成的损伤，但不影响果实耐贮性。
注：每10 cm长的瓜条弓形高度的测量方法见图1。	

图1　黄瓜弓形高度测量方法

3.1.3　等级允许误差范围

各等级中所允许的误差按质量计：

a)　特级允许有5%的产品不符合该等级的要求，但应符合一级的要求；

b)　一级允许有10%的产品不符合该等级的要求，但应符合二级的要求；

c)　二级允许有10%的产品不符合该等级的要求，但应符合基本要求。

3.2　规格

3.2.1　规格划分

根据黄瓜果实的长度，分为大(L)、中(M)、小(S)三个规格，具体要求应符合表2的规定。

表2　黄瓜规格划分　　　　　　　　　　　　　　　　　　　　单位为厘米

	大(L)	中(M)	小(S)
长度	＞28	16～28	11～16
同一包装中最大果长和最小果长的差异	≤7	≤5	≤3

3.2.2　规格允许误差

各规格中所允许的误差按数量或质量计：

a)　特级允许有5%的产品不符合该规格的要求。

b)　一级和二级允许有10%的产品不符合该规格的要求。

4 包装

4.1 基本要求

同一包装内产品的采收日期、产地、品种、等级、规格应一致;同一包装内产品应按相同顺序摆放整齐、紧密;包装内的产品可视部分应具有整个包装产品的代表性。

4.2 包装方式

包装方式应采用水平排列方式包装。宜使用瓦楞纸箱或聚苯乙烯泡沫箱进行包装,且包装材料应清洁干燥、牢固、透气、无污染、无异味、无虫蛀,且符合 GB/T 5033、GB/T 6543 或 GB 9689 的要求。

4.3 净含量及允许负偏差

根据黄瓜规格和所用包装材料的不同,允许设计不同规格的包装容器,但每包装单位的净质量应≤20 kg。每包装单位净含量允许负偏差按国家质量监督检验检疫总局令 2005 年第 75 号令规定执行。

4.4 限度范围

产品抽检按 GB 8855 执行。每批受检样品允许存在等级、规格方面的不符合项,不符合项百分率按所检单位样品的平均值计算,其值不超过规定的偏差限度,且任何所检单位的不符合项百分率不超过规定值的 2 倍。

5 标识

包装容器外观应明显标识的内容包括:产品名称、等级、规格、产品执行标准编号、生产和供应商及详细地址、产地、净含量和采收、包装日期和贮存要求。标注内容要求字迹清晰、牢固、完整、准确。

包装容器外部应注明防晒、防雨、防摔和避免长时间滞留标识,标识应符合 GB 191 的要求。

6 参考图片

6.1 包装方式

黄瓜产品包装实物参考方式见图 2。

图 2 黄瓜产品水平包装方式

6.2 各等级参考实物图片

黄瓜不同等级实物参考图片见图 3。

特级	一级	二级
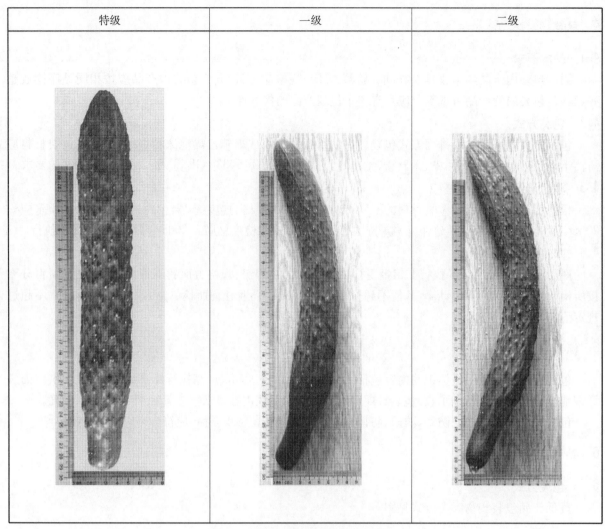		

图 3　黄瓜不同等级实物参考图

6.3 各规格参考实物图片

黄瓜不同规格实物参考图片见图4。

大(L)	中(M)	小(S)
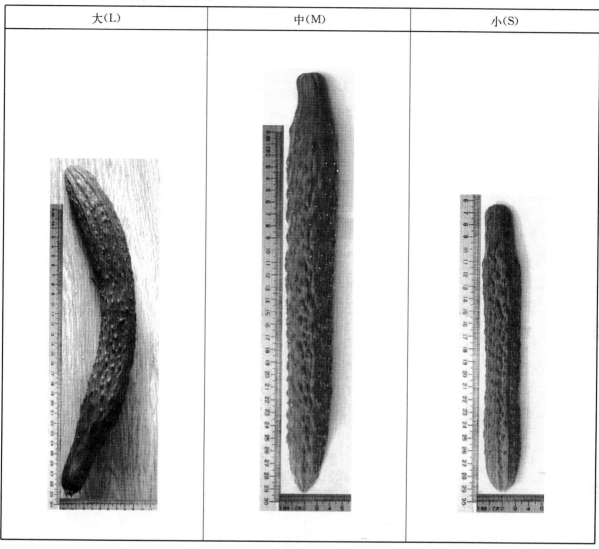		

图4 黄瓜不同规格实物参考图

ICS 67.080.20
B 31

中华人民共和国农业行业标准

NY/T 1588—2008

苦瓜等级规格

Grades and specifications of bitter gourd

2008-05-16 发布

2008-07-01 实施

中华人民共和国农业部 发布

NY/T 1588—2008

前　言

本标准由中华人民共和国农业部提出并归口。

本标准起草单位：农业部农产品质量监督检验测试中心（昆明）、云南省农业科学院质量标准与检测技术研究所。

本标准主要起草人：汪庆平、黎其万、刘家富、董宝生、汪禄祥。

苦 瓜 等 级 规 格

1 范围

本标准规定了苦瓜的等级和规格要求、包装、标识和图片。

本标准适用于鲜食白皮苦瓜和青皮苦瓜。

2 规范性引用文件

下列文件中的条款通过本标准的引用而成为本标准的条款。凡是注日期的引用文件,其随后所有的修改单(不包括勘误的内容)或修订版均不适用于本标准,然而,鼓励根据本标准达成协议的各方研究是否可使用这些文件的最新版本。凡是不注日期的引用文件,其最新版本适用于本标准。

GB 191 包装、贮运图示标志

GB/T 6543 瓦楞纸箱

GB/T 8855 新鲜水果和蔬菜的取样方法(eqv ISO 874:1980)

GB 9687 食品包装用聚乙烯成型品卫生标准

国家质量监督检验检疫总局75号令 定量包装商品质量监督管理办法

3 要求

3.1 等级

3.1.1 基本要求

根据对每个等级的规定和允许误差,苦瓜应符合下列条件:

——新鲜;

——果面清洁、无杂质;

——无虫及病虫造成的损伤;

——无腐烂、异味;

——无裂果。

3.1.2 等级划分

在符合基本要求的前提下,苦瓜分为特级、一级和二级。各等级应符合表1的规定。

表 1 苦瓜等级

等级	要 求
特级	外观一致; 瘤状饱满,果实呈该品种固有的色泽,色泽一致; 果身发育均匀,质地脆嫩; 果柄切口水平、整齐; 无冷害及机械伤。
一级	外观基本一致; 瘤状饱满,果实呈该品种固有的色泽,色泽基本一致; 果身发育基本均匀,基本无绵软感; 果柄切口水平、整齐; 无明显的冷害及机械伤。
二级	外观基本一致; 果实呈该品种固有的色泽,允许稍有异色; 稍有冷害及机械伤。

3.1.3 允许误差范围

允许误差范围按质量计：

a) 特级允许有 5% 的产品不符合该等级的要求，但应符合一级的要求；

b) 一级允许有 7% 的产品不符合该等级的要求，但应符合二级的要求；

c) 二级允许有 10% 的产品不符合该等级的要求，但应符合基本要求。

3.2 规格

3.2.1 规格划分

根据果实长度来划分苦瓜的规格，分大(L)、中(M)、小(S)三种规格。规格的划分应符合表 2 的要求。

表 2　苦瓜规格　　　　　　　　　　　　　　　　　　　　单位为厘米

规格	大(L)	中(M)	小(S)
长度	>30	20~30	≥15
同一包装中的允许误差	≤5	≤3	≤2

3.2.2 允许误差范围

允许误差范围按质量计：

a) 特级允许有 3% 的果实长度不符合该规格的要求；

b) 一级允许有 5% 的果实长度不符合该规格的要求；

c) 二级允许有 7% 的果实长度不符合该规格的要求。

4　抽样方法

按 GB/T 8855 规定执行。抽样数量应符合表 3 的要求。

表 3　抽样数量

批量件数	≤100	101~300	301~500	501~1 000	>1 000
抽样件数	5	7	9	10	15

5　包装

5.1　基本要求

同一包装箱内，应为同一等级、同一规格和同一色泽的产品，包装内的产品可视部分应具有整个包装产品的代表性。

5.2　包装方式

平放或直立排放。瘤状突起的苦瓜宜采用保丽龙网袋。

5.3　包装材质

应清洁、卫生、干燥，无异味，符合食品卫生要求。包装用塑料薄膜袋应符合 GB 9687 的规定，包装用纸箱应符合 GB/T 6543 的规定。

5.4　净含量的要求及允许负偏差

每个包装单位净含量允许负偏差按国家质量监督检验检疫总局 2005 年第 75 号令规定执行。

5.5　限度范围

每批受检样品不符合等级、规格要求的允许误差按所检单位的平均值计算，其值不应超过规定的限度，且任何所检单位的允许误差值不应超过规定值的 2 倍。

6 标识

包装箱上应有明显标识,内容包括:产品名称、等级、规格、产品的标准编号、生产单位、供应商及详细地址、产地、净含量和采收、包装日期。若需冷藏保存,应注明保藏方式。标注内容要求字迹清晰、规范、完整。包装运输标识按 GB 191 的规定。

7 图片

苦瓜的包装方式及不同等级和规格的实物彩色图片见图1、图2、图3。

图 1　苦瓜包装方式(直立包装)

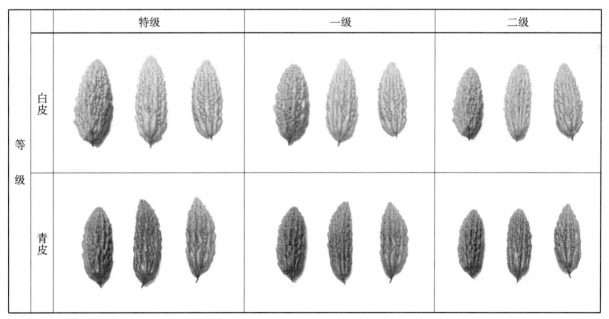

图 2　苦瓜不同等级的实物图片

规格		大(L)	中(M)	小(S)
	白皮			
	青皮		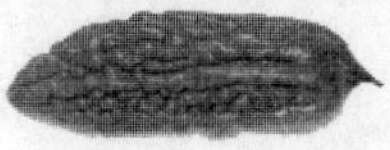	

图3 苦瓜不同规格的实物图片

ICS 67.020
B 61

中华人民共和国农业行业标准

NY/T 1589—2008

香石竹切花种苗等级规格

Product grade for young plants of cut *Dianthus caryophyllus*

2008-05-16 发布

2008-07-01 实施

中华人民共和国农业部 发布

NY/T 1589—2008

前　言

本标准由中华人民共和国农业部种植业管理司提出并归口。

本标准起草单位:农业部花卉产品质量监督检验测试中心(上海)、农业部花卉产品质量监督检验测试中心(昆明)、农业部花卉产品质量监督检验测试中心(广州)。

本标准主要起草人:林大为、戴咏梅、衡辉、孙强、顾梅俏、毕云青、谢向坚。

香石竹切花种苗等级规格

1 范围

本标准规定了香石竹切花种苗的等级划分、抽样方法、检测方法、判定原则以及包装和贮运的技术要求。

本标准适用于花卉生产及贸易中花卉种苗的等级划分。

2 规范性引用文件

下列文件中的条款通过本标准的引用而成为本标准的条款。凡是注日期的引用文件,其随后所有的修改单(不包括勘误的内容)或修订版均不适用于本标准,然而,鼓励根据本标准达成协议的各方研究是否可使用这些文件的最新版本。凡是不注日期的引用文件,其最新版本适用于本标准。

GB 2828—1987 逐批检查计数抽样程序及抽样表

3 术语和定义

下列术语和定义适用于本标准。

3.1

扦插苗 rooted cutting

健康的母株上提供的分枝,经扦插生根后获得的种苗。

3.2

组培苗 tissue-cultured plantlet

通过组织培养快繁技术繁殖,并通过室外一段时间栽培驯化,能适应大田栽培的种苗。

3.3

苗高 height of young plant

种苗植株在自然生长状态下,从根与茎结合部至种苗最高一片叶子顶端的高度。

3.4

地径 stem base

种苗植株在离根与茎结合部最近一节中间处的最大直径。

3.5

叶片数 number of leaf

种苗植株上着生的所有叶片数。

3.6

根长 length of root

种苗茎基部至根系自然下垂的最下端的长度。

3.7

根量 number of root

单株的有效根数量。

3.8

根系状况 state of root system

根的丰满程度、颜色、新鲜感等。

3.9

穴盘苗　tray plantlet

以穴盘为容器培养的种苗。

3.10

整体感　whole display

种苗植株的外形整体感观,包括植株的长势、茎叶色泽、健康状况、缺损情况等。

3.11

病虫害　pest and disease damage

种苗植株受病虫危害及携带病虫的情况和程度。

3.12

药害、肥害及药渍　trail of pesticide harm or fertilizer harm

种苗植株因农药、肥料使用不当导致茎叶受损伤或留下残渍。

3.13

机械损伤　mechanical injury

种苗植株在生产、贮运过程中受到人工或机械损伤。

4　质量分级

香石竹切花种苗根据其地径、苗高、根系发育情况、病虫害情况等综合因素,分为特级苗、优级苗和合格苗三级。具体规定见表1。

表1　香石竹切花种苗质量等级表

评价项目			质 量 等 级		
			特级苗	优级苗	合格苗
1	苗高 (cm)	大花型	10～12	10～15	10～18
		多头型	8～10	8～13	8～16
2	地径 (cm)	大花型	≥0.5	≥0.5	≥0.3
		多头型	≥0.4	≥0.4	≥0.2
3	叶片数(片)		6～8	6～8	6～10
4	根长(cm)		2.5～4.0	2.5～4.0	2.0～4.5
5	根量		≥25	≥20	≥15
6	根系状况		根系丰满,无单边偏缺,根白色,无黄褐、黑根	根系丰满,无单边偏缺根根白色,无黄褐、黑根	根系较丰满,无单边偏缺根,根白色,偶有黄褐根,无黑根
7	整体感		植株长势健壮,叶色正常,无畸形,无药害、肥害和机械损伤	植株长势健壮,叶色正常,无畸形,无药害、肥害和机械损伤	植株健康,长势正常,叶色正常,无严重畸形,无明显药害、肥害,无严重机械损伤
8	病虫害		无病虫,经病毒检测无有害病毒	无病虫,无病毒为害症状	无病斑病症,偶有虫害症状,但无活虫存在,无明显病毒症状
9	包装		符合包装要求	符合包装要求	符合包装要求
10	备注		穴盘苗、纸钵苗根系长,根量不作为检测指标,以根系状况作检测指标		

5　检测方法

5.1　抽样

5.1.1　同一产地、同一品种、同一批次的产品作为一个检测批次。

5.1.2　抽样时按一个检测批次,实行群体随机抽样。田间抽样以平面对角线设抽样点。包装产品抽样,按立体对角线设抽样点。总抽样点不少于5个点,不多于20个点。

5.1.3 对成批种苗产品进行检测时,各评价项目的级别分别按表1的规定进行评定,抽样样本数和每批次质量等级的判定均执行 GB 2828—1987 中的一般检查水平Ⅰ。按正常检查二次抽样方案执行,合格质量水平(AQL)为4,见表2。

表2 抽 样 表

批量范围	样本	样本大小	累计样本大小	合格判定数 Ac	不合格判定数 Rc
501～1 200	第一	20	20	1	3
	第二	20	40	4	5
1 201～10 000	第一	50	50	3	6
	第二	50	100	9	10
10 001～150 000	第一	125	125	7	11
	第二	125	250	18	19
150 000 以上	第一	200	200	11	16
	第二	200	400	26	27

5.2 检测

5.2.1 苗高

用钢直尺测量,检测数值精确到 0.1 cm。

5.2.2 地径

用游标卡尺测量,检测数值精确到 0.01 cm。

5.2.3 叶片数

目测计数,检测数值应为整数。香石竹如有未展开心叶,则根据心叶与相邻叶的比较来定,若心叶长超过相邻叶 1/2 时计为 1 片叶,短于相邻叶长 1/2 则不计数。

5.2.4 根长

将直尺垂直竖于桌面,把被测种苗靠近直尺,量自然下垂状况的根的长度,从根与茎结合部量至根的最下端,检测数值精确至 0.01 cm。

5.2.5 根量

长度大于 0.5 cm,并且白色、新鲜的根为有效根,否则不予计数。

5.2.6 根系状况

目测,穴盘苗应观察基质块四周是否布满新根,来判定是否丰满。

5.2.7 整体感

目测。

5.2.8 病虫害

先进行目测,主要看有无病征及害虫为害症状,如发现症状,则应进一步用显微镜镜检害虫或病原体,若关系到检疫性病害则应进一步分离培养鉴定。确定特级苗需要进行病毒检测。

5.2.9 药害、肥害及药渍,机械损伤

目测。

5.3 判定

5.3.1 单株级别的判定

5.3.1.1 凡未经过病毒检测,或病毒检测后,证实携带有害病毒的种苗,所有单株不得定为特级。

5.3.1.2 单项级别判定

单株单项检测结果与表1的相应项目某一级别相符合,则此株单项即为此级别。如同时符合几个级别要求时,以最高级别定级。

5.3.1.3 按照表1的质量要求内容,对种苗样本单株进行逐项检测,如完全符合某等级所有项目要求时,则该单株可判定为此等级种苗。

当达不到某等级的任一项目的质量要求时,则按此一项目能达到的级别来判定该单株的等级。

5.3.2 整批次级别判定

5.3.2.1 所有样本单位判定级别后,根据表2最后判定整批次质量等级。

5.3.2.2 级别判定时先从最高级别开始,如不合格,再从下一级别判定,依此类推。

5.3.2.3 先对第一样本进行判定,如发现不合格品数小于或等于第一合格判定数,则判该批是合格批。如发现不合格品数大于或等于第一不合格判定数,则判该批是不合格批。如发现不合格品数大于第一合格判定数又小于第一不合格判定数,则要对抽取的第二个样本进行检测。

5.3.2.4 第二样本检测后,将不合格品数与第一样本不合格品数相加,如两者之和小于或等于第二合格判定数,则判该批产品合格,如两者之和大于或等于第二不合格判定数,则判该批产品不合格。

5.3.3 整批次产品单个项目的评价判定

对整批产品单个项目判定,可根据每个样本单位在该项目上所达到的级别然后按照5.3.2中规定的判定方法,最后判定该批产品在该项目上达到的级别。

6 包装、标识、贮藏和运输

6.1 包装

6.1.1 种苗先用专用种苗袋包装,种苗袋用 0.05 mm～0.08 mm 透明塑料薄膜制成,大小 35 cm×35 cm。袋上打 12 个～16 个直径 5 mm 的透气孔,每袋装种苗 50 株,装袋时须将带基质的根部朝下,茎叶部朝上整齐排列。

6.1.2 种苗装袋后再装入专用种苗箱,种苗箱需用具有良好承载能力和耐湿性好的瓦楞卡通纸板制成,一般宽 40 cm,长 60 cm,高 20 cm～22 cm,纸箱两侧需留有透气孔。袋装苗装箱时,应直立放,一箱放 500 株～1 000 株,装箱后用胶带封好箱口。

6.2 标识

必须注明种苗种类、品种名称、质量级别、装箱数量、生产单位、产地、生产日期,如有品牌还应有品牌标识,还应有方向性、防雨防湿、防挤压及保鲜温度要求等标识,以免运输中的机械损伤。

6.3 贮藏

6.3.1 短期存放

种苗装箱后,短期贮藏不超过 3 d,应将包装箱袋打开,分散置于阴凉潮湿的库房中,冬季注意温度不要低于 10℃,夏季不要超过 28℃。包装袋务必要口朝上直立,保持种苗茎叶朝上的姿态。

6.3.2 长期贮藏

贮藏期最多不超过 4 周,长期贮藏应将种苗置于 2℃～4℃的冷库内,包装箱可分层放在架子上以利通风透气。

6.4 运输

一般采用带少量基质装箱运输,种苗箱叠放时应注意方向,叠放层次不能太多,以免压坏纸箱,损伤种苗。穴盘苗运输尽量带盘装箱运输。夏季运输应有冷藏条件,保持 2℃～8℃。

ICS 65.020.20
B 61

中华人民共和国农业行业标准

NY/T 1590—2008

满天星切花种苗等级规格

Product grade for young plants of cut *Gypsophila elegans*

2008-05-16 发布

2008-07-01 实施

中华人民共和国农业部 发布

前　言

本标准由中华人民共和国农业部种植业管理司提出并归口。

本标准起草单位：农业部花卉产品质量监督检验测试中心（上海）、农业部花卉产品质量监督检验测试中心（昆明）、农业部花卉产品质量监督检验测试中心（广州）。

本标准主要起草人：林大为、毕云青、瞿素萍、衡辉、黎扬辉、谢向坚。

满天星切花种苗等级规格

1 范围

本标准规定了满天星切花种苗的分级划分、抽样方法、检测方法、判定原则以及包装和贮运的技术要求。

本标准适用于花卉生产以及贸易中花卉种苗的等级划分。

2 规范性引用文件

下列文件中的条款通过本标准的引用而成为本标准的条款。凡是注日期的引用文件,其随后所有的修改单(不包括勘误的内容)或修订版均不适用于本标准,然而,鼓励根据本标准达成协议的各方研究是否可使用这些文件的最新版本。凡是不注日期的引用文件,其最新版本适用于本标准。

GB 2828—1987《逐批检查计数抽样程序及抽样表》。

3 定义

3.1

组培苗 tissue-cultured plantlet

通过组织培养快繁技术繁殖,并通过室外一段时间栽培驯化能适应大田栽培的种苗。

3.2

苗高 height of young plant

种苗植株在自然生长状态下,从根、茎结合部至种苗最高一片叶子顶端的高度。

3.3

地径 stem base

种苗植株在离根、茎结合部最近一节中间处的最大直径。

3.4

叶片数 number of leaf

种苗植株上着生的所有叶片数。

3.5

根长 length of root

种苗茎基部至根系自然下垂的最下端的长度。

3.6

根系状况 state of root system

根的丰满程度、颜色、新鲜感等。

3.7

穴盘苗 tray plantlet

以穴盘为容器培养的种苗。

3.8

整体感 whole display

种苗植株的外形整体感观,包括植株的长势、茎叶色泽、健康状况、缺损情况等。

3.9

病虫害　pest and disease damage

种苗植株受病虫为害及携带病虫的情况和程度。

3.10

药害、肥害及药渍　trail of pesticide harm or fertilizer harm

种苗植株因农药、肥料使用不当导致茎叶受损伤或留下残渍。

3.11

机械损伤　mechanical injury

种苗植株在生产、贮运过程中受到人工或机械损伤。

4　质量分级

根据其地径、苗高、根系发育情况、病虫害情况等综合因素,分为优级苗和合格苗等二级。具体规定见表1。

表1　满天星种苗质量等级表

评价项目		质　量　等　级	
		优级苗	合格苗
1	苗高(cm)	5.5～8.0	4.5～10.0
2	地径(cm)	≥0.2	≥0.15
3	叶片数(片)	10～12	8～14
4	根系长(cm)	6～8	5～10
5	根系状况	根系丰满,须根为主,无单边偏缺,根色白,无明显主根	根系较丰满,须根可以稍有偏,但无单边缺根,根白或黄色,无明显主根
6	整体感	植株长势健壮、挺拔、无畸形、无药害、肥害和机械损伤	植株健康、长势正常,无严重畸形,无明显药害、肥害,无严重机械损伤
7	病虫害	无病虫、无病毒为害症状	无病斑病症,偶有虫害症状,但无活虫存在,无明显病毒症状
8	包装	符合包装要求	符合包装要求
9	备注	穴盘苗、纸钵苗根长不作为检测指标,以根系状况作检测指标。	

5　检测方法

5.1　抽样

5.1.1　同一产地、同一品种、同一批次的产品作为一个检测批次。

5.1.2　抽样时按一个检测批次,实行群体随机抽样。田间抽样以平面对角线设抽样点。包装产品抽样,按立体对角线设抽样点。总抽样点不少于5个点不多于20个点。

5.1.3　对成批种苗产品进行检测时,各评价项目的级别分别按表1的规定进行评定,抽样样本数和每批次质量等级的判定均执行GB 2828—1987中的一般检查水平Ⅰ。按正常检查二次抽样方案执行,合格质量水平(AQL)为4(见表2)。

表2　抽样表

批量范围	样本	样本大小	累计样本大小	合格判定数 Ac	不合格判定数 Rc
501～1 200	第一	20	20	1	3
	第二	20	40	4	5

表 2（续）

批量范围	样本	样本大小	累计样本大小	合格判定数 Ac	不合格判定数 Rc
1 201～10 000	第一	50	50	3	6
	第二	50	100	9	10
10 001～150 000	第一	125	125	7	11
	第二	125	250	18	19
150 000 以上	第一	200	200	11	16
	第二	200	400	26	27

5.2 检测

5.2.1 苗高

用钢直尺测量,检测数值精确到 0.1 cm。

5.2.2 地径

用游标卡尺测量,检测数值精确到 0.01 cm。

5.2.3 叶片数

目测计数,检测数值应为整数。如有未展开心叶,则根据心叶与相邻叶的比较来定,若心叶长超过相邻叶 1/2 时计为 1 片叶,短于相邻叶长 1/2 则不计数。

5.2.4 根长

将直尺垂直竖于桌面,把被测种苗靠近直尺,量自然下垂状况的根的长度,从根茎结合部量至根的最下端,检测数值精确至 0.01 cm。

5.2.5 根系状况

目测,穴盘苗应观察基质块四周是否布满新根,来判定是否丰满。

5.2.6 整体感

目测。

5.2.7 病虫害

先进行目测,主要看有无病症及害虫为害症状,如发现症状,则应进一步用显微镜镜检害虫或病原体,若关系到检疫性病害则应进一步分离培养鉴定。

5.2.8 药害、肥害及药渍,机械损伤

目测。

5.3 判定

5.3.1 单株级别的判定

5.3.1.1 单项级别判定 单株单项检测结果与表 1 的相应项目某一级别相符合,则此株单项即为此级别。如同时符合几个级别要求时,以最高级别定级。

5.3.1.2 按照表 1 的质量要求内容,对种苗样本单株进行逐项检测,如完全符合某等级所有项目要求时,则该单株可判定为此等级种苗。

当达不到某等级的任一项目的质量要求时,则按此一项目能达到的级别来判定该单株的等级。

5.3.2 整批次级别判定

5.3.2.1 所有样本单株判定级别后,根据表 2 最后判定整批次质量等级。

5.3.2.2 级别判定时先从最高级别开始,如不合格,再从下一级别判定,以此类推。

5.3.2.3 先对第一样本进行判定,如发现不合格品数小于或等于第一合格判定数,则判该批是合格批。如发现不合格品数大于或等于第一不合格判定数,则判该批是不合格批。如发现不合格品数大于第一

合格判定数又小于第一不合格判定数,则要对抽取的第二个样本进行检测。

5.3.2.4 第二样本检测后,将不合格品数与第一样本不合格品数相加,如两者之和小于或等于第二合格判定数,则判该批产品合格,如两者之和大于或等于第二不合格判定数,则判该批产品不合格。

5.3.3 整批次产品单个项目的评价判定

对整批产品单个项目判定,可根据每个样本单位在该项目上所达到的级别然后按照5.3.2中规定的判定方法,最后判定该批产品在该项目上达到的级别。

6 包装、标志、贮藏和运输

6.1 包装

6.1.1 种苗先用专用种苗袋包装,种苗袋用 0.05 mm～0.08 mm 透明塑料薄膜制成,大小 35 cm×25 cm。袋上打 12 个～16 个直径 5 mm 的透气孔,每袋装种苗 100 株,装袋时须将带基质的根部朝下,茎叶部朝上整齐排列。

6.1.2 种苗装袋后再装入专用种苗箱,种苗箱需用具有良好承载能力和耐湿性好的瓦楞卡通纸板制成,一般宽 40 cm,长 60 cm,高 12 cm～15 cm,纸箱两侧需留有透气孔。袋装苗装箱时,应直立放,一箱放 1 000 株,装箱后用胶带封好箱口。

6.2 标志

必须注明种苗种类、品种名称、质量级别、装箱数量、生产单位、产地、生产日期,如有品牌还应有品牌标志,还应有方向性,防雨防湿,防挤压及保鲜温度要求等标志,以免运输中的机械损伤。

6.3 贮藏

种苗装箱后,短期贮藏不超过 3 天,应将包装箱袋打开,分散置于阴凉潮湿的库房中,冬季注意温度不要低于 10℃,夏季不要超过 28℃。包装袋务必要口朝上直立,保持种苗茎叶朝上的姿态。

6.4 运输

一般采用带少量基质装箱运输,种苗箱叠放时应注意方向,叠放层次不能太多,以免压坏纸箱,损伤种苗。穴盘苗运输尽量带盘装箱运输。夏季运输,应有冷藏条件,保持 2℃～8℃之间。

ICS 65.020
B 61

中华人民共和国农业行业标准

NY/T 1591—2008

菊花切花种苗等级规格

Product grade for young plants of cut *Dendranthema* × *Grandiflorum*

2008-05-16 发布

2008-07-01 实施

179

中华人民共和国农业部 发布

前　言

本标准由中华人民共和国农业部种植业管理司提出并归口。

本标准起草单位：农业部花卉产品质量监督检验测试中心（上海）、农业部花卉产品质量监督检验测试中心（昆明）、农业部花卉产品质量监督检验测试中心（广州）。

本标准主要起草人：林大为、戴咏梅、衡辉、孙强、顾梅俏、毕云青、谢向坚。

菊花切花种苗等级规格

1 范围

本标准规定了菊花切花种苗的等级划分、抽样方法、检测方法、判定原则以及包装和贮运的技术要求。

本标准适用于花卉生产以及贸易中花卉种苗的等级划分。

2 规范性引用文件

下列文件中的条款通过本标准的引用而成为本标准的条款。凡是注日期的引用文件，其随后所有的修改单（不包括勘误的内容）或修订版均不适用于本标准，然而，鼓励根据本标准达成协议的各方研究是否可使用这些文件的最新版本。凡是不注日期的引用文件，其最新版本适用于本标准。

GB 2828—1987《逐批检查计数抽样程序及抽样表》。

3 定义

3.1

扦插苗　rooted cutting

健康的母株上提供的分枝，经扦插生根后获得的种苗。

3.2

组培苗　tissue-cultured plantlet

通过组织培养快繁技术繁殖，并通过室外一段时间栽培驯化能适应大田栽培的种苗。

3.3

苗高　height of young plant

种苗植株在自然生长状态下，从根、茎结合部至种苗最高一片叶子顶端的高度。

3.4

地径　stem base

种苗植株在离根、茎结合部最近一节中间处的最大直径。

3.5

叶片数　number of leaf

种苗植株上展开的所有叶片数。

3.6

根长　length of root

种苗茎基部至根系自然下垂的最下端的长度。

3.7

根幅　diameter of root system

种苗根系的横向伸展幅度。

3.8

根系状况　state of root system

根的丰满程度、颜色、新鲜感等。

3.9

穴盘苗　tray plantlet

以穴盘为容器培养的种苗。

3.10

整体感　whole display

种苗植株的外形整体感观,包括植株的长势、茎叶色泽、健康状况、缺损情况等。

3.11

病虫害　pest and disease damage

种苗植株受病虫危害及携带病虫的情况和程度。

3.12

药害、肥害及药渍　trail of pesticide harm or fertilizer harm

种苗植株因农药、肥料使用不当导致茎叶受损伤或留下残渍。

3.13

机械损伤　mechanical injury

种苗植株在生产、贮运过程中受到人工或机械损伤。

4　质量分级

4.1　菊花种苗质量

根据其地径、苗高、根系发育情况、病虫害情况等综合因素,分为特级苗、优级苗和合格苗三级。具体规定见表1。

4.2　菊花切花种苗质量等级表

表1　菊花切花种苗质量等级表

	评价项目	质量等级		
		特级苗	优级苗	合格苗
1	苗高(cm)	8～10	8～10	8～12
2	地径(cm)	≥0.4	≥0.3	≥0.3
3	叶片数(片)	4～5	4～5	4～8
4	根长(cm)	≤3.0	≤3.5	≤5.0
5	根幅(cm)	>3.0	2.5～3.0	2.0～2.5
6	根系状况	根条丰满,无单边偏缺,根白色,无黄褐、黑根	根系丰满,无单边偏缺,根白色,无黄褐、黑根	根系较丰满,无单边偏缺根,根白,偶有黄褐根,无黑根
7	整体感	植株健壮,长势旺,无畸形、药害、肥害和机械损伤,叶深绿肥厚	植株健壮,长势旺,无畸形、药害、肥害和机械损伤,叶绿较肥厚	植株健康,长势正常,无严重畸形,无明显药害、肥害,无严重机械损伤,叶绿或稍偏淡,最下部一片叶可能有发黄
8	病虫害	无病虫,经病毒检测无有害病毒	无病虫、无病毒为害症状	无病斑病症、偶有虫害症状,但无活虫存在,无明显病毒症状
9	包装	按标准包装	按标准包装	按标准包装
备注		穴盘苗、纸钵苗根长,根幅不作为检测指标,以根系状况作检测指标。		

5　检测方法

5.1　抽样

5.1.1　同一产地、同一品种、同一批次的产品作为一个检测批次。

5.1.2　抽样时按一个检测批次,实行群体随机抽样。田间抽样以平面对角线设抽样点。包装产品抽样,按立体对角线设抽样点。总抽样点不少于5个点不多于20个点。

5.1.3 对成批种苗产品进行检测时,各评价项目的级别分别按表1的规定进行评定,抽样样本数和每批次质量等级的判定均执行 GB 2828—1987 中的一般检查水平Ⅰ。按正常检查二次抽样方案执行,合格质量水平(AQL)为4(见表2)。

表 2 抽 样 表

批量范围	样本	样本大小	累计样本大小	合格判定数 Ac	不合格判定数 Rc
501~1 200	第一	20	20	1	3
	第二	20	40	4	5
1 201~10 000	第一	50	50	3	6
	第二	50	100	9	10
10 001~150 000	第一	125	125	7	11
	第二	125	250	18	19
150 000 以上	第一	200	200	11	16
	第二	200	400	26	27

5.2 检测

5.2.1 苗高

用钢直尺测量,检测数值精确到 0.1 cm。

5.2.2 地径

用游标卡尺测量,检测数值精确到 0.01 cm。

5.2.3 叶片数

目测计数,检测数值应为整数。菊花如有未展开心叶,则根据心叶与相邻叶的比较来定,若心叶长超过相邻叶 1/2 时计为 1 片叶,短于相邻叶长 1/2 则不计数。

5.2.4 根长

将直尺垂直竖于桌面,把被测种苗靠近直尺,量自然下垂状况的根的长度,从根茎结合部量至根的最下端,检测数值精确至 0.01 cm。

5.2.5 根幅

种苗自然垂直的状态下,用游标卡尺量根冠横向伸展的最大直径和此截面处的最小直径,求平均数,检测数值精确至 0.01 cm。

5.2.6 根系状况

目测,穴盘苗应观察基质块四周是否布满新根,来判定是否丰满。

5.2.7 整体感

目测。

5.2.8 病虫害

先进行目测,主要看有无病症及害虫为害症状,如发现症状,则应进一步用显微镜镜检害虫或病原体,若关系到检疫性病害则应进一步分离培养鉴定。确定特级苗需要进行病毒检测。

5.2.9 药害、肥害及药渍,机械损伤

目测。

5.3 判定

5.3.1 单株级别的判定

5.3.1.1 凡未经过病毒检测,或病毒检测后,证实携带有害病毒的种苗,所有单株不得定为特级。

5.3.1.2 单项级别判定

单株单项检测结果与表1的相应项目某一级别相符合,则此株单项即为此级别。如同时符合几个

级别要求时,以最高级别定级。

5.3.1.3 按照表 1 的质量要求内容,对种苗样本单株进行逐项检测,如完全符合某等级所有项目要求时,则该单株可判定为此等级种苗。

当达不到某等级的任一项目的质量要求时,则按此一项目能达到的级别来判定该单株的等级。

5.3.2 整批次级别判定

5.3.2.1 所有样本单株判定级别后,根据表 2 最后判定整批次质量等级。

5.3.2.2 级别判定时先从最高级别开始,如不合格,再从下一级别判定,以此类推。

5.3.2.3 先对第一样本进行判定,如发现不合格品数小于或等于第一合格判定数,则判该批是合格批。如发现不合格品数大于或等于第一不合格判定数,则判该批是不合格批。如发现不合格品数大于第一合格判定数又小于第一不合格判定数,则要对抽取的第二个样本进行检测。

5.3.2.4 第二样本检测后,将不合格品数与第一样本不合格品数相加,如两者之和小于或等于第二合格判定数,则判该批产品合格,如两者之和大于或等于第二不合格判定数,则判该批产品不合格。

5.3.3 整批次产品单个项目的评价判定

对整批产品单个项目判定,可根据每个样本单位在该项目上所达到的级别然后按照 5.3.2 中规定的判定方法,最后判定该批产品在该项目上达到的级别。

6 包装、标识、贮藏和运输

6.1 包装

6.1.1 种苗先用专用种苗袋包装,种苗袋用 0.05 mm~0.08 mm 透明塑料薄膜制成,大小 35 cm×35 cm。袋上打 12 个~16 个直径 5 mm 的透气孔,每袋装种苗 50 株,装袋时须将带基质的根部朝下,茎叶部朝上整齐排列。

6.1.2 种苗装袋后再装入专用种苗箱,种苗箱需用具有良好承载能力和耐湿性好的瓦楞卡通纸板制成,一般宽 40 cm,长 60 cm,高 20 cm~22 cm,纸箱两侧需留有透气孔。袋装苗装箱时,应直立放,一箱放 500 株~1 000 株,装箱后用胶带封好箱口。

6.2 标识

必须注明种苗种类、品种名称、质量级别、装箱数量、生产单位、产地、生产日期,如有品牌还应有品牌标识,还应有方向性,防雨防湿,防挤压及保鲜温度要求等标识,以免运输中的机械损伤。

6.3 贮藏

6.3.1 短期存放

种苗装箱后,短期贮藏不超过 3 天,应将包装箱袋打开,分散置于阴凉潮湿的库房中,冬季注意温度不要低于 10℃,夏季不要超过 28℃。包装袋务必要口朝上直立,保持种苗茎叶朝上的姿态。

6.3.2 长期贮藏

贮藏期最多不超过 2 周,长期贮藏应将种苗置于 2℃~4℃的冷库内,包装箱可分层放在架子上以利通风透气。

6.4 运输

一般采用带少量基质装箱运输,种苗箱叠放时应注意方向,叠放层次不能太多,以免压坏纸箱,损伤种苗。穴盘苗运输尽量带盘装箱运输。夏季运输,应有冷藏条件,保持 2℃~8℃。

─────────

ICS 65.020
B 61

中华人民共和国农业行业标准

NY/T 1592—2008

非洲菊切花种苗等级规格

Product grade for young plants of cut *Gerbera jamesonii*

2008-05-16 发布　　　　　　　　　　　　　　2008-07-01 实施

中华人民共和国农业部 发布

NY/T 1592—2008

前　言

本标准由中华人民共和国农业部种植业管理司提出并归口。

本标准起草单位：农业部花卉产品质量监督检验测试中心（上海）、农业部花卉产品质量监督检验测试中心（昆明）、农业部花卉产品质量监督检验测试中心（广州）。

本标准主要起草人：林大为、戴咏梅、衡辉、孙强、顾梅俏、毕云青、谢向坚。

非洲菊切花种苗等级规格

1 范围

本标准规定了非洲菊切花种苗的等级划分、抽样方法、检测方法、判定原则以及包装和贮运的技术要求。

本标准适用于花卉生产及贸易中花卉种苗的等级划分。

2 规范性引用文件

下列文件中的条款通过本标准的引用而成为本标准的条款。凡是注日期的引用文件,其随后所有的修改单(不包括勘误的内容)或修订版均不适用于本标准,然而,鼓励根据本标准达成协议的各方研究是否可使用这些文件的最新版本。凡是不注日期的引用文件,其最新版本适用于本标准。

GB 2828—1987 逐批检查计数抽样程序及抽样表

3 术语和定义

下列术语和定义适用于本标准。

3.1

组培苗 tissue-cultured plantlet

通过组织培养快繁技术繁殖,并通过室外一段时间栽培驯化能适应大田栽培的种苗。

3.2

苗高 height of young plant

种苗植株在自然生长状态下,从根与茎结合部至种苗最高一片叶子顶端的高度。

3.3

地径 stem base

种苗植株在离根与茎结合部最近一节中间处的最大直径。

3.4

叶片数 number of leaf

种苗植株上着生的所有叶片数。

3.5

根长 length of root

种苗茎基部至根系自然下垂的最下端的长度。

3.6

主根 taproot

根系中明显较粗,且附生许多须根的根。

3.7

根系状况 state of root system

根的丰满程度、颜色、新鲜感等。

3.8

穴盘苗 tray plantlet

以穴盘为容器培养的种苗。

3.9

整体感 whole display

种苗植株的外形整体感观,包括植株的长势、茎叶色泽、健康状况、缺损情况等。

3.10

病虫害 pest and disease damage

种苗植株受病虫危害及携带病虫的情况和程度。

3.11

药害、肥害及药渍 trail of pesticide harm or fertilizer harm

种苗植株因农药、肥料使用不当导致茎叶受损伤或留下残渍。

3.12

机械损伤 mechanical injury

种苗植株在生产、贮运过程中受到人工或机械损伤。

4 质量分级

非洲菊切花种苗根据其地径、苗高、根系发育情况、病虫害情况等综合因素,分为优级苗和合格苗两级。具体规定见表1。

表 1 非洲菊切花种苗质量等级表

	评价项目	质量等级	
		优级苗	合格苗
1	苗高,cm	10~15	8~18
2	地径,cm	≥0.7	≥0.3
3	叶片数,片	5~8	≥4
4	根系长,cm	≥10	≥5
5	主根数,根	≥5	≥3
6	根系状况	根系丰满,无单边偏缺,新根多,白根为主	根系较丰满,稍有偏但无单边缺根,根以白色,黄色为主
7	整体感	植株矮壮,长势旺,叶深绿肥厚,无畸形,无药害、肥害和损伤	植株健康,长势旺,叶绿,允许底部一片叶可能发黄,无严重畸形,无明显药害、肥害,无严重损伤
8	病虫害	无病虫,无病毒为害症状	无病斑病症,偶有虫害症状,但无活虫存在,无明显病毒症状
9	包装	符合包装要求	符合包装要求
10	备注	穴盘苗、纸钵苗根长,主根数不作为检测指标,以根系状况作检测指标	

5 检测方法

5.1 抽样

5.1.1 同一产地、同一品种、同一批次的产品作为一个检测批次。

5.1.2 抽样时按一个检测批次,实行群体随机抽样。田间抽样以平面对角线设抽样点。包装产品抽样,按立体对角线设抽样点。总抽样点不少于5个点,不多于20个点。

5.1.3 对成批种苗产品进行检测时,各评价项目的级别分别按表1的规定进行评定,抽样样本数和每批次质量等级的判定均执行GB 2828—1987中的一般检查水平Ⅰ。按正常检查二次抽样方案执行,合格质量水平(AQL)为4,见表2。

表2 抽样表

批量范围	样本	样本大小	累计样本大小	合格判定数 Ac	不合格判定数 Rc
501～1 200	第一	20	20	1	3
	第二	20	40	4	5
1 201～10 000	第一	50	50	3	6
	第二	50	100	9	10
10 001～150 000	第一	125	125	7	11
	第二	125	250	18	19
150 000 以上	第一	200	200	11	16
	第二	200	400	26	27

5.2 检测

5.2.1 苗高

用钢直尺测量,检测数值精确到 0.1 cm。

5.2.2 地径

用游标卡尺测量,检测数值精确到 0.01 cm。

5.2.3 叶片数

目测计数,检测数值应为整数。如有未展开心叶,则根据心叶与相邻叶的比较来定,若心叶长超过相邻叶 1/2 时计为 1 片叶,短于相邻叶长 1/2 则不计数。

5.2.4 根长

将直尺垂直竖于桌面,把被测种苗靠近直尺,量自然下垂状况的根的长度,从根与茎结合部量至根的最下端,检测数值精确至 0.01 cm。

5.2.5 根系状况

目测,穴盘苗应观察基质块四周是否布满新根,来判定是否丰满。

5.2.6 整体感

目测。

5.2.7 病虫害

先进行目测,主要看有无病征及害虫为害症状,如发现症状,则应进一步用显微镜镜检害虫或病原体,若关系到检疫性病害则应进一步分离培养鉴定。

5.2.8 药害、肥害及药渍,机械损伤

目测。

5.3 判定

5.3.1 单株级别的判定

5.3.1.1 单项级别判定:单株单项检测结果与表1的相应项目某一级别相符合,则此株单项即为此级别。如同时符合几个级别要求时,以最高级别定级。

5.3.1.2 按照表1的质量要求内容,对种苗样本单株进行逐项检测,如完全符合某等级所有项目要求时,则该单株可判定为此等级种苗。

当达不到某等级的任一项目的质量要求时,则按此一项目能达到的级别来判定该单株的等级。

5.3.2 整批次级别判定

5.3.2.1 所有样本单株判定级别后,根据表2最后判定整批次质量等级。

5.3.2.2 级别判定时先从最高级别开始,如不合格,再从下一级别判定,依此类推。

5.3.2.3 先对第一样本进行判定,如发现不合格品数小于或等于第一合格判定数,则判该批是合格批。如发现不合格品数大于或等于第一不合格判定数,则判该批是不合格批。如发现不合格品数大于第一合格判定数又小于第一不合格判定数,则要对抽取的第二个样本进行检测。

5.3.2.4 第二样本检测后,将不合格品数与第一样本不合格品数相加,如两者之和小于或等于第二合格判定数,则判该批产品合格,如两者之和大于或等于第二不合格判定数,则判该批产品不合格。

5.3.3 整批次产品单个项目的评价判定

对整批产品单个项目判定,可根据每个样本单位在该项目上所达到的级别然后按照5.3.2中规定的判定方法,最后判定该批产品在该项目上达到的级别。

6 包装、标识、贮藏和运输

6.1 包装

6.1.1 种苗先用专用种苗袋包装,种苗袋用 0.05 mm～0.08 mm 透明塑料薄膜制成,大小 35 cm×35 cm。袋上打 12 个～16 个直径 5 mm 的透气孔,每袋装种苗 30 株～50 株,装袋时须将带基质的根部朝下,茎叶部朝上整齐排列。

6.1.2 种苗装袋后再装入专用种苗箱,种苗箱需用具有良好承载能力和耐湿性好的瓦楞卡通纸板制成,一般宽 40 cm,长 60 cm,高 20 cm～22 cm,纸箱两侧需留有透气孔。袋装苗装箱时,应直立放,一箱放 300 株～500 株,装箱后用胶带封好箱口。

6.2 标识

必须注明种苗种类、品种名称、质量级别、装箱数量、生产单位、产地、生产日期,如有品牌还应有品牌标识,还应有方向性、防雨防湿、防挤压及保鲜温度要求等标识,以免运输中的机械损伤。

6.3 贮藏

种苗装箱后,短期贮藏不超过 3 天,应将包装箱袋打开,分散置于阴凉潮湿的库房中,冬季注意温度不要低于 10℃,夏季不要超过 28℃。包装袋务必要口朝上直立,保持种苗茎叶朝上的姿态。

6.4 运输

一般采用带少量基质装箱运输,种苗箱叠放时应注意方向,叠放层次不能太多,以免压坏纸箱,损伤种苗。穴盘苗运输尽量带盘装箱运输。夏季运输应有冷藏条件,保持 10℃～15℃。

ICS 65.020
B 61

中华人民共和国农业行业标准

NY/T 1593—2008

月季切花种苗等级规格

Product grade for young plants of cut *Rosa hybrida*

2008-05-16 发布
2008-07-01 实施

中华人民共和国农业部 发布

前　言

本标准由中华人民共和国农业部种植业管理司提出并归口。

本标准起草单位：农业部花卉产品质量监督检验测试中心（上海）、农业部花卉产品质量监督检验测试中心（昆明）、农业部花卉产品质量监督检验测试中心（广州）。

本标准主要起草人：林大为、黎扬辉、谢向坚、毕云青、瞿素萍、衡辉。

月季切花种苗等级规格

1 范围

本标准规定了月季切花种苗的等级划分、抽样方法、检测方法、判定原则以及包装和贮运的技术要求。

本标准适用于花卉生产及贸易中花卉种苗的等级划分。

2 规范性引用文件

下列文件中的条款通过本标准的引用而成为本标准的条款。凡是注日期的引用文件,其随后所有的修改单(不包括勘误的内容)或修订版均不适用于本标准,然而,鼓励根据本标准达成协议的各方研究是否可使用这些文件的最新版本。凡是不注日期的引用文件,其最新版本适用于本标准。

GB 2828—1987 逐批检查计数抽样程序及抽样表

3 术语和定义

下列术语和定义适用于本标准。

3.1

扦插苗 rooted cutting

健康的母株上提供的分枝,经扦插生根后获得的种苗。

3.2

嫁接苗 graflings

通过用植物的营养器官接植到另一植株上的方式繁殖的种苗。

3.3

苗高 height of young plant

种苗植株在自然生长状态下,从根与茎结合部至种苗最高一片叶子顶端的高度。

3.4

地径 stem base

种苗植株在离根与茎结合部最近一节中间处的最大直径。

3.5

叶片状况 state of leaf

叶片的大小、色泽和形状。

3.6

根长 length of root

种苗茎基部至根自然下垂的最下端的长度。

3.7

根系状况 state of root system

根的丰满程度、颜色、新鲜感等。

3.8

接穗位高 height of scion joint

嫁接苗从根与茎结合部至接穗位的距离。

3.9

接枝基径 scion base

嫁接苗接穗当年枝条基部的最大直径。

3.10

接枝长 lenth of scion

嫁接苗接穗当年抽出枝条的长度。

3.11

砧木地径 stock base

嫁接苗砧木根与茎结合部上方 0.1 cm～0.5 cm 处的最大直径。

3.12

穴盘苗 tray plantlet

以穴盘为容器培养的种苗。

3.13

整体感 whole display

种苗植株的外形整体感观,包括植株的长势、茎叶色泽、健康状况、缺损情况等。

3.14

病虫害 pest and disease damage

种苗植株受病虫危害及携带病虫的情况和程度。

3.15

药害、肥害及药渍 trail of pesticide harm or fertilizer harm

种苗植株因农药、肥料使用不当导致茎叶受损伤或留下残渍。

3.16

机械损伤 mechanical injury

种苗植株在生产、贮运过程中受到人工或机械损伤。

3.17

基质 soilless substrate

用于培植种苗植株的非土壤性栽培物质。如:泥炭、珍珠岩、蛭石、草木灰等及其混合物。

4 质量分级

月季切花种苗根据其地径、苗高、根系发育情况、病虫害情况等综合因素,分为特级苗、优级苗和合格苗三级。具体规定见表1。

表 1 月季切花种苗质量等级表

评价项目	质量等级		
	特级苗	优质苗	合格苗
整体感	生长旺盛,苗干健壮、充实、通直		生长正常,苗干较健壮、充实
叶片或茎干状况	叶片肥厚、有光泽,无畸变;茎干表皮色泽正常,皮刺健全,无疤痕		叶片大小、色泽正常;茎干表皮色泽正常
病虫害情况	无任何病虫危害的症状,不带任何害虫活体		无明显病毒症状,无明显病斑,无害虫活体
根系状况	主根明显,粗壮,须根发达,根系色泽白色至黄色		主根明显,须根较发达,根系色泽白色,黄色至黄褐色
损伤情况	无折损或机械损伤		

表1（续）

评价项目		质 量 等 级		
		特级苗	优质苗	合格苗
扦插苗	苗高,cm	—	≥13	≥8
	地径,cm	—	≥0.5	≥0.3
	插枝茎节数,个	—	3～4	2
	根长,cm	—	≥5	≥3
嫁接苗	接穗位高,cm	≤6	5～10	6～10
	接枝长,cm	≥16	≥13	≥8
	接枝基径,cm	≥0.7	≥0.5	≥0.3
	砧木地径,cm	≥0.8	≥0.6	≥0.4
	接穗茎节数,个		≥3	
	根长,cm	≥10	≥6	≥4

注1：以上种苗分级均以一年生苗为准。

注2：容器苗必须采用无土基质。

5 检测方法

5.1 抽样

5.1.1 同一产地、同一品种、同一批次的产品作为一个检测批次。

5.1.2 抽样时按一个检测批次,实行群体随机抽样。田间抽样以平面对角线设抽样点。包装产品抽样,按立体对角线设抽样点。总抽样点不少于5个点,不多于20个点。

5.1.3 对成批种苗产品进行检测时,各评价项目的级别分别按表1的规定进行评定,抽样样本数和每批次质量等级的判定均执行 GB 2828—1987 中的一般检查水平 I。按正常检查二次抽样方案执行,合格质量水平(AQL)为4,见表2。

表2 抽 样 表

批量范围	样本	样本大小	累计样本大小	合格判定数 Ac	不合格判定数 Rc
501～1 200	第一	20	20	1	3
	第二	20	40	4	5
1 201～10 000	第一	50	50	3	6
	第二	50	100	9	10
10 001～150 000	第一	125	125	7	11
	第二	125	250	18	19
150 000 以上	第一	200	200	11	16
	第二	200	400	26	27

5.2 检测

5.2.1 苗高

用钢直尺测量,检测数值精确到0.1 cm。

5.2.2 地径

用游标卡尺测量,检测数值精确到0.01 cm。

5.2.3 叶片状况

目测。

5.2.4 根长

将直尺垂直竖于桌面,把被测种苗靠近直尺,量自然下垂状况的根的长度,从根与茎结合部量至根的最下端,检测数值精确至 0.01 cm。

5.2.5 根系状况

目测,穴盘苗应观察基质块四周是否布满新根,来判定是否丰满。

5.2.6 接穗位高

用直尺测量,精确到 0.1 cm。

5.2.7 接枝长

用直尺测量,精确到 0.1 cm。

5.2.8 接枝基径

用游标卡尺测量接枝最靠近嫁接位处的茎干最大直径,精确到 0.01cm。

5.2.9 砧木地径

用游标卡尺测量,精确到 0.01 cm。

5.2.10 整体感

目测。

5.2.11 病虫害

先进行目测,主要看有无病征及害虫为害症状,如发现症状,则应进一步用显微镜镜检害虫或病原体,若关系到检疫性病害则应进一步分离培养鉴定。确定特级苗需要进行病毒检测。

5.2.12 药害、肥害及药渍,机械损伤

目测。

5.3 判定

5.3.1 单株级别的判定

5.3.1.1 凡扦插苗,所有单株不得定为特级。

5.3.1.2 单项级别判定:单株单项检测结果与表1的相应项目某一级别相符合,则此株单项即为此级别。如同时符合几个级别要求时,以最高级别定级。

5.3.1.3 按照表1的质量要求内容,对种苗样本单株进行逐项检测,如完全符合某等级所有项目要求时,则该单株可判定为此等级种苗。

当达不到某等级的任一项目的质量要求时,则按此一项目能达到的级别来判定该单株的等级。

5.3.2 整批次级别判定

5.3.2.1 所有样本单位判定级别后,根据表2最后判定整批次质量等级。

5.3.2.2 级别判定时先从最高级别开始,如不合格,再从下一级别判定,依此类推。

5.3.2.3 先对第一样本进行判定,如发现不合格品数小于或等于第一合格判定数,则判该批是合格批。如发现不合格品数大于或等于第一不合格判定数,则判该批是不合格批。如发现不合格品数大于第一合格判定数又小于第一不合格判定数,则要对抽取的第二个样本进行检测。

5.3.2.4 第二样本检测后,将不合格品数与第一样本不合格品数相加,如两者之和小于或等于第二合格判定数,则判该批产品合格,如两者之和大于或等于第二不合格判定数,则判该批产品不合格。

5.3.3 整批次产品单个项目的评价判定

对整批产品单个项目判定,可根据每个样本单位在该项目上所达到的级别然后按照5.3.2中规定的判定方法,最后判定该批产品在该项目上达到的级别。

6 包装、标识、贮藏和运输

6.1 包装

6.1.1 月季种苗 10 株捆成一扎,根部用塑料薄膜包扎保湿。

6.1.2 种苗箱需用具有良好承载能力和耐湿性好的瓦楞卡通纸板制成,一般宽 40 cm,长 60 cm,高 40 cm,纸箱两侧需留有透气孔。将扎好的种苗头尾交叉,逐扎横放箱内,一般每箱装 100 株～200 株 (10 扎～20 扎),装箱后用胶带封好箱口。

6.2 标识

必须注明种苗种类、品种名称、质量级别、装箱数量、生产单位、产地、生产日期,如有品牌还应有品牌标识,还应有方向性、防雨防湿、防挤压及保鲜温度要求等标识,以免运输中的机械损伤。

6.3 贮藏

6.3.1 短期存放

种苗装箱后,短期存放不超过 3 d,应将包装箱袋打开,分散置于阴凉潮湿的库房中,冬季注意温度不要低于 10℃,夏季不要超过 28℃。

6.3.2 长期贮藏

贮藏期最多不超过 3 周～4 周,长期贮藏应将种苗置于 2℃～4℃ 的冷库内,包装箱可分层放在架子上以利通风透气,月季裸根苗贮藏还应在种苗箱内放潮湿的木屑或珍珠岩等,保证芽不枯死。

6.4 运输

一般采用带少量基质装箱运输,种苗箱叠放时应注意方向,叠放层次不能太多,以免压坏纸箱,损伤种苗。穴盘苗运输尽量带盘装箱运输。夏季运输应有冷藏条件,保持 2℃～8℃。

ICS 67.080.10
B 31

中华人民共和国农业行业标准

NY/T 1594—2008

水果中总膳食纤维的测定
非酶—重量法

Determination of total dietary fiber
in fruit Non-enzymatic–Gravimetric method

2008-05-16 发布

2008-07-01 实施

中华人民共和国农业部 发布

前　言

本标准由中华人民共和国农业部种植业管理司提出并归口。

本标准起草单位:农业部果品及苗木质量监督检验测试中心(兴城)、中国农业科学院果树研究所。

本标准主要起草人:聂继云、王孝娣、沈贵银、毋永龙、杨振锋、李静、徐国锋。

水果中总膳食纤维的测定　非酶—重量法

1　范围

本标准规定了水果中总膳食纤维含量测定的非酶—重量法。

本标准适用于总膳食纤维含量≥10%、淀粉含量≤2%（以干基计）的水果中总膳食纤维含量的测定。

2　规范性引用文件

下列文件中的条款通过在本标准的引用而成为本标准的条款。凡是注日期的引用文件，其随后所有的修改单（不包括勘误的内容）或修订版均不适用于本标准，然而，鼓励根据本标准达成协议的各方研究是否可使用这些文件的最新版本。凡是不注日期的引用文件，其最新版本适用于本标准。

GB/T 5009.3　食品中水分的测定

GB/T 5009.4　食品中灰分的测定

GB/T 5009.5　食品中蛋白质的测定

GB/T 8855　新鲜水果和蔬菜的取样方法

3　原理

将水果匀浆置水浴中保温，溶解糖和其他水溶性成分。用乙醇沉淀水溶性纤维。残渣清洗后，烘干。烘干后一份测定蛋白质含量，另一份测定灰分含量。残渣重量减去蛋白质和灰分的重量即为总膳食纤维重量。

4　试剂

除非另有说明，所用水均为蒸馏水，所用试剂均为分析纯试剂。

4.1　95%乙醇：优级纯。

4.2　78%乙醇溶液。

4.3　丙酮。

4.4　助滤剂：酸洗硅藻土。

5　仪器

5.1　分析天平：精度分别为0.1 mg和0.01 g。

5.2　烘箱：温度可保持在(105±0.5)℃。

5.3　干燥器。

5.4　抽滤瓶：1 L。

5.5　多孔坩埚：带玻璃滤板（孔径30 μm～50 μm）。称取0.50 g助滤剂(4.4)于坩埚中，用乙醇溶液(4.2)15 mL湿润后，旋转坩埚，使其均匀分布在玻璃滤板上，抽真空使助滤剂形成均匀薄层。将盛有助滤剂的坩埚置马弗炉中525℃加热1 h后，放入干燥器中冷却，恒重后称重。

5.6　水浴锅：温度可保持在(37±0.5)℃。

5.7　马弗炉：温度可达525℃。

5.8　组织捣碎机：转速18 000 r/min。

6 分析步骤

6.1 试样制备

取样按 GB/T 8855 执行。用组织捣碎机捣成匀浆,备用。

6.2 水分含量的测定

按 GB/T 5009.3 方法测定试样水分含量。

6.3 总膳食纤维含量的测定

6.3.1 根据样品含水量准确称取四份样品匀浆(每份约含 0.5 g 干物质),每份用 20 mL 水分数次洗入 250 mL 烧杯中,轻轻搅动,使样品均匀分散,用 1 mL~2 mL 水冲洗下烧杯内壁上的附着物。用铝箔封住烧杯口,置水浴锅中(37±0.5)℃保温 90 min。

6.3.2 向每个烧杯中加入 100 mL 95%乙醇(4.1),(25±2)℃下保温 1 h。将烧杯中处理好的试样转入已称重的多孔坩埚进行抽滤。过滤非常缓慢时,可用玻璃棒轻轻拨动试样层(但不应破坏助滤剂层)。

6.3.3 残渣先用 78%乙醇溶液(4.2)冲洗 2 次(每次 20 mL)后,再用 95%乙醇(4.1)冲洗 2 次(每次 10 mL),然后在通风橱中用 10 mL 丙酮冲洗 1 次。将盛有残渣的坩埚置 105℃下干燥 2 h,放入干燥器中冷却至室温,称重(精确至 0.1 mg),并重复干燥至恒量。

6.4 蛋白质和灰分含量的测定

所得四份残渣(6.3.3),两份按 GB/T 5009.5 方法测定蛋白质含量,另两份按 GB/T 5009.4 方法测定灰分含量。

7 结果计算

试样中总膳食纤维的含量按公式(1)进行计算。

$$\omega = \frac{m_1 - (C_1 + C_2) \times m_1/100}{m_2 \times (1 - C_3)} \times 100 \cdots\cdots\cdots\cdots\cdots\cdots\cdots (1)$$

式中:

ω ——总膳食纤维含量,单位为百分数(%);

m_1 ——残渣质量平均值,单位为毫克(mg);

C_1 ——残渣中蛋白质含量,单位为百分数(%);

C_2 ——残渣中灰分含量,单位为百分数(%);

m_2 ——称样量平均值,单位为毫克(mg);

C_3 ——试样水分含量,单位为百分数(%)。

计算结果保留到小数点后两位。

8 精密度

将 0.5 倍、1.0 倍和 1.5 倍膳食纤维三个水平添加到水果中,进行方法的精密度试验,方法的添加回收率在 90%~110%。在重复性条件下获得的两次独立测试结果的绝对差值不得超过算术平均值的 10%。

ICS 67.200.20
B 33

中华人民共和国农业行业标准

NY/T 1595—2008

芝麻中芝麻素含量的测定
高效液相色谱法

Determination of sesamin content—
High performance liquid chromatography

2008-05-16 发布

2008-07-01 实施

203

中华人民共和国农业部 发布

前　言

本标准由中华人民共和国农业部种植业管理司提出并归口。

本标准起草单位:中国农业科学院油料作物研究所。

本标准主要起草人:李培武、张文、丁小霞、姜俊、汪雪芳、谢立华、陈小媚。

芝麻中芝麻素含量的测定　高效液相色谱法

1　范围

本标准规定了高效液相色谱法测定芝麻中芝麻素含量的方法。

本标准适用于芝麻中芝麻素含量的测定。

本方法芝麻素检出限为 0.2 mg/kg。

2　规范性引用文件

下列文件中的条款通过本标准的引用而成为本标准的条款。凡是注日期的引用文件，其随后所有的修改单（不包括勘误的内容）或修订版均不适用于本标准，然而，鼓励根据本标准达成协议的各方研究是否可使用这些文件的最新版本。凡是不注日期的引用文件，其最新版本适用于本标准。

GB 5491　粮食、油料检验　扦样、分样法

GB/T 6682　分析实验室用水规格和实验方法（GB/T 6682—1992，eqv ISO 3696—1987）

3　原理

样品中芝麻素经 80% 乙醇水溶液提取纯化，反相 C_{18} 柱分离后，在波长 290 nm 检测，外标法定量。

4　试剂

除非另有说明，在分析中仅使用符合国家标准的分析纯试剂和 GB/T 6682 规定的二级水。

4.1　甲醇，色谱纯。

4.2　乙醇，色谱纯。

4.3　80% 乙醇水溶液（V/V）。

4.4　20 μg/mL 标样储备液：准确称取 4.0 mg 芝麻素标样于 200 mL 容量瓶中，用 80% 乙醇-水溶液（4.3）溶解定容。

4.5　流动相，甲醇＋水（V＋V）＝80＋20。

5　仪器和设备

5.1　分析天平，感量 0.000 1 g。

5.2　离心机，转速为 17 500 rpm/min，可控温 6℃。

5.3　组织捣碎机，转速为 15 000 rpm/min。

5.4　高效液相色谱仪，带紫外检测器和反相 C_{18} 柱。

5.5　0.45 μm 有机相滤膜。

6　分析步骤

6.1　试样制备

按 GB 5491 扦取样品。粉碎机粉碎，粉碎后样品过 φ0.25 mm 筛，备用。

6.2　提取

称取试样约 200 mg，置于 10 mL 离心管中，加入 5 mL 80% 乙醇-水溶液，组织捣碎机 15 000 rpm/min 匀浆 30 s。在 6℃ 下 17 500 r/min 离心 5 min，取上清液于试管中；残渣中再加 5 mL 的

80%乙醇-水溶液提取,提取条件和步骤同上,合并两次上清液,混匀,经 0.45 μm 有机相滤膜过滤,滤液待液相色谱分析。

6.3 色谱分析

取芝麻素标准储备液(4.4),用 80%乙醇-水溶液(4.3)稀释至 1 μg/mL、2 μg/mL、5 μg/mL、10 μg/mL、20 μg/mL 标准使用液,连同样品依次进样,进行液相色谱检测,建立工作曲线。

色谱条件:流速 0.8 mL/min,进样量 10 μL,柱温为室温,检测器波长 290 nm。

7 结果计算

样品中芝麻素含量测定结果数值以克每千克表示(g/kg),按式(1)计算:

$$X = A \times \frac{V_1 \times D}{V_2} \times \frac{1\,000}{M} \quad\cdots\cdots\cdots\cdots\cdots\cdots\cdots\cdots\cdots\cdots\cdots\cdots\cdots\cdots\quad (1)$$

式中:

X——样品中芝麻素含量的数值,单位为克每千克(g/kg);

A——将样品分析所得峰面积代入工作曲线,计算所得的进样体积样品中芝麻素含量的数值,单位为微克(μg);

V_1——加入流动相体积的数值,单位为毫升(mL);

V_2——进样体积的数值,单位为微升(μL);

D——样液的总稀释倍数;

M——样品质量的数值,单位为克(g)。

取两次平行测定结果的算术平均值为测定结果,结果保留两位小数。

8 精密度

8.1 重复性

在重复性条件下,获得的两次独立测定结果的绝对值不得超过算术平均值的 10%,以大于这两个测定值的算术平均值的 10%的情况不超过 5%为前提。

8.2 再现性

在再现性条件下,获得的两次独立测定结果的绝对值不得超过算术平均值的 15%,以大于这两个测定值的算术平均值的 15%的情况不超过 5%为前提。

ICS 65.120
B 46

中华人民共和国农业行业标准

NY/T 1596—2008

油菜饼粕中异硫氰酸酯的测定
硫脲比色法

Determination of isothiocyanates in rapeseed meal——
Thiourea colorimetry method

2008-05-16 发布

2008-07-01 实施

207

中华人民共和国农业部 发布

前　言

本标准由中华人民共和国农业部种植业管理司提出并归口。

本标准起草单位：农业部油料及制品质量监督检验测试中心。

本标准主要起草人：李培武、张文、丁小霞、汪雪芳、姜俊、谢立华。

油菜饼粕中异硫氰酸酯的测定
硫脲比色法

1 范围

本标准规定了硫脲比色法测定油菜饼粕中异硫氰酸酯含量的方法。

本标准适用于油菜饼粕中异硫氰酸酯含量的测定。

2 规范性引用文件

下列文件中的条款通过本标准的引用而成为本标准的条款。凡是注日期的引用文件,其随后所有的修改单(不包括勘误的内容)或修订版均不适用于本标准,然而,鼓励根据本标准达成协议的各方研究是否可使用这些文件的最新版本。凡是不注日期的引用文件,其最新版本适用于本标准。

GB 10360　油料饼粕扦样法

GB/T 6682　分析实验室用水规格和实验方法(GB/T 6682—1992,eqv ISO 3696—1987)

3 原理

油菜饼粕中硫代葡萄糖苷在 pH7.0 缓冲溶液中,在芥子酶作用下,水解生成异硫氰酸酯,然后与 80%氨乙醇作用,生成硫脲,紫外分光光度计测定 235 nm、245 nm、255 nm 波长吸光值。

4 试剂

除特殊规定外,所有试剂均为分析纯,水为二级水。

4.1　无水乙醇。

4.2　氨水。

4.3　80 %氨乙醇:准确量取 20 mL 氨水与 80 mL 无水乙醇充分混匀。

4.4　二氯甲烷。

4.5　pH 7.0 缓冲溶液:取 35 mL 0.1 mol/L 柠檬酸($C_6H_8O_7 \cdot H_2O$)溶液于 250 mL 容量瓶中,加入 200 mL 0.2 mol/L 磷酸氢二钠溶液,0.01 mol/L 盐酸或 0.01 mol/L 氢氧化钠溶液调 pH 至 7.0。

4.6　粗芥子酶:取白芥种子(72 h 内发芽率大于 85 %,保存期不得超过 2 年)粉碎,使 80%过 60 目筛,用石油醚(沸程 30℃～60℃)提取其中脂肪,在通风柜中用微风吹去残留的石油醚,置于具塞玻璃瓶中 4℃下保存,可在 6 周内使用。

5 仪器设备

5.1　分析天平,感量 0.000 1 g。

5.2　样品磨。

5.3　旋涡混合器。

5.4　离心机。

5.5　恒温水浴锅。

5.6　紫外分光光度计,备有 10 mm 石英比色皿。

5.7　100 μL 微量进样器。

5.8 10 mL 具塞试管。

5.9 10 mL 离心管。

6 试样制备

取样按 GB 10360 的规定进行。将油料饼粕粉碎后,使 80% 能通过 60 目筛,(103±2)℃ 下干燥 2 h～3 h,冷却至室温,装入样品瓶中备用。

7 分析步骤

准确称取 0.200 0 g 试样,加 40 mg 粗芥子酶和 2.0 mL pH7.0 缓冲溶液(4.5),旋涡混合器(5.3)充分混合。35℃ 下酶促反应 2 h。加 2.5 mL 二氯甲烷(4.4),用旋涡混合器(5.3)混合均匀,在室温下振荡 0.5 h。用旋涡混合器(5.3)将水相、有机相、样品充分混合,4 000 rmp/min 下离心 20 min。取 6 mL 80% 氨乙醇(4.3)于具塞试管(5.8),用微量进样器(5.7)取离心管下层有机相 50 μL,加入到装有 80% 氨乙醇的具塞试管中,盖上塞。旋涡混合均匀,将具塞试管放入水浴锅(5.5),50℃ 下加热 0.5 h,取出,冷却至室温。用紫外分光光度计(5.6),10 mm 石英比色皿测定光密度值,测定波长分别为 235 nm、245 nm、255 nm。同时测定试样空白溶液。

8 结果计算

试样中异硫氰酸酯的含量(w)以每克干样中异硫氰酸酯的毫克数(mg/g)表示,按式(1)计算。

$$w = \left(O.D_{245} - \frac{O.D_{235} + O.D_{255}}{2} \right) \times 28.55 \quad\text{................................ (1)}$$

式中:

$O.D_{235}$——试样 235 nm 处光密度值;

$O.D_{245}$——试样 245 nm 处光密度值;

$O.D_{255}$——试样 255 nm 处光密度值。

每个试样平行测定 2 次,计算算术平均值,结果保留两位小数。

9 精密度

9.1 重复性

在重复性条件下,获得的两次独立测试结果的绝对差值不大于 10%,以大于 10% 的情况不超过 5% 为前提。

9.2 再现性

在再现性条件下,获得的两次独立测定结果的绝对差值不大于 10%,以大于 10% 的情况不超过 5% 为前提。

ICS 67.050
X 04

中华人民共和国农业行业标准

NY/T 1597—2008

动植物油脂 紫外吸光值的测定

Animal and vegetable fats and oils—Determination of ultraviolet
absorbance expressed as specific UV extinction

[ISO 3656:2002(E),IDT]

2008-05-16 发布   2008-07-01 实施

中华人民共和国农业部 发布

前　言

本标准等同采用 ISO 3656:2002(E)《动植物油脂　紫外吸光值的测定》。

为便于使用,本标准作了下列编辑性修改:

a)　"本国际标准"一词改为"本标准";

b)　用小数点"."代替作为小数点的逗号",";

c)　用 GB/T 15687《油脂试样制备》代替 ISO 661:1989《Animal and vegetable fats and oils-preparation of test sample》;

d)　删除国际标准的前言。

本标准的附录 A 为资料性附录。

本标准由中华人民共和国农业部种植业管理司提出并归口。

本标准起草单位:农业部油料及制品质量监督检验测试中心。

本标准主要起草人:丁小霞、李培武、周海燕、胡乐华、张文、姜俊。

动植物油脂　紫外吸光值的测定

1　范围

本标准规定了动植物油脂紫外吸光值的测定方法。

本标准适用于动植物油脂紫外吸光值的测定。

2　规范性引用文件

下列文件中的条款通过本标准的引用而成为本标准的条款。凡是注日期的引用文件，其随后所有的修改单（不包括勘误的内容）或修订版均不适用于本标准，然而，鼓励根据本标准达成协议的各方研究是否可使用这些文件的最新版本。凡是不注日期的引用文件，其最新版本适用于本标准。

GB/T 15687　油脂试样制备

3　术语和定义

下列术语和定义适用于本标准。

紫外吸光值　ultraviolet absorbance

浓度为 1 g/100 mL 的油脂溶液在特定紫外吸收波长下由 10 mm 杯测定的吸收值。

4　试剂

除非另有说明，均使用分析纯试剂。

4.1　异辛烷（n-正己烷或环己烷）：230 nm 吸光度不大于 0.12，其水溶液在 250 nm 下吸光度不大于 0.05。

4.2　校准溶液：准确称取 0.200 g（精确到 0.001 g）分析纯铬酸钾，溶于 1 L 0.05 mol/L 氢氧化钾溶液中，量取 25 mL 此溶液置于 500 mL 的容量瓶中用 0.05 mol/L 氢氧化钾溶液稀释至刻度，备用。

5　仪器设备

5.1　天平，感量 0.000 1 g。

5.2　紫外可见分光光度计，10 mm 石英比色杯，使用前根据仪器使用说明，用与仪器同品牌的汞灯校正波长，变换薄钬板使其在 279.37 nm 和 287.5 nm 处有陡峭吸收峰；用校准溶液校准波长，以 0.05 mol/L 的氢氧化钾溶液为参比，用 10 mm 厚的石英比色杯在 275 nm 处测定校准溶液吸光值，使之为 0.200 ± 0.005。

5.3　玻璃器皿：使之在 220 nm 至 320 nm 范围内不含有产生吸收的杂质。

5.4　容量瓶，25 mL。

6　样品制备

按 GB/T 15687 制备油脂样品。

7　分析步骤

7.1　称样

称取 0.05 g～0.25 g 样品（使其吸光值在 0.2～0.8 之间，精确到 0.001 g）于 25 mL 容量瓶中。

7.2 提取

将待测样品在室温下溶解于少量异辛烷中(4.1),然后定容至刻度,混匀备用。如果待测样品的浓度大于 1 g/100 mL,在检测报告中应该予以说明。

7.3 测定

用异辛烷(4.1)作空白,用试样淋洗石英比色杯 3 次,将试样倒入石英杯中,放入分光光度计比色槽中测定 220 nm~320 nm 波长范围内的吸光值,连续扫描测定或每隔 1 nm 或 2 nm 测定一次,在最大和最小吸收值附近,间隔改为 0.5 nm。

注:1. 本实验无需测定全波长的吸光值。

2. 如果得到的吸光值大于 0.8,稀释待测溶液,使其吸光值在 0.2~0.8 范围内。

8 结果计算

浓度为 1 g/100 mL 动植物油脂溶液 10 mm 比色杯测定的紫外吸光值($E_{1cm(\lambda)}^{1\%}$)按公式(1)计算:

$$E_{1cm(\lambda)}^{1\%} = \frac{A(\lambda)}{c} \quad \text{...} \quad (1)$$

式中:

$A(\lambda)$——波长为 λ 时的吸光值;

c——样品浓度,每 100 mL 待测溶液中样品的质量,单位为克(g)。

注:λ 通常为 232 nm 和 268 nm。

9 精密度

联合实验室的试验数据见附录 A。对于其他的浓度范围和测试对象来说,这些实验数据可能是不适用的。

9.1 重复性

在重复性条件下获得的两次独立测试结果的绝对差值不超过重复性限(r)0.026(232 nm)和 0.085(268 nm),超过重复性限(r)的情况不超过 5%。

9.2 再现性

在再现性条件下获得的两次独立测试结果的绝对差值不超过再现性限(R)0.396(232 nm)和 0.11(268 nm),超过再现性限(R)的情况不超过 5%。

10 实验报告

实验报告需说明:

——识别被测试样品所需的全部资料;

——试样的取样方法;

——采用的检验方法;

——在本标准中未规定或视为任选的操作细节,以及其他可能已经影响了实验结果的操作步骤;

——获取的结果及结果的表示方法,如检验了重复性,列出结果。

附　录　A

（资料性附录）

联合实验室测试结果

1998年，本标准进行了联合实验室验证，各实验室测定结果按ISO 5725统计分析。

4个国家的16家实验室参加了联合验证，结果统计见表A.1和A.2。

表A.1　232 nm紫外吸光值

	样　　　品				
	葵花籽油	橄榄油	菜籽油	棕榈仁油	大豆油
参加的实验室数目	16	16	16	16	16
可接受结果的实验室数目	13	14	13	13	14
平均值	2.515	2.220	3.459	2.221	3.665
重复性标准偏差(S_r)	0.119 85	0.063 94	0.0582	0.037 4	0.109 31
重复性限(r)	0.338 94	0.180 82	0.164 59	0.105 77	0.309 13
再现性标准偏差(S_R)	0.186 58	0.083 85	0.140 5	0.098 3	0.180 84
再现性限(R)	0.527 65	0.237 13	0.397 33	0.277 99	0.511 42

在232 nm的测定结果：

——全部结果的重复性标准偏差　　　　$S_r = 0.08$

——全部结果的重复性限　　　　　　　$r = 0.226$

——全部结果的再现性标准偏差　　　　$S_R = 0.14$

——全部结果的再现性限　　　　　　　$R = 0.396$

表A.2　268 nm紫外吸光值

	样　　　品				
	葵花籽油	橄榄油	菜籽油	棕榈仁油	大豆油
参加的实验室数目	16	16	16	16	16
可接受结果的实验室数目	13	12	11	12	13
平均值	1.872	0.157	0.627	0.675	1.437
重复性标准偏差(S_r)	0.046 98	0.021 5	0.022 05	0.021 1	0.032 92
重复性限(r)	0.132 86	0.060 8	0.062 36	0.059 67	0.093 10
再现性标准偏差(S_R)	0.062 63	0.020 21	0.037 9	0.029 26	0.051 65
再现性限(R)	0.177 12	0.057 15	0.107 18	0.082 75	0.146 07

在268 nm的测定结果：

——全部结果的重复性标准偏差　　　　$S_r = 0.03$

——全部结果的重复性限　　　　　　　$r = 0.085$

——全部结果的再现性标准偏差　　　　$S_R = 0.04$

——全部结果的再现性限　　　　　　　$R = 0.11$

参 考 文 献

[1] ISO 5555　动植物油脂　取样[Animal and vegetable fats and oils—Sampling]

[2] ISO 5725:1986　实验方法的精密度—联合实验室标准重复性和再现性测定方法[Precision of test methods—Determination of repeatability and reproducibility for a standard test by inter-laboratory tests]

[3] ISO 5725-1:1994　检测方法和结果的精确度(准确度和精密度)—第1部分:一般原则和定义[Accuracy(trueness and precision) of measurement methods and results—Part 1: General principles and definitions]

[4] ISO 5725-2:1994　检测方法和结果的精确度(准确度和精密度)—第2部分:检测方法标准重复性和再现性测定的基本方法[Accuracy(trueness and precision) of measurement methods and results—Part 2: Basic method for the determinitaon of repeatability of a standard measurement method]

ICS 67.050
X 04

中华人民共和国农业行业标准

NY/T 1598—2008

食用植物油中维生素 E 组分和
含量的测定　高效液相色谱法

Determination of tocopherol content in edible vegetable oils—
High performance liquid chromatography

2008-05-16 发布　　　　　　　　　　　　　　　　　2008-07-01 实施

中华人民共和国农业部 发布

前　言

本标准由中华人民共和国农业部种植业管理司提出并归口。

本标准起草单位:农业部油料及制品质量监督检验测试中心。

本标准主要起草人:谢立华、李培武、丁小霞、张文、陈小媚、汪雪芳。

食用植物油中维生素 E 组分和含量的测定　高效液相色谱法

1 范围

本标准规定了食用植物油中维生素 E 组分和含量的测定方法。

本标准适用于食用植物油中维生素 E 组分和含量的测定。

本标准检出限分别为：α－VE：0.2 mg/kg；β－VE：0.2 mg/kg；γ－VE：0.1 mg/kg；δ－VE：0.1 mg/kg。

2 规范性引用文件

下列文件中的条款通过本标准的引用而成为本标准的条款。凡是注日期的引用文件，其随后所有的修改单(不包括勘误的内容)或修订版均不适用于本标准，然而，鼓励根据本标准达成协议的各方研究是否可使用这些文件的最新版本。凡是不注日期的引用文件，其最新版本适用于本标准。

GB 5524　植物油脂检验　扦样、分样法

GB/T 6682　分析实验室用水规格和实验方法(GB/T 6682—1992,ISO 3696—1987)

3 方法原理

样品皂化后，用无水乙醚提取不皂化物中的维生素 E，浓缩，高效液相色谱仪分离维生素 E，紫外检测器检测，外标法定量。

4 试剂

除非另有说明，均使用分析纯试剂和二级水。

4.1　无水乙醚：不含有过氧化物。

用 5 mL 乙醚加 1 mL 10%碘化钾溶液，振摇 1 min，水层呈黄色或加 4 滴 0.5%淀粉溶液，水层呈蓝色，则无水乙醚中含有过氧化物。

4.2　无水乙醇：不含有醛类物质。

取 2 mL 银氨溶液于试管中，加入 0.5 mL 乙醇，摇匀，再加入氢氧化钠溶液，加热，放置冷却后，如有银镜反应则表示无水乙醇中含有醛类物质。

4.3　无水硫酸钠。

4.4　甲醇，色谱纯。

4.5　100 g/L 抗坏血酸溶液，现配现用。

4.6　1 g/L 氢氧化钾溶液。

4.7　100 g/L 氢氧化钠溶液。

4.8　50 g/L 硝酸银溶液。

4.9　银氨溶液

4.9.1　检查方法：取 2 mL 银氨溶液于试管中，加入少量乙醇，摇匀，再加入氢氧化钠溶液，加热，放置冷却后，若有银镜反应则表示乙醇中有醛。

4.9.2　脱醛方法：取 2 g 硝酸银溶于少量水中。取 4 g 氢氧化钠溶于温乙醇中。将两者倾入 1 L 乙醇中，振摇后，放置暗处 2 d(不时摇动，促进反应)，经过滤，置蒸馏瓶中蒸馏，弃去初蒸出的 50 mL。当乙醇中含醛较多时，硝酸银用量适当增加。

4.10 维生素 E 标准溶液

4.10.1 维生素 E 标准溶液配制

用无水乙醇(4.2)分别溶解 α‑VE,β‑VE,γ‑VE,δ‑VE 四种维生素 E 标准品,使其浓度大约为 1 mg/mL。使用前用紫外分光光度计分别标定此四种维生素的浓度。

4.10.2 维生素 E 标准溶液浓度的标定

取维生素 E 标准溶液若干微升,用无水乙醇分别稀释定量至 3.0 mL,按给定波长测定各维生素的吸光值,用比吸光系数计算出该维生素的浓度。测定条件见表 1。

表 1 维生素 E 标准溶液浓度标定条件

标准物质	加入标样的量，μL	比吸光系数，$E_{cm}^{1\%}$	波长，nm
α‑VE	100.0	71	294
β‑VE	100.0	91.6	296
γ‑VE	100.0	92.8	298
δ‑VE	100.0	91.2	298

维生素 E 标准溶液浓度(c_1)按式(1)计算:

$$c_1 = \frac{A}{E} \times \frac{1}{100} \times \frac{5}{V \times 10^{-3}} \quad\cdots\cdots\cdots\cdots\cdots\cdots\cdots (1)$$

式中:

c_1 ——维生素标准溶液浓度的数值,单位为克每毫升(g/mL);

A ——维生素的平均紫外吸光值;

V ——加入标准液体积的数值,单位为微升(μL);

E ——某种维生素 1‰ 比吸光度数的数值;

$\dfrac{5}{V \times 10^{-3}}$ ——标准液稀释倍数。

5 仪器设备

5.1 实验室常用仪器设备。

5.2 电子天平,精度 0.001 g。

5.3 紫外分光光度计。

5.4 高速离心机,5 000 r/min。

5.5 振荡摇床,120 r/min。

5.6 高效液相色谱仪带紫外分光检测器。

5.7 Nova‑pak C_{18} 色谱柱(3.9 mm×150 mm)

6 操作步骤

6.1 样品制备

按 GB 5524 要求制备样品。

6.2 皂化

准确称取 5 g 试样于皂化瓶中,加 30 mL 无水乙醇,混匀。加 5 mL 抗坏血酸溶液(100 g/L),20 mL 氢氧化钾溶液(4.6),置于振荡摇床皂化 1 h。

6.3 提取

将皂化后的试样移入分液漏斗中,用 50 mL 水分 2 次～3 次洗皂化瓶,洗液并入分液漏斗中。用约 50 mL 乙醚分 3 次洗皂化瓶,乙醚液并入分液漏斗中。轻轻振摇分液漏斗 2 min,静置分层,弃去水层。

6.4 洗涤

用约 50 mL 水洗涤分液漏斗的乙醚层,用 pH 试纸检验至水层不显碱性。

6.5 浓缩

将乙醚提取液过无水硫酸钠(约 5 g),滤液至 100 mL 容量瓶中,用 40 mL 乙醚分 3 次冲洗分液漏斗及无水硫酸钠,并入容量瓶内,用乙醚定量,摇匀,取 10 mL 乙醚提取液于 40℃水浴中氮气吹干,立即加入 1 mL 乙醇,充分混合,溶解提取物。

6.6 离心

将提取液转入离心管中,5 000 r/min 离心 5 min,上清液供液相色谱检测。

6.7 高效液相色谱分析条件(参考条件)

流动相:甲醇+水(V/V)=98+2,混匀,临用前脱气。

柱温:30℃

色谱柱:C_{18} 反向柱

紫外检测波长:300 nm

进样量:10 μL

6.8 维生素 E 的标准色谱图,见图 1。

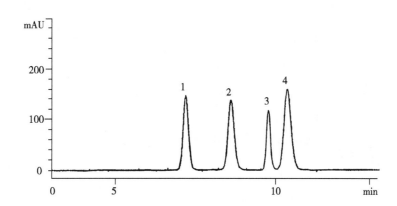

1——δ-VE;

2——γ-VE;

3——β-VE;

4——α-VE。

图 1 维生素 E 的标准色谱图

6.9 试样分析

6.9.1 定性:用标准物色谱峰的保留时间定性。

6.9.2 定量:计算样品色谱图中某维生素峰面积与其对应的标准物色谱峰面积的比值,根据标准曲线求其含量。

7 结果计算

维生素含量按式(2)计算。

$$X_i = \frac{C_i \times V \times n}{m} \quad\cdots\cdots\cdots\cdots\cdots\cdots\cdots\cdots\cdots\cdots\cdots\cdots\cdots\cdots (2)$$

式中:

X_i——某种维生素含量的数值,单位为毫克每千克(mg/kg);

C_i ——由标准曲线上查到某种维生素含量的数值，单位为微克每毫升（$\mu g / mL$）；

V ——样品浓缩定容体积的数值，单位为毫升（mL）；

n ——稀释倍数；

m ——样品质量的数值，单位为克（g）。

计算结果保留一位小数。

8　精密度

8.1　重复性

在重复性条件下，获得的两次独立测定结果的绝对值不得超过算术平均值的 10%，以大于这两个测定值的算术平均值的 10% 的情况不超过 5% 为前提。

8.2　再现性

在再现性条件下，获得的两次独立测定结果的绝对值不得超过算术平均值的 15%，以大于这两个测定值的算术平均值的 15% 的情况不超过 5% 为前提。

ICS 67.200.20
B 33

中华人民共和国农业行业标准

NY/T 1599—2008

大豆热损伤率的测定

Determination of heat damaged kernel of soybean

2008-05-16 发布　　　　　　　　　　　　　　2008-07-01 实施

中华人民共和国农业部 发布

前　言

本标准的附录 A 为规范性附录。

本标准由中华人民共和国农业部种植业管理司提出并归口。

本标准起草单位:农业部油料及制品质量监督检验测试中心。

本标准主要起草人:李培武、谢立华、丁小霞、姜俊、印南日、甘冬生。

大豆热损伤率的测定

1 范围

本标准规定了大豆热损伤率的测定方法。

本标准适用于大豆热损伤率的测定。

2 规范性引用文件

下列文件中的条款通过本标准的引用而成为本标准的条款。凡是注日期的引用文件,其随后所有的修改单(不包括勘误的内容)或修订版均不适用于本标准,然而,鼓励根据本标准达成协议的各方研究是否可使用这些文件的最新版本。凡是不注日期的引用文件,其最新版本适用于本标准。

GB 5491 粮食、油料检验 扦样、分样法

GB/T 13868—1992 感官分析 建立感官分析实验室的一般导则

3 术语和定义

下列术语和定义适用于本标准。

3.1

热损伤粒

由于微生物或其他原因产热而改变了正常颜色和形状的籽粒。

3.2

热损伤率

热损伤粒质量占样品总质量的比例,以质量百分数(%)表示。

4 仪器设备

4.1 分析天平,精度为 0.01 g。

4.2 分样器和分样板。

4.3 分析盘、镊子等。

4.4 感观实验台

5 试样制备

按照 GB 5491 扦取大豆样品。

6 分析步骤

6.1 称样

称取大豆样品约 200 g(w_1)于白色分析盘 A 中。

6.2 热损伤粒的判断

按附录 A 的规定在 GB/T 13868—1992 规定条件下对大豆进行热损伤情况判断,用镊子将热损与热伤的大豆拣出,合并于分析盘 B 中。

6.3 测定

称量分析盘 B 中大豆样品的质量。

7 结果计算

大豆热损伤率(X)以质量百分数(%)表示,按公式(1)计算。

$$X = \frac{w_2}{w_1} \times 100 \qquad\qquad (1)$$

式中:

w_2 ——分析盘 B 中大豆样品的质量的数值,单位为克(g);

w_1 ——分析盘 A 中大豆样品的质量的数值,单位为克(g)。

测定结果用算术平均值表示,保留到小数点后两位。

8 精密度

8.1 重复性

在重复性条件下,获得的两次独立测定结果的绝对值不得超过算术平均值的 0.30%,以大于这两个测定值的算术平均值的 0.30%的情况不超过 5%为前提。

8.2 再现性

在再现性条件下,获得的两次独立测定结果的绝对值不得超过算术平均值的 0.50%,以大于这两个测定值的算术平均值的 0.50%的情况不超过 5%为前提。

附 录 A
（规范性附录）
标 准 色 卡

大豆热损伤情况按下图所示分为三种：正常、热损、热伤等，热损伤大豆包括热损大豆和热伤大豆两种。

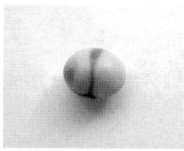

正常大豆	热损大豆	热伤大豆

ICS 67.080
B 31

中华人民共和国农业行业标准

NY/T 1600—2008

水果、蔬菜及其制品中单宁含量的测定
分光光度法

Determination of tannin content in fruit, vegetable and derived product—
Spectrophotometry method

2008-05-16 发布   2008-07-01 实施

中华人民共和国农业部 发布

前　言

本标准由中华人民共和国农业部提出并归口。

本标准起草单位：农业部果品及苗木质量监督检验测试中心（兴城）、中国农业科学院果树研究所。

本标准主要起草人：聂继云、李静、沈贵银、杨振峰、王孝娣、李海飞、王祯旭。

水果、蔬菜及其制品中单宁含量的测定
分光光度法

1 范围

本标准规定了用紫外可见分光光度法测定水果蔬菜及其制品中单宁含量的方法。

本标准适用于水果、蔬菜及葡萄酒中单宁含量的测定。

本标准方法检出限为 0.01 mg/kg,线性范围为 0 mg/L～5.0 mg/L。

2 规范性引用文件

下列文件中的条款通过在本标准的引用而成为本标准的条款。凡是注日期的引用文件,其随后所有的修改单(不包括勘误的内容)或修订版均不适用于本标准,然而,鼓励根据本标准达成协议的各方研究是否可使用这些文件的最新版本。凡是不注日期的引用文件,其最新版本适用于本标准。

GB/T 8855 新鲜水果和蔬菜的取样方法

3 原理

以没食子酸为主的单宁类化合物在碱性溶液中可将钨钼酸还原成蓝色化合物,该化合物在 765 nm 处有最大吸收,其吸收值与单宁含量呈正比,以没食子酸为标准物质,标准曲线法定量。

4 试剂

除非另有说明,所用水均为蒸馏水,所用试剂均为分析纯试剂。

4.1 钨酸钠—钼酸钠混合溶液:称取 50.0 g 钨酸钠,12.5 g 钼酸钠,用 350 mL 水溶解到 1 000 mL 回流瓶中,加入 25 mL 磷酸及 50 mL 盐酸,充分混匀,小火加热回流 2 h,再加入 75 g 硫酸锂,25 mL 蒸馏水,数滴溴水,然后继续沸腾 15 min(至溴水完全挥发为止),冷却后,转入 500 mL 容量瓶定容,过滤,置棕色瓶中保存,使用时稀释 1 倍。原液在室温下可保存半年。

4.2 75 g/L 碳酸钠溶液:称取 37.5 g 无水碳酸钠溶于 250 mL 温水中,混匀,冷却,稀释至 500 mL,过滤到储液瓶中备用。

4.3 没食子酸标准储备液:准确称取 0.110 0 g 一水合没食子酸,溶解并定容至 100 mL,此溶液没食子酸质量浓度为 1 000 mg/L。在冰箱中 2℃～3℃下可保存 5 d。

4.4 没食子酸标准使用液:分别吸取 1 000 mg/L 没食子酸标准储备液 0.0 mL、1.0 mL、2.0 mL、3.0 mL、4.00 mL 和 5.00 mL 至 100 mL 容量瓶中,定容,溶液质量浓度为 0.0 mg/L、10.0 mg/L、20.0 mg/L、30.0 mg/L、40.0 mg/L 和 50.0 mg/L。

5 仪器

5.1 紫外可见分光光度计。

5.2 组织捣碎机。

5.3 恒温水浴锅。

5.4 电子天平:精度为 0.01 g 和 0.001 g。

5.5 离心机:11 500 r/min。

6 分析步骤

6.1 试样的制备

将果蔬样品取可食部分,用干净纱布擦去样本表面的附着物,采用对角线分割法,取对角部分,切碎,充分混匀,按四分法取样,于组织捣碎机中匀浆备用。

6.2 单宁的提取

称取果实匀浆 2.0 g~5.0 g,用 80 mL 水洗入 100 mL 容量瓶中,放入沸水浴中提取 30 min,取出,冷却,定容,吸取 2.0 mL 样品提取液,8 000 r/min 离心 4 min,上清液备用;葡萄酒直接吸取 2.0 mL~5.0 mL 稀释至 100 mL,备用。

6.3 标准曲线的绘制

吸取 0.00 mg/L、10.0 mg/L、20.0 mg/L、30.0 mg/L、40.0 mg/L、50.0 mg/L 没食子酸标准使用液(4.4)各 1.0 mL,分别加 5.0 mL 水,1.0 mL 钨酸钠—钼酸钠混合溶液(4.1)和 3.0 mL 碳酸钠溶液(4.2),混匀,没食子酸标准溶液浓度分别为 0.0 mg/L、1.0 mg/L、2.0 mg/L、3.0 mg/L、4.0 mg/L、5.0 mg/L,显色,放置 2 h,以标准曲线 0.0 mg/L 为空白,在 765 nm 波长下测定标准溶液的吸光度,以没食子酸浓度为横坐标,吸光度值为纵坐标,绘制标准曲线。

6.4 样品的测定

吸取 1.0 mL 试样提取液(6.2),分别加入 5.0 mL 水,1.0 mL 钨酸钠—钼酸钠混合溶液(4.1)和 3.0 mL 碳酸钠溶液(4.2),显色,放置 2 h 后,以标准曲线 0.0 mg/L 为空白,在 765 nm 波长下测定样品溶液的吸光度,根据标准曲线求出试样溶液的单宁浓度,以没食子酸计。如果吸光度值超过 5.0 mg/L 没食子酸的吸光度时,将样品提取液稀释后重新测定。

7 结果计算

试样中单宁(以没食子酸计)含量按式(1)进行计算。

$$\omega = \frac{\rho \times 10 \times A}{m} \quad\quad\quad\quad\quad\quad\quad (1)$$

式中:

ω——试料中单宁含量,单位为毫克每千克(mg/kg)或(mg/L);

ρ——试样测定液中没食子酸的浓度,单位为毫克每升(mg/L);

10——试样测定液定容体积,单位为毫升(mL);

A——样品稀释倍数;

m——试样质量或体积,单位为克(g)或毫升(mL)。

计算结果保留三位有效数字。

8 精密度

将没食子酸标准溶液在 200 mg/kg~4 000 mg/kg 范围添加到水果、蔬菜和葡萄酒中,进行方法的精密度试验,方法的添加回收率在 80%~120%。在重复性条件下获得的两次独立测试结果的绝对差值不得超过算术平均值的 15%。

ICS 67.080.10
B 31

中华人民共和国农业行业标准

NY/T 1601—2008

水果中辛硫磷残留量的测定
气相色谱法

Determination of phoxim residues in fruit
Gas chromatography

2008-05-16 发布　　　　　　　　　　　2008-07-01 实施

中华人民共和国农业部 发布

前　言

本标准由中华人民共和国农业部种植业管理司提出并归口。

本标准起草单位:农业部果品及苗木质量监督检验测试中心(兴城)、中国农业科学院果树研究所。

本标准主要起草人:聂继云、李静、沈贵银、徐国锋、李海飞、毋永龙、王祯旭。

水果中辛硫磷残留量的测定
气相色谱法

1 范围

本标准规定了水果中辛硫磷残留量的气相色谱测定法。

本标准适用于水果中辛硫磷残留量的测定。

本标准方法检出限为 0.02 mg/kg。

2 规范性引用文件

下列文件中的条款通过本标准的引用而成为本标准的条款。凡是注日期的引用文件,其随后所有的修改单(不包括勘误的内容)或修订版均不适用于本标准,然而,鼓励根据本标准达成协议的各方研究是否可使用这些文件的最新版本。凡是不注日期的引用文件,其最新版本适用于本标准。

NY/T 789 农药残留分析样本的采样方法

3 原理

样品中的辛硫磷经乙腈提取,提取液净化、浓缩后,用气相色谱仪(火焰光度检测器,磷滤光片,526 nm)检测,外标法定量。

4 试剂与材料

除非另有说明,所用水均为蒸馏水,所用试剂均为分析纯试剂。

4.1 乙腈。

4.2 丙酮:必要时重蒸,经检测无干扰。

4.3 氯化钠:140℃烘烤 4 h。

4.4 辛硫磷标准品:纯度≥96%。

4.5 辛硫磷标准溶液的制备:用丙酮配制成 100 mg/L 标准贮备液,保存于-18℃以下的冰箱中。使用时用丙酮稀释成 0.1 mg/L 的标准工作溶液。

5 仪器设备

5.1 气相色谱仪:带有火焰光度检测器(FPD)。

5.2 组织捣碎机。

5.3 匀浆机。

5.4 旋涡混匀器。

5.5 氮吹仪。

5.6 离心机:4 500 r/min。

6 分析步骤

6.1 试料制备

按 NY/T 789 抽取样品,用干净纱布轻轻擦去样品表面的附着物,取可食部分,四分法,切碎,用组织捣碎机捣成匀浆,备用。

6.2 提取

称取果实匀浆 20.0 g(精确至 0.01 g)于 100 mL 离心管中,加入 20.0 mL 乙腈,用匀浆机高速匀浆 2 min,加入 3 g~5 g 氯化钠后,匀浆 1 min,3 000 r/min 离心 5 min,澄清。

6.3 浓缩

取 10.0 mL 上清液(6.2)置于 10 mL 刻度试管,40℃下氮气吹至近干,用丙酮定容至 2.0 mL。

6.4 测定

6.4.1 色谱参考条件

6.4.1.1 色谱柱

100％聚甲基硅氧烷(Rtx-1)石英毛细管柱,15.0 m×0.53 mm×1.5 μm,或相当者。

6.4.1.2 温度

进样口温度:190℃;

检测器温度:250℃;

色谱柱温度程序:50℃(保持 1 min) $\xrightarrow{30℃/min}$ 150℃(保持 10 min) $\xrightarrow{30℃/min}$ 190℃(保持 5 min)。

6.4.1.3 气体及流量

载气:氮气,纯度≥99.999％,流速为 25 mL/min。

燃气:氢气,纯度≥99.999％,流速为 100 mL/min。

助燃气:空气,流速为 110 mL/min。

6.4.1.4 进样方式

不分流进样。

6.4.2 定性测定

以保留时间定性,样品中未知组分的保留时间与辛硫磷标准物质的保留时间相差在±0.05 min 内的为辛硫磷农药。

6.4.3 定量测定

取 1.0 μL 试样溶液和相应的标准工作溶液,以色谱峰面积积分,外标法定量。标准工作液及试样溶液中辛硫磷响应值应在仪器检测的线性范围之内。同时做空白实验。

7 结果计算

试样中辛硫磷残留量按公式(1)计算。

$$\omega = \frac{\rho \times A \times V_1 \times V_3}{m \times A_s \times V_2} \quad \cdots\cdots\cdots\cdots\cdots\cdots\cdots\cdots\cdots\cdots\cdots\cdots\cdots \quad (1)$$

式中:

ω——试样中辛硫磷残留量,单位为毫克每千克(mg/kg);

ρ——辛硫磷标准工作溶液的质量浓度,单位为毫克每升(mg/L);

A——样品中辛硫磷的峰面积,积分单位;

V_1——提取溶剂总体积,单位为毫升(mL);

V_3——吸取样品浓缩液体积,单位为毫升(mL);

m——样品质量,单位为克(g);

A_s——辛硫磷标准工作溶液的峰面积,积分单位;

V_2——用于检测的体积,单位为毫升(mL)。

计算结果保留三位有效数字。

8 精密度

将辛硫磷农药标准溶液在 0.02 mg/kg、0.05 mg/kg、0.1 mg/kg 三个水平添加到水果中进行了方法的精密度试验,方法的添加回收率为 80%～120%。在重复性条件下获得的两次独立测试结果的绝对差值不得超过算术平均值的 15%。

9 色谱图

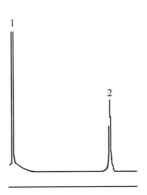

1——溶剂;

2——辛硫磷,保留时间 15 min 36 s。

图 1 色谱分离图

ICS 67.020.10
B 33

中华人民共和国农业行业标准

NY/T 1602—2008

植物油中叔丁基羟基茴香醚(BHA)、2,6-二叔丁基对甲酚(BHT)和特丁基对苯二酚(TBHQ)的测定 高效液相色谱法

Determination of butylated hydroxyanisole,butylated hydroxytoluene
and tertiary butylhydroquinone content in vegetable oil
High performance liquid chromatography

2008-05-16 发布

2008-07-01 实施

中华人民共和国农业部 发布

NY/T 1602—2008

前　言

本标准的附录 A 为资料性附录。

本标准由中华人民共和国农业部种植业管理司提出并归口。

本标准起草单位：农业部油料及制品质量监督检验测试中心、中国农业科学院油料作物研究所。

本标准主要起草人：张文、李培武、丁小霞、谢立华、胡乐华、汪雪芳、姜俊。

植物油中叔丁基羟基茴香醚(BHA)、2,6-二叔丁基对甲酚(BHT)和特丁基对苯二酚(TBHQ)的测定 高效液相色谱法

1 范围

本标准规定了高效液相色谱法测定植物油中叔丁基羟基茴香醚(BHA)、2,6-二叔丁基对甲酚(BHT)和特丁基对苯二酚(TBHQ)含量的方法。

本标准适用于植物油中叔丁基羟基茴香醚(BHA)、2,6-二叔丁基对甲酚(BHT)和特丁基对苯二酚(TBHQ)含量的测定。

本方法检出限:TBHQ为1.0 mg/kg,BHA为1.0 mg/kg,BHT为0.5 mg/kg。

2 规范性引用文件

下列文件中的条款通过本标准的引用而成为本标准的条款。凡是注日期的引用文件,其随后所有的修改单(不包括勘误的内容)或修订版均不适用于本标准,然而,鼓励根据本标准达成协议的各方研究是否可使用这些文件的最新版本。凡是不注日期的引用文件,其最新版本适用于本标准。

GB/T 15687 油脂试样制备

GB/T 6682 分析实验室用水规格和实验方法(GB/T 6682—1992,eqv ISO 3696—1987)

3 原理

样品中叔丁基羟基茴香醚(BHA)、2,6-二叔丁基对甲酚(BHT)和特丁基对苯二酚(TBHQ)经甲醇提取纯化,反相C_{18}柱分离后,用紫外检测器280 nm检测,外标法定量。

4 试剂

除非另有说明,均使用分析纯试剂和二级水。

4.1 甲醇:色谱纯。

4.2 乙酸:色谱纯。

4.3 1 mg/mL混合标样储备液:取叔丁基羟基茴香醚(BHA)、2,6-二叔丁基对甲酚(BHT)和特丁基对苯二酚(TBHQ)各100 mg用甲醇溶解并定量至100 mL。

4.4 流动相:流动相A为甲醇,流动相B为1%乙酸水溶液。

5 仪器和设备

5.1 分析天平,感量0.000 1 g。

5.2 离心机,转速为3 000 r/min。

5.3 旋涡混合器。

5.4 15 mL具塞离心管。

5.5 0.45 μm有机相滤膜。

5.6 Nova-pak C_{18}色谱柱(3.9 mm×150 mm)。

5.7 高效液相色谱仪,带紫外检测器。

6 分析步骤

6.1 试样制备

按 GB/T 15687 制备样品。

6.2 试液的制备

准确称取植物油样约 5 g(精确至 0.001 g),置于 15 mL 具塞离心管中,加入 8 mL 甲醇(4.1),旋涡混合 3 min,放置 2 min,以 3 000 r/min 离心 5 min,取出上清液于 25 mL 容量瓶中,残余物每次用 8 mL 甲醇(4.1)提取 2 次,清液合并于 25 mL 容量瓶中,用甲醇(4.1)定容,摇匀,经 0.45 μm 有机相滤膜过滤,滤液待液相色谱分析。

6.3 色谱分析

取 1 mg/mL 混合标样储备液(4.3),用甲醇(4.1)稀释至 10 μg/mL、50 μg/mL、100 μg/mL、150 μg/mL、200 μg/mL、250 μg/mL 标准使用液连同样品依次进样,进行液相色谱检测,建立工作曲线。

色谱条件:流速 0.8 mL/min,进样量 10 μL,柱温为室温,检测器波长 280 nm。流动相 A 为甲醇,流动相 B 为 1‰乙酸水溶液,梯度见表 1。

表 1　洗脱梯度

时间,min	流动相 A,%	流动相 B,%	流量,mL/min
0	40	60	0.8
7.5	100	0	0.8
11.5	100	0	0.8
13.0	40	60	0.8
15.0	40	60	0.8

7　分析结果的表述

样品中叔丁基羟基茴香醚(BHA)、2,6-二叔丁基对甲酚(BHT)或特丁基对苯二酚(TBHQ)含量测定结果数值以毫克每千克表示(mg/kg),按公式(1)计算:

$$X_i = A_i \times \frac{V_1 \times D}{V_2} \times \frac{1\,000}{M} \quad\cdots\cdots\cdots\cdots\cdots\cdots\cdots\cdots (1)$$

式中:

X_i——样品中叔丁基羟基茴香醚(BHA)、2,6-二叔丁基对甲酚(BHT)或特丁基对苯二酚(TBHQ)含量的数值,单位为毫克每千克(mg/kg);

A_i——将样品分析所得峰面积代入工作曲线,计算所得进样体积样品中叔丁基羟基茴香醚(BHA)、2,6-二叔丁基对甲酚(BHT)或特丁基对苯二酚(TBHQ)含量的数值,单位为微克(μg);

V_1——加入流动相体积的数值,单位为毫升(mL);

V_2——进样量的数值,单位为微升(μL);

D——样液的总稀释倍数;

M——样品质量的数值,单位为克(g)。

取平行测定结果的算术平均值为测定结果,结果保留一位小数。

8　精密度

8.1　重复性

在重复性条件下,获得的两次独立测定结果的绝对值不得超过算术平均值的10%,以大于这两个测定值的算术平均值的10%的情况不超过5%为前提。

8.2 再现性

在再现性条件下,获得的两次独立测定结果的绝对值不得超过算术平均值的15%,以大于这两个测定值的算术平均值的15%的情况不超过5%为前提。

附 录 A

（资料性附录）

叔丁基羟基茴香醚(BHA)、2,6-二叔丁基对甲酚(BHT)

和特丁基对苯二酚(TBHQ)液相色谱图

叔丁基羟基茴香醚(BHA)、2,6-二叔丁基对甲酚(BHT)和特丁基对苯二酚(TBHQ)的液相色谱分
离图谱见图 A.1。

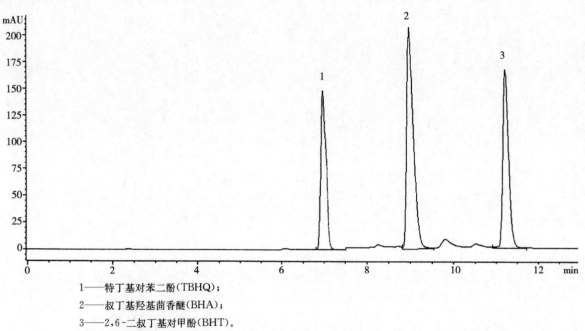

1——特丁基对苯二酚(TBHQ)；

2——叔丁基羟基茴香醚(BHA)；

3——2,6-二叔丁基对甲酚(BHT)。

图 A.1 叔丁基羟基茴香醚(BHA)、2,6-二叔丁基对甲酚(BHT)和特丁基对苯二酚(TBHQ)

液相色谱图

ICS 67.050
X 04

中华人民共和国农业行业标准

NY/T 1603—2008

蔬菜中溴氰菊酯残留量的测定
气相色谱法

Determination of deltamethrin residues in vegetables
—Gas chromatography method

2008-05-16 发布

2008-07-01 实施

中华人民共和国农业部 发布

前　言

本标准由中华人民共和国农业部提出并归口。

本标准由沈阳农业大学负责起草,沈阳市质量技术监督局苏家屯分局及农业部农药质量监督检验测试中心(沈阳)参加起草。

本标准主要起草人:周艳明、牛淼、高淑英、胡睿、吴晓琳、邢岩、赵英博、陈彬。

蔬菜中溴氰菊酯残留量的测定 气相色谱法

1 范围

本标准规定了气相色谱测定蔬菜中溴氰菊酯残留量的测定方法。

本标准适用于蔬菜中溴氰菊酯残留量的测定。

本方法检出限为 0.005 mg/kg。

2 原理

样品中溴氰菊酯用丙酮和石油醚提取,柱层析净化除去干扰物,用气相色谱仪配电子捕获检测器测定,外标法定量。

3 试剂和材料

除非另有说明,在分析中仅使用确认的分析纯试剂和 GB/T 6682 中规定的至少三级的水。

3.1 石油醚:30℃～60℃重蒸。

3.2 丙酮＋石油醚混合溶液(农残级,或分析纯经重蒸馏):1＋4。

3.3 20 g/L 氯化钠溶液。

3.4 农药标准品:溴氰菊酯(deltamethrin)纯度≥99.8%。

3.5 标准储备液:准确称取 10.0 mg 标准品,用石油醚(3.1)定容至 100 mL,配成质量浓度为 100 mg/L 标准储备液。

3.6 标准工作溶液:用石油醚(3.1)将标准储备液(3.5)稀释至质量浓度分别为 1.0 mg/L、0.1 mg/L 和 0.01 mg/L、0.005 mg/L 的标准工作溶液。

3.7 固相萃取柱:氟罗里硅土,1 g。

4 仪器

4.1 气相色谱仪附电子捕获检测器。

4.2 匀浆机。

4.3 氮吹仪。

4.4 真空泵。

4.5 微量注射器:10 μL。

4.6 锥形瓶:具塞,100 mL。

5 试样制备

蔬菜样品擦去表面泥水,取适量有代表性可食部分,切碎、混匀,用匀浆机制成匀浆备用。匀浆放入聚乙烯瓶中于－16℃～－20℃条件下保存。

6 分析步骤

6.1 提取

称取 10.0 g 匀浆于 100 mL 锥形瓶中,加入 20 mL 丙酮＋石油醚混合溶液(3.2),加塞后摇匀,超声提取 20 min。加入 50 mL 氯化钠溶液(3.3),加塞,剧烈摇动 2 min,静置待分层,继续加入氯化钠溶液

(3.2),使液面至锥形瓶颈,上层有机相为提取液。

6.2 净化

取氟罗里硅土固相萃取柱(3.7),用5 mL石油醚淋(3.1)洗萃取柱,弃去淋洗液。准确吸取15 mL样品提取液,缓缓注入固相萃取柱,收集流出液于梨形瓶中。再吸取20 mL丙酮＋石油醚混合溶液(3.2),缓缓注入固相萃取柱,合并收集流出液。

6.3 浓缩

将所收集的流出液用氮气流吹至近干,再用少量石油醚淋洗管壁,继续吹干,准确加入1.0 mL石油醚(3.1)溶解残渣。

6.4 测定

6.4.1 色谱条件

6.4.1.1 色谱柱:OV-101 15 m×0.53 mm×5 μm,或相当极性色谱柱。

6.4.1.2 温度:进样口:260℃;检测器:260℃;色谱柱:230℃。

6.4.1.3 气体流速:载气:氮气纯度≥99.99%,5 mL/mim;尾吹气:氮气30 mL/min。

6.4.1.4 进样方式:不分流进样。

6.4.1.5 进样量:2 μL。

6.4.2 测定

分别注入各质量浓度标准工作溶液(3.6)和待测试料2 μL注入色谱仪,外标法定量。

6.4.3 空白试验

除不加试料外,均按上述步骤进行。

7 结果计算

试料中溴氰菊酯残留量用质量分数 w 计,单位以毫克每千克(mg/kg)表示,按公式(1)计算。

$$w = \frac{A \times \rho_s \times V_1}{A_s \times m \times V_2} \quad\cdots\cdots\cdots\cdots\cdots\cdots\cdots\cdots\cdots\cdots\cdots\cdots\cdots\cdots\cdots \quad (1)$$

式中:

w ——试料中溴氰菊酯残留量含量,单位为毫克每千克(mg/kg);

A ——试样中溴氰菊酯的峰面积;

A_s ——标准溶液中溴氰菊酯的峰面积;

ρ_s ——标准工作液中溴氰菊酯的质量浓度,单位为毫克每升(mg/L);

V_1 ——提取液总体积,单位为毫升(mL);

V_2 ——试样溶液体积,单位为毫升(mL);

m ——试样的质量,单位为克(g)。

计算结果保留两位有效数字。

8 精密度

在重复性条件下获得的两次独立测定结果的绝对差值不应超过算术平均值的15%。

9 色谱图

标准溶液色谱图见图1。

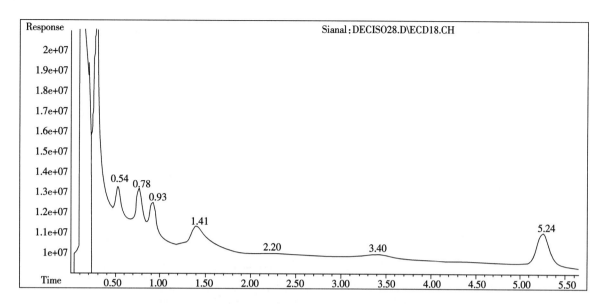

图1 溴氰菊酯标准溶液(0.005 μg/mL)的色谱图

ICS 13.020.10
Z 01

中华人民共和国农业行业标准

NY/T 1604—2008

人参产地环境技术条件

Environmental requirement for ginseng growing area

2008-05-16 发布   2008-07-01 实施

中华人民共和国农业部 发布

前 言

本标准由中华人民共和国农业部种植业管理司提出并归口。

本标准起草单位：农业部农业环境质量监督检验测试中心（长春）、农业部环境保护科研监测所。

本标准主要起草人：刘建波、杨立国、徐应明、葛明华、徐琪、胡鹏宇、高海英。

人参产地环境技术条件

1 范围

本标准规定了人参产地选择要求、环境空气质量、灌溉水质量、土壤环境质量的各个项目要求、采样方法以及试验方法。

本标准适用于人参产地环境要求。

2 规范性引用文件

下列文件中的条款通过本条款的引用而成为本标准的条款。凡是注日期的引用文件，其随后所有的修改单（不包括勘误的内容）或修改版本均不适用于本标准，然而，鼓励根据本标准达成协议的各方研究是否可使用这些文件的最新版本。凡是不注日期的引用文件，其最新版本适用于本标准。

GB/T 6920 水质 pH 的测定 玻璃电极法

GB/T 7467 水质 六价铬的测定 二苯碳酰二肼分光光度法

GB/T 7468 水质 总汞的测定 冷原子分光光度法

GB/T 7475 水质 铅、镉的测定 原子吸收分光光度法

GB/T 7484 水质 氟化物的测定 离子选择电极法

GB/T 7485 水质 总砷的测定 二乙基二硫代氨基甲酸银分光光度法

GB/T 8170 数值修约规则

GB/T 14550 土壤质量 六六六和滴滴涕的测定 气相色谱法

GB/T 15262 环境空气 二氧化硫的测定 甲醛吸收—副玫瑰苯胺分光光度法

GB/T 15434 环境空气 氟化物的测定 滤膜·氟离子选择电极法

GB/T 17134 土壤质量 总砷的测定 二乙基二硫代氨基甲酸银分光光度法

GB/T 17136 土壤质量 总汞的测定 冷原子吸收分光光度法

GB/T 17137 土壤质量 总铬的测定 火焰原子吸收分光光度法

GB/T 17141 土壤质量 铅、镉的测定 石墨炉原子吸收分光光度法

NY/T 395 农田土壤环境质量监测技术规范

NY/T 396 农用水源环境质量监测技术规范

NY/T 397 农区环境空气质量监测技术规范

农业环境监测实用手册（中国标准出版社，2001 年 9 月）

3 要求

3.1 产地要求

3.1.1 产地选择

人参产地应选择在生态条件良好，远离污染源，距公路主干道或铁路 50 m 以上，北纬 40°～48°，东经 117°～137°的区域内。林地栽培人参应选择以柞树、椴树为主的阔叶混交林或针阔混交林地，林下间生榛、杏条等小灌木，坡地、岗地均可，坡地的坡度为 10°～20°。林地土壤为活黄土层厚的腐殖土、油沙土。利用农田栽培人参，应选择土质疏松肥沃、排水良好、利于灌溉的沙质壤土或壤土，前作以玉米、谷子、草木樨、紫穗槐、大豆、苏子、葱、蒜等，且在收获后休闲一年的土地。不用烟地、麻地、其他菜地、土壤黏重地块、房基地、路基地等。

3.1.2 气候条件

中温带湿润、中寒带气候区，大陆性季风气候；有效年积温 1 900℃～2 800℃，年平均气温 1.6℃～7.5℃左右，1 月平均气温－17℃～－15℃，7 月平均气温 17～19℃；年降水量 700 mm～900 mm(7～8 月降水量 400 mm)；无霜期 90 d～150 d；全年日照时数约 2 400 h。

3.2 环境空气质量要求

人参产地环境空气质量应符合表 1 规定。

表 1 人参产地环境空气质量

项　目	限　值	
二氧化硫(SO₂)，mg/m³(标准状态) ≤	日平均	0.15
	1 h 平均	0.50
氟化物(F)，µg/m³(标准状态) ≤	日平均	7
	1 h 平均	20

注 1：日平均指任何一日的平均浓度。
注 2：1 h 平均指任何 1 h 的平均浓度。

3.3 灌溉水质量要求

人参产地灌溉水质量应符合表 2 规定。

表 2 人参产地灌溉水质量

项　目		限　值
pH		6.0～6.5
总汞，mg/L	≤	0.001
总镉，mg/L	≤	0.005
总铅，mg/L	≤	0.10
总砷，mg/L	≤	0.05
铬(六价)，mg/L	≤	0.10
氟化物，mg/L	≤	3.0

3.4 土壤环境质量要求

人参产地土壤环境质量应符合表 3 规定。

表 3 人参产地土壤环境质量

项　目		限　值
pH		6.0～6.5
镉，mg/kg	≤	0.30
铅，mg/kg	≤	50
汞，mg/kg	≤	0.25
砷，mg/kg	≤	25
铬，mg/kg	≤	120
六六六，mg/kg	≤	0.15
DDT，mg/kg	≤	0.50

注 1：六六六为 α - BHC、β - BHC、γ - βHC、δ - BHC 四种异构体总量。
注 2：滴滴涕为 p,p′- DDT、o,p′- DDT、p,p′- DDD、p,p′- DDE 四种衍生物总量。

4 试验方法

4.1 环境空气质量

4.1.1 二氧化硫

按照 GB/T 15262 执行。

4.1.2 氟化物

按照 GB/T 15434 执行。

4.2 灌溉水质量

4.2.1 pH

按照 GB/T 6920 执行。

4.2.2 总汞

按照 GB/T 7468 执行。

4.2.3 总镉、总铅

按照 GB/T 7475 执行。

4.2.4 总砷

按照 GB/T 7485 执行。

4.2.5 六价铬

按照 GB/T 7467 执行。

4.2.6 氟化物

按照 GB/T 7484 执行。

4.3 土壤环境质量

4.3.1 pH

按照《农业环境监测实用手册》(中国标准出版社,2001 年 9 月)中第 88 页"土壤中 pH 的测定　玻璃电极法"执行。

4.3.2 镉、铅

按照 GB/T 17141 执行。

4.3.3 汞

按照 GB/T 17136 执行。

4.3.4 砷

按照 GB/T 17134 执行。

4.3.5 铬

按照 GB/T 17137 执行。

4.3.6 六六六、滴滴涕

按照 GB/T 14550 执行。

5 检验规则

5.1 采样方法

5.1.1 环境空气质量

按照 NY/T 397 执行。

5.1.2 灌溉水质量

按照 NY/T 396 执行。

5.1.3 土壤环境质量

按照 NY/T 395 执行。

5.2 检验结果的数值修约

按照 GB/T 8170 执行。

ICS 67.060
B 23

中华人民共和国农业行业标准

NY/T 1605—2008

加工用马铃薯　油炸

Processing potatoes　For frying

2008-05-16 发布

2008-07-01 实施

中华人民共和国农业部 发布

前　言

本标准由中华人民共和国农业部提出。

本标准起草单位：中国农业科学院蔬菜花卉研究所、农业部蔬菜品质监督检验测试中心（北京）。

本标准主要起草人：金黎平、刘肃、谢开云、卞春松。

加工用马铃薯 油炸

1 范围

本标准规定了加工用马铃薯的要求、试验方法、检验规则、标志、包装、运输和贮存等技术要求。

本标准适用于马铃薯薯片、薯条加工用的马铃薯块茎。

2 规范性引用文件

下列文件中的条款通过本标准的引用而成为本标准的条款。凡是注日期的引用文件,其随后所有的修改单(不包括勘误的内容)或修订版均不适用于本标准,然而,鼓励根据本标准达成协议的各方研究是否可使用这些文件的最新版本。凡是不注日期的引用文件,其最新版本适用于本标准。

GB/T 5009.11 食品中总砷及无机砷的测定

GB/T 5009.12 食品中铅的测定

GB/T 5009.17 食品中总汞及有机汞的测定

GB/T 5009.143 蔬菜、水果、食用油中双甲脒残留量的测定

GB/T 5009.188 蔬菜、水果中甲基托布津、多菌灵的测定

GB/T 8855 新鲜水果和蔬菜的取样方法

GB 12313 感官分析方法 风味剖面检验

NY/T 761 蔬菜和水果中有机磷、有机氯、拟除虫菊酯和氨基甲酸酯类农药多残留检测方法

3 术语和定义

下列术语和定义适用于本标准。

3.1

薯片 potato chip

块茎清洗去皮后直接切片,油炸后得到的天然薯片。不包括其他以马铃薯淀粉或全粉为全部原料或部分原料生产的薯片。

3.2

薯条 french fry

块茎清洗去皮后直接切条,油炸后再快速冷冻形成的天然薯条,食用前须再次油炸至可食状态。不包括其他以马铃薯淀粉或全粉为全部原料或部分原料生产的薯条。

3.3

薯形 tuber shape

指某一马铃薯品种的块茎正常发育成熟后所得到的特有形状。

3.4

整齐度 uniformity

指同一批次块茎的形状、大小、表皮颜色等特征的一致性程度。

3.5

外部缺陷 external defect

出现在块茎外表,肉眼可见的缺陷,如块茎表皮变绿、块茎畸形、糖末端、开裂、干瘪、机械损伤、虫眼、鼠咬、病斑、干腐或腐烂等影响加工产品品质的缺陷。

3.6

内部缺陷 internal defect

出现在块茎内部，只有将块茎切开后才能看到的缺陷，如空心、黑圈、黑心、坏死、薯肉变色等影响加工产品品质的缺陷。

3.7

绿薯 green tuber

块茎在生长、收获、运输和贮存过程中由于受阳光、散射光或其他光线影响而发生块茎表皮、薯肉全部或部分变绿现象。

3.8

杂质 impurity

块茎中所含的浮土、块茎上所沾的泥土、无加工利用价值的块茎，以及其他异物。

4 要求

4.1 感官指标

加工用马铃薯块茎分为优级品、一级品和合格品三个等级。各等级规格见表1。

表1 加工用马铃薯块茎感官指标

项 目			指 标		
			优级品	一级品	合格品
外形要求	品种		同一品种		
	芽眼		块茎的芽眼几乎与表皮齐平，深度小于2 mm		
	茎块表面		清洁		
	薯皮颜色		均匀	无要求	
	混杂		无	<1%	<2%
	总内、外部缺陷块茎质量分数		≤5%	≤10%	≤15%
块茎规格	薯片	薯形	圆形或近似圆形（直径4.0 cm～10.0 cm）		
		直径<6 cm块茎质量分数	<15%	<20%	<25%
		6 cm≤直径≤8 cm块茎质量分数	>70%	>60%	>50%
		直径>8 cm块茎质量分数	<15%	<20%	<25%
	薯条	薯形	长形或长椭圆形（直径>5 cm，长度>7.6 cm）		
		质量<200 g块茎质量分数	<15%	<20%	<25%
		200 g≤质量≤280 g块茎质量分数	<15%	<20%	<25%
		质量>280 g块茎质量分数	>70%	>60%	>50%

4.2 理化指标

4.2.1 薯片加工用块茎

薯片加工用块茎的相对密度与油炸颜色指标应符合表2的规定。

表2 薯片加工用块茎的相对密度及其油炸颜色指标

项 目	指 标		
	优级品	一级品	合格品
相对密度（d）	d>1.090	1.085≤d≤1.090	d<1.085
油炸颜色	≤2.5级	≤3.5级	≤4.5级

4.2.2 薯条加工用块茎

薯条加工用块茎的相对密度与油炸颜色指标应符合表3的规定。

表3　薯条加工用块茎的相对密度及其油炸颜色指标

项　目	指　　　标		
	优级品	一级品	合格品
相对密度(d)	d>1.085	1.080≤d≤1.085	d<1.080
油炸颜色	≤0级	≤1级	≤2级

4.3　风味

加工用块茎生产出的薯片和薯条应当具有马铃薯的独特风味,不应有苦味、涩味、麻味和其他不良食味。

4.4　卫生指标

卫生指标应符合表4的规定。

表4　加工用马铃薯块茎的卫生指标　　　　　　　单位为毫克每千克

序　号	项　目	指　　标
1	六六六(BHC)	≤0.2
2	滴滴涕(DDT)	≤0.1
3	乐果(dimethoate)	≤1
4	敌敌畏(dichlorvos)	≤0.2
5	杀螟硫磷(fenitrothion)	≤0.5
6	溴氰菊酯(deltamethrin)	≤0.2
7	氰戊菊酯(fenvalerate)	≤0.2
8	双甲脒(amitraz)	≤0.5
9	多菌灵(carbendazim)	≤0.5
10	百菌清(chlorothalonil)	≤1.0
11	砷(以As计)	≤0.5
12	铅(以Pb计)	≤0.2
13	汞(以Hg计)	≤0.01
注:其他有毒有害物质的指标应符合国家有关法律、法规、行政规范和强制性标准的规定。		

5　检验方法

5.1　感官检验

5.1.1　品种纯度检验

通过对块茎形状、薯皮和薯肉颜色、芽眼分布与深浅程度等指标鉴定块茎是否来源于同一品种,如果不是,则计算混杂率。用感官的方法检验。

5.1.2　外观检验

用肉眼检验块茎形状、薯皮清洁度、整齐度、成熟度、芽眼深浅、块茎大小等,并进行等级划分。

5.2　缺陷检验

5.2.1　外部缺陷检验

观察是否有杂质、机械损伤、绿薯、块茎畸形、糖末端、开裂、干皱、机械损伤、虫眼、鼠咬、病斑、干腐或腐烂等外部缺陷,如果有,则计算其百分率。

5.2.2　内部缺陷检验

用刀纵剖和检测一定数量的各级块茎,观察是否有空心、黑圈、黑心、坏死、薯肉变色等内部缺陷,如果有,计算其百分率。

5.2.3 缺陷百分率计算

如果一个块茎同时出现多种缺陷,选择一种最严重的缺陷按一个残次品计算。某一缺陷的百分率按公式(1)计算,计算结果保留一位小数。

$$x_i = m_i/m \quad\cdots\cdots\cdots\cdots (1)$$

式中:

x_i——单项缺陷百分率;

m_i——单项缺陷块茎质量;

m——所取样本块茎质量。

各单项缺陷百分率之和即为总内、外缺陷百分率。

5.3 规格检验

随机抽取包装完整的块茎作为样品,用每件的质量减去包装的质量,求得每件的净质量。每件的净质量不应低于包装标志上所表明的质量要求。

打开包装,按 GB/T 8855 的要求随机抽取一定数量的块茎样品,将取出块茎样品置于实验台上,用四分法取得每份样品约 10 kg,将其按薯片加工用块茎或薯条加工用块茎的分级标准分级,称量各种规格块茎的质量,确定不同规格块茎的质量比例。

5.4 相对密度检验

5.4.1 仪器设备

a) 铁丝筐;

b) 台天平或其他法定衡器(精确度不低于 5 g),10 kg/5 g。

5.4.2 检验步骤

将铁丝筐挂在台式天平的铁丝钩上,浸没于水中,注意使筐体没入水面下至少 2 cm,以免称量时上下摇动时露出水面,因表面张力而影响称量的准确性。筐体不得接触装水容器的底部和侧面。称量前应先调节螺丝或砝码使天平达到平衡(即零点)。

取有代表性的正常块茎① 2 500 g～5 000 g,洗净块茎外表泥土,用毛巾擦干或自然风干,装入一已知质量的容器中称取块茎在空气中的质量(m_1),再倒入浸在水面下的铁丝筐中(水温 17℃～18℃),轻轻振动铁丝筐,逐出附着在块茎表面上的小气泡,然后称取其在水中的质量(m_2)。

5.4.3 相对密度计算

$$d = m_1/(m_1 - m_2) \quad\cdots\cdots\cdots\cdots (2)$$

式中:

d——块茎的相对密度;

m_1——块茎在空气中的质量;

m_2——块茎在水中的质量。

5.5 油炸颜色检验

用各等级马铃薯块茎生产出的马铃薯薯片颜色和薯条颜色必须达到规定的范围,薯片和薯条的颜色可以是白色的、浅黄色的或黄色的,它们的颜色应当一致、均匀,必须没有因为还原糖过高引起的黑色、棕褐色等深色的薯片和薯条。

5.5.1 薯片油炸颜色

---

① 所用块茎必须是无空心、无病虫为害或机械压伤、无开裂等内外部缺陷的正常块茎,因为空隙内的气体在浸入水中后不易排除干净,会增加浮力,影响测定结果。

从样品中随机选出 20 个马铃薯,按直径最大方向将马铃薯切成 0.8 mm～1.2 mm 的薄片,每个块茎取中间部位的 2 块～3 块薯片。用清水漂洗所选的薯片,将薯片表面的水擦干后放入 185℃的油中炸 2.5 min～3 min。可以采取美国方便食品协会(SFA)的 10 级分级标准(1 级～10 级,极浅～极深,介于 2 个级别之间,如 3 级和 4 级之间,可判定为 3.5 级)进行颜色比较,所取的薯片数不少于 20 片,小于 4.5 级的即可认为是合格的。或者取不少于 40 块的薯片,用 AGTRON 读数仪读取颜色分值, AGTRON 读数高于 55 的即为合格。

5.5.2 薯条油炸颜色

从样品中随机选出 20 个马铃薯,按直径最大方向将纵切成横截面为的 0.2 cm² 薯条,从每个块茎不同部位取 4～5 条。将所选的薯条用清水漂洗并将薯条表面的水擦干,然后再放入 190℃的油中炸 3 min。可以用美国农业部(USDA)提供的比色法板(分 000,00,0,1,2,3,4 级)进行比色,小于 2 级的薯条即为合格。

5.6 风味检验

按 GB 12313 的规定执行。

5.7 卫生指标的检验

5.7.1 砷

按 GB/T 5009.11 规定的方法检测。

5.7.2 铅

按 GB/T 5009.12 规定的方法检测。

5.7.3 汞

按 GB/T 5009.17 规定的方法检测。

5.7.4 六六六、滴滴涕、溴氰菊酯、氰戊菊酯、杀螟硫磷、敌敌畏、乐果、百菌清

按 NY/T 761 规定的执行。

5.7.5 多菌灵

按 GB/T 5009.188 的规定方法检测。

5.7.6 双甲脒

按 GB/T 5009.143 规定的执行。

6 检验规则

6.1 检验分类

6.1.1 型式检验

型式检验是对产品进行全面考核,即对本标准规定的全部要求进行检验。有下列情形之一者应进行型式检验:

    a) 对产品质量进行判定;

    b) 国家质量监督机构或行业主管部门提出型式检验要求;

    c) 前后两次抽样检验结果差异较大;

    d) 因人为或自然因素使生产环境发生较大变化。

6.1.2 交收检验

每批产品交收前,生产单位都要进行交收检验。交收检验内容包括品质、标志和包装。检验合格后须附合格证方可交收。

6.2 检验批次

同品种、同等级、同时间收购的加工用块茎作为一个检验批次。

6.3 抽样方法

按 GB/T 8855 中的有关规定执行。

报验单填写的项目应与实货相符,凡与货单不符,或品种、等级混淆不清,包装容器损坏严重的,应由交售单位重新整理后,再进行抽样。

6.4 判定规则

6.4.1 为控制总具有内、外部缺陷块茎的变异幅度,规定如下:

——规定总内、外部缺陷的块茎不超过 5% 者,则任何一件内块茎总具有内、外部缺陷的百分率上限不应超过 10%。

——规定总内、外部缺陷的块茎不超过 10% 者,则任何一件内块茎总具有内、外部缺陷的百分率上限不应超过 15%;

——规定总内、外部缺陷的块茎不超过 15% 者,则任何一件内块茎总具有内、外部缺陷的百分率上限不应超过 20%。

如同一批次某件样品总内、外部缺陷的块茎百分率超过以上规定的,将降级或按等外品处理。

6.4.2 加工出的薯片或薯条食味不合格,原料即为不合格。

6.4.3 加工用块茎卫生指标有一项不合格的,原料即为不合格。

6.4.4 在 4.1 与 4.2 各项指标的判定结果中,以最低指标等级为该批原料等级。

7 标志

包装上应标明品种名称、等级、毛质量、净含量、产地、生产单位、收获日期、包装日期等。

8 包装、运输与贮存

8.1 包装

8.1.1 包装要求

每一批次的包装(如箱、袋)应大小一致、整洁、干燥、牢固、透气、无异味、无污染、内外部无尖凸物,无虫蛀、腐烂、霉变现象。

不同品种、不同等级的块茎应分别包装。散装时,每一车只能有同一个品种的同一个等级,并备有相应的资料。

每批报验的加工用块茎,包装规格、净含量应一致。

8.1.2 包装检验

加工块茎的包装应当完好无损,每件的净质量不应低于包装标志上所表明的质量要求。包装标志上所注明的等级应当与检验得到的等级一致。

8.2 运输

加工用块茎收获后经分级和包装后,要及时运送到加工厂进行加工。

装运时,应作到轻装、轻卸,严防机械损伤。

需要长距离运输的块茎,其运输工具应清洁、卫生、无污染并保证通风良好。运输过程中要严防日晒、雨淋、受冻。

8.3 贮存

8.3.1 贮存前准备

需要贮存的块茎不应有冻伤、各种病虫害。

8.3.2 临时贮存

块茎入库前临时贮存应放置在阴凉、通风、清洁、卫生、避光的场地,严防日晒、雨淋、冻害、冷害以及有毒物质和病虫危害,防止挤压等机械损伤,避免块茎受散射光影响而变绿。

8.3.3 长期贮存

长期贮存时应按品种、等级分类码放,堆码时要轻卸、轻码,严防挤伤和压伤。开始贮存的前 10 d~14 d,贮存温度保持在 13℃~18℃,之后贮存温度应尽快降低,炸片用原料薯的贮存温度应保持在 7.2℃~14.0℃,炸条用原料薯的贮存温度应保持在 8.3℃~12.8℃。经低温贮存的块茎在加工前两周,应将温度升至 20℃左右进行回温处理。

ICS 65.020.20
B 05

中华人民共和国农业行业标准

NY/T 1606—2008

马铃薯种薯生产技术操作规程

Rules of operation for the production technology of seed potato

2008-05-16 发布

2008-07-01 实施

中华人民共和国农业部 发布

NY/T 1606—2008

前　言

本标准的附录 A、附录 B、附录 C、附录 D、附录 E、附录 F、附录 G、附录 H 是规范性附录。

本标准由中华人民共和国农业部种植业管理司提出并归口。

本标准起草单位：全国农业技术推广服务中心、黑龙江省农业科学院马铃薯研究所、中国农业科学院蔬菜花卉研究所、山西省农业种子总站、东北农业大学、河北省高寒作物研究所、山东省种子管理总站、福建省种子总站、湖北省种子管理站。

本标准主要起草人：廖琴、邹奎、夏平、金黎平、王亚平、陈伊里、尹江、迟斌、刘喜才、谭宗九、柳俊、刘宏、马异泉、郑旋、吴和明。

马铃薯种薯生产技术操作规程

1 范围

本标准规定了马铃薯种薯生产技术要求。

本标准适用于马铃薯种薯生产。

2 规范性引用文件

下列文件中的条款通过本标准的引用而成为本标准的条款。凡是注日期的引用文件,其随后所有的修改单(不包括勘误的内容)或修订版均不适用于本标准,然而,鼓励根据本标准达成协议的各方研究是否可使用这些文件的最新版本。凡是不注日期的引用文件,其最新版本适用于本标准。

GB 7331—2003 马铃薯种薯产地检疫规程

GB 18133—2000 马铃薯脱毒种薯

3 术语和定义

下列术语和定义适用于本标准。

3.1

育种家种子 breeder seed

利用茎尖组织培养或无性系选方法获得的无马铃薯真菌、细菌病害及花叶型、卷叶型病毒和纺锤块茎类病毒的基础种薯。

3.2

原种 basic seed

在良好的隔离防病虫条件下用育种家种子繁殖一至两代,生产的符合原种质量标准的种薯。

3.3

大田用种 certified seed

在良好的隔离防病虫条件下用原种繁殖一至两代,生产的符合大田用种质量标准的种薯。

4 种薯生产

4.1 育种家种子生产

4.1.1 茎尖脱毒育种家种子生产

4.1.1.1 材料选择

4.1.1.1.1 田间选择

在土壤肥力中等的地块,于现蕾期至开花期,选择生长势强、无病症表现、具备原品种典型性状的植株,做好标记;生育后期至收获期再结合块茎表现及产量情况进行复选。

4.1.1.1.2 类病毒检测

对入选材料,用往复双向聚丙烯酰胺凝胶电泳法(R‑PAGE)进行检测,筛选无纺锤块茎类病毒(PSTVd)的材料作为茎尖脱毒基础材料;根据 GB 18133—2000 进行检测。

4.1.1.2 茎尖组织培养

按附录 A 操作。

4.1.1.3 脱毒试管苗繁殖

按附录 B 操作。

4.1.1.4 病毒检测

对获得的第一批组培苗,采用指示植物鉴定和酶联免疫吸附分析(ELISA)等方法,按株系进行病毒检测,并采用往复双向聚丙烯酰胺凝胶电泳法(R‑PAGE)进行纺锤块茎类病毒复检,筛选出无 PVX、PVY、PVS、PLRV 和 PSTVd 的基础苗;根据 GB 18133—2000 进行检测。

4.1.1.5 基础苗扩繁

重复 4.1.1.3 步骤,直至满足所需数量。每年进行定期检测,并及时更换基础苗。

4.1.1.6 试管薯生产

在离体无菌条件下,利用改良的 MS 培养基生产气生小块茎(见附录 C)。

4.1.1.7 育种家种子生产

在温室、网室等保护条件下,用脱毒苗或试管薯生产的小种薯(有基质生产见附录 D)。

4.1.1.8 育种家种子检验

生育期间按育种家种子总量 1.5% 取样量,取植株叶片进行病毒、类病毒检验。

4.1.2 无性系选育种家种子生产

4.1.2.1 单株选择

在土壤肥力中等的地块,于开花期选择生长势强、无退化表现、并具有品种典型性状的健康植株,一般预选 500 株~1 000 株,作好标记,生育后期到收获前复查 1 次~2 次,随时淘汰病株及早衰植株。收获时决选,将高产、无病并具有品种典型块茎特征的单株单收单藏。

4.1.2.2 类病毒和病毒检测

对入选材料,用往复双向聚丙烯酰胺凝胶电泳法(R‑PAGE)和酶联免疫吸附(ELISA)方法进行检测。筛选无纺锤块茎类病毒(PSTVd)和无主要病毒(PVX、PVY、PVS、PLRV)的材料,作为无性系选种薯生产的核心材料;根据 GB 18133—2000 进行检测。

4.1.2.3 系圃选择

4.1.2.3.1 株行圃

每个中选单株种植成株系,生育期间进行多次观察或结合指示植物、抗血清法鉴定,严格淘汰感病和低产株系,选留优良高产株系。

4.1.2.3.2 株系圃

将选留的株系进行鉴定比较。严格淘汰病劣株系,入选高产、生长整齐一致、无退化症状的株系,混合后用作育种家种子。

4.2 原种及大田用种生产

4.2.1 种薯来源

4.2.1.1 原种种薯来源

用茎尖脱毒和无性系选方法生产的育种家种子。

4.2.1.2 大田用种种薯来源

按种薯生产程序,来源于原种种薯田生产的符合质量标准的种薯。

4.2.2 种薯生产

4.2.2.1 种薯田设置

种薯田应具备良好的防虫、防病隔离条件。在无隔离条件下,原种生产田应距离马铃薯、其他茄科及十字花科作物、桃树园 5 000 m,大田用种生产田应距离上述作物和桃树园 500 m 以上。

不同级别的马铃薯、其他茄科及十字花科作物禁止在同一地块或相邻地块种植。

种薯田应实行 3 年以上无茄科作物的轮作制。

种薯田应选择肥力较好、土壤松软、灌排水良好的地块。

4.2.2.2 种薯处理与精选

选择无畸形、机械损伤、病薯及杂薯的健壮、适龄种薯，播前在适温、散射光条件下催壮芽。若切块播种，切刀必须消毒；并注意使伤口愈合，防止切块腐烂，必要时进行药剂处理；根据 GB 7331—2003 切刀消毒操作程序进行。

4.2.2.3 播种

根据品种、气候等因素适时播种，以确保出苗快，苗齐、苗全、苗壮。

4.2.2.3.1 种薯大小

育种家种子和原种采用整薯播种，大田用种提倡整薯播种，切块播种，每块不低于 25 g。

4.2.2.3.2 种植密度

依品种、土壤肥力、种植方式而定，种薯田应比一般生产田适当增加密度。

4.2.2.3.3 基肥

种薯田应以有机肥作基肥，配施相应的化肥，适当多施磷、钾肥，禁止施用茄科植物残株沤制的肥料。

4.2.2.4 田间管理

种薯生产过程中，使用专用机械、工具进行施药、中耕、锄草、收获等一系列田间作业，并采取严格的消毒措施。田间按高级向低级种薯田的顺序进行操作，操作人员严格消毒，避免病害的人为传播。

4.2.2.4.1 灌水培土和追肥

适时灌水，保持田间土壤持水量 65%～75%；苗期到现蕾期中耕培土 2 次，促进块茎形成、膨大，避免畸形薯、空心薯的产生。

视苗情适当追肥，少量多次，防止植株徒长。

4.2.2.4.2 去杂去劣

在生育期间，进行 2 次～3 次拔除劣株、杂株和可疑株（包括地下部分）。

4.2.2.4.3 病虫害防治

4.2.2.4.3.1 晚疫病

原种田一般从出苗后 3 周～4 周即开始喷杀菌剂，每周 1 次，直至收获；大田用种生产田生育期应喷 5 次～6 次杀菌剂。保护性杀菌剂和系统性杀菌剂交替使用。

4.2.2.4.3.2 蚜虫

利用黄皿诱蚜器进行蚜虫测报，当出现有翅蚜时，施用杀虫剂，每周喷 1 次。

4.2.2.4.3.3 其他

根据各地情况，注意综合防治其他病虫害。

4.2.2.5 田间观察记载鉴定

按附录 E、附录 F、附录 G 进行。

4.2.2.6 种薯收获与贮藏管理

4.2.2.6.1 种薯收获

根据病虫害发生情况和块茎成熟度，确定合适的收获日期，收获前一周左右灭秧，以减少块茎感病，加速幼嫩薯皮木栓化。收获及运输时应防止机械混杂和机械损伤，注意防暴晒、防雨和防冻。

4.2.2.6.2 种薯贮藏

种薯收获后要进行预贮，严格淘汰病、烂、伤、杂及畸形薯，进行大小分级。

贮藏场所和容器要彻底消毒、防虫、防鼠，不同品种、不同级别种薯要分别贮藏，容器内、外放标签。种薯堆放高度低于库高的 2/3。

种薯设专人保管,贮藏环境保持良好的通风和适宜的温湿度,长期贮藏温度 2℃～4℃、相对湿度 85%～90%。

5 种薯检验

种薯质量检验部门根据附录 H 进行田间和室内检验,取得相应种薯级别合格证方可作为种薯使用。

5.1 纯度检验

生育前期鉴定植株的株型、复叶大小、花色、茎色等典型性状,块茎形成后结合块茎形状、皮肉色、芽眼深浅。并进行室内检验。

5.2 病害检验

田间通过目测,对病毒病和真菌、细菌病害进行调查记录,发现病株及时拔除并携出田外销毁(包括母薯和新生块茎)。原种田生育期间检验 3 次～5 次,同时,取叶片和茎段样品进行室内鉴定;大田用种生产田生育期间检验 2 次～3 次。最后一次田间调查病害的百分率应在允许范围内,超标者相应降级或不作种薯使用。

6 种薯检疫

种薯生产单位要搞好种薯自检,并由检疫部门根据 GB 7331—2003 进行复检。未取得检疫合格证的种薯,不得作为种薯使用。

附 录 A

（规范性附录）

马铃薯茎尖组织培养脱毒方法

A.1 器材与试剂

A.1.1 器材

高压灭菌锅、超净工作台、紫外灯、酒精灯、长镊子、剪刀、培养室、培养架、日光灯、试管、棒状温度计、器皿、光照培养箱、解剖镜、解剖针、解剖刀、烧杯、量筒、空调、酸度计。

A.1.2 试剂

75%酒精、甲醛、高锰酸钾、升汞、漂白粉饱合溶液、激动素、吲哚乙酸、pH 试纸、MS 培养基（见表 A.1）。

表 A.1　MS 培养基母液配制表

母液	化 合 物	数量 g	加蒸馏水量 mL	配制 1 L 培养基需母液量 mL
A	NH_4NO_3（硝酸铵）	16.5	1 000	100
	KNO_3（硝酸钾）	19.0		
	KH_2PO_4（磷酸二氢钾）	1.7		
	$MgSO_4 \cdot 7H_2O$（硫酸镁）	3.7		
	$CaCl_2 \cdot 2H_2O$（氯化钙）	4.4		
B	$FeSO_4$（硫酸亚铁）	0.557	100	5
	Na_2EDTA（乙二胺四乙酸二钠）	0.754		
C	KI（碘化钾）	0.083	100	1
	$Na_2MoO_4 \cdot 2H_2O$（钼酸钠）	0.025		
	$CoCl_2 \cdot 6H_2O$（氯化钴）	0.002 5		
	$CuSO_4 \cdot 5H_2O$（硫酸铜）	0.002 5		
	$MnSO_4 \cdot 4H_2O$（硫酸锰）	2.23		
	$ZnSO_4 \cdot 7H_2O$（硫酸锌）	0.86		
	H_3BO_3（硼酸）	0.62		
D	维生素 B_1	0.004	100	10
E	维生素 B_6	0.005	100	10
F	甘氨酸	0.02	100	10
G	菸酸	0.005	100	10
H	肌醇	1.0	100	10
	蔗糖	30.0		直接加入
	琼脂	7.0		直接加入
	pH	5.8		

注：在配制溶液 A 时最后加氯化钙。

A.2 操作程序

A.2.1 取按 4.1.1 方法选择发芽的块茎放置光照培养箱内，进行高温处理，温度 33℃～37℃，处理时间为 3 周～4 周。

A.2.2 取经处理块茎的顶芽、侧芽切下 1 cm～2 cm 长若干段放在烧杯里，盖好纱布，用自来水冲洗 1 h，然后移到超净工作台上，浸泡在饱和漂白粉溶液中 8 min～10 min，取出后用无菌水冲洗 2 次～3 次。

A.2.3 将制备好的茎尖组织培养基(MS+吲哚乙酸 1 mg/L+激动素 0.05 mg/L)的培养液分装于试管里，每管 10 mL，试管用纱布棉球或封口膜封口，在 7.84×10^4 Pa～9.8×10^4 Pa 高压灭菌锅消毒 20 min，冷却后放到超净工作台上待用。

A.2.4 操作前，操作室、操作工具等用高锰酸钾和甲醛溶液熏蒸，然后用紫外灯照射 20 min～40 min，工作人员着清洁工作服，手用肥皂洗净并用 75%乙醇擦拭消毒。

A.2.5 将芽置于 40 倍双筒解剖镜下，用解剖针去掉幼叶，直至露出半圆形光滑生长点，用解剖刀从 0.1 mm～0.3 mm 处切下(带 1 个叶原基)，每支试管里接种一个生长点，试管封口包上纸帽，并在管上注明品种、处理和接种日期。

A.2.6 把接种好的试管放在温度 25℃左右，光照强度为 2 000 lx～3 000 lx 的培养架上培养。30 d～40 d 可看到明显伸长的茎和小叶，这时可转入普通 MS 培养基的试管内培养，经 4 个～5 个月可发育成 4 个～5 个叶片的小植株。

附 录 B
（规范性附录）
马铃薯脱毒试管苗繁殖

B.1 器材与试剂

参考附录 A。

B.2 材料

经检验合格的脱毒试管苗。

B.3 操作程序

B.3.1 将配制好的 MS 培养液分装于试管中，每管 6 mL～8 mL，放入高压灭菌锅内处理 20 min（压力 7.84×10⁴Pa～9.8×10⁴Pa），冷却待用。

B.3.2 无菌室、超净工作台面及操作工具，用 75％乙醇或 1‰苯扎溴铵溶液消毒，将要扩繁的基础苗消毒后放到工作台上，用紫外灯照射 20 min～40 min。

B.3.3 工作人员着清洁工作服，双手用肥皂洗净，操作时用 75％乙醇擦拭，长把镊子和剪刀每次使用前都应在酒精灯上燃烧消毒。

B.3.4 用长把镊子取出基础苗，按单茎节切段（每段带一片叶）扦插到试管培养基上，每管扦插 2 段～3 段，腋芽朝上，用酒精灯烤干管口并封口。

B.3.5 操作结束后，用牛皮纸包好管口，注明品种名及日期，放于试管架上培养，温度控制 25℃左右，每天光照 16 h，光照强度 2 000 lx～3 000 lx。

B.3.6 采用三角瓶等容器繁苗，操作方法同上。

B.3.7 若采用 MS 液体培养基（不加琼脂）繁苗，在转苗操作时，将小苗的顶芽及基部剪掉，剪成带 4 片～5 片叶的茎段放到三角瓶 MS 液体培养基上漂浮培养，培养条件同上，每个茎段的腋芽均能发育成一个小植株。

附 录 C
（规范性附录）
马铃薯试管薯生产

C.1 器材与试剂

同附录 B。

C.2 材料

检测合格的脱毒基础苗（若干管）。

C.3 操作程序

C.3.1 在无菌条件下将试管苗剪去顶小叶和基部（有 4 个～6 个节或叶片），置于 MS 液体培养基三角瓶中，每瓶 4 个～5 个茎段，在温度 22℃左右，光照强度 2 000 lx～3 000 lx 条件下培养壮苗。

C.3.2 当 3 周～4 周后，茎段上叶腋处长出小苗具 4 片～6 片叶时，在无菌条件下，换上诱导结薯培养基，如 MS 液体＋BA 5 mL/L＋CCC 500 mg/L＋0.5％活性炭＋8％蔗糖。置于 18℃～20℃，光照（2 000 lx～3 000 lx）8 h，16 h 黑暗条件下或 24 h 黑暗条件下，诱导结薯，两周后，植株上陆续形成小块茎，5 周～6 周后可收获。

附　录　D
（规范性附录）
防虫温室、网室育种家种子小薯生产

D.1　设备

防虫温室、防虫网室、育苗盘，基质（如蛭石、草炭土等）、遮荫网。

D.2　材料

检测合格的脱毒基础苗（若干管）。

D.3　操作程序

D.3.1　将蛭石或草炭土严格消毒后分装于育苗盘中。

D.3.2　脱毒基础苗接种2周～3周（当苗高5 cm～10 cm时）后，从试管中取出脱毒基础苗移栽于育苗盘内，密度3 cm×5 cm，在温室内20℃左右条件下培育壮苗。

D.3.3　小苗成活后，长至6片～8片叶时可连续剪顶芽及腋芽扦插，最多可剪3次。

D.3.4　盘内扩繁苗高5 cm～10 cm时，定植于防虫网室，生产育种家种子小薯，或直接在温室里育苗盘内生产育种家种子小薯。

D.3.5　加强水肥管理，定期喷药防蚜，用杀菌剂防治晚疫病及其他病害，及时拔除病、杂株。

D.3.6　育种家种子小薯生产的各环节必须专人管理，工作人员的手、衣、育苗盘、基质（包括网室内的）等均要严格消毒。

附 录 E

（规范性附录）

马铃薯种薯生产调查记载标准

E.1 物候期

E.1.1 出苗期：全田出苗数达 75% 的日期。

E.1.2 现蕾期：全田现蕾植株达 75% 的日期。

E.1.3 开花期：全田植株开花达 75% 的日期。

E.1.4 成熟期：全田有 75% 以上植株茎叶变黄枯萎的日期。

E.2 植物学特征

E.2.1 茎色：分绿、绿带紫、紫带绿、紫、褐色。

E.2.2 分枝情况：调查主茎中下部，多：4 个分枝以上，中：2~4 个；少：2 个及 2 个分枝以下。

E.2.3 株高：开花期调查，由地表至主茎花序生长点的长度，求 10 株平均值。

E.2.4 株型：直立，与地面约成 90°角；扩散，与地面约成 45°角以上；匍匐，与地面约成 45°角以下。

E.2.5 叶色：调查叶面及叶背颜色，分浓绿、绿、浅绿。

E.2.6 花色：调查初开的花朵，分乳白、白、黄、浅紫、浅蓝紫、浅粉紫、紫蓝、蓝紫、红紫、紫红等。

E.2.7 块茎形状：分扁圆、圆、长圆、短椭圆、长椭圆、长筒形、卵形。

E.2.8 块茎皮色：取新收获的块茎目测，分白、黄、粉红、红、浅紫、紫、相嵌。

E.2.9 薯肉色：取新收获的块茎切开目测，分白、黄白、黄、紫和紫黄或白相嵌。

E.2.10 芽眼色：无色（与表皮同色），有色（比皮色深或浅）：红、粉和紫色。

E.2.11 芽眼深度：深：0.3 cm~0.5 cm 左右，中：0.1 cm~0.3 cm 左右；浅：眼窝与薯皮相平。

E.2.12 芽眼多少：多：一个块茎有 12 芽眼以上；中：一个块茎有 7 个~12 个芽眼；少：一个块茎有 7 个芽眼以下。

E.2.13 表皮光滑度：分光、网纹、麻。

E.2.14 结薯集中性：收获时田间目测记载分集中、分散。

E.2.15 生长势：根据植株生长的健壮程度在花期调查，分强、中、弱三级。

E.2.16 块茎整齐度：收获时目测记载。分整齐：大小一致的块茎占 85% 以上；中：大小一致的块茎占 50%~85%；不整齐：大小一致的块茎占 50% 以下。

E.2.17 病虫害（目测参照附录 F、附录 G）。用目测法调查发病株数，计算发病率。

附 录 F

（规范性附录）

马铃薯主要病毒病、细菌病和真菌病症状鉴别

F.1 马铃薯纺锤块茎类病毒

F.1.1 植株症状

病株叶片与主茎间角度小,呈锐角,叶片上竖,上部叶片变小,有时植株矮化。

F.1.2 块茎症状

感病块茎变长,呈纺锤形,芽眼增多,芽眉凸起,有时块茎产生龟裂。

F.2 马铃薯卷叶病

F.2.1 植株症状

叶片卷曲,呈匙状或筒状,质地脆,小叶常有脉间失绿症状,有的品种顶部叶片边缘呈紫色或黄色,有时植株矮化。

F.2.2 块茎症状

块茎变小,有的品种块茎切面上产生褐色网状坏死。

F.3 马铃薯花叶病

F.3.1 植株症状

叶片有黄绿相间的斑驳或褪绿,有时叶肉凸起产生皱缩,有时叶背叶脉产生黑褐色条斑坏死,生育后期叶片干枯下垂,不脱落。

F.3.2 块茎症状

块茎变小。

F.4 马铃薯环腐病

F.4.1 植株症状

一丛植株的1或1个以上主茎的叶片失水萎蔫,叶色灰绿并产生脉间失绿症状,不久叶缘干枯变为褐色,最后黄化枯死,枯叶不脱落。

F.4.2 块茎症状

感病块茎维管束软化,呈淡黄色,挤压时组织崩溃呈颗粒状,并有乳黄色菌脓排出,表皮维管束部分与薯肉分离,薯皮有红褐色网纹。

F.5 马铃薯黑胫病

F.5.1 植株症状

病株矮小,叶片褪绿,叶缘上卷、质地硬,复叶与主茎角度开张,基部黑褐色,易从土中拔出。

F.5.2 块茎症状

感病块茎脐部黄色、凹陷,扩展到髓部形成黑色孔洞,严重时块茎内部腐烂。

F.6 马铃薯青枯病

F.6.1 植株症状

病株叶片灰绿色,急剧萎蔫,维管束褐色,以后病部外皮褐色,茎断面乳白色,黏稠菌液外溢。

F.6.2 块茎症状

感病块茎维管束褐色,切开后乳白菌液外溢,严重时维管束邻近组织腐烂,常由块茎芽眼流出菌脓。

F.7 马铃薯癌肿病

F.7.1 植株症状

一般植株生长正常,有时在与土壤接触的茎基部长出绿色肉质瘤状物,以后变为褐色,最后脱落。

F.7.2 块茎症状

本病发生于植株的地下部位,但根部不受侵害。在地下茎、茎上幼芽、匍匐枝和块茎上均可形成癌肿。典型的癌肿是粗糙柔嫩肉质的球状体,并可长成一大团细胞增生组织。其色泽与块茎和匍匐枝相似,如露出地面则带有绿色,老化时为黑色,块茎上的症状很像花椰菜。

F.8 马铃薯晚疫病

F.8.1 植株症状

水渍状的病斑出现在叶片上,几天内叶片坏死,干燥时变成褐色,潮湿时变成黑色。在阴湿条件下,叶背面可看到白霉状孢子囊梗,通常在叶片病斑的周围形成淡黄色的褪绿边缘。病斑颜色在茎上或叶柄上是黑色或褐色。

F.8.2 块茎症状

被侵染的块茎有褐色的表皮脱色,将块茎切开后,可看到褐色的坏死组织,并伴有次生微生物的侵染和腐烂。

F.9 马铃薯疮痂病

F.9.1 植株症状

植株生长发育正常。

F.9.2 块茎症状

发病初期茎表面为淡褐色到褐色隆起小斑点,以后逐渐扩大形成不规则硬质木栓层病斑,表面粗糙,中间凹陷,周缘向上凸起,呈褐色疮痂状,常有几个疮痂彼此联接造成很深裂口。

F.10 马铃薯早疫病

F.10.1 植株症状

叶片上症状最明显,其他部位也可受害,叶片上起初为黑褐色、形状不规则的小病斑,直径1 mm～2 mm,扩大后为椭圆形褐色同心轮纹病斑。潮湿时,病斑上生出黑色霉层,病斑首先从底部老叶片开始形成,到植株成熟时病斑明显增加,可引起植株枯黄或早死。

F.10.2 块茎症状

发病块茎上产生黑褐色的近圆形或不规则形病斑,大小不一,病斑略微下陷,边缘略突起,有的老病斑出现裂缝,病斑下面的薯肉变紫褐色,木栓化干腐,被侵染的块茎腐烂后颜色黑暗,干燥后似皮革状。

F.10.3 防治措施

F.10.3.1 加强栽培管理,采取合理灌溉,清沟排渍,清除杂草,合理密植,降低田间湿度,改善通风、透光条件。

F.10.3.2 化学防治,发病初期及时喷施杀菌剂,提前预防效果更好。

附 录 G
（规范性附录）
马铃薯主要虫害症状目测鉴别

G.1 马铃薯瓢虫

G.1.1 症状

又名28星瓢虫，俗称花大姐。其成虫和幼虫均能为害马铃薯，咬食叶片背面叶肉，使被害部位只剩叶脉，形成有规则的透明网状细纹，植株逐渐枯黄。

G.1.2 防治措施

G.1.2.1 捕杀成虫 消灭成虫越冬场所。

G.1.2.2 药剂防治 发现成虫开始为害后，利用杀虫剂，参照使用标准进行防治。

G.2 马铃薯块茎蛾

G.2.1 症状

俗名马铃薯蛀虫、串皮虫等。幼虫蛀食马铃薯叶和块茎，当幼虫潜入马铃薯叶片内造成潜道呈线形，幼虫孵化后在芽眼处吐丝结网蛀入块茎内部，造成弯曲的隧道，严重的可被蛀空，块茎外形皱缩，并能引起腐烂。

G.2.2 防治措施

G.2.2.1 严格检疫，杜绝有块茎蛾为害地区种薯外运。

G.2.2.2 种薯入窖前用杀虫剂熏蒸，消灭成虫。

G.2.2.3 种薯田进行高培土，防止块茎露出土面。

G.3 马铃薯蚜虫

G.3.1 症状

蚜虫是 PVY、PLRV 等病毒及 PSTVd 类病毒的最主要传毒媒介；蚜虫吸食植株汁液，使植株生长变弱，出现发育受阻现象，其含糖分泌物也利于部分真菌在叶片上生长。

G.3.2 防治措施

G.3.2.1 化学防治，利用杀虫剂灭蚜，一般适期预防效果更好。

G.3.2.2 加强种薯田周围环境的管理工作，减少种薯田周围的其他寄主植物。

G.4 马铃薯地下害虫

G.4.1 金针虫

G.4.1.1 症状

主要是幼虫为害幼苗和块茎，幼虫咬食须根和主根，使幼苗枯死，被害部不整齐，很少被咬断，也可蛀入块茎，块茎表面有微小圆孔，受害块茎易被病原菌侵入而引起腐烂。

G.4.1.2 防治措施

G.4.1.2.1 精耕细作，减少幼虫、蛹、成虫的虫口数量。

G.4.1.2.2 药剂防治,发现幼虫或成虫为害时利用杀虫剂进行防治。

G.4.1.2.3 在成虫出土期利用黑光灯诱杀。

G.4.2 地老虎

G.4.2.1 症状

地老虎一般春季发生为害,咬断幼苗,造成缺苗;也有些种类的幼虫能攀到植株上部,咬食叶片,吃成许多孔洞。

G.4.2.2 防治措施

G.4.2.2.1 精耕细作,除草灭虫,消灭虫卵和幼虫。

G.4.2.2.2 药剂防治,1~2龄幼虫用喷粉、喷雾或撒毒土防治,高龄幼虫可撒毒饵防治。

G.4.2.2.3 诱杀成虫,在成虫发生时期利用黑光灯诱杀。

G.4.3 蛴螬

G.4.3.1 症状

幼虫经常咬断、咬伤根部,断面平截,造成幼苗死亡或发育不良,也有将块茎咬伤、蛀空并引起腐烂;有些种类成虫还食害叶片、嫩芽和花蕾。

G.4.3.2 防治措施

G.4.3.2.1 翻耕整地要细,压低虫口数量,增施腐熟肥,合理使用化肥,可明显减少为害。

G.4.3.2.2 化学药剂防治,一般采用撒施毒土进行防治效果最好。

G.4.4 蝼蛄

G.4.4.1 症状

成虫和若虫均在土中咬食幼根和嫩茎,把茎秆咬断或扒成乱麻状,使幼苗萎蔫而死,造成缺苗断垄;蝼蛄在表土层穿行,造成的纵横隧道,使幼苗根部和土壤分离,导致幼苗因失水干枯而死。

G.4.4.2 防治措施

G.4.4.2.1 加强农田管理。精耕细作,减少成虫、若虫虫口数量。

G.4.4.2.2 化学防治,撒毒饵防治或用灯光诱杀。

附 录 H

（规范性附录）

各级别种薯带病植株的允许量和大田用种块茎质量指标

表 H.1 各级别种薯带病植株的允许量

种薯级别	第一次检验					第二次检验					第三次检验				
	病害及混杂株/%					病害及混杂株/%					病害及混杂株/%				
	类病毒植株	环腐病植株	病毒病植株	黑胫病和青枯病植株	混杂植株	类病毒植株	环腐病植株	病毒病植株	黑胫病和青枯病植株	混杂植株	类病毒植株	环腐病植株	病毒病植株	黑胫病和青枯病植株	混杂植株
育种家种子	0	0	0	0	0	0	0	0	0	0	0	0	0	0	0
原种	0	0	≤0.25	≤0.5	≤0.25	0	0	≤0.1	≤0.25	0	0	0	≤0.1	≤0.25	0
大田用种	0	0	≤2.0	≤3.0	≤1.0	0	0	≤1.0	≤1.0	≤0.1					

表 H.2 大田用种块茎质量指标

块茎病害和缺陷	允许率/%
环腐病	0
湿腐病和腐烂	≤0.1
干腐病	≤1.0
疮痂病和晚疫病： 轻微症状（病斑占块茎表面积的 1%～5%） 中等症状（病斑占块茎表面积的 5%～10%）	≤10.0 ≤5.0
有缺陷薯（冻伤除外）	≤0.1
冻伤	≤4.0

ICS 65.020.20
B 05

中华人民共和国农业行业标准

NY/T 1607—2008

水稻抛秧技术规程

Practice specification of broadcasting seedlings on rice

2008-05-16 发布

2008-07-01 实施

中华人民共和国农业部 发布

前　言

本标准由中华人民共和国农业部种植业管理司提出并归口。

本标准主要起草单位：四川省农业技术推广总站。

主要起草人：刘代银、梁南山、雄远俸等。

水稻抛秧技术规程

1 范围

本标准规定了水稻抛秧技术的育苗、抛栽、大田管理等操作技术规程。

本标准适用于全国各类稻作区排灌条件良好的稻田。免耕抛秧田应是水源充足、排灌方便、田面平整、耕层深厚、保水保肥力强，而非易旱田和砂质田。

2 规范性引用文件

下列文件中的条款通过本标准的引用而成为本标准的条款。凡是注日期的引用文件，其随后所有的修改单（不包括勘误的内容）或修订版均不适用于本标准，然而，鼓励根据本标准达成协议的各方研究是否可使用这些文件的最新版本。凡是不注日期的引用文件，其最新版本适用于本标准。

GB 4405　粮食作物种子

GB 8246　水稻二化螟防治标准

GB/T 15790　稻瘟病测报调查规范

GB/T 15791　稻纹枯病测报调查规范

GB/T 15792　水稻二化螟测报调查规范

NY/T 390　水稻育秧塑料钵体软盘

3 术语及定义

下列术语和定义适用于本标准。

3.1

水稻抛秧技术　the practices of broadcasting seedlings on rice

水稻抛秧技术是采用带孔塑料钵体软盘育秧，或通过特殊的包衣剂或床土调理剂免盘在旱地培育秧苗，使秧苗根系定向生长或生长相对集中，形成带土根团，以手工或机械的途径抛向空中，依靠自身重量散落田间，实现自由定植，配合相应肥水与田间综合管理的水稻栽培技术。

3.2

塑料钵体软盘抛秧育苗　the practices of rice seedling-growing with plastic plate

塑料钵体软盘抛秧育苗是以一定规格的塑料钵体软盘为载体，将配制的营养土装入塑料钵体软盘孔，再将种子播在其中，使秧苗根系定向生长形成带土根团，培育抛秧秧苗的育苗技术。

3.3

无盘抛秧育苗　seedling-growing without plastic plate

无盘抛秧育苗是利用特殊的种衣剂或其他床土调理剂，取代塑料钵体软盘，直接在土壤酸碱度适宜、偏黏性的旱地培育抛秧秧苗的一种育苗技术。

3.4

壮秧标准　the standards of sturdy seedling

叶龄：小苗 2.5 叶～3.5 叶；中苗 3.6 叶～4.5 叶；大苗 4.6 叶～6.0 叶。

苗高：小苗 10 cm～12 cm；中苗 12.1 cm～16 cm；大苗 16.1 cm～22 cm。

分蘖：中苗秧部分单株带蘖；大苗秧单株分蘖 3 个以上。

4 育苗技术

4.1 塑料钵体软盘抛秧育苗

4.1.1 苗床地选择 选择疏松、肥沃、透气、地势较高、平坦、土壤 pH 值 4.5～5（pH 值＞6 需调酸）、水源无污染、排灌方便、地下水位在 50 cm 以下、杂草少、无畜禽践踏的菜园地（无盘抛秧的苗床土选择偏黏性的壤土）作苗床。早、中稻秧田要避风向阳，晚稻秧田要通风凉爽。苗床地与本田的比例按小苗 1∶70～80、中苗 1∶60～70、大苗 1∶50～60 安排。

4.1.2 苗床培肥

4.1.2.1 标准法培肥 于上年 10 月～12 月，施铡细的干稻草 3 kg/m²，优质农家肥 3 kg/m²～5 kg/m²，过磷酸钙 100 g/m²～200 g/m² 均匀混入 10 cm～15 cm 土层中。此法适用于早、中稻育苗。

4.1.2.2 改良法培肥 于春季或播种前 10 d～15 d，施预先沤制腐熟的有机肥 5 kg/m²～10 kg/m²，过磷酸钙 150 g/m²～200 g/m²，翻耕均匀混入 10 cm～15 cm 土层内。此法适用于早、中、晚稻育苗。

4.1.3 床土调酸 播种前 10 d～30 d，调节土壤 pH 值 6.0 以下。方法是：每需降 1 个 pH 值单位，施硫磺粉 100 g/m²，施后均匀翻入 10 cm～15 cm 的土层中，然后用清粪水充分泼湿床土。

4.1.4 床土消毒 播前 3 d～5 d 结合施肥，施用敌克松（用量为 100 g/m²～150 g/m²）等药剂预防青枯、立枯病。

4.1.5 播前施肥 播种前 3 d～5 d，视床土肥力，施硫酸铵 30 g/m²～40 g/m²，过磷酸钙 100 g/m²～150 g/m²，氯化钾 30 g/m²～40 g/m²，施后翻耕三次，使其均匀分布在 10 cm～15 cm 土层中。严禁使用缩二脲超标的尿素和碱性肥料。

4.1.6 作厢 厢宽 1.3 m，厢长 10 m～15 m，沟宽 0.25 m，沟深 0.1 m～0.15 m。开厢方向以东西向为好，利于受光、防风。厢面要平，泥土要细。

4.1.7 秧盘选择 参照 NY/T 390《水稻育秧塑料钵体软盘》选用标准秧盘。每 666.7 m² 本田需要秧盘数量，北方地区 30 个～40 个，南方地区 40 个～60 个。根据移栽苗龄选择不同型号的秧盘，培育小苗用钵体容积 3 ml 的 561 孔秧盘，中苗用钵体容积 4 ml 的 451 或 434 孔秧盘，大苗用钵体容积 5 ml 的 353 孔秧盘，旋转式机抛秧选用 D450 系列盘。

4.1.8 播种技术

4.1.8.1 播种期 根据当地的气候条件、种植制度、抛栽苗龄大小确定播种期。南方双季早稻和北方春稻抛栽中小苗，按当地正常播期播种，若抛大苗，比正常播期推迟 5 d 以上，但均应在当地日均温稳定通过 10℃时播种育苗。

4.1.8.2 大田用种量 杂交稻种 12 kg/hm²～30 kg/hm²，常规稻种 30 kg/hm²～80 kg/hm²。种子质量符合 GB 4405 规定的二级以上种子。

4.1.8.3 种子处理 播种前晒种 2 d～3 d，晒后用比重 1.13 的盐水或黄泥水精选种子 1 次～2 次，用清水洗种 2 次。

4.1.8.4 浸种消毒 把选好的种子用 35％的施宝克（或其他药剂）200 ml，兑水 50 kg，浸种 40 kg，水温保持 11℃～12℃，浸种 2 d～7 d，其间勤翻动，使浸种、消毒均匀。

4.1.8.5 保温催芽 30℃～32℃破胸，25℃～30℃催芽，防止催芽过长和烧芽烧苞。

4.1.8.6 营养土制备 选择无盐碱、偏酸性、草籽少、有机质含量在 3.5％以上壤土，碾碎后用孔径 5 mm～7 mm 的筛子过筛，加入一定量的水稻育苗壮秧剂（按产品说明书确定用量，下同）配成营养母土，或按每 100 kg 床土加入 0.5 kg 硫酸铵、0.4 kg 磷酸二铵拌匀，配成营养母土，然后堆焖 12 h 以上。

4.1.8.7 播种 播种前将营养母土装入钵体软盘孔穴的 1/2～2/3，刮除过多泥土，然后采用播种器，或人工撒播等方法播种，每孔播杂交稻种子 1 粒～2 粒，常规稻 3 粒～4 粒。

4.1.8.8 摆盘 浇足苗床底水直至饱和,再浇少量泥浆,将厢面刮平后摆放秧盘,秧盘要紧靠,用木板轻压,使秧盘底部与苗床土充分接触,切忌秧盘悬空。

4.1.8.9 盖种 用不含化肥及壮秧剂的营养土盖种,扫净盘面孔外泥土,保持可见秧盘孔格为度,以免造成串根。

4.1.8.10 盖膜 育秧期间视气温高低,北方稻区和南方水稻播种期温度较低的地方应于覆盖拱膜前在盘面平铺一层地膜,其他地区可只覆盖一层拱膜。

4.1.8.11 防鼠 在苗床四周设置毒饵站,或投放毒饵3处～4处。

4.2 无盘抛秧育苗

参照4.1中的有关条款选择苗床地并培肥整理苗床(床土不需调酸、消毒),确定播种期、种子用量并处理精选种子。

4.2.1 药剂选择 使用药肥缓释高吸水种衣剂(旱育保姆抛秧型),籼稻品种选用籼稻专用型,粳稻品种选用粳稻专用型。

4.2.2 药剂用量 每1 kg药剂包衣稻种3 kg。

4.2.3 种子包衣 采取"现包即播"的方法,即包衣前先将稻种放入清水中浸泡2 h～12 h至种子吸足水分,捞出稻种,沥去多余水分。然后将药剂倒入圆底容器中,先包种子总量的2/3,边加种边搅拌,包好后筛取出包好的稻种,再将另外1/3种子放入剩下的种衣剂中进行包衣,以保证包衣均匀,种子包衣后及时播种。

4.2.4 浇足底水 播种前将苗床浇足浇透底水,使苗床0 cm～10 cm土层含水量达到饱和状态。

4.2.5 播种 将包好的种子采用精播器播种或与泥土混合撒播等方式均匀播在苗床上。播种完毕覆盖细土,然后再用喷壶浇湿,最后喷施旱育秧田专用除草剂。

参照4.1中的有关条款盖膜、防鼠。

4.3 专用育苗壮秧剂育苗

参照4.1中的有关条款选择苗床地,确定播种期、种子用量并处理精选种子。使用专用育苗壮秧剂一次性完成苗床土消毒、调酸、化控、培肥,苗床底土加入总用量50％～60％的壮秧剂,其余40％～50％的壮秧剂混入营养土装入塑料钵体软盘中。其他操作按4.1中的有关条款进行。

4.4 塑料钵体软盘浆播育秧

4.4.1 秧田选择 选择排灌方便、土层深厚、土质较肥沃、杂草少、离本田较近的壤土稻田作浆播育秧田。

4.4.2 播前准备 按大田面积确定水稻专用壮秧剂用量,塑料钵体软盘选择与播种期确定、种子处理、浸种催芽等参照4.1有关条款。

4.4.3 秧床整理 选择湿润稻田作秧床,保持厢沟有水,床土湿润。摆盘前铲平床面,除去杂草和前作稻桩,将反复捣烂的厢沟泥浆摊平在秧床上,然后摆盘,轻压使秧盘钵体底面压入泥浆0.3 cm～0.5 cm。

4.4.4 泥浆准备 将厢沟中的沟泥反复捣烂成泥浆状。若过沙或土质较差,可加入肥沃的塘泥再捣浆。

4.4.5 撒施壮秧剂和播种 用水稻专用壮秧剂与干细泥反复拌匀后均匀撒施在塑料钵体软盘孔穴内,然后用瓢或桶将准备好的厢沟泥浆灌入孔穴中,注满后用木板或手等刮平、摊匀即可播种。采用人工撒播或精量播种器播种,播后用手、扫帚等轻压埋芽,早春播后覆盖农膜,双季晚稻覆盖无病稻草、玉米叶防雨冲刷。

5 苗床管理技术

5.1 出苗期

早、中稻视气温高低盖膜保温保湿,保证出苗快而整齐,膜内温度不能超过 35℃。秧苗立针现青后,即开始适时揭开膜的两端降温,膜内温度不能超过 25℃。早、中、晚稻 1.5 叶时,每 666.7 m² 苗床用 300 mg/kg"多效唑"药液 100 kg~200 kg 喷苗,要保持床面干燥,不能有积液,免生药害(无盘抛秧育苗及施用壮秧剂的苗床不再进行化控)。

5.2 二叶至三叶期

早、中稻膜内温度一般不超过 20℃,要通风炼苗,控制土壤湿度,促进根系生长。2.5 叶时,每平方米苗床用敌克松 2 g~3 g 稀释喷苗,防治立枯病。当叶龄达三叶时即可全部揭膜。早、中、晚稻视苗情在 2.5 叶时追施"断奶肥",用尿素 15 g/m²~20 g/m²,或硫酸铵 50 g/m² 兑水 3 kg/m²~5 kg/m² 喷施,施后喷清水洗苗,防止肥害。当土壤干燥发白时,适度补水。

5.3 四至七叶期

控制秧苗徒长,促进地下部根系与地上部分蘖的生长。土壤不发白,叶片不卷筒不浇水,反之在早晚适度补水。此期各地要根据当地的病虫害种类,防治 2 次~3 次。根据苗情施追肥 1 次~2 次。

6 本田耕整与抛秧

6.1 整田

6.1.1 翻耕抛栽 翻耕要求田平,土绒,沉泥,秸秆无堆积现象。

6.1.2 免耕抛栽 不需翻耕稻田,但要捶糊田坎防止漏水,低洼田、山坑田、冷浸烂泥田田内还须开排水沟。抛秧前 7 d~15 d,在晴天用百草枯、克无踪等药剂进行化学除草。除草 1 d~5 d 后,灌水泡田 3 d~5 d,待水层自然落干或保持浅水层等准备抛秧。早稻收后抛栽晚稻的田块如第一次除草后落粒谷萌发较多,可在抛秧前 3 d~4 d 排干水,用"农民乐"等除草剂除灭。

6.2 施肥

各地应根据当地的水稻品种类型、土壤肥力水平采用施有机肥和施无机肥相结合的方法,实行配方施肥。氮肥的施用应以前期为主,施用氮(N)120 kg/hm²~150 kg/hm²,其中底肥 70%,在抛秧前 1 d~2 d 与磷(P$_2$O$_5$)75 kg/hm²~90 kg/hm²,钾(K$_2$O)90 kg/hm²~150 kg/hm² 一起撒施。其余 30% 的氮肥用于分蘖期追施。

6.3 抛秧

6.3.1 抛秧时期确定 根据当地的气候条件、耕作制度及秧龄大小合理确定适宜的抛栽期。北方一季稻、春稻和南方早稻应在当地日均温稳定通过 13℃~15℃时抛栽(粳稻可适当提前)。晚稻宜在下午 4 时以后抛栽,以免盛夏烈日暴晒致死。

6.3.2 秧龄确定 早稻 20 d~25 d、3.5 叶~4.5 叶时抛秧,晚稻 20 d~25 d、4.0 叶~5.0 叶时抛秧,一季中稻 20 d~45 d、3.5 叶~6.0 叶时抛秧。

6.3.3 起秧前准备 起秧前 3 d~5 d,根据各地常发病虫害的发生情况,应喷施适当的药剂加以预防。起秧的前一天,塑料钵体软盘育秧盘内土过湿,起秧前应将塑料钵体软盘掀起以适当减少水分;塑料钵体软盘育秧的苗床土和盘内土过干,以及无盘旱育抛秧适当浇水,防止起秧时临时浇水。

6.3.4 抛秧密度 杂交早稻和晚稻,杂交中稻 22.5 万穴/hm²~30 万穴/hm²,常规稻 30 万穴/hm²~40 万穴/hm²。

6.3.5 抛秧方法 机抛或人工手抛均可,应分次匀抛,即先用 70% 的秧苗抛完全田,再用剩余的 30% 补抛,抛完秧后按厢宽 3 m~5 m,人工捡出 0.25 m~0.3 m 宽的管理道,匀密补稀并按下浮秧。

6.3.6 秧盘整理 清理秧盘,洗净,凉干,储藏或回收再生。

7 大田管理

7.1 抛后除草

早稻抛后 5 d～7 d,中、晚稻抛后 4 d～5 d 结合施肥用克星可湿性粉剂、农得时等化学除草剂除草,并按药剂使用要求保持水层适当天数。

7.2 水分管理

7.2.1 立根 翻耕田抛大苗和免耕田抛栽时田间保持 1 cm 水层,翻耕田抛中、小苗田间保持浅水即可。抛后 3 d 之内不灌水,待秧苗扎根立苗后浅水勤灌。为防止大风雨飘秧,抛后应立即平好水缺。

7.2.2 分蘖期 间隙灌溉,浅水分蘖,深水孕穗。翻耕田总苗数达到预计穗数的 80% 排水晒田,免耕田可推迟 2 d～3 d,采取多次轻度晒田。

7.2.3 抽穗期 抽穗扬花期确保浅水层。

7.2.4 灌浆期 间歇灌溉,保持湿润。

7.2.5 黄熟期 干湿交替灌溉,蜡熟后排水落干,蓄留再生稻的田块可保持浅水。

7.2.6 追肥 返青成活后、孕穗期酌情追肥。

7.3 病虫草害防治

各地应加强对当地常发病虫害的测报,坚持预防为主、综合防治的方针,搞好各期病虫草防治。

稻瘟病:依据 GB/T 15790 的规定,当稻瘟病的中心病团出现时,用三环唑可湿性粉剂或其他符合国家规定的高效、低毒、低残留农药防治。

稻纹枯病:依据 GB/T 15791 的规定,当分蘖期丛发病率在 15%～20%,孕穗期 30% 以上时,用井冈霉素或其他符合国家规定的高效、低毒、低残留农药防治 1 次～2 次。

二化螟:依据 GB/T 15792 及 GB 8246 的规定,在稻苗枯鞘高峰期,用锐劲特、杀虫丹、三唑磷乳油或其他符合国家规定的高效、低毒、低残留农药防治。

8 收割

当 95% 以上的稻穗黄熟时,及时收割。有条件的地方提倡机械收割。

ICS 65.020.20
B 16

中华人民共和国农业行业标准

NY/T 1608—2008

小麦赤霉病防治技术规范

Rules for control of wheat scab

2008-05-16 发布

2008-07-01 实施

中华人民共和国农业部 发布

前　言

本标准由中华人民共和国农业部种植业管理司提出并归口。

本标准起草单位:全国农业技术推广服务中心。

本标准主要起草人:赵中华、包文新、杨彦杰、许艳云、罗怀海、王亚红、张芳。

小麦赤霉病防治技术规范

1 范围

本标准规定了小麦赤霉病[*Gibberella zeae* (Schw.)Petch]的主要防治技术。

本标准适用于小麦赤霉病的防治。

2 引用标准

下列文件中的条款通过本标准的引用而成为本标准的条款。凡是注日期的引用文件,其随后所有的修改单(不包括勘误的内容)或修订版均不适用于本标准。然而,鼓励根据本标准达成协议的各方研究是否可使用这些文件的最新版本。凡是未注日期的引用文件,其最新版本适用于本标准。

GB 4285 农药安全使用标准

GB/T 8321 农药合理使用准则

GB/T 15796 麦类赤霉病测报调查规范

NY/T 1443.4 小麦抗病虫性评价技术规范 第4部分:小麦抗赤霉病评价技术规范

NY/T 1276 农药安全使用规范总则

3 术语和定义

GB/T 15796 和 NY/T 1443.4 规定的术语和定义以及下列术语和定义适用于本标准。

3.1

严重度 severity score

病害发生危害的程度。用病小穗数占全部小穗数的比例分级,共分5级。

3.2

病情指数 disease index

病害严重程度的综合指标。各级病穗数与相应病级的乘积之和除以调查总穗数与最高病级(4)的乘积,再乘以100所得数。

3.3

常发区 frequent issue areas

小麦赤霉病流行频率高、危害大、损失重,10年内有3年或3年以上达到中等程度发生的种植区域。

4 防治策略

以选用抗病优良品种为基础,适期药剂预防为关键,农业措施为辅助的综合控病策略。常发区适期施药预防,其他地区根据GB/T 15796预测预报实施防治。

5 防治措施

5.1 选用抗(耐)病品种

根据NY/T 1443.4—2007因地制宜选用抗病品种。

5.2 农业措施

5.2.1 适期播种

根据当地常年小麦扬花期雨水情况适期播种,避开扬花期多雨天气。

5.2.2 播前深耕灭茬

清除和处理携带赤霉病菌的稻草(桩)、玉米秸(茬)、麦秆(茬)等作物残体及杂草,减少初侵染来源。

5.2.3 合理排灌

保持麦田适宜的湿度条件,雨水多的情况下,及时清沟排渍,防止田间积水。

5.2.4 合理作物布局

常发区小麦不宜与大麦、燕麦、玉米、水稻、棉花、甘薯、红麻等作物混作或轮作。

5.3 药剂防治

5.3.1 防治指标

预测病穗率达到5%进行防治。预测方法参见 GB/T 15796。

5.3.2 防治适期

小麦扬花期。

5.3.3 用药次数

常发区,小麦扬花10%时第一次施药;用药后如遇3个以上连阴雨天气,间隔7 d～10 d进行第二次施药。偶发区在小麦扬花期如遇3个以上连阴雨天气,进行施药防治。

5.3.4 常用药剂及用量

苯并咪唑类:多菌灵、硫菌灵、噻菌灵等,有效成分用量每 667m² 40 g～60 g;福美类:福美双,有效成分用量每 667m² 50 g～100 g;唑类:戊唑醇、咪鲜胺等,有效成分用量每 667m² 20 g～30 g。其他:已登记用于小麦赤霉病防治的药剂,按推荐剂量使用。不同类型药剂应交替使用或混合使用,防止抗药性。

5.3.5 施药方法

宜采用低容量或常量喷雾,应针对穗部均匀喷雾。喷药后遇雨,应及时进行补喷。

5.3.6 化学防治用药

按 GB 4285、GB/T 8321 和 NY/T 1276 执行。

ICS 65.020.20
B 16

中华人民共和国农业行业标准

NY/T 1609—2008

水稻条纹叶枯病测报技术规范

Rules for investigation and forecast of
the rice stripe virus

2008-05-16 发布

2008-07-01 实施

中华人民共和国农业部 发布

前　言

《水稻条纹叶枯病测报技术规范》共13部分：

——第1部分：范围

——第2部分：术语与定义

——第3部分：系统调查

——第4部分：普查

——第5部分：带毒率测定

——第6部分：预报方法

——第7部分：数据汇总与传输

——第8部分：调查资料表册

——第9部分：农作物病虫调查资料表册

——第10部分：水稻条纹叶枯病模式报表

——第11部分：水稻条纹叶枯病病情划分指标

——第12部分：灰飞虱若虫与卵历期

——第13部分：酶免疫检测原理

本标准由中华人民共和国农业部种植业管理司提出并归口。

本标准起草单位：全国农业技术推广服务中心、江苏省植物保护站、江苏省农业科学院植物保护研究所。

本标准主要起草人：王建强、张跃进、刘宇、冯晓东、杨荣明、周益军。

水稻条纹叶枯病测报技术规范

1 范围

本标准规定了水稻条纹叶枯病传毒介体灰飞虱虫卵量、条纹叶枯病的调查方法和调查数据记载归档等内容。

本标准适用于水稻条纹叶枯病测报调查。

2 术语与定义

下列术语和定义适用于本标准。

2.1

水稻条纹病毒 rice stripe virus(RSV)

属纤细病毒属(*Tenuivirus*),病毒粒体为丝状,病毒核酸为 4 条单链 RNA,病组织中可形成不定形的针状内含体。病毒可在传毒介体灰飞虱体内增殖,循徊期 5 d～21 d,潜育期 10 d～25 d。

2.2

传毒 virus transmission

植物病毒经介体或其他途径,由一植物传至另一植物的过程即为传播病毒或传毒。

2.3

获毒 virus acquisition

亲和性植物经介体或其他方式获得病毒的过程。

2.4

持久性传毒 durable virus transmission

又称循徊型传播或增殖型传播,是介体传播病毒的一种方式。介体昆虫在毒源植物上经较长时间吸食获得病毒,经数小时或更长时间的潜伏期后即可传毒。获毒后,介体持毒期长,终身带毒,蜕皮后不丧失传毒能力,部分病毒可在体内增殖,甚至经卵传至后代。

2.5

经卵传毒 transovarial virus transmission

通过介体昆虫的卵而传播病毒,是介体传播病毒的一种方式。进入昆虫卵细胞内的增殖型病毒可随卵排出,这种带病毒的卵孵化出的若虫带有病毒并具有传毒能力。

2.6

带毒率 carrier rate

田间调查携带 RSV 的灰飞虱虫量占灰飞虱调查总虫量的百分比率。

2.7

传毒介体 virus transmitting vector

水稻条纹叶枯病毒传毒介体为灰飞虱(*Laodelphax striatellus* Fallén),属昆虫纲、同翅目、飞虱科。成虫与若虫皆能传毒,以高龄若虫和羽化初期的雌虫传毒能力最强。

2.8

显症 symptomatic appearance

水稻感病品种感染亲和病毒后,田间表现危害症状。通常水稻感染 RSV 一段时间后表现症状,一般 20 d 左右达显症高峰,亦可出现多个显症阶段。

2.9

发生(病)期 emergence(infesting)period

灰飞虱发生期:某代某虫态发生数量达该代各虫态累计总量的16%、50%、84%的日期分别称其始盛期、高峰期、盛末期;

条纹叶枯病发生期:为条纹叶枯病病情严重程度(用病株率或病情指数等指标表示)分别达最终病情严重程度的16%、50%、84%时,称该病分别进入始盛期、高峰期、盛末期。

3 系统调查

3.1 灰飞虱成若虫调查

3.1.1 麦田调查

3.1.1.1 调查时间

在灰飞虱常年发生量较大的地区,选择套播、浅旋耕、耕翻等3种不同耕种方式小麦田各一块,固定为系统调查田。小麦孕穗期起,每5天定点调查1次,直至小麦收割结束。

若小麦面积小,可选择休闲稻桩田、草丛等地块,在水稻播种前30 d选择每种类型田3块地,每块查3 m²,每5 d定点调查1次,直至秧苗出苗结束。

3.1.1.2 调查方法

每块田采用盆拍法对角线取样,每块田5个点。在小麦孕穗期、齐穗期拍击中下部,乳熟期拍上部,连拍三下,每次拍查计数后,清洗白搪瓷盘,再进行下次拍查。盆拍法调查休闲稻桩田、草丛等灰飞虱滋生地块虫量,统计成、若虫数量,并折算为667 m²虫量,结果记入附录A表A.1。

盆拍法,选用长方形(33 cm×45 cm)白搪瓷盘为田间查虫工具,用水湿润盘内壁,每点拍查0.11 m²。

3.1.2 水稻秧田调查

3.1.2.1 调查时间

秧苗出苗或揭膜后调查,每5 d定点调查一次,调查至移栽结束。

3.1.2.2 调查方法

选择当地不同播期、抗性与育秧方式的水稻类型秧田各一块,固定为系统调查田。采用盆拍法或扫网法随机取样,每块田10个点。将盆拍或扫网虫量折算为667 m²虫量,结果记入附录A表A.1。

扫网法,用直径为53 cm的捕虫网来回一次扫取宽幅为1 m(约0.5 m²的面积)秧苗,统计捕虫网内成、若虫数量。

3.1.3 水稻本田调查

3.1.3.1 调查时间

秧田大面积移栽结束后转移至本田继续调查,每5 d定点调查1次,调查至9月下旬结束。

3.1.3.2 调查方法

在灰飞虱常年发生量较大的地区,选择当地有代表性的不同播期与抗性的类型田各一块,作为固定系统调查田。采用盆拍法对角线取样,每块田查5点,每点拍10丛,查虫时将盆下缘紧贴水面稻丛基部,快速拍击植株中下部,连拍三下,每点计数1次,计数各类飞虱不同翅型的成虫、低龄和高龄若虫数量,并折算为667 m²虫量,结果记入附录A表A.1。

3.2 灰飞虱卵量调查

3.2.1 调查时间

本地灰飞虱成虫高峰后开始调查,每5 d调查一次,连续调查2次。

3.2.2 调查方法

在观测区内选择不同播期、抗性与育秧方式的类型田各一块,秧田采用棋盘式取样10点,每点10株;本田采用平行跳跃式6点~8点取样,每点取2丛,每丛拔取分蘖1株(茎),主害代前一代取50株,主害代取 20 株。

剥查取样稻株,计算百株卵量,调查结果记入附录 A 表 A.2。

3.3 水稻条纹叶枯病病情系统调查

3.3.1 调查时间

灰飞虱迁入水稻秧田高峰后起(一般 5 月下旬至 6 月上旬),每 5 d 调查一次(可结合灰飞虱虫量调查同时进行),至 8 月中旬结束。

3.3.2 调查方法

水稻秧田和本田期,在灰飞虱带毒虫量高、有代表性的地区,选取不同抗感病品种、不同播栽期的类型田各一块进行调查。采用对角线 5 点取样,秧田每点调查 0.11 m²,本田每点查 10 丛,秧田记载发病株数,本田记载发病丛数、发病株数、严重度(分级指标参考附录 C),通过公式(1)、(2)、(3)计算病株率、病丛率、病情指数和相对病情指数,结果记入附录 A 表 A.3。

通过公式(1)计算发病丛(株)率:

$$I = \frac{P_i}{P_m} \times 100\% \quad \cdots\cdots\cdots\cdots\cdots\cdots\cdots\cdots\cdots\cdots\cdots\cdots\cdots\cdots\cdots\cdots\cdots \quad (1)$$

式中:

I——发病丛(株)率,单位为百分数(%);

P_i——发病丛(株)数;

P_m——调查总丛(株)数。

通过公式(2)计算病情指数:

$$A = \frac{\sum (B_i \times B_d)}{M_i \times M_d} \times 100 \quad \cdots\cdots\cdots\cdots\cdots\cdots\cdots\cdots\cdots\cdots\cdots\cdots\cdots \quad (2)$$

式中:

A——病情指数;

B_i——各级严重度病株数;

B_d——各级严重度代表值;

M_i——调查总株数;

M_d——严重度最高级代表值。

通过公式(3)计算某品种相对病情指数:

$$C = \frac{C_i}{C_s} \times 100 \quad \cdots\cdots\cdots\cdots\cdots\cdots\cdots\cdots\cdots\cdots\cdots\cdots\cdots\cdots\cdots\cdots \quad (3)$$

式中:

C——某品种相对病情指数;

C_i——某品种病情指数;

C_s——对照感病品种病情指数。

4 普查

4.1 灰飞虱普查

4.1.1 调查时间

根据不同播期与长势,分别选择早、中、晚及长势好、中、差的不同类型田共 20 块～30 块。小麦于冬后越冬代灰飞虱高龄若虫至成虫期以及一代灰飞虱若虫高峰期在麦田调查,每 5 d 调查 1 次,共查 2 次;水稻秧田于一代灰飞虱成虫迁入盛期开始,每 5 d 调查 1 次,共查 2 次～3 次;水稻本田分别于二、三代若虫高峰期每 5 d 调查 1 次,共查 2 次～3 次。

4.1.2 调查方法

采取对角线 5 点取样,麦田及水稻秧田每点拍查 0.11 m²,水稻本田每点查 10 丛,记载灰飞虱成、若虫各虫态及数量,折算 667 m² 虫量或百丛虫量。结果记入附录 A 表 A.1。

4.2 水稻条纹叶枯病普查

4.2.1 调查时间

根据水稻不同播期与抗性,分别选择早、中、晚及不同抗感类型田共 20 块～30 块。秧田于虫量高峰后 20 d 左右即一代灰飞虱传毒危害稳定后进行,每 5 d 调查 1 次,共查 2 次～3 次。本田于二、三代灰飞虱传毒危害田间病情稳定后进行,每 5 d 查 1 次,每代共查 2 次。

4.2.2 调查方法

同 3.3.2,统计结果记入附录 A 表 A.3,通过公式(4)计算病情发生程度指数,分级指标参考附录 C 表 C.2。

通过公式(4)计算病情发生程度指数:

$$D = \frac{\sum V \times E}{F \times 10\,000} \quad\cdots\cdots\cdots\cdots\cdots\cdots\cdots\cdots (4)$$

式中:

D——发生程度指数;

V——加权平均带毒率;

E——每 667 m² 加权平均虫量;

F——总调查地块数量。

5 带毒率测定

5.1 灰飞虱采集

在上年不同发生程度的地区,分别在不同播期和品种抗性的田块采集越冬代或一代灰飞虱高龄若虫或成虫,各类型田虫量不少于 50 头,分别测定越冬代或一代灰飞虱带毒率。通常测定越冬代即可,一代灰飞虱带毒率可参照越冬代结果。

5.2 带毒率测定

根据酶免疫检测原理(参考附录 E),采用江苏省农业科学院植保所研制的斑点免疫法(Dot-ELISA,DIBA)。将采集的成虫或高龄若虫,单头虫置于 200 μl 离心管中,加 100 μl 碳酸盐缓冲液,用木质牙签捣碎后制成待测样品。在硝酸纤维素膜上划 0.5 cm×0.5 cm 方格,每格加入 3 μl 样品于室温晾干;在 37℃ 温度条件下,4% 牛血清(或 0.4% BSA)封闭 0.5 h 后浸入酶标单抗(封闭液稀释 5 000 倍)孵育 1.5 h,洗涤后再浸入酶标二抗稀释液中孵育 1.5 h,然后浸入显色底物液中 0.5 h。每步用磷酸缓冲液(PBST)洗涤 3 次,每次 3 min。检查反应类型(带毒灰飞虱呈现阳性反应),记载带毒虫量。根据公式(5)计算加权平均带毒率。结果记入附录 A 表 A.4。

通过公式(5)计算带毒率:

$$H = \frac{S}{Z} \quad\cdots\cdots\cdots\cdots\cdots\cdots\cdots\cdots\cdots\cdots (5)$$

式中:

H——带毒率;

S——带毒虫量;

Z——调查总虫量。

6 预报方法

6.1 发生期预报

6.1.1　一代成虫迁入秧田高峰期

一般年份,小麦收割高峰期前后就是灰飞虱迁入水稻秧田及早栽本田的高峰期。

6.1.2　本田二、三代灰飞虱发生期

依据历期法,由一代灰飞虱成虫高峰期及产卵高峰期推算二代灰飞虱低龄若虫高峰期,依此法推算三代灰飞虱低龄若虫高峰期(历期可参考附录 D)。

6.2　发生量预报

6.2.1　秧田灰飞虱发生量

秧田一代灰飞虱成虫数量可根据麦田一代成虫数量进行推测。麦田一代灰飞虱虫量与秧田高峰期虫量比例系数,同一地区年度之间相对稳定。结合当地气温和麦田后期调查虫量推算迁入秧田高峰期虫量,进行一代灰飞虱发生量的中长期预报。

6.2.2　水稻条纹叶枯病发生程度

根据灰飞虱带毒率测定结果、田间发育进度与发生量调查结果,结合水稻品种抗感性和天气情况,作出水稻条纹叶枯病发生程度趋势预报。一般灰飞虱带毒率大于 3%,虫量高,一代灰飞虱迁入高峰期与秧苗期较吻合,品种较感病,水稻条纹叶枯病流行的可能性较大;带毒率达到 12% 以上则为大流行趋势。

7　数据汇总和传输

7.1　主要传输工具

采用互联网和传真机等。

7.2　模式报表

按统一汇报格式、时间和内容汇总上报。其中,发生程度分别用 1、2、3、4、5 表示。同历年比较的早、增、多、高用"+"表示,晚(迟)、减、少、低用"-"表示;与历年相同和相近,用"0"表示;缺测项目用"×
×"表示。

8　调查资料表册

全国制定统一的"调查资料表册"的样表一份(见附录 A),供各地应用时复制。用来规范各区域测报站测报调查行为,保证为全国数据库积累统一、完整的测报调查资料。其中的内容不能随意更改,各项调查内容须在调查结束时,认真统计和填写。

附　录　A

（规范性附录）

农作物病虫调查资料表册

水稻条纹叶枯病

（　　　　年）

测报站名＿＿＿＿＿＿＿＿＿＿＿＿盖章

站址＿＿＿＿＿＿＿＿＿＿

（北纬：＿＿＿东经：＿＿＿海拔：＿＿＿）

测报员＿＿＿＿＿＿＿＿＿＿

负责人＿＿＿＿＿＿＿＿＿＿

中华人民共和国农业部

表 A.1 灰飞虱麦田、秧田及本田成若虫调查记载表

单位	调查日期（年月日）	类型田	品种	生育期	调查面积（m²）或丛数（丛）	成虫量(头)			若虫量(头)						667 m²虫量或百丛虫量(头)	备注
						雌	雄	小计	1龄	2龄	3龄	4龄	5龄	小计		

表 A.2 灰飞虱卵量调查记载表

调查日期（年月日）	类型田	品种	生育期	平均株数/丛	取样株数	卵条数	总卵粒数	百株卵量	寄生率（%）	备注

表 A.3 条纹叶枯病田间调查表

调查日期（年月日）	类型田	品种	生育期	调查丛数	病丛数	病丛率(%)	调查总株数	病株数	病株率(%)	严重度					病情指数	相对病情指数	病情发生程度指数	备注
										0	1	2	3	4				

表 A.4 灰飞虱带毒率测定记载表

单位	调查日期（年月日）	类型田	品种	代别	取样虫量（头）	带毒虫量（头）	加权平均带毒率(%)	备注

表 A.5 水稻条纹叶枯病发生基本情况

水 稻 类 型	水稻播种面积（hm²）	发 生面 积（hm²）	防 治面 积（hm²）	受害减产面积（hm²）	挽回损失（t）	实际损失（t）
双季早稻						
双季晚稻						
单季中晚稻						
其 他						
合 计						
简述发生概况和特点：						

附 录 B

（资料性附录）

水稻条纹叶枯病模式报表

表 B.1 灰飞虱发生实况模式报表

序 号	报 表 内 容	报 表 程 序
1	调查日期	
2	作物生育期	
3	灰飞虱始见期	
4	始见期比上年早晚天数(d)	
5	始见期比历年平均早晚天数(d)	
6	田间灰飞虱主虫态	
7	田间虫量(头/百丛)	
8	田间虫量比上年增减比例(%)	
9	田间虫量比历年平均增减比例(%)	
10	发生程度(级)	
11	发生面积比率(%)	
12	填报单位	
注:从田间开始见灰飞虱时汇报,每逢1、6日上报。		

表 B.2 水稻条纹叶枯病发生预测模式报表

序 号	报 表 内 容	报 表 程 序
1	调查日期	
2	感病品种种植比率(%)	
3	感病品种种植比率比上年增减比例(%)	
4	感病品种种植比率比历年平均增减比例(%)	
5	带毒虫量(头/百丛)	
6	加权平均带毒率(%)	
7	加权平均带毒率比上年增减比例(%)	
8	加权平均带毒率比历年平均增减比例(%)	
9	病田率(%)	
10	发病田平均病枝率比上年增减比例(%)	
11	发病田平均病枝率比历年平均增减比例(%)	
12	预计条纹叶枯病发生程度(级)	
13	预计条纹叶枯病发生面积比例(%)	
14	预计防治适期(月/日～月/日)	
15	填报单位	
注:在灰飞虱进入水稻秧田后汇报,每逢1、6日上报。		

附 录 C

（资料性附录）

水稻条纹叶枯病病情划分指标

表 C.1 水稻条纹叶枯病病情严重度分级指标

级 别	症 状
0 级	无症状
1 级	有轻微条纹症状，心叶不褪绿，生长正常
2 级	有明显条纹症状，心叶不褪绿或有轻微条纹，生长基本正常
3 级	褪绿条纹明显，且有卷曲
4 级	病叶卷曲枯死

表 C.2 水稻条纹叶枯病发生程度分级指标

类型田	发生程度				
	轻发生 （1级）	偏轻发生 （2级）	中等发生 （3级）	偏重发生 （4级）	大发生 （5级）
秧田	<0.4	0.4～0.6	0.61～1.0	1.01～2.0	>2.0
本田	<0.2	0.2～0.5	0.51～1.0	1.01～2.0	>2.0
注：发生程度以发生程度指数来确定。					

附 录 D

（资料性附录）

灰飞虱若虫与卵历期

若虫历期：若虫共 5 个龄期，温度在 22℃～27℃时若虫历期为 16 d～19 d。

卵历期见表 D.1。

表 D.1 灰飞虱若虫与卵历期表

代 次	1	2	3	4	5	6
温度(℃)	17.2	23.1	29.1	28.9	22.4	18.8
历期(d)	20.3	10.6	6.2	7.6	11.1	16.3

附 录 E

（资料性附录）

酶免疫检测原理

将酶分子与抗体或抗体分子共价结合，此种结合既不改变抗体的免疫反应活性，也不影响酶的生物
化学活性，此酶标记抗体可与存在于组织细胞或吸附于固相载体上的抗原或抗体发生特异性结合。滴
加底物溶液后，底物可在酶作用下催化底物水解、氧化或还原等反应，产生有颜色的物质。酶降解底物
的量与呈现的颜色成正比。

用于标记的酶：

1) 辣根过氧化物酶（Horseradish peroxidase，HRP）；

2) 碱性磷酸酶（Alkaline phosphatase）。

ICS 65.020
B 16

中华人民共和国农业行业标准

NY/T 1610—2008

桃小食心虫测报技术规范

Rules for forecast technology of the peach fruit moth
(*Carposina sasakii* Matsumura)

2008-05-16 发布
2008-07-01 实施

中华人民共和国农业部 发布

前　言

本标准附录 A、附录 B 为规范性附录,附录 C、附录 D、附录 E 为资料性附录。

本标准由中华人民共和国农业部种植业管理司提出并归口。

本标准主要起草单位:农业部全国农业技术推广服务中心。

本标准主要起草人:冯晓东、杨万海、冯小军、张万民、秦引雪、夏冰。

桃小食心虫测报技术规范

1 范围

本标准规定了桃小食心虫越冬幼虫出土调查、田间成虫消长调查、田间卵量消长调查、虫果率调查、预报方法、发生程度划分、数据传输、调查资料表册等方面内容。

本标准适用于苹果、梨园桃小食心虫田间调查和预报,其他果树可参照此标准执行。

2 越冬幼虫出土期调查

2.1 调查时间

从谢花后开始,直至7月中、下旬越冬幼虫全部出土为止。

2.2 调查方法

在具有代表性的果园,选择上年受害较重的5株树为调查树(虫口密度低时,可于上年8月末以后采集虫果堆积在调查树下补足虫量),每株树以树干为圆心,在1m半径的圆内,同心轮纹状错落放置小瓦片50片。从谢花后开始,每天定时翻查一次瓦片,检查越冬幼虫出土数量,记载调查结果(见附录A表A.1)。

3 田间成虫消长调查

3.1 调查时间

5月10日至9月30日,果实主要生长期。

3.2 调查方法

采用性诱剂诱测法。

3.2.1 性诱剂组分及含量

人工合成的桃小食心虫性外激素,其A成分顺-7-二十烯-11酮;B成分顺-7-十九烯-11酮,两成分混合液的配比,即A:B一般为80~95:20~5,性外激素诱芯含性外激素500 μg。

3.2.2 性诱剂诱捕器构造

性诱剂诱捕器分诱捕盆和吊绳两部分。诱捕盆用直径约为20 cm的碗或塑料盆制作。吊绳用三根长度为50 cm的细铁丝,将铁丝的一端捆绑在一起,再分别将三根铁丝的另一端等距离捆绑在事先准备好的直径小于20 cm的铁圈上,将诱捕盆放在铁圈上,盆内倒入含少许洗衣粉的清水,水量约占诱捕盆的4/5,将性诱剂诱蕊固定在诱捕盆正中距水面1 cm处,诱捕盆周围罩一尼龙沙罩,以防降雨时将蛾冲出。

3.2.3 性诱剂诱捕器的设置

选择上年桃小食心虫发生较重、面积不小于5×667 m²的果园2~3个。每园采用对角线5点取样法,在果园中部选5株树,树间距50 m,每株悬挂1个性诱剂诱捕器,诱捕器悬挂在树冠外围距地面1.5 m树荫处。

3.2.4 管理和数据记录

诱捕器应经常清洗和加水,雨后应将多余的水倒掉,并加少量洗衣粉水。诱蕊每隔30天更换一次。每日上午检查诱蛾数,统计和记载每日诱捕器诱蛾数量(见附录A表A.2)。

4 田间卵量消长调查

4.1 调查时间

成虫发生期间,即成虫始见开始至成虫终见期结束。

4.2 调查方法

选择为害轻重不同、面积不小于 $5 \times 667\ m^2$ 的果园 3 个~5 个作为调查园,于每个园内采用棋盘式取样法,选择苹果树 10 株,在每株树的东、南、西、北、中五个方位,各随机调查 20 个果实,每株树调查 100 个果实,每 5 天调查一次,记载调查果中的卵果数和卵粒数,调查后将卵抹掉,并按公式(1)计算卵果率,结果记入调查表(见附录 A 表 A.3)。

$$A = \frac{E}{N} \times 100 \quad\cdots\cdots\cdots\cdots\cdots\cdots\cdots\cdots\cdots\cdots\cdots\cdots\quad (1)$$

式中:

A——卵果率;

E——调查果实中桃小食心虫卵果数;

N——调查总果实数。

5 虫果率调查

5.1 调查时间

共调查 2 次,第 1 次调查时间为 8 月上旬,第 2 次调查时间为正常采收期前。

5.2 调查方法

取样方法同卵果率调查,检查果实被害情况(识别症状见附录 C),记载调查果实中的虫果数、幼虫脱果孔数,按公式(2)计算虫果率等(见附录 A 表 A.4)。

$$B = \frac{M}{N} \times 100 \quad\cdots\cdots\cdots\cdots\cdots\cdots\cdots\cdots\cdots\cdots\cdots\cdots\quad (2)$$

式中:

B——虫果率;

M——调查果实中桃小食心虫虫果数;

N——调查总果实数。

6 预测预报

6.1 越冬幼虫出土期预测预报

根据幼虫出土期调查方法进行观测,当连续 2 天发现出土幼虫时,可确定为越冬幼虫出土始期。

6.2 发生期和发生量中期预报

从 6 月下旬开始,根据田间成虫和卵量调查数据,对比历年测报资料,结合近期天气、苹果结果和生长情况,做出发生期和发生量中期预报。

6.3 长期发生趋势预报

4 月,根据上一年苹果采收期前虫果率调查结果,对比历年测报资料,结合本地长期天气趋势预报做出当年桃小食心虫长期发生趋势预报。

7 发生程度划分指标

根据田间果园受害情况,以虫果率为桃小食心虫发生程度分级指标。

发生程度(级)	虫果率(%)
1	≤1.0
2	1.1~3.0
3	3.1~8.0
4	8.1~14.9
5	≥15.0

8 数据汇总和传输

8.1 主要传输工具

采用互联网和传真机等。

8.2 模式报表

按统一汇报格式、时间和内容汇总上报。其中,同历年比较的增、多、高用"+"表示,减、少、低用"一"表示;与历年相同和相近,用"0"表示;缺测项目用"××"表示。

9 调查资料表册

全国制定统一的"调查资料表册"的样表一份(见附录 A),供各地应用时复制。用来规范各区域测报站测报调查行为,保证为全国数据库积累统一、完整的测报调查资料。其中的内容不能随意更改,各项调查内容须在调查结束时,认真统计和填写。

附　录　A

（规范性附录）

农作物病虫调查资料表册

农作物病虫调查资料表册

桃小食心虫

（　　　年）

站　　名＿＿＿＿＿＿＿盖章

站　　址＿＿＿＿＿＿

（北纬：＿＿＿东经：＿＿＿海拔：＿＿＿）

测　报　员＿＿＿＿＿＿

负　责　人＿＿＿＿＿＿

全国农业技术推广服务中心编制

表 A.1 桃小食心虫幼虫出土调查表

调查日期	果园名称	品种	各树号越冬幼虫出土数量（头/样方）						备注
			1	2	3	4	5	合计	

表 A.2 桃小食心虫成虫发生期调查表

调查日期		品种	各诱捕器诱蛾数量（头）							气象情况	备注
月	日		1	2	3	4	5	合计	平均		

注：备注内填喷药日期,药剂品种及诱捕器效果不稳定的其他原因。

表 A.3 桃小食心虫田间卵量消长调查表

调查日期	品种	标定果数（个）	卵果数（个）	卵果率（%）	累计卵果率（%）	平均卵粒数（粒/果）	累计卵量（粒/果）	最高卵粒数（粒/果）	备注

表 A.4 桃小食心虫虫果率调查表

调查日期	果园名称	品种	调查株数（株）	调查果数（个）	虫果数（个）	虫果率（%）	脱果孔数（个）	代表面积（hm²）	备注

表 A.5 桃小食心虫发生防治基本情况记载表

耕地面积＿＿＿＿＿＿＿＿＿＿hm²
其中:苹果种植面积＿＿＿＿＿＿＿＿＿＿hm²
　　苹果主栽品种＿＿＿＿＿＿＿种植面积＿＿＿＿＿＿＿hm²
　　　　　　　　　　　　　种植面积＿＿＿＿＿＿＿hm²
　　　　　　　　　　　　　种植面积＿＿＿＿＿＿＿hm²
　　　　　　　　　　　　　种植面积＿＿＿＿＿＿＿hm²
　　　　　　　　　　　　　种植面积＿＿＿＿＿＿＿hm²

发生面积＿＿＿＿＿＿＿＿＿＿hm²
其中:＿＿＿＿＿代＿＿＿＿hm²;＿＿＿＿＿代＿＿＿＿hm²;＿＿＿＿＿代＿＿＿＿hm²
发生程度＿＿＿＿＿＿＿＿＿级
防治面积＿＿＿＿＿＿＿＿＿＿hm²,占发生面积＿＿＿＿＿＿＿＿＿＿%

表 A.5（续）

其中：_____代_____hm² ;_____代_____hm² ;_____代_____hm²。 挽回损失_____t;实际损失_____t。
简述发生概况和特点：

附 录 B

（规范性附录）

桃小食心虫模式报表

表 B.1 一代桃小食心虫预测模式报表（M1SXA）

要求汇报时间：4月底以前报一次

序号	编报项目	编报程序
1	报表代码	M1SXA
2	调查日期（月、日）	
3	当地苹果园面积（hm²）	
4	上年8月上旬虫果率（%）	
5	上年8月上旬平均单果脱果孔数（个）	
6	上年采收前虫果率（%）	
7	上年采收前平均单果脱果孔数（个）	
8	上年667m² 果园产量（kg）	
9	上年果实平均单果重（kg）	
10	预计一代发生程度（级）	
11	预计发生面积（hm²）	
12	预计地面防治适期（月、日）	
13	编报单位	

表 B.2 二代桃小食心虫预测模式报表（M2SXA）

要求汇报时间：8月上旬报一次

序号	编报项目	编报程序
1	报表代码	M2SXA
2	调查日期（月、日～月、日）	
3	8月5日前平均每只诱芯诱蛾数（头）	
4	单芯诱蛾数比历年平均增减比率（%）	
5	调查日期（月、日）	
6	平均单果卵数（粒）	
7	卵果率（%）	
8	卵果率比历年平均增减比率（%）	
9	虫果率（%）	
10	虫果率比历年平均增减比率（%）	
11	预计二代发生程度（级）	
12	预计发生面积（hm²）	
13	预计防治适期（月、日）	
14	编报单位	

附 录 C
（资料性附录）
桃小食心虫形态特征

成虫：全身淡灰褐色，雌虫体长 7 mm～8 mm，翅展 16 mm～18 mm，雄虫略小。前翅中央近前缘处有一蓝黑色的近似三角形大斑，翅基部至中部有 7 簇褐色斜立的鳞片丛，后翅灰色。雌蛾触角丝状，下唇须长而直并向前伸。雄蛾触角栉齿状，下唇须短而上翘。

卵：红色，近孵化时呈暗红色，椭圆形，长 0.4 mm～0.41 mm，宽 0.31 mm～0.36 mm，表面密布椭圆形刻纹，顶端环生 2～3 圈"丫"状刺。

幼虫：初孵幼虫淡黄白色，老熟幼虫桃红色，体长 13 mm～16 mm，头及前胸背板暗褐色，前胸 K 毛群有 2 根刚毛，腹足趾钩排成单序环，无臀栉。

茧：有夏茧和冬茧两种。越冬茧呈扁圆形，长 4.5 mm～6.2 mm，宽 3.2 mm～5.2 mm，质地紧密，包被老龄休眠幼虫。夏茧呈纺锤形，长 7.8 mm～9.9 mm，宽 3.2 mm～5.2 mm，质地疏松，一端有羽化孔，包被蛹体。

蛹：黄白色，长 6.5 mm～8.6 mm，刚化蛹黄白色，近羽化时灰黑色，蛹壁光滑无刺。

附 录 D

（资料性附录）

桃小食心虫虫果被害症状识别

桃小食心虫以幼虫蛀果为害，初孵幼虫由果面蛀入后留有针尖大小的蛀入孔，经 2 d~3 d 后孔外溢出汁液，呈水珠状，干涸后呈白色蜡状物。不久蛀入孔变为极小的黑点，其周围稍凹陷。前期果实受害，幼虫大多数在果皮下串食，虫道纵横弯曲，使果实发育成凸凹不平的畸形果，俗称"猴头果"。后期受害果实果形变化较小，幼虫大多直接蛀入到果实深层串食，直至果心部位。被害果虫道内充满褐色颗粒状虫粪，俗称"豆沙馅"。幼虫老熟后脱出果实，果面上留有明显的脱果孔，孔外常带有虫粪。

附 录 E
（资料性附录）
苹果不同单位产量下桃小食心虫参考防治指标

防治指标（卵果率%）	667 m² 单位产量（kg）	防治方法
1.8	1 100 以下	
1.5	1 100～1 400	
1.3	1 401～1 600	地下防治
1.0	1 601～2 200	树上防治
0.7	2 201～3 300	
0.5	3 301 以上	
1.8	800 以下	
1.5	800～1 000	
1.3	1 001～1 200	树上防治
1.0	1 201～1 500	
0.7	1 501～2 200	
0.5	2 200 以上	

ICS 65.020
B 16

中华人民共和国农业行业标准

NY/T 1611—2008

玉米螟测报技术规范

Rules for investigation and forecast technology of
the Asian corn borer [*Ostrinia furnacalis* (Guenée)]

2008-05-16 发布
2008-07-01 实施

中华人民共和国农业部 发布

目　次

前言

1　范围

2　发生世代分区

3　发生程度分级指标

4　越冬基数调查

5　各代化蛹和羽化进度调查

6　成虫调查

7　卵量调查

8　幼虫调查

9　预报方法

10　测报资料收集、汇总和汇报

附录A　农作物病虫调查资料表　玉米螟

附录B　玉米螟测报模式报表

前　言

本标准附录 A、附录 B 为规范性附录。

本标准由中华人民共和国农业部种植业管理司提出并归口。

本标准主要起草单位:全国农业技术推广服务中心。

本标准主要起草人:姜玉英、曾娟、杨万海、王春荣、谈孝凤。

玉米螟测报技术规范

1 范围

本标准规定了玉米螟发生世代分区、发生程度分级指标、越冬基数调查、各代化蛹和羽化进度调查、成虫调查、卵量调查、幼虫调查、发生期和发生程度预报方法及测报资料收集、汇总和汇报等方面的技术方法。

本标准适用于玉米田玉米螟调查和预报。

2 发生世代分区

一代区:北纬 45°以北的黑龙江和吉林长白山区及内蒙古、山西北部高海拔地区;

二代区:北纬 40°~45°之间的北方春玉米主产区,包括吉林、辽宁、河北北部和内蒙古大部地区;

三代区:河南、山东、河北等黄淮海平原春、夏播玉米主产区,以及山西、陕西、江苏、安徽、四川、湖北、湖南等省及京津地区;

四代区:浙江、福建、湖北东部、广东西北部及广西北部;

五至六代区:广西中部、广东曲江和台湾台北一带;

六至七代区:广西南部和海南。

3 发生程度分级指标

玉米螟发生程度分为 5 级,即轻发生(1 级)、偏轻发生(2 级)、中等发生(3 级)、偏重发生(4 级)、大发生(5 级)。第一、二、三代为主害代,其中第一代以虫株率、第二代和第三代以百株虫量为指标,各代以最终调查数据确定其发生程度。各级具体数值见表 1。

表 1　玉米螟发生程度分级指标

发生指标		发生程度级别				
		1 级	2 级	3 级	4 级	5 级
第一代	虫株率(X,%)	X≤10	10<X≤30	30<X≤50	50<X≤70	X>70
第二、三代	百株虫量(Y,头)	Y≤50	50<Y≤100	100<Y≤200	200<Y≤300	Y>300
发生面积比率(Z,%)		Z≤30	Z>30	Z>30	Z>30	Z>30

4 越冬基数调查

4.1 冬前基数调查

4.1.1 调查时间

在玉米收获后、贮存秸秆时调查一次,每年调查时间相对固定。

4.1.2 调查地点

选取玉米秸秆、穗轴等不同贮存类型且贮存量较大或集中的地点进行调查。

4.1.3 调查方法

每种贮存类型随机取样 5 点以上,每点剖查不少于 20 株(穗),检查出的总虫数不少于 20 头。剖查方法:在被害秸秆(或穗轴)蛀孔的上方或下方,用小刀划一纵向裂缝,撬开秸秆(或穗轴),将虫取出。

区别螟虫种类及每种螟虫的活、死,计数,分别计算各种螟虫的冬前百秆活虫数和幼虫死亡率。

死亡原因按真菌、细菌、蜂寄生、蝇寄生及其他等进行辨别,分别计算所占比率。

根据当地玉米秸秆、穗轴等寄主作物的贮存量,用加权平均法计算当地玉米螟冬前平均百秆活虫量。

以上结果记入玉米螟越冬基数调查表(见附录 A 表 A.1)和玉米螟冬前基数调查模式报表(见附录 B 表 B.1)。

同时选择一批含虫量大、冬季贮存安全的秸秆,按当地习惯堆存,备翌年春季调查化蛹、羽化进度用。

4.2 冬后基数调查

4.2.1 调查时间

在春季化蛹前(一代区 5 月中旬,二代区 5 月上旬,三代区 4 月下旬,四代区 3 月中旬,五、六、七代区 3 月上旬)调查一次。

4.2.2 调查地点

在冬前调查的场所进行。

4.2.3 调查方法

方法同 4.1.3,计算结果计为各种螟虫的冬后百秆活虫数、幼虫死亡率和冬后玉米螟平均百秆活虫量。

以上结果记入玉米螟越冬基数调查表(见附录 A 表 A.1)和玉米螟冬后基数调查模式报表(见附录 B 表 B.2)。

5 各代化蛹和羽化进度调查

5.1 越冬代调查

5.1.1 调查时间

在"冬后基数调查"时开始,每 5 天调查一次,化蛹率达 90% 以上时停止。

5.1.2 调查地点

在冬前选留的秸秆上进行。

5.1.3 调查方法

调查方法同 4.1.3,每次剖查的活虫不少于 30 头,检查死、活虫或蛹(壳)及其数量,按公式(1)～(3)分别计算化蛹率、羽化率和死亡率,结果记入玉米螟化蛹和羽化进度调查表(见附录 A 表 A.2)。

$$A = \frac{P + Pm}{P + Pd + Pm + L + Ld} \times 100 \quad\cdots\cdots\cdots\cdots\cdots\cdots\cdots\cdots\cdots (1)$$

$$B = \frac{Pm}{P + Pd + Pm + L + Ld} \times 100 \quad\cdots\cdots\cdots\cdots\cdots\cdots\cdots\cdots\cdots (2)$$

$$C = \frac{Pd + Ld}{P + Pd + Pm + L + Ld} \times 100 \quad\cdots\cdots\cdots\cdots\cdots\cdots\cdots\cdots (3)$$

式(1)～(3)中:

A——化蛹率,单位为百分数(%);

B——羽化率,单位为百分数(%);

C—— 死亡率,单位为百分数(%);

P——活蛹数,单位为头;

Pd——死蛹数,单位为头;

Pm——蛹壳数,单位为头;

L——活幼虫数,单位为头;

Ld——死幼虫数,单位为头。

5.2 其他各代调查

5.2.1 调查时间

在各代幼虫近老熟时开始,每5天调查一次,到羽化率达50%时停止。

5.2.2 调查地点

选择长势好、种植主栽品种的玉米田一块,作为系统调查田。

5.2.3 调查方法

采用多点取样,见玉米植株上有蛀孔时,按4.1.3述剖查方法进行,每次剖查的活虫不少于30头,检查和记载死、活虫或蛹(壳)及其数量,按公式(1)～(3)计算化蛹率、羽化率和死亡率,结果记入玉米螟化蛹和羽化进度调查表(见附录A表A.2)。

6 成虫调查

6.1 调查时间

一代区5月中旬,二代区5月上旬,三代区4月下旬,四代区3月中旬,五、六、七代区3月上旬开始,至成虫终见为止。

6.2 灯具诱测

6.2.1 调查地点和环境

在生长茂密的玉米田块附近,装设1台以20瓦黑光灯为光源的测报灯,要求其四周没有高大建筑物或树木遮挡,并远离路灯和其他光源,灯管下端与地表面垂直距离为1.5 m,每年更换一次灯管。

6.2.2 调查方法

每天检查统计灯下的玉米螟成虫雌、雄蛾数量,并注明当天20:00时的气象要素,结果记入玉米螟灯具诱测情况记载表(见附录A表A.3)。

6.3 性诱剂诱测

6.3.1 诱盆制作方法

用直径30 cm的瓷盆或塑料盆,内盛2/3容积的0.2%肥皂(或洗衣粉)水,盆口中央横挂一枚性诱剂诱芯,诱芯与水面保持2 cm～3 cm,水分不足时要及时补足,每15 d更换一次性诱剂诱芯。

6.3.2 性诱剂组分和含量

顺(Z)-十四碳烯醇乙酸酯和反(E)-12-十四碳烯醇乙酸酯,Z、E比例为3:1。每枚诱芯含有效成分1 000 μg。

6.3.3 设置地点

选择长势好、种植主栽品种的玉米田一块,在田中按三角形设置诱盆3个,各诱盆相距50 m;诱盆放置在木、竹或铁制的三角架上,高度应超过作物20 cm。

6.3.4 调查方法

每天上午检查统计诱盆中玉米螟数量,结果记入玉米螟性诱剂诱测情况记载表(见附录A表A.4)。

7 卵量调查

7.1 卵量系统调查

7.1.1 调查时间

在进行各代化蛹和羽化进度调查时,见新鲜蛹皮或灯下出现当代成虫时开始,每3 d调查一次,成虫或卵终见3 d后止。

7.1.2 调查地点

选择长势好、种植主栽品种的玉米田3块,作为系统调查田。

7.1.3 调查方法

每块田棋盘式10点取样,每点10株。初次调查时逐叶观察,尤应注意检查叶背面中脉附近,发现卵块后用记号笔标记,留待以后观察卵被寄生情况。调查时区别玉米螟正常卵块、寄生卵块和其他螟虫卵块,结果记入玉米螟田间卵量系统调查表(见附录A表A.5)。

7.2 卵孵化情况调查

7.2.1 调查时间

在各代成虫产卵盛期(卵量呈数倍突增时),逐日调查。

7.2.2 调查地点

在"7.1卵量系统调查"的系统调查田内进行。

7.2.3 调查方法

每块田随机标记10块～30块卵(不到10块时全部标记),调查卵粒数及卵的孵化、天敌寄生和捕食、脱落、干瘪等情况,按公式(4)计算孵化率,结果记入玉米螟卵孵化情况调查表(见附录A表A.6)。

卵孵化率计算公式:

$$D = \frac{Eh}{Eh + Ei + Epa + Epr + Ef + Ew} \times 100 \quad \cdots\cdots\cdots\cdots\cdots\cdots\cdots (4)$$

式中:

D——孵化率单位为百分数(%);

Eh——已孵化卵粒数单位为粒;

Ei——未孵化卵粒数单位为粒;

Epa——被寄生卵粒数单位为粒;

Epr——被捕食卵粒数单位为粒;

Ef——脱落卵粒数单位为粒;

Ew——干瘪卵粒数单位为粒。

7.3 卵量普查

7.3.1 调查时间

在系统调查田出现产卵高峰时,进行大田卵量普查。

7.3.2 调查地点

每个县(市、区)依据不同生态类型、作物布局等,选择玉米种植面积大的3个～5个乡镇开展普查,每个乡镇选择有代表性的玉米田5块～10块。

7.3.3 调查方法

每块田棋盘式10点取样,每点10株,逐叶观察,尤应注意检查叶背面中脉附近,区分正常卵块、寄生卵块和孵化卵块数等,并计算出平均百株有效(即正常)卵块数,结果记入玉米螟卵量普查表(见附录A表A.7)。

8 幼虫调查

8.1 调查时间

在各代幼虫进入老熟期分别调查一次。

8.2 调查地点

每县(市、区)依据不同生态类型、作物布局等,选择玉米种植面积大的3个～5个乡镇开展普查,每个乡镇选择有代表性的玉米田5块～10块。

8.3 调查方法

每块田采用棋盘式10点取样,每点10株。首先观察植株心叶或叶腋被害、蛀茎、折株及雌、雄穗受害状和植株表面的幼虫;再剥查被害植株心叶、叶腋和雌雄穗内幼虫,然后观察茎秆有无蛀孔,发现有蛀孔时,用小刀在蛀孔的上方或下方划一纵向裂缝,撬开茎秆将虫取出。分别判别幼虫种类、死活和数量,将结果记入玉米螟幼虫数量和为害程度调查表(见附录 A 表 A.8),以此表明当地当代发生程度、为害等情况。

9 预报方法

9.1 发生期预报

9.1.1 期距法

依据化蛹、羽化进度调查中蛹的始盛期、高峰期,按各地虫态历期来推算卵、幼虫发生和为害的始盛期、高峰期。

9.1.2 积温法

依据化蛹进度调查中蛹的始盛期、高峰期,利用玉米螟各虫态或全世代的发育起点、有效积温,结合气象预报,由有效积温公式,计算卵和幼虫发生时期。

9.2 发生程度预报

9.2.1 第一代发生程度预测

根据越冬代基数、存活率、灯下越冬代蛾量、一代发生期降水、温度等气象情况,结合玉米种植面积、品种布局及其长势,进行第一代发生程度预测。

9.2.2 第二代以后各代发生程度预测

9.2.2.1 综合分析预测

根据前一代为害的轻重、残虫量、春播与夏播种植面积、品种布局及其长势等因素,结合气象条件,预测下一代发生程度。

9.2.2.2 数理统计预测

各地可利用本地多年历史虫情、气象和栽培资料,建立预测模型,进行数理统计预报。

10 测报资料收集、汇总和汇报

10.1 资料收集

玉米、高粱栽培面积和其主要栽培品种,玉米播种期和各期播种的玉米面积;当地气象台(站)主要气象要素的预测值和实测值。

10.2 测报资料汇总

对玉米螟发生期和发生量进行统计汇总,记载玉米种植和玉米螟发生及防治情况,总结发生特点,进行原因分析,记入玉米螟发生防治基本情况记载表(见附录 A 表 A.9)。

10.3 测报资料汇报

全国区域性测报站每年定时填写玉米螟测报模式报表(见附录 B),报上级测报部门。

附　录　A

（规范性附录）

农作物病虫调查资料表

玉　米　螟

（　　年）

测报站名＿＿＿＿＿＿＿＿＿＿盖章

站　　址＿＿＿＿＿＿＿＿＿

（北纬：＿＿＿东经：＿＿＿海拔：＿＿＿）

测 报 员＿＿＿＿＿＿＿＿

负 责 人＿＿＿＿＿＿＿＿

全国农业技术推广服务中心编制

表 A.1 玉米螟越冬基数调查表

调查日期	调查地点	寄主种类	调查秆数	玉米螟		高粱条螟		桃蛀螟		百秆活虫			死亡率(%)			三种螟虫死亡原因					玉米螟平均百秆活虫量(头)	备注
				活虫数(头)	死虫数(头)	活虫数(头)	死虫数(头)	活虫数(头)	死虫数(头)	玉米螟(头)	高粱条螟(头)	桃蛀螟(头)	玉米螟(%)	高粱条螟(%)	桃蛀螟(%)	真菌寄生率(%)	细菌寄生率(%)	蜂寄生率(%)	蝇寄生率(%)	其他(%)		
		⋮																		⋮		

注:一般虫体僵硬、外有白色或绿色粉状物为真菌寄生;虫体发黑、软腐为细菌寄生;出现丝质茧为蜂寄生,出现蝇蛹为蝇寄生。

表 A.2 玉米螟化蛹和羽化进度调查表

调查日期	调查地点	代别	调查虫数(头)					化蛹率(%)	羽化率(%)	死亡率(%)	备注
			活虫	死虫	活蛹	死蛹	蛹壳				
		⋮							⋮		

表 A.3 玉米螟灯具诱测情况记载表

调查日期	调查地点	代别	灯下成虫数量(头)				20:00 气象情况	备注
			雌蛾	雄蛾	合计	累计		
		⋮				⋮		

表 A.4 玉米螟性诱剂诱测情况记载表

调查日期	调查地点	代别	成虫诱测数量（头）						备注
			盆1	盆2	盆3	合计	平均	累计	
		⋮					⋮		

表 A.5 玉米螟卵量系统调查表

调查日期	调查地点	寄主作物	品种	播期	生育期	代别	调查株数（株）	玉米螟		其他螟虫卵块数（块/百株）	备注
								正常卵块数（块/百株）	寄生卵块数（块/百株）		
		⋮						⋮			

注：目测半数以上卵粒被寄生者即为寄生卵块，不足半数的则为正常卵块。

表 A.6 玉米螟卵孵化情况调查表

调查日期	调查地点	代别	卵块号	卵粒数（粒）	孵化卵粒数（粒）	寄生卵粒数（粒）	被捕食卵粒数（粒）	脱落卵粒数（粒）	干瘪卵粒数（粒）	孵化率（％）	备注
		⋮							⋮		

表 A.7 玉米螟卵量普查表

调查日期	调查地点	类型田	品种	播期	生育期	代别	调查株数（株）	卵块数（块）			平均百株有效卵块数（块）	备注
								正常卵块	寄生卵块	孵化卵块		
		⋮								⋮		

表 A.8 玉米螟幼虫数量和为害调查表

调查日期	调查地点	寄主作物	生育期	代别	调查株数	植株受害情况										幼虫数（头/百株）						备注
						受害株数	虫株率(%)	心叶、叶腋被害		蛀茎		折株		雌、雄穗被害		玉米螟		高粱条螟		桃蛀螟		
								(株)	(%)	(株)	(%)	(株)	(%)	(株)	(%)	活	死	活	死	活	死	
		⋮																		⋮		

表 A.9 玉米螟发生防治基本情况记载表

耕地面积_____hm²	

玉米播种面积_____hm²　　其中:春播玉米_____hm²，　夏播玉米_____hm²
玉米主栽品种_____

发生面积累计_____hm²　　发生程度_____级
其中:_____代_____hm²_____级;　　_____代_____hm²_____级;
　　　_____代_____hm²_____级;　　_____代_____hm²_____级;
　　　_____代_____hm²_____级;　　_____代_____hm²_____级;

防治面积累计_____hm²，　占发生面积_____%
其中:_____代_____hm²;　　_____代_____hm²;
　　　_____代_____hm²;　　_____代_____hm²;
　　　_____代_____hm²;　　_____代_____hm²。
挽回损失_____t;　　实际损失_____t。

简述发生概况和特点:

附 录 B

（规范性附录）
玉米螟测报模式报表

表 B.1 玉米螟冬前基数模式报表（MDYMA）

要求汇报时间：11 月 30 日前

序号	编报内容	报表程序
1	报表代码	（MDYMA）
2	调查日期	
3	调查乡镇数（个）	
4	调查总秆数（秆）	
5	平均百秆活虫数（头/百秆）	
6	平均百秆活虫最高数值和年份（头，年）	
7	平均百秆活虫数比最高年份数量增减比率（±%）	
8	平均百秆活虫数比历年平均值增减比率（±%）	
9	越冬幼虫因寄生菌致病死亡率（%）	
10	越冬幼虫因寄生蜂（蝇）寄生死亡率（%）	
11	越冬幼虫死亡率（%）	
12	越冬幼虫死亡率比历年平均值增减比率（±%）	
13	越冬幼虫死亡率比上年值增减比率（±%）	
14	秸秆贮存量比历年平均值增减比率（±%）	
15	预计一代玉米螟发生程度	
16	编报单位	

表 B.2 玉米螟冬后基数模式报表（MOYMA）

要求汇报时间：5 月 20 日前

序号	编报内容	报表程序
1	报表代码	（MOYMA）
2	调查日期	
3	春玉米播种面积（hm²）	
4	春玉米播种面积比历年平均值增减比率（±%）	
5	调查乡镇数（个）	
6	调查总秆数（秆）	
7	平均百秆活虫数（头）	
8	平均百秆活虫数比历年平均值增减比率（±%）	
9	平均百秆活虫数比上年值增减比率（±%）	
10	越冬幼虫死亡率（%）	
11	越冬幼虫死亡率比历年平均值增减比率（±%）	
12	越冬幼虫死亡率比上年值增减比率（±%）	
13	平均化蛹率（%）	
14	预计成虫羽化盛期（月/日～月/日）	
15	成虫羽化高峰期比历年平均值早晚天数（±天）	
16	预计一代发生面积比率	
17	预计一代发生程度	
18	预测防治适期（月/日～月/日）	
19	编报单位	

表 B.3 ____代玉米螟发生情况模式报表(**MGYMA**)

要求汇报时间:第一代于 7 月 10 日前,第二代于 8 月 10 日前,第三代于 9 月 10 日前

序号	编报内容	报表程序
1	报表代码	(MGYMA)
2	调查日期	
3	代别	
4	灯诱累计成虫量(头/只)	
5	灯诱累计成虫量比历年平均值增减比率(±%)	
6	灯诱累计成虫量比上年增减比率(±%)	
7	测诱剂诱测累计成虫量(头/枚)	
8	测诱剂诱测累计成虫量比历年平均值增减比率(±%)	
9	测诱剂诱测灯诱累计成虫量比上年增减比率(±%)	
10	平均百株有效卵块数(块)	
11	百株有效卵块数比历年平均值增减比率(±%)	
12	百株有效卵块数比上年值增减比率(±%)	
13	平均百株活虫数(头)	
14	平均百株活虫数比历年平均值增减比率(±%)	
15	平均百株活虫数比上年值增减比率(±%)	
16	预计化蛹盛期(月/日)	
17	化蛹盛期比历年平均值早晚天数(±天)	
18	预计成虫羽化盛期(月/日)	
19	成虫羽化盛期比历年平均值早晚天数(±天)	
20	预计下代发生面积比率(%)	
21	预计下代发生程度	
22	预测卵高峰期(月/日～月/日)	
23	编报单位	
注:MGYMA 中的 G 分别注为 1、2、3,表示第一代、第二代、第三代		

ICS 33.160
B 16

中华人民共和国农业行业标准

NY/T 1612—2008

农作物病虫电视预报节目制作技术规范

Rules for programing technology of the crop pest TV-froecasting

2008-05-16 发布

2008-07-01 实施

中华人民共和国农业部 发布

NY/T 1612—2008

前　言

本标准附录 A 为规范性附录。

本标准由中华人民共和国农业部提出并归口。

本标准主要起草单位:全国农业技术推广服务中心。

本标准主要起草人:张跃进、夏冰、徐荣钦、曾娟。

农作物病虫电视预报节目制作技术规范

1 范围

本规范规定了农作物病虫电视预报节目制作的硬件、软件、节目结构、发生区域的划分、发生程度的表示、地图及发生区域颜色和播出质量要求。

本规范适用于制作农作物病虫电视预报节目。

2 规范性引用文件

下列文件中的条款通过本标准的引用而成为本标准的条款。凡是注日期的引用文件,其随后所有的修改单(不包括勘误的内容)或修订版均不适用于本标准,然而,鼓励根据本标准达成协议的各方研究是否可使用这些文件的最新版本。凡是不注日期的引用文件,其最新版本适用于本标准。

GB 7401 彩色电视图像质量主观评价方法

GY/T 120 电视节目带技术质量检验方法

3 硬件

3.1 计算机

INTEL P4 CPU(中央处理器)3.0 G(2 个),80 G 系统硬盘,200 G 存储硬盘,1 G 或 512 M×2 内存,128 M 显卡,双显示器,PCI 声卡及高于此配置的计算机。

3.2 非线性编辑卡

专业级以上(含专业级)非线性编辑卡。有 AV、S - VIDEO、DV、分量输入输出接口,PAL 制式720×576 dpi 以上分辨率。

3.3 摄像机

专业级以上(含专业级)模拟摄像机或数码摄像机,数码摄像机要求:3CCD、500 线清晰度、IEEE 1394 数码输出/输入、分量或复合输入输出接口。

3.4 数码相机

精度在 500 万像素以上。

3.5 录像机

专业级以上(含专业级)模拟录像机或数码编辑录像机。

3.6 扫描仪

36 位色深输入,光学分辨率在 600×1 200 dpi 以上的扫描仪。

3.7 其他设备

标准彩色监视器、刻录机、三角架、显微拍摄设备、录音设备等。

4 软件

4.1 图形图像处理软件

Photoshop、Illustrator、Coredraw、Freehand 等。

4.2 非线编软件

Premiere、After Effects、Combustion V3 及其非线性编辑卡厂家提供的配套编辑软件等。

4.3 其他软件

三维字体、动画制作软件、文字编辑软件、效果合成软件、图文制作软件、字幕插件、播放软件等。

5 节目结构

5.1 片头

片头是电视预报节目的起始部分,包含"农作物病虫预报"七个字和预报发布单位全称。文字以黑体、隶书、楷体等主流字体及其行书为主,"农作物病虫预报"七个字大小适宜、清晰醒目。节目片头相对长期固定。

5.2 概述

概述紧接片头,结合气象条件、作物生育期、作物长势、病虫基数等因素综合分析,对病虫害的发生动态、发生特点做简短概括。

5.3 预报内容

预报内容是电视预报节目的主体部分,对病虫做长、中、短期预报,包括以下信息:病虫害种类特征、发生规律、危害症状、发生区域、受害作物生长发育状况、预计发生程度和危害盛期等文字及图片信息。

5.3.1 长期预报

主要对重大病虫的发生趋势进行长期预测。背景以单色调或经过模糊处理的地图、农作物图片为主,前景为病虫害特征、危害特征图片或动态素材。长期预报以预报病虫发生程度、发生区域和发生面积为主。

5.3.2 中期、短期预报

以预报重大病虫害发生危害时期、发生区域和发生程度为主,画面包含病虫害特征或危害特征图片或动态素材、反映发生区域的地图、发生危害时期的文字或配音信息。

5.4 防治意见

对预报病虫害提出合理防治指导意见,包括防治时期、防治措施等。

5.4.1 病虫害的防治时期

明确提出病虫害防治的时间范围。与作物物候特征关联紧密的病虫害,要提及物候特征。

5.4.2 病虫害的防治措施

针对预报病虫,推荐2~3种防治措施和技术,包括农业、物理、生物、化学等防治技术。化学防治应推荐高效低毒安全农药品种、农药用量或使用倍数、适宜的施药方法。画面显示规范的防治操作。

5.5 片尾

片尾是电视预报节目的结尾部分,包括预报单位、制作单位、协助制作单位、编导、策划、制作人员和制作时间等。

以上内容以字幕形式表现出来。

5.6 配音

5.6.1 解说词

简洁、准确、通俗、易懂。

5.6.2 片头音乐

音乐节奏明快,为标志性音乐,相对长期固定。

5.6.3 背景音乐

以轻音乐为主,声强适度,不能影响主体配音。

5.6.4 播音

宜用普通话,音量正常、音质丰满、清晰柔和。少数民族地区可用当地主要民族语言播、配音。

6 发生区域的划分

以本行政区域惯用的地理行政区划为预报的基本单位。受气象、自然地理条件影响较大的病虫,可根据病虫发生特点划分区域。

7 发生程度的表示

病虫发生程度分五级:轻发生(1级)、偏轻发生(2级)、中等发生(3级)、偏重发生(4级)、大发生(5级)。

8 地图及发生区域颜色

8.1 地图底色

地图的底色以绿色为主色调,用到杂化、渐变、灯光、阴影等特技效果时,不能改变地图的主色调。

8.2 发生区域的颜色

预报区域发生程度通过颜色加以区别。具体规定如下:轻发生程度的区域用与地图底色接近的颜色表示,偏轻发生程度的区域用绿色(RGB 值分别为 51、204、51)表示,中等发生程度的区域用黄色(RGB 值分别为 240、240、20)表示,偏重发生程度的区域用橙色(RGB 值分别为 240、110、20)表示,大发生程度的区域用红色(RGB 值分别为 210、0、0)表示。

9 播出质量要求

电视预报节目按照附录 A 进行技术质量分级,凡评定在 3 级以上(含 3 级)的节目磁带为技术质量合格磁带,3 级以下(不含 3 级)的磁带为不合格磁带,禁止播出。

附 录 A

（规范性附录）

农作物病虫电视预报节目质量分级

农作物病虫电视预报节目质量的分级评定由客观检测结果和对图像、声音的主观评价结构结合组成，客观检测按 GY/T 120 标准进行，主观评价参照 GB 7401 标准进行。

A.1 客观检测评定要求

A.1.1 噪声：本底噪声电平低于—50 dB，节目磁带无异常杂音。

A.1.2 抖晃：声音平稳，无抖晃感觉。

A.1.3 声道平衡：左右声道平衡，一致性好（特殊效果除外）。

A.1.4 声道相位：节目相位符合要求，相关系数一般在 0.5～0.7 之间。

A.1.5 声像：声像分布连续，构图合理，声像定位明确不漂移（特殊效果除外），节目空间感真实、得体，宽度与纵深感适度。

A.2 分级指标

A.2.1 5 级：客观检测的各项视、音频信号等指标均符合评定要求。画面清晰，亮暗层次分明，色彩柔和逼真；察觉不到有杂波或干扰。音量正常，音质丰满、清晰柔和，有临场感；察觉不到有失真或干扰。

A.2.2 4 级：客观检测的各项视、音频信号等指标其本符合评定要求。画面清晰，亮暗层次分明，色彩柔和；偶然有短时间轻微干扰，稍有可觉察的杂波。音量正常，音质丰满清晰，有临场感；稍有可察觉失真或干扰。

A.2.3 3 级：客观检测的视、音频信号等指标基本符合评定要求，个别指标不合要求但尚可接受。画面较清晰，局部有时出现亮暗层次模糊、高亮点闪烁、拉道、画面抖晃，短时间内色调较明显不正常、色镶边或瞬间有变色、编辑点闪跳等现象。但总体来看图像质量尚可接受，允许一次偶有几帧受干扰，但画面不乱；可见明显的信号失落、杂波。音量基本正常，短时间内出现较明显的音量过大、过小；颤抖、失真、背景噪声较大或时间变调等现象。

A.2.4 2 级：客观检测的视、音频信号等指标明显不符合评定要求，或个别指标严重不符合要求。画面清晰度差，层次模糊，颜色浅淡，一段时间内画面出现扭动、滚跳、拉道、撕裂，色调不正，严重白限幅，高亮度区闪烁、白区边缘拉黑道，短时间内或偶然的较长时间出现干扰以至画面紊乱；有明显的信号失落或杂波等；编辑点处出现少缺或多余画面；节目中出现短时间的彩条或黑画面。音量过大或过小，一段时间内出现声音的时断时续、忽大忽小、失真、变调、噪声过大等现象；编辑点处出现声音被抹或重复；节目中声道分配不符合规定。

A.2.5 1 级：节目图像、声音质量低劣，较长时间存在严重干扰，画面连续抖晃、滚跳，声音失真刺耳。

ICS 13.080.05
B 11

中华人民共和国农业行业标准

NY/T 1613—2008

土壤质量 重金属测定
王水回流消解原子吸收法

Soil quality–Analysis of soil heavy metals–atomic absorption
spectrometry with aqua regia digestion

2008-05-16 发布

2008-07-01 实施

中华人民共和国农业部 发布

前　言

本标准由中华人民共和国农业部提出并归口。

本标准起草单位:农业部环境保护科研监测所。

本标准主要起草人:刘凤枝、蔡彦明、刘岩、刘铭、徐亚平、杨艳芳、战新华。

土壤质量　重金属测定　王水回流消解原子吸收法

1　范围

本标准规定了土壤中铜、锌、镍、铬、铅和镉的王水回流消解原子吸收测定方法。

本标准适用于土壤中铜、锌、镍、铬、铅和镉的测定。土壤中的铜、锌、镍、铬适用于火焰原子吸收法；土壤中铅含量在 25 mg/kg 以上适用于火焰原子吸收法，铅含量在 25 mg/kg 以下适用于石墨炉原子吸收法；土壤中镉含量在 5 mg/kg 以上适用于火焰原子吸收法，镉含量在 5 mg/kg 以下适用于石墨炉原子吸收法。

本标准方法检出限为 Cu 2 mg/kg、Zn 0.4 mg/kg、Ni 2 mg/kg、Cr 5 mg/kg、Pb 5 mg/kg（火焰法）、Cd 0.2 mg/kg（火焰法）、Pb 0.1 mg/kg（石墨炉法）、Cd 0.01 mg/kg（石墨炉法）。

2　原理

试样经消化处理后，在特制的铜、锌、镍、铬、铅和镉的空心阴极灯照射下，气态中的基态金属原子吸收特定波长的辐射能量而跃迁到较高能级状态，光路中基态原子的数量越多，对其特征辐射能量的吸收就越大，与该原子的密度成正比，最后根据标准系列进行定量计算。

3　试剂

本标准所使用的试剂除另有说明外，均为分析纯的试剂，试验用水为符合 GB/T 6682 中规定的一级水。

3.1　盐酸（HCl）：$\rho=1.19$ g/mL，优级纯。

3.2　硝酸（HNO₃）：$\rho=1.42$ g/mL，优级纯。

3.3　硝酸溶液（1+1）：用硝酸（3.2）配制。

3.4　硝酸溶液（体积分数为 3%）：用硝酸（3.2）配制。

3.5　硝酸溶液（体积分数为 0.2%）：用硝酸（3.2）配制。

3.6　王水：取 3 份盐酸（3.1）与 1 份硝酸（3.2），充分混合均匀。

3.7　铜标准贮备溶液（1 000 mg/L）：称取 1.000 0 g（精确至 0.000 2 g）光谱纯金属铜于 50 mL 烧杯中，加入 20 mL 硝酸溶液（3.3）微热，待完全溶解后，冷却，转至 1 000 mL 容量瓶中，用水定容至标线，摇匀（有条件的单位可以到国家认可的部门直接购买标准贮备溶液）。

3.8　锌标准贮备溶液（1 000 mg/L）：称取 1.000 0 g（精确至 0.000 2 g）光谱纯金属锌粒于 50 mL 烧杯中，加入 20 mL 硝酸溶液（3.3）微热，待完全溶解后，冷却，转至 1 000 mL 容量瓶中，用水定容至标线，摇匀（有条件的单位可以到国家认可的部门直接购买标准贮备溶液）。

3.9　镍标准贮备溶液（1 000 mg/L）：称取 1.000 0 g（精确至 0.000 2 g）光谱纯镍粉于 50 mL 烧杯中，加入 20 mL 硝酸溶液（3.3）微热，待完全溶解后，冷却，转至 1 000 mL 容量瓶中，用水定容至标线，摇匀（有条件的单位可以到国家认可的部门直接购买标准贮备溶液）。

3.10　铬标准贮备溶液（1 000 mg/L）：准确称取 0.282 9 g 基准重铬酸钾（120℃烘干恒重），用少量水溶解后全量转移入 100 mL 容量瓶中，用水定容至标线，摇匀（有条件的单位可以到国家认可的部门直接购买标准贮备溶液）。

3.11　铅标准贮备溶液（500 mg/L）：称取 0.500 0 g（精确至 0.000 2 g）光谱纯金属铅于 50 mL 烧杯中，加入 20 mL 硝酸溶液（3.3）微热，待完全溶解后，冷却，转至 1 000 mL 容量瓶中，用水定容至标线，摇匀

（有条件的单位可以到国家认可的部门直接购买标准贮备溶液）。

3.12 镉标准贮备溶液（500 mg/L）：称取 0.500 0 g（精确至 0.000 2 g）光谱纯金属镉于 50 mL 烧杯中，加入 20 mL 硝酸溶液（3.3）微热，待完全溶解后，冷却，转至 1 000 mL 容量瓶中，用水定容至标线，摇匀（有条件的单位可以到国家认可的部门直接购买标准贮备溶液）。

3.13 铜标准工作溶液（20 mg/L）：吸取 1 000 mg/L 铜标准贮备液（3.7），用硝酸溶液（3.4）逐级稀释至 20 mg/L，此溶液作为铜的标准工作液。

3.14 锌标准工作溶液（10 mg/L）：吸取 1 000 mg/L 锌标准贮备液（3.8），用硝酸溶液（3.4）逐级稀释至 10 mg/L，此溶液作为锌的标准工作液。

3.15 镍标准工作溶液（50 mg/L）：吸取 1 000 mg/L 镍标准贮备液（3.9），用硝酸溶液（3.4）逐级稀释至 50 mg/L，此溶液作为镍的标准工作液。

3.16 铬标准工作溶液（50 mg/L）：吸取 1 000 mg/L 铬标准贮备液（3.10），用硝酸溶液（3.4）逐级稀释至 50 mg/L，此溶液作为铬的标准工作液。

3.17 铅标准工作溶液（50 mg/L）（火焰法）：吸取 1 000 mg/L 铅标准贮备液（3.11），用硝酸溶液（3.4）逐级稀释至 50 mg/L，此溶液作为铅的标准工作液。

3.18 镉标准工作溶液（10 mg/L）（火焰法）：吸取 1 000 mg/L 镉标准贮备液（3.12），用硝酸溶液（3.4）逐级稀释至 10 mg/L，此溶液作为镉的标准工作液。

3.19 铅标准工作溶液（0.25 mg/L）（石墨炉法）：吸取 1 000 mg/L 铅标准贮备液（3.11），用硝酸溶液（3.4）逐级稀释至 0.25 mg/L，此溶液作为铅的标准工作液，临用前配制。

3.20 镉标准工作溶液（0.05 mg/L）（石墨炉法）：吸取 1 000 mg/L 镉标准贮备液（3.12），用硝酸溶液（3.4）逐级稀释至 0.05 mg/L，此溶液作为镉的标准工作液，临用前配制。

4 仪器和设备

4.1 原子吸收分光光度计。

4.2 铜、锌、镍、铬、镉、铅空心阴极灯。

4.3 空气压缩机，应备有除水、除油和除尘装置。

5 分析步骤

5.1 试液的制备

5.1.1 锥形瓶的预处理：量取 15 mL 王水加入 100 mL 锥形瓶中，加 3～4 粒小玻璃珠，盖上干净表面皿，在电热板上加热到明显微沸，让王水蒸汽浸润整个锥形瓶内壁，约 30 min，冷却，用纯水洗净锥形瓶内壁待用。

5.1.2 试样消解

5.1.2.1 准确称取约 1 g（精确至 0.000 2 g）通过 0.149 mm 孔径筛的土壤样品，加少许蒸馏水润湿土样，加 3 粒～4 粒小玻璃珠。

5.1.2.2 加入 10 mL 硝酸溶液（3.2），浸润整个样品，电热板上微沸状态下加热 20 min（硝酸与土壤中有机质反应后剩余部分约 6 mL～7 mL，与下一步加入 20 mL 盐酸仍大约保持王水比例）。

5.1.2.3 加入 20 mL 盐酸（3.1），盖上表面皿，放在电热板上加热 2 h，保持王水处于明显的微沸状态（即可见到王水蒸汽在瓶壁上回流，但反应又不能过于剧烈而导致样品溢出）。

5.1.2.4 移去表面皿，赶掉全部酸液至湿盐状态，加 10 mL 水溶解，趁热过滤至 50 mL 容量瓶中定容。

5.2 空白试验

采用与 5.1 相同的试剂和步骤，每批样品至少制备 2 个以上空白溶液。

5.3 标准曲线

5.3.1 铜的标准曲线:分别吸取 0.00,0.50,1.00,1.50,2.00,2.50 mL 铜标准工作液(3.13)于 50 mL 容量瓶中。用硝酸溶液(3.5)稀释至刻度,摇匀。此标准系列相当于铜的质量浓度分别为 0.00,0.20, 0.40,0.60,0.80,1.00 mg/L,适用一般样品测定。

5.3.2 锌的标准曲线:分别吸取 0.00,1.00,2.00,3.00,4.00,5.00 mL 锌标准工作液(3.14)于 50 mL 容量瓶中。用硝酸溶液(3.5)稀释至刻度,摇匀。此标准系列相当于锌的质量浓度分别为 0.00,0.20, 0.40,0.60,0.80,1.00 mg/ L,适用一般样品测定。

5.3.3 镍的标准曲线:分别吸取 0.00,0.20,0.40,0.60,0.80,1.00 mL 镍标准工作液(3.15)于 50 mL 容量瓶中。用硝酸溶液(3.5)稀释至刻度,摇匀。此标准系列相当于镍的质量浓度分别为 0.00,0.20, 0.40,0.60,0.80,1.00 mg/L,适用一般样品测定。

5.3.4 铬的标准曲线:分别吸取 0.00,0.50,1.00,2.00,3.00,4.00 mL 铬标准工作液(3.16)于 50 mL 容量瓶中。用硝酸溶液(3.5)稀释至刻度,摇匀。此标准系列相当于铬的质量浓度分别为 0.00,0.05, 1.00,2.00,3.00,4.00 mg/L,适用一般样品测定。

5.3.5 铅的标准曲线(火焰法):分别吸取 0.00,0.50,1.00,2.00,3.00,5.00 mL 铅标准工作液(3.17) 于 50 mL 容量瓶中。用硝酸溶液(3.5)稀释至刻度,摇匀。此标准系列相当于铅的质量浓度分别为 0.00,0.50,1.00,2.00,3.00,5.00 mg/L,适用一般样品测定。

5.3.6 镉的标准曲线(火焰法):分别吸取 0.00,0.50,1.00,2.00,3.00,5.00 mL 镉标准工作液(3.18) 于 50 mL 容量瓶中。用硝酸溶液(3.5)稀释至刻度,摇匀。此标准系列相当于镉的质量浓度分别为 0.00,0.10,0.20,0.40,0.60,1.00 mg/L,适用一般样品测定。

5.3.7 铅的标准曲线(石墨炉法):分别吸取 0.00,0.50,1.00,2.00,3.00,5.00 mL 铅标准工作液 (3.19)于 50 mL 容量瓶中。用硝酸溶液(3.5)稀释至刻度,摇匀。此标准系列相当于铅的质量浓度分别 为 0.00,2.50,5.00,10.00,15.00,25.00 μg/L,适用一般样品测定(带自动进样器的,标准曲线可由仪 器自行完成)。

5.3.8 镉的标准曲线(石墨炉法):分别吸取 0.00,0.50,1.00,2.00,3.00,5.00 mL 镉标准工作液 (3.20)于 50 mL 容量瓶中。用硝酸溶液(3.5)稀释至刻度,摇匀。此标准系列相当于镉的质量浓度分别 为 0.00,0.50,1.00,2.00,3.00,5.00 μg/L,适用一般样品测定(带自动进样器的,标准曲线可由仪器自 行完成)。

5.4 仪器参考条件

5.4.1 铜、锌、镍、铬、铅、镉火焰原子吸收法仪器参考条件,见表1。

表 1 火焰原子吸收法仪器参考条件

元素	Cu	Zn	Cr	Ni	Pb	Cd
测定波长/nm	324.8	213.9	357.9	232.0	283.3	228.8
通带宽度/nm	1.3	1.3	0.7	0.2	1.3	1.3
灯电流/mA	7.5	7.5	7.0	7.5	7.5	7.5
测量方法	标准曲线					
火焰性质	空气—乙炔火焰,Cr用还原性,其他用氧化性					

5.4.2 铅、镉石墨炉原子吸收法仪器参考条件,见表2。

NY/T 1613—2008

表 2　石墨炉原子吸收法仪器参考条件

元素	Pb	Cd	元素	Pb	Cd
测定波长/nm	283.3	228.8	原子化/(℃/s)	2 000/5	1 500/5
通带宽度/nm	1.3	1.3	清除/(℃/s)	2 700/3	2 600/3
灯电流/mA	7.5	7.5	原子化阶段是否停气	是	是
干燥/(℃/s)	80~100/20	85~100/20			
灰化/(℃/s)	700/20	500/20	进样量/μL	10	10

5.5 测定

将仪器调至最佳工作条件,上机测定,测定顺序为先标准系列各点,然后样品空白、试样。

6 结果表示

6.1 火焰法测定土壤样品中铜、锌、镍、铬、铅、镉含量,以质量分数 W 计,数值以毫克每千克(mg/kg)表示,按公式(1)计算:

$$W = \frac{(\rho - \rho_0) \times V}{m} \quad\text{......} \quad (1)$$

式中:

ρ——从校准曲线上查得铜、锌、镍、铬、铅、镉的质量浓度,单位为毫克每升(mg/L);

ρ_0——试剂空白溶液的质量浓度,单位为毫克每升(mg/L);

V——样品消解后定容体积,单位为毫升(mL);

m——试样重量,单位为克(g);

重复试验结果以算术平均值表示,保留 3 位有效数字。

6.2 石墨炉法测定土壤样品中铅、镉含量,以质量分数 W 计,数值以毫克每千克(mg/kg)表示,按公式(2)计算:

$$W = \frac{(\rho - \rho_0) \times V}{m \times 1\,000} \quad\text{......} \quad (2)$$

式中:

ρ——从校准曲线上查得铅、镉的质量浓度,单位为微克每升(μg/L);

ρ_0——试剂空白溶液的质量浓度,单位为微克每升(μg/L);

V——样品消解后定容体积,单位为毫升(mL);

m——试样重量,单位为克(g);

1 000——将 μg 换算为 mg 的系数。

重复试验结果以算术平均值表示,保留 3 位有效数字。

7 精密度

土壤监测平行双样测定值的精密度和准确度允许误差参照 NY/T 395 农田土壤环境质量监测技术规范中的规定。

本方法测定土壤标准物质中铜、锌、镍、铬、铅、镉的精密度见表 3。

表3 方法的精密度

元素	实验室数	土壤标样	全消解保证值 mg/kg	王水消解法总均值 mg/kg	室内相对标准偏差 %	室间相对标准偏差 %
Cd	7	Ess-1	0.083±0.011	0.079	6.7	7.8
	6	Ess-2	0.041±0.011	0.040	9.9	12
	6	Ess-3	0.044±0.014	0.042	4.7	4.9
	7	Ess-4	0.083±0.008	0.075	8.1	8.9
	7	Gss-2	0.071±0.009	0.064	5.1	6.6
	7	Gss-3	0.059±0.009	0.051	8.9	9.9
	5	Gss-7	0.080±0.014	0.069	7.3	9.2
	6	Gss-8	0.13±0.02	0.12	9.9	11
Pb	9	Ess-1	23.6±1.2	17.8	12	17
	9	Ess-2	24.6±1.0	20.1	17	19
	9	Ess-3	33.3±1.3	28.7	8.6	11
	8	Ess-4	22.6±1.7	18.0	12	16
	8	Gss-2	20.2±1.0	13.4	10	11
	8	Gss-3	26±2	15.5	13	16
	6	Gss-7	13.6±1.2	12.9	11	14
	7	Gss-8	21±1	15.5	9.7	11
Cu	11	Ess-1	20.9±0.8	19.1	6.4	9.1
	10	Ess-2	27.6±0.5	26.6	4.8	6.2
	10	Ess-3	29.4±1.6	27.2	6.8	6.9
	9	Ess-4	26.3±1.7	25.0	6.4	7.5
	9	Gss-2	16.3±0.4	15.4	5.6	6.2
	10	Gss-3	11.4±0.4	10.4	7.6	7.9
	9	Gss-7	97±2	95.9	2.8	3.1
	10	Gss-8	24.3±0.5	22.6	5.0	8.4
Zn	10	Ess-1	55.2±3.4	52.5	3.6	6.4
	10	Ess-2	63.5±3.5	61.6	3.3	5.0
	10	Ess-3	89.3±4.0	87.2	3.2	3.5
	10	Ess-4	69.1±3.5	65.3	4.9	5.7
	10	Gss-2	42.3±1.2	40.7	4.9	7.4
	11	Gss-3	31.4±1.1	27.6	12	13
	9	Gss-7	142±5	132	4.5	5.3
	9	Gss-8	68±2	64.1	4.7	5.3
Ni	11	Ess-1	29.6±1.8	28.0	8.5	12
	11	Ess-2	33.6±1.6	32.5	8.8	12
	11	Ess-3	33.7±2.1	32.5	10	10
	10	Ess-4	32.8±1.7	31.8	8.6	11
	11	Gss-2	19.4±0.5	18.6	10	13
	11	Gss-3	12.2±0.4	10.8	15	18
	9	Gss-7	276±6	265	4.8	7.3
	10	Gss-8	31.5±0.7	30.3	9.3	13
Cr	11	Ess-1	57.2±4.2	33.2	16	19
	11	Ess-2	75.9±4.6	42.0	18	23
	11	Ess-3	98.0±7.1	51.9	16	20
	10	Ess-4	70.4±4.9	38.1	20	23
	11	Gss-2	47±2	31.1	16	20
	11	Gss-3	32±2	16.3	22	28
	9	Gss-7	410±9	204	13	27
	9	Gss-8	68±2	37.6	18	20

8 王水消解法对土壤标准物质中重金属定值结果

本标准对土壤标准物质中重金属(Cu、Zn、Ni、Cr、Cd、Pb)定值结果见表4。

表4 王水消解法对土壤标准物质中重金属(Cu、Zn、Ni、Cr、Cd、Pb)定值结果

标准物质	元素	实验室数	定值结果 mg/kg	室内相对标准偏差 %	室间相对标准偏差 %
Ess1	Cu	11	19.1±3.5	6.4	9.1
	Zn	10	52.5±6.7	3.6	6.4
	Ni	11	28.0±6.5	8.5	12
	Cr	11	33.2±12.7	16	19
	Cd	7	0.079±0.012	6.7	7.8
	Pb	9	17.8±6.2	12	17
Ess2	Cu	10	26.6±3.3	4.8	6.2
	Zn	10	61.6±6.1	3.3	5.0
	Ni	11	32.5±7.5	8.8	12
	Cr	11	42.0±19.4	18	23
	Cd	6	0.040±0.010	9.9	12
	Pb	9	20.1±7.6	17	19
Ess3	Cu	10	27.2±3.8	6.8	6.9
	Zn	10	87.2±6.1	3.2	3.5
	Ni	11	32.5±6.7	10	10
	Cr	11	51.9±20.8	16	20
	Cd	6	0.042±0.004	4.7	4.9
	Pb	9	28.7±6.4	8.6	11
Ess4	Cu	9	25.0±3.8	6.4	7.5
	Zn	10	65.3±7.4	4.9	5.7
	Ni	10	31.8±7.2	8.6	11
	Cr	10	38.1±17.3	20	23
	Cd	7	0.075±0.014	8.1	8.9
	Pb	8	18.0±5.7	12	16
Gss2	Cu	9	15.4±1.9	5.6	6.2
	Zn	10	40.7±6.1	4.9	7.4
	Ni	11	18.6±4.9	10	13
	Cr	11	31.1±12.4	16	20
	Cd	7	0.064±0.008	5.1	6.6
	Pb	8	13.4±3.1	10	11
Gss3	Cu	10	10.4±1.6	7.6	7.9
	Zn	11	27.6±7.2	12	13
	Ni	11	10.8±3.9	15	18
	Cr	11	16.3±9.1	22	28
	Cd	7	0.051±0.010	8.9	9.9
	Pb	8	15.5±5.1	13	16
Gss7	Cu	9	95.9±5.9	2.8	3.1
	Zn	9	132±14	4.5	5.3
	Ni	9	265±39	4.8	7.3
	Cr	9	204±109	13	27
	Cd	5	0.069±0.012	7.3	9.2
	Pb	6	12.9±3.8	11	14

表 4（续）

标准物质	元素	实验室数	定值结果 mg/kg	室内相对 标准偏差 %	室间相对 标准偏差 %
Gss8	Cu	10	22.6±3.8	5.0	8.4
	Zn	9	64.1±6.8	4.7	5.3
	Ni	10	30.3±7.9	9.3	13
	Cr	9	37.6±15.4	18	20
	Cd	6	0.12±0.02	9.9	11
	Pb	7	15.5±3.4	9.7	11

ICS 65.020
B 17

中华人民共和国农业行业标准

NY 1614—2008

农田灌溉水中4-硝基氯苯、2,4-二硝基氯苯、邻苯二甲酸二丁酯、邻苯二甲酸二辛酯的最大限量

Maximum limits of 4-chloronitrobenzene, 2, 4-dinitrochlorobenzene, dibutyl phthalate, dioctyl phthalate for irrigation water quality

2008-05-16 发布　　　　　　　　　　　　2008-07-01 实施

中华人民共和国农业部 发布

前　言

本标准由中华人民共和国农业部科技教育司提出并归口。

本标准起草单位：农业部环境保护科研监测所。

本标准主要起草人：徐应明、孙扬、秦旭、戴晓华、林大松。

农田灌溉水中4-硝基氯苯、2,4-二硝基氯苯、邻苯二甲酸二丁酯、邻苯二甲酸二辛酯的最大限量

1 范围

本标准规定了农田灌溉水中4-硝基氯苯、2,4-二硝基氯苯、邻苯二甲酸二丁酯、邻苯二甲酸二辛酯的最大限量。

本标准适用于以地表水、地下水和处理后的城镇生活污水作水源的农田灌溉用水,不适用于医药、生物制品、化学试剂、农药、石油炼制、焦化和有机化工等处理后的工业废水进行灌溉。

2 规范性引用文件

下列文件中的条款通过本标准的引用而成为本标准的条款。凡是注日期的引用文件,其随后所有的修改单(不包括勘误的内容)或修订版均不适用于本标准,然而,鼓励根据本标准达成协议的各方研究是否可使用这些文件的最新版本。凡是不注日期的引用文件,其最新版本适用于本标准。

GB/T 13194 水质 硝基苯、硝基甲苯、硝基氯苯、二硝基甲苯的测定 气相色谱法

HJ/T 72 水质 邻苯二甲酸二甲(二丁、二辛)酯的测定 液相色谱法

NY/T 396 农用水源环境质量监测技术规范

3 要求

农田灌溉水中4-硝基氯苯、2,4-二硝基氯苯、邻苯二甲酸二丁酯、邻苯二甲酸二辛酯的最大限量应符合表1的要求。

表1 农田灌溉水中4-硝基氯苯、2,4-二硝基氯苯、邻苯二甲酸二丁酯、邻苯二甲酸二辛酯的最大限量

单位为毫克/升

项 目		指 标
4-硝基氯苯	≤	0.5
2,4-二硝基氯苯	≤	0.5
邻苯二甲酸二丁酯	≤	0.1
邻苯二甲酸二辛酯	≤	0.1

4 采样方法

按NY/T 396规定执行。

5 试验方法

5.1 4-硝基氯苯的测定

按GB/T 13194规定执行。

5.2 2,4-二硝基氯苯的测定

按GB/T 13194规定执行。

5.3 邻苯二甲酸二丁酯的测定

按 HJ/T 72 规定执行。

5.4 邻苯二甲酸二辛酯的测定

按 HJ/T 72 规定执行。

ICS 13.080.05
B 11

中华人民共和国农业行业标准

NY/T 1615—2008

石灰性土壤交换性盐基及
盐基总量的测定

Determination of exchangeable bases and total exchangeable bases
in calcareous soil

2008-05-16 发布
2008-07-01 实施

中华人民共和国农业部 发布

前　言

本标准由中华人民共和国农业部种植业管理司提出并归口。

本标准起草单位：银川土壤肥料测试中心。

本标准主要起草人：李素棉、潘庆华、王全祥、高建伟、陈惠娟、金国柱、郑冰、吴秀玲。

石灰性土壤交换性盐基及盐基总量的测定

1 范围

本标准规定了以 pH 8.5 氯化铵—乙醇溶液作交换液,原子吸收分光光度计测定土壤交换性钙、镁,火焰光度计测定土壤交换性钾、钠含量的方法。

本标准适用于石灰性土壤交换性盐基及盐基总量的测定。

2 规范性引用文件

下列文件中的条款通过本标准的引用而成为本标准的条款。凡是注日期的引用文件,其随后所有的修改单(不包括勘误的内容)或修订版均不适用于本标准,然而,鼓励根据本标准达成协议的各方研究是否可使用这些文件的最新版本。凡是不注日期的引用文件,其最新版本适用于本标准。

GB/T 6682 分析实验室用水规格和试验方法

3 术语和定义

下列术语和定义适用于本标准。

3.1

石灰性土壤 calcareous soil
土表至 50 cm 范围内所有亚层中 $CaCO_3$ 相当物均≥10 g/kg 的土壤。

3.2

交换性盐基 exchangeable bases
土壤胶体吸附的碱金属离子和碱土金属离子(K^+、Na^+、Ca^{2+}、Mg^{2+})。

4 原理

石灰性土壤中钾、钠、钙、镁除了以水溶盐形态存在外,还有一部分被土壤胶体吸附,同时还有大量的游离碳酸钙、碳酸镁等难溶盐。采用乙醇溶液[$\varphi(C_2H_5OH)=70\%$]洗去土壤中易溶的氯化物和硫酸盐,然后用 pH8.5 的氯化铵[$c(NH_4Cl)=0.1\ mol/L$]—乙醇溶液[$\varphi(C_2H_5OH)=70\%$]进行交换处理,交换出土壤胶体吸附的钾、钠、钙、镁。较低浓度的氯化铵交换剂可减低其盐效应作用,较高的 pH 值和较高的乙醇浓度可抑制难溶碳酸盐及石膏的溶解。

在原子吸收分光光度计上测定交换液中钙、镁的含量,在火焰光度计上测定交换液中钾、钠的含量。交换性钾、钠、钙、镁的总和即为交换性盐基总量。

5 试剂

本标准所用试剂,在未注明其他要求时,均指符合国家标准的分析纯试剂;本标准所述溶液如未指明溶剂,均系水溶液;本标准用水应符合 GB/T 6682 中二级水之规定。

5.1 乙醇溶液,$\varphi(C_2H_5OH)=70\%$:量取 737 mL 乙醇溶液[$\varphi(C_2H_5OH)=95\%$],用水稀释至 1 000 mL。

5.2 氯化铵—乙醇交换液,其成分为氯化铵[$c(NH_4Cl)=0.1\ mol/L$]—乙醇溶液(4.1),pH 8.5:称取 5.35 g 氯化铵(NH_4Cl)溶于 950 mL 乙醇溶液(4.1)中,以氨水溶液(1+1)或盐酸溶液(1+1)调节 pH 至 8.5,再用乙醇溶液(4.1)稀释至 1 000 mL。

5.3 钙标准溶液，$\rho(Ca)=1\ 000\ mg/L$：称取 2.497 3 g 经 110℃ 烘 4 h 的碳酸钙（$CaCO_3$，优级纯）于 50 mL 烧杯中，加水 10 mL，边搅拌边滴加盐酸溶液（1+1）直至碳酸钙全部溶解。加热逐去二氧化碳，冷却后转入 100 mL 容量瓶，用水定容到刻度。

5.4 镁标准贮备液，$\rho(Mg)=1\ 000\ mg/L$：称取 1.000 g 金属镁（光谱纯），加盐酸（优级纯）溶液（1+3）溶解，用水定容至 1 000 mL，摇匀。

5.5 镁标准溶液，$\rho(Mg)=100\ mg/L$：吸取 10 mL 镁标准贮备液（4.4）于 100 mL 容量瓶中，用水定容至刻度，摇匀。

5.6 钾标准贮备液，$\rho(K)=1\ 000\ mg/L$：称取 1.906 9 g 经 150℃ 烘 2 h 的基准氯化钾（KCl，优级纯）溶于水，定容至 1 000 mL，贮于塑料瓶中。

5.7 钾标准溶液，$\rho(K)=100\ mg/L$：吸取 10 mL 钾标准贮备液（4.6）于 100 mL 容量瓶中，用水定容至刻度，摇匀，贮于塑料瓶中。

5.8 钠标准贮备液，$\rho(Na)=100\ mg/L$：称取 2.542 2 g 经 150℃ 烘 2 h 的基准氯化钠（NaCl，优级纯）溶于水，定容至 1 000 mL，贮于塑料瓶中。

5.9 钠标准溶液，$\rho(Na)=100\ mg/L$：吸取 10 mL 钠标准贮备液（4.8）于 100 mL 容量瓶中，用水定容至刻度，摇匀，贮于塑料瓶中。

5.10 硝酸银溶液，$\rho(AgNO_3)=50\ g/L$：称取 5.00 g 硝酸银（$AgNO_3$）溶于 100 mL 水，贮于棕色瓶中。

5.11 氯化钡溶液，$\rho(BaCl_2)=100\ g/L$：称取 10.00 g 氯化钡（$BaCl_2$）溶于 100 mL 水中。

6 仪器

6.1 往复式振荡机：振荡频率满足 150 r/min～180 r/min。

6.2 原子吸收分光光度计。

6.3 火焰光度计。

7 分析步骤

7.1 称取通过 2 mm 孔径筛的风干试样 5 g（精确到 0.01 g），放入 250 mL 三角瓶中，加入 50 mL 乙醇溶液（4.1），以 150 r/min～180 r/min 的振荡频率振荡 30 min 后，静置过夜。

将土壤转移至放有滤纸的漏斗中，用乙醇溶液（4.1）30 mL 淋洗，待淋洗液滤干，再加入 30 mL 乙醇溶液（4.1）继续淋洗，重复数次，至无 Cl^- 和 SO_4^{2-} 反应为止。

取出滤纸及土壤，立刻置于 250 mL 三角瓶中，加 100 mL 交换液（4.2），以 150 r/min～180 r/min 的振荡频率振荡 30 min 后，过滤到 250 mL 容量瓶中。用交换液（4.2）继续淋洗，方法同上，直至定容刻度，摇匀待测。同时做空白试验。

7.2 测定

7.2.1 标准工作曲线的绘制：按表 1 所示，配制标准溶液系列。吸取一定量的钙、镁、钾、钠标准溶液（4.3、4.5、4.7、4.9），分别置于一组 100 mL 容量瓶中，用交换液（4.2）定容至刻度，摇匀。

---

① 将滤液 1 mL 承接于小试管中，加硝酸银溶液（4.10）数滴，如无白色沉淀产生，表示 Cl^- 已洗净。再加一滴盐酸溶液（1+1）和几滴氯化钡溶液（4.11），摇匀。5 min 后观察，如无浑浊出现，表示 SO_4^{2-} 已洗净。

表 1　钙、镁、钾、钠标准溶液系列

序号	Ca		Mg		K		Na	
	加入标准溶液体积 mL	相应浓度 mg/L	加入标准溶液体积 mL	相应浓度 mg/L	加入标准溶液体积 mL	相应浓度 mg/L	加入标准溶液体积 mL	相应浓度 mg/L
1	0	0	0	0	0	0	0	0
2	0.50	5.0	2.00	2.00	2.00	2.00	2.00	2.00
3	1.00	10.0	4.00	4.00	4.00	4.00	4.00	4.00
4	2.00	20.0	6.00	6.00	6.00	6.00	6.00	6.00
5	3.00	30.0	8.00	8.00	8.00	8.00	8.00	8.00
6	4.00	40.0	10.00	10.00	10.00	10.00	10.00	10.00
注:标准溶液系列的配制可根据试样中待测元素含量的多少和仪器灵敏度高低适当调整。								

7.2.2　样品测定:以交换液(4.2)校正仪器零点,在原子吸收分光光度计上测定钙、镁,火焰光度计上测定钾、钠。以浓度为横坐标,吸光度为纵坐标,分别绘制钙、镁、钾、钠的标准工作曲线或求回归方程。

8　结果计算

土壤交换性盐基钙(Ca^{2+})、镁(Mg^{2+})、钾(K^+)、钠(Na^+)及盐基总量以质量摩尔分数 S 计,数值以厘摩尔每千克(cmol/kg)表示,按下列公式计算:

$$S(1/2Ca^{2+}) = \frac{\rho(Ca) \cdot V \cdot ts}{m \times 20.04 \times 10} \quad\cdots\cdots (1)$$

$$S(1/2Mg^{2+}) = \frac{\rho(Mg) \cdot V \cdot ts}{m \times 12.16 \times 10} \quad\cdots\cdots (2)$$

$$S(K^+) = \frac{\rho(K) \cdot V \cdot ts}{m \times 39.10 \times 10} \quad\cdots\cdots (3)$$

$$S(Na^+) = \frac{\rho(Na) \cdot V \cdot ts}{m \times 22.99 \times 10} \quad\cdots\cdots (4)$$

$$S = S(1/2Ca^{2+}) + S(1/2Mg^{2+}) + S(K^+) + S(Na^+) \quad\cdots\cdots (5)$$

式中:

$\rho(Ca)$、$\rho(Mg)$、$\rho(K)$、$\rho(Na)$——分别为查标准工作曲线或求回归方程而得待测液中钙、镁、钾、钠的浓度数值,单位为毫克每升(mg/L);

V——待测液定容体积的数值,单位为毫升(mL);

m——称取试样的质量的数值,单位为克(g);

20.04、12.16、39.10、22.99——分别为钙($1/2Ca^{2+}$)、镁($1/2Mg^{2+}$)、钾(K^+)、钠(Na^+)的摩尔质量的数值,单位为克每摩尔(g/mol);

ts——稀释倍数;

10——毫摩尔每千克换算为厘摩尔每千克的换算系数。

取平行测定结果的算术平均值为测定结果,计算结果表示到小数点后两位,最多不超过三位有效数字。

9　允许差

交换性钙和钠的平行测定结果的相对相差不大于10%,不同实验室测定结果的相对相差不大于25%。

交换性镁和钾的平行测定结果的相对相差不大于10%,不同实验室测定结果的相对相差不大于

20%。

交换性盐基总量的平行测定结果的相对相差不大于10%,不同实验室测定结果的相对相差不大于25%。

ICS 13.080.05
B 11

中华人民共和国农业行业标准

NY/T 1616—2008

土壤中9种磺酰脲类除草剂
残留量的测定 液相色谱—质谱法

Determination of 9 sulfonylurea herbicides residues in soils
by LC–MS

2008-05-16 发布
2008-07-01 实施

中华人民共和国农业部 发布

前　言

本标准的附录 A 和附录 B 为资料性附录。

本标准由中华人民共和国农业部种植业管理司提出并归口。

本标准起草单位：中国农业大学。

本标准主要起草人：潘灿平、张微、崔昕、黄宝勇。

土壤中 9 种磺酰脲类除草剂
残留量的测定 液相色谱—质谱法

1 范围

本标准规定了用液相色谱—质谱法测定土壤中烟嘧磺隆、噻吩磺隆、甲磺隆、甲嘧磺隆、氯磺隆、胺苯磺隆、苄嘧磺隆、吡嘧磺隆、氯嘧磺隆 9 种磺酰脲类除草剂残留量的方法。

本标准适用于土壤中上述 9 种磺酰脲类除草剂残留量的测定。

本标准方法的检出限为 0.6 μg/kg～3.8 μg/kg。

本标准方法的线性范围为 0.1 mg/L～10 mg/L。

2 规范性引用文件

下列文件中的条款通过本标准的引用而成为本标准的条款。凡是注日期的引用文件,其随后所有的修改单(不包括勘误的内容)或修订版均不适用于本标准,然而,鼓励根据本标准达成协议的各方研究是否可使用这些文件的最新版本。凡是不注明日期的引用文件,其最新版本适用于本标准。

GB/T 6379 测试方法与结果的准确度(正确度与精密度)确定标准测试方法重复性与再现性

GB/T 6682 分析实验室用水规格和试验方法

GB/T 8170 数值修约规则

3 原理

土壤中磺酰脲类除草剂残留经碱性磷酸缓冲液提取,提取液经 C_{18} 固相萃取柱净化、浓缩后调整 pH 到酸性使待测组分形成分子形式,待测物经液相色谱柱分离、质谱检测器检测,外标法定量。

4 试剂和材料

除非另有说明,在分析中仅使用分析纯试剂和 GB/T 6682 中规定的一级水。

4.1 乙腈(CH_3CN),色谱纯。

4.2 磷酸二氢钾(KH_2PO_4)。

4.3 磷酸氢二钾(K_2HPO_4)。

4.4 83%磷酸(H_3PO_4)。

4.5 冰乙酸(CH_3COOH)。

4.6 氢氧化钠($NaOH$)。

4.7 磷酸缓冲溶液的配制:0.038 mol/L 的 KH_2PO_4 和 0.16 mol/L 的 $K_2HPO_4 \cdot 3H_2O$,用磷酸(4.4)或氢氧化钠调节 pH 至 7.8。

4.8 C_{18} 固相萃取小柱,500 mg/6 mL。

4.9 农药标准物质:纯度≥96%。

4.10 农药标准溶液

4.10.1 单一标准储备溶液:分别准确称取 0.010 g 9 种磺酰脲类除草剂标准品,用乙腈溶解,并转入 10 mL 的容量瓶中,用乙腈定容,该溶液的质量浓度为 1 000 mg/L,在 4℃条件下避光贮存。

4.10.2 混合标准储备液:分别准确移取 1 mL 每种单一农药标准储备液于 10 mL 容量瓶中,用乙腈定容至刻度,转移至标准溶液储备瓶中。本储备液应在4℃条件下避光保存,有效期为一个月。

4.10.3 混合标准工作液:使用时由4.10.2稀释得到。

5 仪器

5.1 液相色谱—质谱仪:配有质谱检测器、紫外检测器。

5.2 分析天平:感量0.000 1 g和0.01 g。

5.3 超声波振荡器。

5.4 离心机:转速不低于4 000 r/min。配备50 mL聚苯乙烯具塞离心管。

5.5 氮吹仪。

5.6 旋涡混和器。

6 试样的制备

土壤样品过1 mm筛后备用。将试样于−18℃冷冻箱保存。

7 分析步骤

7.1 提取

称取10 g试样(精确至0.01 g)于50 mL聚苯乙烯具塞离心管中,加入10.0 mL乙腈+磷酸缓冲溶液(4.7)(2+8)(以下简称提取液),在旋涡混和器中剧烈旋涡1 min,然后在超声波仪超声提取5 min,4 000 r/min离心5 min。提取步骤重复3次,每次提取液均为10 mL。合并3次提取并离心后的上清液与50 mL烧杯中,加约1 mL磷酸(4.4)调节pH至2.5±0.1,待净化。

7.2 净化

7.2.1 C$_{18}$-SPE小柱的活化:依次使用5 mL乙腈,5 mL磷酸缓冲液[用磷酸(4.4)调节pH至2.5±0.1],淋洗活化SPE小柱。

7.2.2 上样:所有提取液过柱,整个过程中小柱上液面不能干。全部过完后,抽真空10~15 min。

7.2.3 洗脱:3 mL乙腈+磷酸缓冲液(9+1)洗脱,收集到试管中,氮气吹干,1 mL乙腈定容。

7.3 测定

7.3.1 色谱参考条件

   a) 色谱柱:不锈钢C$_{18}$柱,4.6×250 mm,5 μm;

   b) 柱温箱温度:30℃;

   c) 进样量:10 μL;

   d) 检测波长:254 nm;

   e) 流动相组成见表1。

表1 流动相组成

时间 (min)	水(0.2%冰乙酸)的体积分数 %	乙腈的体积分数 %	甲醇的体积分数 %
0.00	80	10	10
14.00	10	45	45
16.00	4	48	48
18.00	80	10	10

可根据不同仪器的特点,对给定参数作适当调整,以期获得最佳效果。典型的液相色谱图见图1。

7.3.2 质谱条件:采用正电子电离方式,扫描范围 m/z100~500,碎裂电压为 2.75 V,喷雾电压为 3.5 kV,雾化气压力为 40 psi,干燥气(N₂)流速为 6 mL/min,温度为 350℃,碰撞气为氮气。9 种磺酰脲类除草剂的质谱检测结果见下表 2。

表 2　9 种磺酰脲类除草剂的质谱检测结果

除草剂	分子量	监测离子	保留时间 min
烟嘧磺隆	410.4	411;433;455	10.7
噻吩磺隆	387.4	388;410;432	11.1
甲磺隆	381.4	381.7	11.5
甲嘧磺隆	364.4	365;387;409	11.9
氯磺隆	357.8	358	12.2
胺苯磺隆	410.4	411;433;455	12.4
苄嘧磺隆	410.4	411;433;455	13.9
吡嘧磺隆	414.4	415;437;459	15.0
氯嘧磺隆	414.8	415;437;459	15.3

7.3.3　定性测定

保留时间及质谱提取离子定性。如果此方法不能确证,可以采用以下方式:将前处理后的样品按照一定倍数浓缩后或者增加进样量重新进样。

7.3.4　定量测定

分别吸取 10 μL 混合标准溶液及样品净化液注入色谱仪中,以试样的提取离子峰面积与标准峰对应提取离子峰面积比较,外标法定量。

7.4　空白试剂试验

不添加土壤样品按上述步骤进行空白试剂试验。

8　结果计算

试样中农药的残留量用质量分数 w 计,单位以毫克每千克(mg/kg)表示,按公式(1)计算:

$$w = \frac{\rho_s \times V_S \times A_X \times V_0}{V_X \times A_S \times m \times F} \quad \cdots\cdots\cdots\cdots\cdots\cdots\cdots\cdots\cdots\cdots\cdots\cdots (1)$$

式中:

ρ_s——标准溶液质量浓度,单位为毫克每升(mg/L);

V_S——标准溶液进样体积,单位为微升(μL);

V_0——试样溶液最终定容体积,单位为毫升(mL);

V_X——待测液进样体积,单位为微升(μL);

A_S——标准溶液中农药的峰面积;

A_X——样品溶液中农药的峰面积;

m——试样质量,单位为克(g);

F——分取体积/提取液体积。

计算结果保留两位有效数字。

9　方法精密度

在现性条件下获得的两次独立测试结果的绝对差值不大于这两个测定值的算术平均值的 15%,以大于这两个测定值的算术平均值的15%情况不超过5%为前提。本方法的精密度数据参见附录B[依据 GB/T 6379 测试方法与结果的准确度(正确度与精密度)确定标准测试方法重复性与再现性]。

10 色谱图

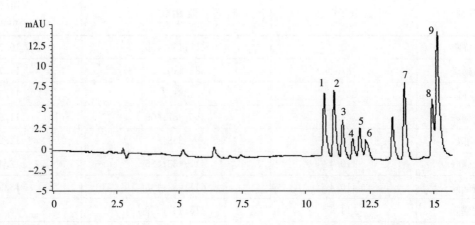

1. 烟嘧磺隆(nicosulfuron);
2. 噻吩磺隆(thifensulfuron-methyl);
3. 甲磺隆(metsulfuron-methyl);
4. 甲嘧磺隆(sulfometuron-methyl);
5. 氯磺隆(chlorsulfuron);
6. 胺苯磺隆(ethametsulfuron-methyl);
7. 苄嘧磺隆(bensulfuron-methyl);
8. 吡嘧磺隆(pyrazosulfuron-ethyl);
9. 氯嘧磺隆(chlorimuron-ethyl)。

图1 9种磺酰脲类除草剂混合标准溶液的 HPLC-UV 色谱图

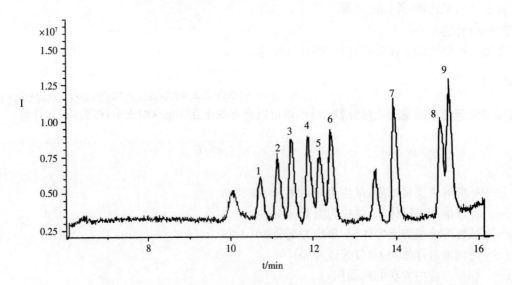

图2 9种磺酰脲类除草剂混合标准溶液(4 mg/L)的 HPLC-MS 总离子流图

附　录　A

（资料性附录）

方 法 检 出 限

表 A.1　方法检出限

序　号	中文名称	保留时间 min	LOD μg/kg	LOQ μg/kg
1	烟嘧磺隆	10.7	3.8	12.7
2	噻吩磺隆	11.1	3.0	10.0
3	甲磺隆	11.5	2.0	6.7
4	甲嘧磺隆	11.9	3.0	10.0
5	氯磺隆	12.2	2.0	6.7
6	胺苯磺隆	12.4	1.5	5.0
7	苄嘧磺隆	13.9	0.6	2.0
8	吡嘧磺隆	15	2.0	6.7
9	氯嘧磺隆	15.3	1.2	4.0

附　录　B
（资料性附录）
9种磺酰脲类除草剂精密度数据

表 B.1　9种磺酰脲类除草剂精密度数据

序号	农药名称	添加水平 mg/kg	重复性限 r	再现性限 R	添加水平 mg/kg	重复性限 r	再现性限 R
1	烟嘧磺隆	0.01	0.001 1	0.001 9	1	0.06	0.11
2	噻吩磺隆	0.01	0.000 9	0.001 2	1	0.10	0.15
3	甲磺隆	0.01	0.000 8	0.001 8	1	0.08	0.14
4	甲嘧磺隆	0.01	0.000 5	0.001 4	1	0.12	0.17
5	氯磺隆	0.01	0.001 1	0.001 1	1	0.12	0.14
6	胺苯磺隆	0.01	0.001 0	0.001 6	1	0.09	0.13
7	苄嘧磺隆	0.01	0.001 2	0.001 8	1	0.04	0.13
8	吡嘧磺隆	0.01	0.000 8	0.001 8	1	0.09	0.12
9	氯嘧磺隆	0.01	0.000 7	0.001 6	1	0.06	0.12

ICS 65.100
B 17

中华人民共和国农业行业标准

NY/T 1617—2008

农药登记用杀钉螺剂药效
试验方法和评价

Efficacy test methods and evaluation of molluscicide for pesticide registration

2008-05-16 发布

2008-07-01 实施

中华人民共和国农业部 发布

前　言

本标准由中华人民共和国农业部种植业管理司提出并归口。

本标准起草单位：农业部农药检定所、中国疾病预防控制中心寄生虫病预防控制所、湖南省血吸虫病防治所、江苏省血吸虫病防治所、湖北省疾病预防控制中心。

本标准主要起草人：吴志凤、贾家祥、魏望远、戴建荣、岳木生、嵇莉莉。

农药登记用杀钉螺剂药效试验方法和评价

1 范围

本标准规定了杀钉螺剂室内和现场浸杀、喷洒药效试验方法和药效评价指标。

本标准适用于农药登记用卫生杀钉螺剂,包括天然源和化学合成杀螺剂。

2 术语和定义

下列术语和定义适用于本标准。

2.1

框 kuang

用于调查取样的单位,规格为 33 cm×33 cm。

2.2

湖北钉螺(简称钉螺) oncomelania hupensis

钉螺属,是雌雄异体、卵生、水陆两栖的淡水螺,为日本血吸虫的唯一中间宿主。

2.3

水养法 water culuture method

是鉴别钉螺死活的方法,将钉螺饲养在脱氯水中,能活动的钉螺为活螺,不活动的钉螺采用敲击法鉴别死活。

2.4

敲击法 knocking method

是鉴别钉螺死活的方法,将钉螺置于厚玻璃片或硬物上,用小铁锤轻击使之破碎,如未见钉螺有收缩反应,或未见显现软体组织者为死螺;反之为活螺。

3 仪器设备

3.1 普通实验室常用仪器设备

3.2 搪瓷盘(30 cm×40 cm)

3.3 小型喷雾器

3.4 恒温恒湿箱

4 试剂与材料

4.1 生物试材:野外捕捉经实验室培养的 6 旋～8 旋非感染性的湖北钉螺成螺。

4.2 试验药剂

4.3 对照药剂:50%氯硝柳胺乙醇胺盐可湿性粉剂($C_{13}H_8O_4N_2Cl_2$)。

4.4 空白对照:脱氯水。

5 试验方法

5.1 室内试验

5.1.1 试验条件:温度为 26℃±1℃,相对湿度为 60%±5%。

5.1.2 浸杀试验

根据药剂特性,将试验药剂用脱氯水配制 5 个~7 个等比浓度,分别将 300 mL 药液倒入 500 mL 烧杯中,每只烧杯放入 30 只试验钉螺,用塑料纱窗盖于药液表面下 1 cm 处,以防钉螺爬出,同时设对照药剂和空白对照。浸杀 24 h、48 h 和 72 h 后,倒去药液,脱氯水冲洗 3 次,在衬有 3 层滤纸的平皿中恢复饲养 72 d,用水养法和敲击法鉴定钉螺死活,并记录各处理总螺数(N_i)和死亡螺数(K_i)。若空白对照组钉螺死亡率大于 10%,试验应重新进行。试验重复 3 次。

5.1.3 喷洒试验

取无污染泥土,晒干敲碎,过 60 目筛。称取细土 1 000 g 倒入搪瓷盘,制成 1 cm~2 cm 厚的泥盘,铺平后加入 200 mL~300 mL 脱氯水,保持含水量 20%~30%。放入钉螺 100 只,用小型喷雾器均匀喷入配制的 5 个~7 个浓度药液,药液用量 1 L/m²。同时设对照药剂和空白对照。喷药后 1 d、3 d、7 d(根据药剂特性可适当延长观察时间)分别取出 1 个试验泥盘,捡出盘中所有钉螺,脱氯水冲洗 3 次,在衬有 3 层滤纸的平皿中恢复饲养 72 d,用水养法和敲击法鉴定钉螺死活。并记录各处理总螺数(N_i)和死亡螺数(K_i)。若空白对照组钉螺死亡率大于 10%,试验应重新进行。试验重复 3 次。

5.2 现场试验

5.2.1 试验条件

现场试验宜在温度为 18℃~35℃、相对湿度为 50%~80%的条件下进行,试验期间天气状况应相对稳定,如遇暴雨,试验应重新进行。

5.2.2 浸杀试验

通过调查,选取沟壁钉螺密度大于 10 只/框的小型沟渠,等距分割成多段,段与段无水间隔 1 m~3 m,每段水体体积 2 m³~5 m³,施药前按常规清理环境,根据室内试验结果,至少设 3 个试验剂量。每段等距离吊放 30 只钉螺的螺袋 9 个,其中 3 段作为试验组,1 段为对照药剂(制剂量为 2 g/m³),1 段为空白对照。施药后 24 h、48 h 和 72 h 各取 3 个螺袋,脱氯水冲洗 3 次,在衬有 3 层滤纸的平皿中恢复饲养 72 h 后,用水养法和敲击法鉴定钉螺死活,并记录各处理总螺数(N_i)和死亡螺数(K_i)。若空白对照组钉螺死亡率大于 10%,试验应重新进行。

5.2.3 喷洒试验

通过调查,选取钉螺密度大于 10 只/框的钉螺滋生地,分割成多个小区,每个小区约 100 m²,清除小区内高于 5 cm 的杂草并移出试验区。其中 3 个小区为试验组,1 个小区为对照药剂(制剂量为 2 g/m²),1 个小区为空白对照。分别按试验剂量喷洒药剂,药液用量不少于 1 L/m²,空白组喷洒等量脱氯水。施药后 1 d、3 d 和 7 d(根据药剂特性可适当延长观察时间),用棋盘式抽样法调查钉螺,分别在每个试验区和对照区抽取 10 框,捕捉框内全部钉螺,以框为单位用纸袋包好,记录编号、捕获螺数量,回室内用脱氯水冲洗 3 次,在衬有 3 层滤纸的平皿中恢复饲养 72 h,用水养法和敲击法鉴定钉螺死活,并记录各处理总螺数(N_i)和死亡螺数(K_i)。若空白对照组钉螺死亡率大于 10%,试验应重新进行。

6 数据统计与分析

将 3 次室内试验的数据按线性加权回归法计算求出 LC_{50} 和死亡率。

将现场试验数据按公式(1)和(2)计算各处理的校正死亡率。计算结果均保留到小数点后两位。

$$P = \frac{\sum K_i}{\sum N_i} \times 100 \quad\cdots\cdots\cdots\cdots\cdots\cdots\cdots\cdots\cdots\cdots\cdots\cdots\cdots (1)$$

式中:

P——死亡率,单位为百分率(%);

$\sum K_i$——表示死亡螺数,单位为只;

$\sum N_i$——表示处理总螺数,单位为只。

$$P_l = \frac{P_t - P_0}{1 - P_0} \times 100 \quad \cdots\cdots\cdots\cdots\cdots\cdots\cdots\cdots\cdots\cdots\cdots\cdots\cdots\cdots\cdots\cdots \quad (2)$$

式中:

P_l——校正死亡率,单位为百分数(%);

P_t——处理死亡率,单位为百分数(%);

P_0——空白对照死亡率,单位为百分数(%)。

若对照死亡率<5%,无需校正;对照死亡率在5%~10%之间,应按公式(2)进行校正;空白对照死亡率>10%,试验需重新进行。

7 药效评价指标

室内试验和现场试验结果均达到浸杀或喷洒评价指标的为合格产品(表1、表2)。

表 1 室内药效评价指标

种 类	LC_{50}		死亡率(%)	
	浸杀	喷洒	浸杀	喷洒
化学合成	≤1 mg/L	≤1 g/m³	=100	>95
天 然 源	≤10 mg/L	≤10 g/m³	>90	>80

表 2 现场药效评价指标

种 类	死亡率(%)	
	浸杀	喷洒
化学合成	>95	>85
天 然 源	>90	>80

8 结果与报告编写

根据统计结果进行分析评价,写出正式试验报告,并列出原始数据。

————————

ICS 65.020.30
B 44

中华人民共和国农业行业标准

NY/T 1618—2008

鹿茸中氨基酸的测定
氨基酸自动分析仪法

Determination of amino acids in velvet antler
by amino acid analyzer

2008-05-16 发布

2008-07-01 实施

中华人民共和国农业部 发布

前　言

本标准的附录 A 为资料性附录。

本标准由中华人民共和国农业部畜牧业司提出。

本标准由全国畜牧业标准化技术委员会归口。

本标准起草单位:农业部参茸产品质量监督检验测试中心。

本标准参加起草单位:吉林省农业科学院大豆研究所。

本标准主要起草人:陈丹、李月茹、王艳梅、初丽伟、尚梅、王艳红、张明。

鹿茸中氨基酸的测定 氨基酸自动分析仪法

1 范围

本标准规定了用氨基酸自动分析仪测定鹿茸中氨基酸的常规酸水解法和氧化酸水解法。

本标准适用于鹿茸(包括茸片、茸粉)中氨基酸的测定。常规酸水解法适用于测定天门冬氨酸、苏氨酸、丝氨酸、谷氨酸、脯氨酸、甘氨酸、丙氨酸、缬氨酸、异亮氨酸、亮氨酸、酪氨酸、苯丙氨酸、组氨酸、赖氨酸和精氨酸的含量。氧化酸水解法适用于测定胱氨酸、蛋氨酸的含量。

2 规范性引用文件

下列标准包含的条款通过本标准的引用而成为本标准的条款。凡是注日期的引用文件,其随后所有的修改单(不包括勘误的内容)或修订版不适用本标准,然而,鼓励根据本标准达成协议的各方研究是否可使用这些文件的最新版本。凡是不注日期的引用文件,其最新版本适用于本标准。

GB/T 6682 分析实验室用水规格和试验方法

3 原理

常规酸水解法使鹿茸蛋白在110℃、$c(HCl)=6\ mol/L$ 盐酸作用下,水解生成游离氨基酸,经离子交换色谱法分离后,与茚三酮溶液产生颜色反应,再通过分光光度计测定非含硫氨基酸:天门冬氨酸、苏氨酸、丝氨酸、谷氨酸、脯氨酸、甘氨酸、丙氨酸、缬氨酸、异亮氨酸、亮氨酸、酪氨酸、苯丙氨酸、组氨酸、赖氨酸和精氨酸的含量。含硫氨基酸需用氧化酸水解法进行测定。氧化酸水解法将鹿茸中的含硫氨基酸(胱氨酸、半胱氨酸和蛋氨酸)用过甲酸氧化并经盐酸水解生成磺基丙氨酸和蛋氨酸砜,然后用离子交换色谱法分离测定。

4 试剂和材料

除非另有说明,在分析中仅使用确认为分析纯的试剂,实验用水应符合 GB/T 6682。

4.1 常规酸水解法

4.1.1 盐酸:优级纯。

4.1.2 酸解剂:盐酸溶液 $c(HCl)=6\ mol/L$,将盐酸(见本标准4.1.1)与去离子水等体积混合,然后在每百毫升此溶液中加入 0.1 g 的苯酚。

4.1.3 冷冻剂:市售食盐与冰按 1:3 混合。

4.1.4 稀释上机样品用的柠檬酸缓冲液,pH 2.2,$c(Na^+)=0.2\ mol/L$:称取柠檬酸三钠 19.6 g,用水溶解后加入盐酸 16.5 mL,硫二甘醇 5.0 mL,苯酚 1 g,加去离子水稀释到 1 000 mL,摇匀,用 G₄ 玻璃砂芯漏斗过滤,备用。

4.1.5 不同 pH 和离子强度的洗脱用柠檬酸钠缓冲液:按氨基酸自动分析仪的说明书配制。

4.1.6 茚三酮溶液:按氨基酸自动分析仪的说明书配制。

4.1.7 氨基酸混合标准储备液:含 L-天门冬氨酸、L-苏氨酸等17种常规蛋白水解液分析用层析纯氨基酸,各组分浓度 $c(氨基酸)=2.50(或 2.00)mmol/L$。

4.1.8 混合氨基酸标准工作溶液:吸取一定量的氨基酸混合标准储备液(见本标准4.1.7)置于 50 mL容量瓶中,用稀释上机用柠檬酸缓冲液(见本标准4.1.4)定容,混匀,使各氨基酸组分浓度 $c(氨基酸)=100\ \mu mol/L$。

4.2 氧化酸水解法

4.2.1 过甲酸溶液:将30%过氧化氢(GB/T 6684)与88%甲酸(HG3-1296)按1:9(V/V)混合,于室温下放置1 h,置冰水浴中冷却30 min,临用前配制。

4.2.2 氧化终止剂:48%氢溴酸(GB 621)。

4.2.3 酸解剂:盐酸溶液c(HCl)=6 mol/L,将盐酸与去离子水等体积混合。

4.2.4 稀释上机样品用的柠檬酸缓冲液,pH 2.2,c(Na^+)=0.2 mol/L:称取柠檬酸三钠19.6 g,用去离子水溶解后加入盐酸16.5 mL,硫二甘醇5.0 mL,苯酚1 g,加去离子水稀释到1 000 mL,摇匀,用G_4玻璃砂芯漏斗过滤,备用。

4.2.5 不同pH和离子强度的洗脱用柠檬酸钠缓冲液:按氨基酸自动分析仪的说明书配制。

4.2.6 茚三酮溶液:按氨基酸自动分析仪的说明书配制。

4.2.7 磺基丙氨酸—蛋氨酸砜标准储备液,2.50 mmol/L:准确称取磺基丙氨酸105.7 mg和蛋氨酸砜113.3 mg,加去离子水溶解并定容至250 mL。

4.2.8 氨基酸混合标准储备液:含L-天门冬氨酸、L-苏氨酸等17种常规蛋白水解液分析用层析纯氨基酸,各组分浓度c(氨基酸)=2.50 mmol/L。

4.2.9 混合氨基酸标准工作溶液:吸取磺基丙氨酸—蛋氨酸砜标准储备液(见本标准4.2.7)和氨基酸混合标准储备液(见本标准4.2.8)各1.0 mL,置于50 mL容量瓶中,用稀释上机用柠檬酸缓冲液(见本标准4.2.4)定容,混匀。各有关组分浓度为50 μmol/L。

5 仪器、设备

5.1 高速中药粉碎机。

5.2 标准筛:孔径(20目)、0.25 mm(60目)。

5.3 真空泵与真空规。

5.4 喷灯。

5.5 恒温箱:控温精度±1℃。

5.6 旋转蒸发器或浓缩器:可在室温至65℃间调控控温精度±1℃,真空度为3.3×10^3Pa(25 mmHg)。

5.7 氨基酸自动分析仪。

6 样品

取不同规格鹿茸(三杈茸、二杠茸、毛桃茸及骨片、蜡片等)和不同部位鹿茸(上段、中段、下段)样品初步粉碎(全部过10目标准筛),再用四分法缩减分取约25 g样品,粉碎并过0.25 mm孔径(60目)标准筛,筛上部分样品量≤0.5 g,将筛上和筛下部分充分混匀后装入磨口瓶中备用。

茸片:用四分法缩减分取约25 g样品,粉碎并过0.25 mm孔径(60目)标准筛,筛上部分样品量≤0.5 g,将筛上和筛下部分充分混匀后装入磨口瓶中备用。

茸粉:直接过0.25 mm孔径(60目)标准筛,筛上部分样品量≤0.5 g,如果筛上部分样品量≥0.5 g,继续粉碎,直到符合要求,将筛上和筛下部分充分混匀后装入磨口瓶中备用。

在进行同类产品多个样品质量评价时,要取相同规格、相同部位的样品进行测定。

7 分析步骤

7.1 样品测前处理

7.1.1 常规酸水解法

准确称取制备好的鹿茸试样30 mg,精确至0.000 1 g。于水解管中,加15 mL酸解剂(见本标准

4.1.2),将水解管放入冷冻剂中冷冻,然后抽真空至 7Pa(≤5×10⁻² mmHg)后封管。将水解管置于 110℃±1℃恒温箱中,水解 24 h。取出冷却置室温,开管后过滤,用移液管吸取适量的滤液于旋转蒸发 器或浓缩器中在 60℃真空度为 3.3×10³ Pa(25 mmHg)的条件下蒸发至干,残留物用 2 mL 去离子水溶 解,重复上述操作 3 次,最后蒸干。用 2 mL pH2.2 的柠檬酸缓冲液(见本标准 4.1.4),使样品溶液中氨 基酸浓度达 50 μmol/L~250 μmol/L,摇匀,取上清液上机测定。

7.1.2 氧化酸水解法

准确称取制备好的鹿茸试样 30 mg(精确至 0.000 1 g)置于旋转浓缩器 20 mL 浓缩瓶或浓缩管中, 于冰水浴中冷却 30 min 后加入已经冷却的过甲酸溶液(见本标准 4.2.1)2 mL,加液时需将样品全部湿 润,但是不要摇动,盖好瓶盖,连同冰水浴一道置于 0℃冰箱中反应 16 h。然后在样品氧化液中加入氢 溴酸(见本标准 4.2.2)0.3 mL,充分摇匀后,放回冰水浴,静置 30 min,然后移到旋转蒸发器或浓缩器 上,在 60℃真空度为 3.3×10³ Pa(25 mm Hg)条件下浓缩至干。用酸解剂(见本标准 4.2.3)15 mL 将残 渣定量转移至水解管中,封管,置恒温箱中在 110℃±1℃的条件下水解 24 h。取出水解管,冷却至室温, 用去离子水将内容物定量地转移至 50 mL 容量瓶中定容,充分混匀,过滤,取 2 mL 滤液,置于旋转蒸发 器或浓缩器中,在低于 50℃的条件下,减压蒸发至干。残留物用 2 mL 去离子水溶解,重复上述操作 3 次。准确加入 2 mL 柠檬酸缓冲液(见本标准 4.2.4)充分溶解,摇匀,过滤或离心,取上清液供仪器测定 用。

7.2 测定

非含硫氨基酸的测定用混合氨基酸标准工作液(见本标准 4.1.8)调整仪器操作参数和洗脱用柠檬 酸钠缓冲液(见本标准 4.1.4)的 pH,含硫氨基酸的测定用混合氨基酸标准工作液(见本标准 4.2.8)调 整仪器操作参数和洗脱用柠檬酸钠缓冲液(见本标准 4.1.4)的 pH,使各氨基酸分辨率≥85%,注入制 备好的试样水解液和相应的氨基酸混合标准工作溶液,进行分析测定。每 10 个单样为一组,组间插入 氨基酸标准工作液进行校准。

8 结果计算

用质量分数表示的某种氨基酸含量 $X(\%)$ 按式(1)计算:

$$X(\%) = \frac{m_1 \times V_1 \times f \times 10^{-6}}{m_2 \times V_2} \times 100 \quad\cdots\cdots\cdots\cdots\cdots\cdots\cdots\cdots (1)$$

式中:

X——试样中某种氨基酸的含量百分含量,%;

m_1——上机试样中某种氨基酸的质量,ng;

m_2——试样的质量,mg;

V_1——试样的定容体积,mL;

V_2——试样的上机体积,mL;

f——试样的稀释倍数。

以上两个平行试样测定结果的算术平均值报告结果,保留两位小数。

9 相对偏差

在同一实验室,由同一操作者使用相同设备,按相同的测试方法,并在短时间内对同一被测物进行 测试,所获得的测定结果中每种氨基酸两次平行测定结果的相对差值不大于 10%。

10 方法最低检出浓度

本方法中各种氨基酸的最低检出浓度均为 0.02%。

附 录 A
（资料性附录）
混合标准溶液中各种氨基酸和鹿茸中氨基酸分离色谱图

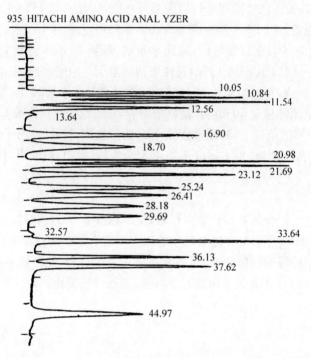

935 HITACHI AMINO ACID ANAL YZER

图 A.1 中 10.05 天门冬氨酸(ASP) 10.84 苏氨酸(THR) 11.54 丝氨酸(SER) 12.56 谷氨酸(GLU) 13.64 脯氨酸(PRO) 16.90 甘氨酸(GLY) 18.70 丙氨酸(ALA) 20.98 胱氨酸(CYS) 21.69 缬氨酸(VAL) 23.12 蛋氨酸(MET) 25.24 异亮氨酸(ILE) 26.41 亮氨酸(LEV) 28.18 酪氨酸(TYR) 29.69 苯丙氨酸(PHE) 33.64 赖氨酸(LYS) 36.13 氨(NH₃) 37.62 组氨酸(HIS) 44.97 精氨酸(ARG)

图 A.1 17 种氨基酸混合标准溶液分离色谱图

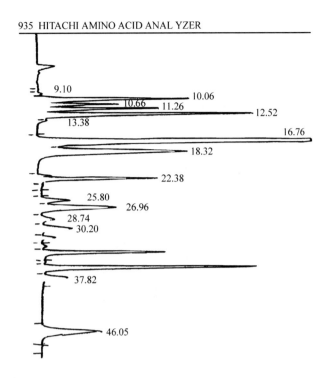

图 A.2 中 10.06 天门冬氨酸(ASP)　10.66 苏氨酸(THR)　11.61 丝氨酸(SER)　12.52 谷氨酸(GLU)　13.38 脯氨酸(PRO)　16.76 甘氨酸(GLY)　18.32 丙氨酸(ALA)　22.38 缬氨酸(VAL)　25.80 异亮氨酸(ILE)　26.96 亮氨酸(LEV)　28.74 酪氨酸(TYR)　30.20 苯丙氨酸(PHE)　33.97 赖氨酸(LYS)　37.82 组氨酸(HIS)　46.05 精氨酸(ARG)

图 A.2　梅花鹿茸中各种氨基酸分离色谱图

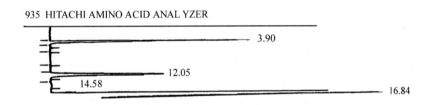

图 A.3 中 3.90 磺基丙氨酸　12.05 蛋氨酸砜

图 A.3　磺基丙氨酸、蛋氨酸砜标样分离色谱图

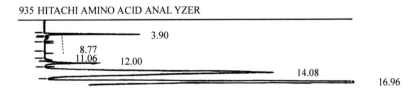

图 A.4 中 3.90 磺基丙氨酸　12.00 蛋氨酸砜

图 A.4　梅花鹿茸中磺基丙氨酸、蛋氨酸砜分离色谱图

ICS 65.120
B 46

中华人民共和国农业行业标准

NY/T 1619—2008

饲料中甜菜碱的测定　离子色谱法

Determination of betaine in feeds ion chromatography

2008-05-16 发布　　　　　　　　　　　　2008-07-01 实施

中华人民共和国农业部 发布

前　言

本标准附录 A 为资料性附录。

本标准由中华人民共和国农业部畜牧业司提出。

本标准由全国饲料工业标准化技术委员会归口。

本标准起草单位：中国农业科学院农业质量标准与检测技术研究所、国家饲料质量监督检验中心（北京）。

参加起草单位：中国农业科学院饲料研究所。

本标准起草人：闫惠文、索德成、张萍、刘庆生。

饲料中甜菜碱的测定 离子色谱法

1 范围

本标准规定了离子交换色谱法测定配合饲料、浓缩饲料和预混合饲料中甜菜碱的方法。本标准还适用于甜菜碱(盐酸盐)纯品和复合甜菜碱中甜菜碱含量的测定。

本标准定量限为 200 mg/kg。

2 规范性引用文件

下列文件中的条款通过本标准的引用成为本标准的条款,凡是注日期的引用文件,其随后所有的修改单(不包括勘误的内容)或修订版均不适用于本标准,然而,鼓励根据本标准达成协议的各方研究是否可使用这些文件的最新版本。凡是不注日期的引用文件,其最新版本适用于本标准。

GB/T 6682　分析实验室用水规格和试验方法

GB/T 14699.1　饲料采样方法

3 原理

用水溶解或提取样品中的甜菜碱,饲料样品经过液-液萃取净化,将提取液稀释至合适的浓度后,使用阳离子交换柱和非抑制型电导检测器分离测定。

4 试剂和溶液

除非另有说明,在分析中仅使用优级纯或色谱纯试剂。

4.1　水:符合 GB/T 6682 一级用水的规定。

4.2　甲磺酸(纯度≥99%)。

4.3　三氯甲烷。

4.4　流动相:1.5 mmol/L 甲磺酸水溶液(pH=2.8~3.0)。

4.5　甜菜碱标准储备液

准确称取 0.1 g 于 105℃干燥过的甜菜碱标样于 100 mL 容量瓶中,用水定容。该标准溶液的浓度为 1 mg/mL。4℃冰箱保存,有效期两个月。

4.6　甜菜碱标准工作液

准确吸取 25.0 mL、5.0 mL、2.5 mL、0.5 mL 甜菜碱标准储备液于 50 mL 容量瓶中,用水定容。该标准工作液的浓度分别为:0.5 mg/mL、0.1 mg/mL、0.05 mg/mL、0.01 mg/mL。该溶液用时现配。

5 仪器设备

5.1　振荡器(或超声波提取器):水平方向振荡,频率 250 r/min~300 r/min。

5.2　离心机。

5.3　离子色谱系统,由下述部件组成:

5.3.1　泵(无脉冲)。

5.3.2　电子电导检测器:适合阳离子测定。

5.3.3　分析柱:阳离子交换分离柱或性能相当的其他分析柱。

6 采样

6.1 采样步骤 按 GB/T 14699.1 采集实验室样品。

6.2 试样的制备 将实验室样品粉碎,全部通过孔径 0.45 mm 筛,充分混匀,贮于磨口瓶中备用。

7 分析步骤

7.1 提取和净化

7.1.1 饲料样品

称取浓缩饲料和预混合饲料试样 2 g、配合饲料试样 5g(精确至 0.000 1 g),置于 100 mL 容量瓶中,加入大约 80 mL 水,混合后置于振荡器上剧烈振荡或超声提取 30 min,静置 10 min,定容,离心或过滤。取 2 mL 滤液于离心管中,加入 2 mL 三氯甲烷,剧烈震摇后放置 10 min,5 000 r/min 离心 10 min,移取上层清液,过 0.45 μm 滤膜,上机测定。

7.1.2 甜菜碱盐酸盐纯品和复合甜菜碱样品

称取甜菜碱盐酸盐试样 0.1 g、复合甜菜碱试样 1 g(精确至 0.000 1 g),置于 100 mL 容量瓶中,加入大约 80 mL 水,混合后置于振荡器上剧烈振荡或超声提取 30 min,静置 10 min,定容,离心或过滤,滤液用水稀释至适当的浓度后过 0.45 μm 滤膜,上机测定。

7.2 测定

7.2.1 色谱条件

流速:1.0 mL/min。

柱温:40℃。

进样量:10 μL~20 μL。

7.2.2 测定

向 IC 分析仪连续注入甜菜碱标准溶液,直至得到基线平稳,峰形对称且峰面积能够重现的色谱峰。依次注入标准、试样溶液,积分得到峰面积,用标准系列进行单点或多点校准。

8 结果计算

试样中甜菜碱的含量 X_1 以 mg/kg 表示,按公式(1)计算:

$$X_1 = \frac{c \times v \times 1\ 000}{m} \quad\quad\quad\quad\quad (1)$$

式中:

c ——由标准曲线查得的试样测定液中甜菜碱的浓度,mg/mL;

v ——定容体积,mL;

m ——试样质量,g。

试样中甜菜碱盐酸盐的含量 X_2 以 mg/kg 表示,按公式(2)计算:

$$X_2 = \frac{c \times v \times 1\ 000}{m} \times 1.311\ 7 \quad\quad\quad\quad\quad (2)$$

式中:

c ——由标准曲线查得的试样测定液中甜菜碱的浓度,mg/mL;

v ——定容体积,mL;

m ——试样质量,g。

1.311 7——由甜菜碱换算成甜菜碱盐酸盐的系数。

每个试样取两份试料进行平行测定,以两次平行测定的算术平均值为测定结果,结果保留三位有效数字。

9 精密度

两个平行试料测定值的相对偏差不大于5%。

附　录　A

（资料性附录）

甜菜碱标准色谱图和典型样品色谱图

A.1　甜菜碱标准色谱图见图 A.1

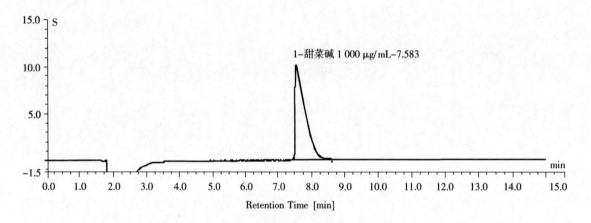

图 A.1　甜菜碱标准色谱图（1 mg/mL）

A.2　配合饲料中甜菜碱色谱图见图 A.2

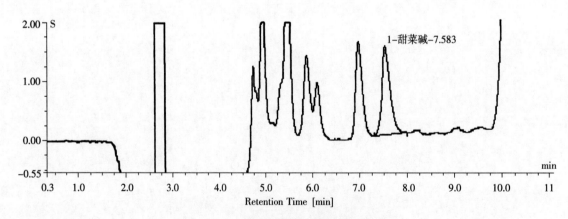

图 A.2　配合饲料中甜菜碱色谱图

ICS 11.220
B 41

中华人民共和国农业行业标准

NY/T 1620—2008

种鸡场孵化厂动物卫生规范

Healthy requirement for hatchery and breeding fowl farms

2008-05-16 发布

2008-07-01 实施

397

中华人民共和国农业部 发布

前　言

本标准由中华人民共和国农业部兽医局提出。

本标准由全国动物防疫标准化技术委员会归口。

本标准起草单位:大连瓦房店市动物检疫站。

本标准主要起草人:唐连伟、王学功、王永江、李春晖、朱学珍、刘桂芬、尹文胜、滕俊芳、李祝田、封启民、王喜庆。

种鸡场孵化厂动物卫生规范

1 范围

本标准规定了种鸡场、孵化厂卫生条件和雏鸡检疫的内容、方法。

本标准适用于种鸡场、孵化厂日常卫生操作和雏鸡检疫。

2 规范性引用文件

下列文件中的条款通过在本标准的引用而成为本标准的条款。凡是注日期的引用文件,其随后的修改单(不包括勘误的内容)或修订版均不适用于本标准,然而,鼓励根据本标准达成协议的各方研究是否可使用这些文件的最新版本。凡是不注日期的引用文件,其最新版本适用于本标准。

GB 16567 种畜禽调运检疫技术规范

OIE 国际动物卫生法典附录 3.4.1 种禽群和孵化场的卫生和疾病安全程序

3 种鸡场和孵化厂的卫生与消毒

3.1 种鸡场

3.1.1 种鸡场的环境卫生与兽医卫生管理

3.1.1.1 种鸡场应选择背风朝阳、地势高燥,与居民区、交通要道、水源地的距离不应少于 1 km,周围环境应无污染源,以利于卫生和疾病控制。其环境、建筑、设施卫生应符合动防疫条件规定的要求,并取得动物防疫条件合格证。

3.1.1.2 所有来访者和进入鸡舍人员都应执行动物卫生安全防范措施,其中包括沐浴、更衣和消毒。

3.1.1.3 种鸡场应以群为基础做好饲养记录,详细记录鸡只发病、疾病诊断、治疗、死亡、免疫接种和疫病监测(检测)、净化等内容。

3.1.1.4 种鸡群疫病的预防接种,应按免疫程序进行,并按照兽医行政管理部门的规定进行疫病监(检)测和净化。饲养过程中发现鸡舍内有病鸡或死亡鸡只应立即剔除,按规定进行诊治和无害化处理。

3.1.1.5 种鸡场不应饲养其他畜禽和观赏鸟类,禽舍应有防鸟设施。

3.1.2 种鸡场的消毒

种鸡场应建立健全消毒制度,场内环境每 2 天应消毒一次,外界环境较差时每天消毒一次,鸡舍内环境每天消毒 1 次~2 次。实施带鸡消毒时应选择高效无毒的消毒药品进行喷雾消毒。当鸡群淘汰清群时,应清除所有厩肥后,对鸡舍进行有效清洗和消毒,并对消毒结果进行细菌学监测。

3.1.3 种鸡的引进

种鸡场引入种鸡时,应来自禽类传染病的非疫区,并经禽沙门氏菌监测和其他病原体监测合格。引进的种鸡应按国家相关规定进行检疫,并按规定的程序消毒后方可入场饲养。若鸡场尚有种鸡群饲养,引入的种鸡应按规定进行隔离饲养。

3.1.4 种蛋卫生

产蛋舍的垫料应保持干燥及良好状态。巢箱垫料应柔软并保持干净、充足。若笼养,种蛋收集槽应铺垫柔软易清洗的铺垫,以防止种蛋破损污染。用清洁消毒过的容器收集种蛋。种蛋收集要及时,在产蛋集中时段至少 2 h 收集一次蛋。脏蛋、破损蛋、渗漏蛋及畸形蛋应单独收集,不能作为种蛋。无污染种蛋收集后应尽快用 3.2.3 方法—在消毒间熏蒸消毒 30 min,消毒后的种蛋应在洁净的专用房内贮存,贮存温度为 13℃~15℃,相对湿度为 70%~80%,贮存时间不宜超过 3 天。种蛋应用消毒过的蛋箱和蛋托或新的干净的蛋箱和蛋托运到孵化厂。每次运输前都要对车辆进行清洗消毒。

3.2 孵化厂

3.2.1 孵化厂的环境卫生与兽医卫生管理

3.2.1.1 孵化厂应选择适宜隔离并有利于卫生和疾病控制的地理位置。应尽可能建在距离其他畜禽饲养场及居民区、交通要道、水源地 1 km 以上，同时应考虑当地盛行风向。建筑物四周应有安全围墙，其环境、建筑、设施卫生应符合动物防疫条件规定的要求，并取得动物防疫条件合格证。

3.2.1.2 孵化厂应驱逐野鸟、家畜及野生动物。必要时，应制定并执行专门防蝇措施。窗、通风口或其他开口处应加防虫防鸟网。应设有孵化生产中产生的孵化废料、各种垃圾的无害化处理设施。

3.2.1.3 孵化厂设计应考虑工艺流程合理，空气流通适当的原则。其结构应是从种蛋接收和贮存间至出雏间，空气为同一单向流动。孵化厂内各工作区应隔开，工作区包括：

a) 种蛋接收和贮存间；
b) 消毒间；
c) 装盘间；
d) 入孵或始孵间；
e) 孵出间；
f) 检雏、雌雄鉴别及装雏间；
g) 材料库：包括盛放蛋托、雏鸡箱、蛋盘、箱垫、化学药品（应单独存放）及其他物品；
h) 雏鸡存放间；
i) 洗涤设备和废物处置间；
j) 工作人员就餐室；
k) 办公室；
l) 工作人员沐浴洗涤间、换衣间和卫生间。

3.2.1.4 进入孵化厂的车辆应经过消毒池，并进行全车消毒。运载雏鸡的车辆装雏前车内应进行有效的清洗和消毒。

3.2.2 孵化厂种蛋处理人员的兽医卫生管理

3.2.2.1 孵化厂种蛋处理人员应先用肥皂水或中性消毒液洗手并换上干净的外套（工作服）才能处置从种鸡场接收的种蛋。处理不同批次雏鸡之间也应洗手消毒，更换工作服和靴子。

3.2.2.2 装运初孵雏应用新的一次性雏鸡盒或经彻底清洗消毒或熏蒸消毒过的旧盒子。雏鸡应由穿经过消毒外衣的人员直接搬出孵化房，每批雏鸡搬运后外衣应更换或消毒。搬运车在每批雏鸡装运前应清洗消毒。

3.2.3 种蛋、孵化器及孵化用具的消毒

方法一

每立方米空间用 53 mL(37.5%)福尔马林加 35 g 高锰酸钾熏蒸。熏蒸室内应有加温设施，温度保持在 24℃～38℃，还应放有保湿设施，使相对湿度维持在 60%～80%。容器中先加高锰酸钾，然后把福尔马林加到高锰酸钾中。

方法二

用多聚甲醛通过蒸发产生甲醛气体进行消毒。每立方米空间需要 10 g 多聚甲醛粉剂或颗粒剂。把所需用量的多聚甲醛粉剂放进预先加热的盘中即可。室内相对湿度要达到 60%～80%。温度为 24℃～28℃。

注意事项

a) 在混合大量福尔马林和高锰酸钾时，应使用防毒面具。为防止可能的火险，在地面中心放一个或几个用不可燃材料制作的容器。容器上口应向外倾斜，容积应大一些，两种化学药品的体积

不应超过容积的 1/4,容器应是两种化学药品总体积的 10 倍。种蛋置于铁丝框架口或杯状蛋盘上,摆放时考虑空气流通,使种蛋能接触到甲醛气体。

b） 熏蒸效果取决于最佳的温度和湿度条件。在低温或干燥条件下,甲醛气可立即失效。

3.2.3.1 入场种蛋的消毒

入场种蛋应在密闭的消毒间使用 3.2.3 方法一熏蒸消毒 20 min 后,方可选蛋。

3.2.3.2 孵化机内种蛋的消毒

3.2.3.2.1 孵化器内种蛋的熏蒸消毒

种蛋入孵后 12 h 内及温度和湿度恢复到正常工作水平后,采用 3.2.3 方法一进行熏蒸消毒。消毒时关闭入孵器的门和通风口,并启动风扇。熏蒸 20 min 后,将通风口开至正常操作位置,排放气体。已孵化 24 h～96 h 的种蛋不能熏蒸,否则会导致鸡胚死亡。

3.2.3.2.2 出雏器内种蛋的熏蒸消毒

孵化 18 天的种蛋从入孵器转移到出雏器后,在 10% 雏鸡开始啄壳前应进行熏蒸消毒。在出孵器的温度和湿度恢复到正常工作状态时,关闭通风口,开启风扇,使用 3.2.3 方法一熏蒸消毒 20 min 后开启通风口,再将盛有 150 毫升福尔马林的容器放入出雏器内,自然挥发消毒。至出雏前 6 h 将福尔马林盛装物移出。

3.2.3.3 孵化器、出雏器及孵化器具的熏蒸消毒

孵化器、出雏器及孵化器具在使用后应进行清洗,并将孵化器具装入孵化器内。采用 3.2.3 方法一熏蒸消毒 3 h 以上(最好过夜)。孵化器在排除熏蒸剂残留后,方可重新使用。

4 种鸡场和孵化厂沙门氏菌监测

4.1 样品的采集

所有样品应随机采取,以保证在鸡舍或孵化厂所采样品具有代表性。

a） 种鸡场:新鲜粪便(每个样品至少 1 g)、死淘鸡、若是初孵雏,还应取鸡盒衬垫。

b） 孵化厂:入厂种蛋、胎粪、壳内死雏和淘汰雏鸡。

每周应在种鸡场和孵化厂采集环境样品,如环境拭子、垫料、绒毛和尘埃等。所有采集样品应全面标记采样日期,被采样的鸡群等。样品在送达实验室前应置 1℃～4℃ 冰箱保存(不应超过 5 天)。

4.2 种鸡场采样频率及细菌控制标准

4.2.1 育雏群

在 1 日龄和转入产蛋舍前 3 周时各采样一次。若种鸡不是从育雏场直接转入产蛋舍,转移前 3 周时应再采一次样,不应检出致病性沙门氏菌。

4.2.2 产蛋种鸡

产蛋鸡群在产蛋期间至少 1 个月采一次样品,不应检出致病性沙门氏菌。

4.2.3 饮用水及种蛋表面

饮用水及种蛋表面每天进行采样。水样菌落总数应 $<1.0\times10^2$ 个/mL,种蛋表面菌落总数应 $<1.0\times10^3$ 个/cm²。

4.3 孵化厂采样频率及细菌控制标准

4.3.1 孵化器、孵化间过道、贮蛋室、出雏机、出雏室过道、放雏室每周进行一次采样。用营养琼脂平板放置采样部位暴露 15 min,培养 24 h,菌落总数应 <50 个。

4.3.2 入厂种蛋在熏蒸消毒前和熏蒸消毒后各进行一次采样。

用棉拭子涂抹 30 s 完成一个采样,培养 24 h,菌落总数应 $<1.0\times10^3$ 个/cm²。

4.3.3 雏鸡绒毛检验。

每批雏鸡都要采集 0.5 g 绒毛与 50 mL 无菌蒸馏水混合。取 1 mL 绒毛样品水溶液倒在营养琼脂

平板上,培养 24 h,菌落总数应<1.0×10⁴ 个/cm²。

5 雏鸡检疫

5.1 入厂种蛋检疫

入厂供孵化的种蛋,应具备动物卫生监督机构出具的有效检疫合格证明、运载工具消毒证明,并提供该批种蛋供体近期白痢净化证书以及免疫、监测和养殖档案等相关材料。

5.2 出孵雏鸡的检疫

孵化场应在雏鸡出孵前 3 天向当地动物卫生监督机构申报检疫,检疫人员应按时到场,在适宜的温、湿度和光照条件下实施检疫。检疫方法以视检为主,必要时辅以实验室检验。

5.2.1 群体检查

检疫人员对出孵的雏鸡进行全批次视检,以临床健康检查为主,观察雏鸡的发育及卵黄吸收状况,精神状态,站立稳定性,反应敏捷性,绒毛的均匀度,个体的一致性。检疫后将视检不合格的病弱雏鸡剔除。

5.2.2 个体检查

对群体检查健康装箱的雏鸡,每箱抽检 16%～20%实施个体检查。检查时每手各抓两只雏鸡,头部向内,力度适中,感觉雏鸡反应的力度以及腹部的软硬度,然后翻转观察有无法定传染病症状或其他临床症状。若发现精神萎靡,脐带有炎症、黑脐、脐孔闭合不良、肛门周围有污物、卵黄吸收不良、站立不稳、行动迟缓、发育不良或不全,以及有麻痹、共济失调、头颈扭转、僵直、角弓反张和痉挛等临床症状的雏鸡,应责令孵化厂重新选雏,检疫人员进行复检。否则,视为该批雏鸡检疫不合格。

对检疫合格,当日不能售出的装箱雏鸡,出厂时检疫人员应对每箱雏鸡随机抽样检查。若抽检时发现病死雏,则应加大抽检比例或全箱重检。

5.3 检疫后处理

对检疫合格的雏鸡出具检疫合格证明。对检疫不合格的病、死雏鸡进行无害化处理。若检出法定传染病,按有关规定处理。

6 无害化处理

种鸡场的病死鸡,孵化过程中的废弃物,孵化过程中的死蛋,检出的病弱雏应全部做无害化处理。

ICS 11.220
B 42

中华人民共和国农业行业标准

NY/T 1621—2008

兽 医 通 奶 针

Animal cleaning nipple needle

2008-05-16 发布
2008-07-01 实施

中华人民共和国农业部 发布

前　言

本标准由中华人民共和国农业部兽医局提出。

本标准由全国畜牧业标准化技术委员会归口。

本标准起草单位:农业部畜牧兽医器械质检中心、江苏通宝实业公司。

本标准主要起草人:周河、刘东生、王飞虎、孔蓉、张志轩。

本标准为首次发布。

兽 医 通 奶 针

1 范围

本标准规定了兽医通奶针的型式、技术要求、试验方法、检验规则、标志、包装、运输、贮存。

本标准适用于兽医通奶针。

2 规范性引用文件

下列文件中的条款通过本标准的引用而成为本标准的条款。凡是注日期的引用文件,其随后所有的修改单(不包括勘误的内容)或修订版均不适用于本标准,然而,鼓励根据本标准达成协议的各方研究是否可使用这些文件的最新版本。凡是不注日期的引用文件,其最新版本适用于本标准。

GB 191 包装储运图示标志

GB/T 1220 不锈钢棒

GB 1962 注射器、注射针及其他医疗器械 6%(鲁尔)圆锥接头

GB 2828 逐批检查计数抽样程序及抽样表(适用于连续批的检查)

GB 2829 周期检查计数抽样程序及抽样表(适用于生产过程稳定性的检查)

YS/77 铅黄铜针座棒

YY/T 0149 不锈钢医用器械耐腐蚀性能试验方法

3 型式

兽医通奶针的型式见图1。

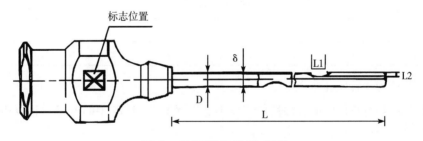

图 1 兽医通奶针型式图

4 技术要求

4.1 兽医通奶针的针管尺寸应符合表1的规定。

表 1 兽医通奶针的基本尺寸

单位:mm

针号	规格	D		δ	L		L2	L1
		公称尺寸	极限偏差	公称尺寸	公称尺寸	极限偏差		
16	16×80	16	+0.02 −0.01	0.25	80	±1.25	5	1.5
20	20×80	20			80			1.9
25	25×100	25			100	±1.50		2.4

4.2 兽医通奶针针座材料应以 YS/77 铅黄铜针座棒中规定的材料制造。

4.3 兽医通奶针针管应以 GB/T 1220 不锈钢棒中规定的 1Cr18Ni9 材料制造。

4.4 兽医通奶针针座圆锥孔尺寸应符合 GB 1962 的规定。

4.5 兽医通奶针与注射器锥头配合应紧密。进行试验时,圆锥接头处不得有水渗漏。

4.6 兽医通奶针针管硬度应符合表 2 的规定。

表 2　硬度

针管外径/mm	硬度值/HV2.94N(HV0.3kgf)
1.6	415~500
2.0	400~485
2.5	

4.7 兽医通奶针针管应有良好的韧性,并按表 3 规定的圆弧半径作 90°弯折,不得折断。

表 3　韧性

单位:mm

针管外径	圆弧半径
1.6	8
2.0	9
2.5	10

4.8 兽医通奶针针管与针座连接应牢固,经 40 N 的拉拔试验,两者不得松动或分离。

4.9 兽医通奶针针管末端、导流孔边缘应光滑,不得有锋棱、毛刺、裂纹。

4.10 兽医通奶针应畅通,能通过表 4 规定的检验杆。

表 4　检验杆

单位:mm

针管外径	1.6	2.0	2.5
检验杆直径	0.9	1.3	1.8

4.11 兽医通奶针针管与针座连接应正直。

4.12 兽医通奶针应具有良好的耐腐蚀性能。应不低于 YY/T 0149 中的 b 级。针管表面光滑、光亮、无锈疤、烧痕、斑点及任何擦伤。

4.13 兽医通奶针针座不得有裂纹和缺陷,标志应完整清晰。

4.14 兽医通奶针表面粗糙度应符合表 5 的规定。

表 5　表面粗糙度

单位:μm

零件部位	针管外表面	针座切削面	针座圆锥孔
表面粗糙度	1.25	2.5	1.25

5　试验方法

5.1 外观:以目力观察,应符合 4.11、4.13 的规定。

5.2 尺寸:用通用或专用量具测量,应符合 4.1 的规定。

5.3 针座锥度密合性试验:按 GB 1962 的方法进行,如发现渗漏,将兽医通奶针旋转 90°重复试验,应符合 4.4 和 4.5 的规定。

5.4 针管硬度试验:按金属显微硬度试验方法测定,在针管横径向测定三点,取其算术平均值,应符合4.6的规定。

5.5 针管韧性试验:按4.7的方法进行,应符合4.7的规定。

5.6 连接牢固度试验:将兽医通奶针固定在专用仪器上,从针管拔出方向作无冲击拉拔试验,应符合4.8的规定。

5.7 针管毛刺试验:将针管在脱脂棉上作平行拖拉,应无纤维带出,则符合4.9的规定。

5.8 针管畅通试验:兽医通奶针针管应能通过4.10规定的检验杆。

5.9 针管耐腐蚀性试验:按YY/T 0149中柠檬酸溶液试验方法进行,应符合4.12的规定。

5.10 表面粗糙度试验:按比较块或电测法进行测量,应符合4.14的规定。

6 检验规则

6.1 检验分类

兽医通奶针的检验分为逐批检查(出厂检验)和周期检查(型式检验)。

6.2 逐批检查

6.2.1 逐批检查按GB 2828的规定进行。

6.2.2 兽医通奶针的逐批检查采用二次抽样方案,按每百单位产品不合格品数计算,其具体要求应符合表6的规定。

表6 逐批检查

序号	检验项目	对应章条		不合格分类	检查水平 IL	合格质量水平 AQL
		技术要求	试验方法			
1	密合性	4.4 4.5	5.3	C	I	4
2	硬度	4.6	5.4			
3	韧性	4.7	5.5			
4	连接牢固度	4.8	5.6	B		2.5
5	毛刺	4.9	5.7			
6	畅通	4.10	5.8			
7	外观	4.11 4.13	5.1	C		6.5

6.3 周期检验

6.3.1 正常生产时,每六个月不少于一次周期检验,有下列情况之一时应进行周期检验。

    a) 新产品或老产品转厂生产的试制定型鉴定时;

    b) 正式生产后,如结构、材料、工艺有较大改变,可能影响产品性能时;

    c) 产品停产两年以上重新生产时;

    d) 出厂检验结果与上次型式检验有较大差异时;

    e) 上级技术监督机构提出进行型式检验的要求时。

6.3.2 型式检验按GB 2829的规定进行。

6.3.3 型式检验采用判别水平Ⅱ的二次抽样方案,按每百单位产品不合格品数计数,样品从出厂检验合格批中抽取 $n_1=n_2=5$,其具体要求应符合表7的规定。

表7 周期检验

组别	检验顺序	检验项目	对应章条 技术要求	对应章条 试验方法	不合格分类	不合格质量水平 RQL	样本大小 $n_1 = n_2$	判定组别 Ac1 Re1	判定组别 Ac2 Re2
I	1	密合性	4.4 4.5	5.3	B	65	5	1 3	4 5
	2	硬度	4.6	5.4					
	3	韧性	4.7	5.5					
	4	连接牢固度	4.8	5.6					
		毛刺	4.9	5.7					
II	5	外观	4.11 4.13	5.1	C	80	5	1 5	5 6
III	6	畅通	4.10	5.8	C	50	5	0 3	3 4

7 标志、包装、运输、贮存

7.1 标志

每支兽医通奶针在图1所示标志位置应有以下标志：

a) 商标或制造商代号；

b) 规格。

7.2 包装

7.2.1 同一规格兽医通奶针应装入有槽的小盒内，盒上或盒内应有下列标志：

a) 制造商名称和商标；

b) 产品名称；

c) 产品执行标准；

d) 规格；

e) 使用说明书和检验合格证；

f) 包装日期；

g) 包装员代号。

7.2.2 同一规格的兽医通奶针，应装入防潮的瓦楞纸箱内，箱上应有下列标志：

a) 制造商名称、商标和地址；

b) 产品名称和产品执行标准；

c) 规格；

d) 数量；

e) 毛重；

f) 体积(长×宽×高)；

g) 出厂日期；

h) "小心轻放"、"防潮"等字样和标志，应符合 GB 191 的有关规定，箱上字样和标志应保证不会因历时较久而模糊不清。

7.3 运输

兽医通奶针在运输过程中应保持清洁干燥，严禁雨淋，不得与有腐蚀性物品混装，装卸时，应小心轻放。

7.4 贮存

7.4.1 贮存兽医通奶针的仓库应干燥通风,不得有腐蚀性气体,相对湿度不大于85%。

7.4.2 兽医通奶针在符合7.3和7.4.1条规定的条件下,自出厂日期起,产品保质期为1年。

—————————

ICS 11.220
B 42

中华人民共和国农业行业标准

NY/T 1622—2008

兽医塑钢连续注射器

Plastic steel automatic dosing syringe for veterinary use

2008-05-16 发布　　　　　　　　　　　　　　　2008-07-01 实施

中华人民共和国农业部 发布

前　言

本标准由中华人民共和国农业部兽医局提出。

本标准由全国畜牧业标准化技术委员会归口。

本标准起草单位：农业部畜牧兽医器械质检中心、绍兴康达器械有限公司。

本标准主要起草人：周河、丁贵根、张晶声、张志轩、王学信。

本标准为首次发布。

兽医塑钢连续注射器

1 范围

本标准规定了兽医塑钢连续注射器的产品结构、型式及参数、技术要求、试验方法、检验规则、标志、包装、运输和贮存。

本标准适用于兽医用兽医塑钢连续注射器系列产品(以下简称注射器)的生产及检测。该系列产品装上兽医注射针和灌药管后,供畜牧兽医工作者对动物疫病防治注射和灌药液使用。

2 规范性引用文件

下列文件中的条款通过本标准的引用而成为本标准的条款。凡是注日期的引用文件,其随后所有的修改单(不包括勘误的内容)或修订版均不适用于本标准,然而,鼓励根据本标准达成协议的各方研究是否可使用这些文件的最新版本。凡是不注日期的引用文件,其最新版本适用于本标准。

GB/T 191 包装储运图示标志

GB/T 531 橡胶袖珍硬度计压入硬度试验方法

GB/T 1220 不锈钢棒

GB 1962.1 注射器、注射针及其他医疗器械6%(鲁尔) 圆锥接头 第1部分:通用要求

GB/T 2423.17 电工电子产品基本环境规程试验 Ka:盐雾试验方法

GB 2828 逐批检查计数抽样程序及抽样表(适用于连续批的检查)

GB/T 9797 金属覆盖层 镍+铬和铜+镍+铬电沉积层

GB 11547 塑料耐液体化学药品(包括水)性能测定方法

GB/T 13808 铜及铜合金挤制棒

GB/T 14234 塑料件表面粗糙度

GB/T 14486 工程塑料模塑塑料件尺寸公差

HG/T 2233 共聚甲醛树脂

HG/T 2349 聚酰胺1010树脂

HG/T 2503 聚碳酸脂树脂

JJG 196—2006 常用玻璃量器检定规程

NY 532 兽医连续注射器 2 mL

YY 91001 全玻璃注射器

YY 91017 全玻璃注射器器身密合性试验方法

3 产品的结构、型式及参数

3.1 典型结构

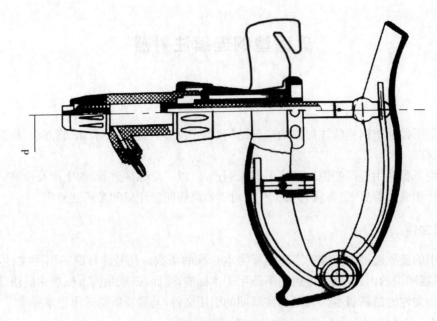

图1 塑钢连续注射器典型结构

3.2 型式

3.2.1 按进液口分为:前吸式、后吸式、插瓶式。

3.2.2 按调节方式分为:连续可调、分档可调以及双管连续可调。

3.2.3 按注射方式分为:连续注射、双管连续注射和连续灌药。

3.3 兽医塑钢连续注射器的基本参数和尺寸应符合表1规定。

表 1 基本参数和尺寸

规格 mL	标称总容量 mL	容量筒壁厚(外径—内径) mm≥	锥头(灌药管)孔径 d mm≥
0.5	0.5	2.0	φ1.60
1.0	1.0	1.10	
2.0	2.0	1.18	
3.0	3.0	1.20	
5.0	5.0	1.60	
10	10.0	1.70	
20	20.0	2.20	
30	30.0	2.30	
50	50.0	2.50	

3.4 兽医塑钢连续注射器的容量筒分度值应符合表2规定。

表 2 分度值

单位:mL

规格	0.5	1.0	2.0	3.0	5.0	10	20	30	50
分度值	0.05	0.10	0.10	0.10	0.20	1.0	1.0	1.0	5.0

4 技术要求

4.1 注射器应符合本标准的要求,并按规定程序批准的图样与技术文件制造。塑料件表面粗糙度和尺寸应符合 GB/T 14234 和 GB/T 14486 的有关规定。

4.2 注射器的活塞柱应采用化学性能稳定,耐弱酸、耐弱碱、性能符合要求的材料,应符合 HG/T 2233 和 HG/T 2349 和 GB/T 13808 标准的规定。

4.3 注射器的弹簧应采用 1Cr18Ni9Ti 材料制作,并符合 GB/T 1220 的规定。弹簧压缩不得低于 10 000 次。

4.4 注射器手柄、拉手采用工程塑料制作,其他连接、调节零件采用 HPb59-1 铜材和塑料材料制成。应符合 HG/T 2233 和 HG/T 2349、GB/T 13808 标准的规定。

4.5 注射器的吸液管采用硅胶管或无毒塑料软管制作。

4.6 注射器的容量筒采用无毒、透明、耐冲击、化学性能稳定的医用级塑料材料制成,应符合 HG/T 2503 标准的规定。

4.7 注射器的容量筒内壁应光滑,不得有凹凸、斑痕、气孔等缺陷。

4.8 注射器塑料件应耐弱酸、耐弱碱、耐油。

4.9 注射器橡胶件应采用耐热、耐弱酸、耐弱碱、耐油的无毒橡胶材料,其邵氏硬度为:垫圈:$75°\pm5°$,活塞密封圈:$55°\pm5°$。

4.10 注射器标称容量相对误差应符合表 3 规定。

表 3 标称容量相对误差

标称容量 mL	0.5	1.0	2.0	3.0	5.0	10	20	30	50
相对误差	$\leqslant\pm5\%$			$\leqslant\pm4\%$		$\leqslant\pm3\%$			

4.11 注射器连接头锥度应符合 GB 1962.1 的规定。锥头与注射针(灌药管)配合紧密,在承受 0.30 MPa 水压时,锥头与注射针(灌药管)结合处 20 s 内不得有水渗漏。

4.12 注射器活塞密封圈与容量筒内壁密合性应良好,在使用状态下,承受表 4 规定水压时,10 s 内不得有水渗出。

表 4 水 压

规格 mL	0.5	1.0	2.0	3.0	5.0	10	20	30	50
水压 MPa	0.4	0.4	0.30	0.30	0.30	0.25	0.25	0.25	0.25

4.13 当兽医塑钢连续注射器的活塞柱封底与容量筒封底相接触时,其残留在容量筒(包括锥头孔)内的液体量不得大于表 5 的规定。

表 5 液体残留量   单位:mL

规格	0.5	1.0	2.0	3.0	5.0	10	20	30	50
残留量	0.05	0.06	0.09	0.12	0.15	0.20	0.50	0.60	0.70

4.14 注射器剂量采用螺纹结构调节,与调节螺母拧合应轻松灵活,不得滑牙;容量调节还可采用分档可调、双管连续可调。

4.15 容量筒的刻度线与计量数字应清晰、完整。

4.16 注射器的金属电镀件应符合 GB/T 9797 的规定。

4.17 注射器在使用状态下,活塞密封圈与容量筒内壁抽吸灵活,无卡滞。

4.18 注射器在筒体、活塞湿润状态下,活塞橡胶圈耐磨不得低于 5 000 次。

4.19 注射器塑料件外观不得有缩痕、斑迹等缺陷。

5 试验方法

5.1 外观检验

用目测方法及表面粗糙度比对样板进行对比检验。

5.2 尺寸检验

用通用及专用量具检验。

5.3 性能

5.3.1 容量检验

按 JJG 196—2006 与标准球作容量比较法测定，其结果应符合 4.10 的规定。

5.3.2 锥头密合性检验

按 GB 1962.1 的规定进行，其结果应符合 4.11 的规定。

5.3.3 器身密合性检验

按 YY 91017 的规定进行，其结果应符合 4.12 的规定。

5.3.4 滑动性能检验

在水湿润的使用状态下抽吸时，应符合 4.17 的要求。

5.3.5 塑料耐液体化学药品(包括水)性能检验

按 GB 11547 的规定进行耐液体化学药品(包括水)试验 其结果应符合 4.8 的规定。

5.3.6 液体残留量检验

按 YY 91001 的规定进行，其结果应符合 4.13 的规定。

5.3.7 橡胶件硬度检验

按 GB/T 531 的规定进行，其结果应符合 4.9 的规定。

5.3.8 电镀件抗盐雾腐蚀性检验

按 GB/T 2423.17 的规定进行，其结果应符合 4.16 的规定。

6 检验规则

6.1 检验分类

注射器检验分出厂检验和型式检验。

6.2 出厂检验

6.2.1 注射器按 GB 2828 中特殊检查水平 S—3 的正常一次抽样方案进行，AQL＝2.5(同规格、品种、工艺生产的为一批)。

6.2.2 出厂检验项目见表 6 规定内容。

6.3 型式检验

6.3.1 凡有下列情况之一者，应进行型式检验。

    a) 产品定型鉴定；

    b) 结构无变化但采用了新材料、新工艺的；

    c) 经过改进设计，可能影响产品性能时；

    d) 停产时间超过半年，重新恢复生产的；

    e) 上级或质量技术监督部门提出要求时。

6.3.2 型式检验项目见表 5 规定内容。

6.3.3 抽样方式

型式检验在出厂检验合格产品中随机抽 5 支做试样。

6.3.4 型式检验中有 1 项不合格时，应双倍抽样，对不合格的项目进行复验，若仍不合格，则型式检验不合格。

表 6 出厂检验和型式检验项目

检验项目	本标准要求的条款	试验方法	出厂检验	型式检验
外观	4.7、4.14、4.15、4.19	5.1	★	★
尺寸	3.3、3.4	5.2	★	★
容量	4.10	5.3.1	★	★
锥头密合性	4.11	5.3.2	★	★
器身密合性	4.12	5.3.3	★	★
滑动性能	4.17	5.3.4	★	★
塑料耐液性能	4.8	5.3.5	—	★
残留液量	4.13	5.3.6	—	★
橡胶件硬度	4.9	5.3.7	★	★
电镀件抗盐雾腐蚀性	4.16	5.3.8	—	★

7 标志、包装、运输和贮存

7.1 标志

7.1.1 每支注射器包装盒上应有下列标志：

a) 制造厂名称；

b) 产品名称、规格；

c) 执行标准。

7.1.2 产品合格证上应有下列标志：

a) 制造厂名称；

b) 产品名称、规格；

c) 检验员代号；

d) 检验日期；

e) 执行标准。

7.1.3 外包装箱上应有以下标志：

a) 制造厂名称及地址；

b) 产品名称、规格、数量；

c) 毛重/净重：kg；

d) 体积（长×宽×高）：cm^3；

e) 出厂日期。

7.1.4 图案、标志应符合 GB/T 191 的规定。外包装箱上的字样和标志应清晰、完整，并保证在较长时间内容易识别。

7.2 包装

7.2.1 在小包装中装入合格的注射器成品、橡胶配件、合格证、使用说明书各 1 份。

7.2.2 大包装的包装数量按产品规格及订货合同确定。

7.3 运输

7.3.1 注射器在运输中不得与有毒、有害、有腐蚀性的物质混运。

7.3.2 注射器在运输中应轻装、轻卸,不得日晒、雨淋。

7.3.3 特殊要求按供需双方协商而定。

7.4 贮存

包装后的注射器应贮存在室温、相对湿度≤80%,无腐蚀、通风良好的清洁仓库内。

ICS 11.220
B 42

中华人民共和国农业行业标准

NY/T 1623—2008

兽医运输冷藏箱(包)

Transportation icebox for veterinary use

2008-05-16 发布

2008-07-01 实施

中华人民共和国农业部 发布

前 言

本标准由中华人民共和国农业部兽医局提出。

本标准由全国畜牧业标准化技术委员会归口。

本标准起草单位：农业部畜牧兽医器械质检中心、新乡市登科电器有限责任公司。

本标准主要起草人：周河、李运长、刘燕、王飞虎、刘玉扬、赵纪凤。

本标准为首次发布。

兽医运输冷藏箱(包)

1 范围

本标准规定了兽医运输冷藏箱(包)的技术要求、试验方法、检验规则、标志包装贮运等。

本标准适用于不同类型的兽医运输冷藏箱(包)。

2 规范性引用文件

下列文件中的条款通过本标准的引用而成为本标准的条款。凡是注日期的引用文件,其随后所有的修改单(不包括勘误的内容)或修订版均不适用于本标准,然而,鼓励根据本标准达成协议的各方研究是否可使用这些文件的最新版本。凡是不注明日期的引用文件,其最新版本适用于本标准。

GB 191　包装储运图示标志

GB 2828　逐批检查计数抽样程序及抽样表(适用于连续批的检查)

GB 2829　周期检查计数抽样程序及抽样表(适用于生产过程稳定性的检查)

3 术语和定义

下列术语和定义适用于本标准。

有效容积(V)　Effective Cubage

去除冷媒能实际使用的容积。

4 技术要求

4.1 冷藏箱箱体应表面光滑,无凹坑,起泡等明显缺陷。

4.2 冷媒外表面应光洁,不得有明显划痕和凹坑。

4.3 冷媒应密封,不得渗漏。

4.4 冷藏箱(包)所用材料要求无毒无味。

4.5 冷藏箱规格及容积应符合表1规定。

表 1 规格及容积
单位:L

类型	有效容积(V)	允差
I	V≤4	±3%
II	4＜V≤15	±5%
III	15＜V≤30	±5%
IV	V＞30	±10%

4.6 保温效果

在环境温度为+43℃的条件下,经过一定时间(表2)的保温试验,箱(包)内温度不超过+8℃。

表 2 保温效果及规格
单位:h

类型	保温时间
I	24
II	48
III	96
IV	115

4.7 冲击强度

冲击强度符合表3的要求。

表3 冲击强度判定标准

级别	箱(包)体破坏程度	配件破坏程度
1	严重破坏,影响性能	铰链/把手损坏
2	损坏很容易修复,不影响使用	铰链/把手变的松动
3	轻微的损坏	铰链/把手可以正常工作
4	没有破损痕记	

注:产品做跌落试验可以接受的损坏程度为:箱(包)体为2级;配件为2级。

5 试验方法

5.1 目测,应符合4.1、4.2的要求。

5.2 材料应符合4.4的要求。

5.3 将冷媒置于温度低于－18℃冰箱内保存24 h,然后将冷媒取出置于常温下,待冷媒还原至室温,目测,冷媒应符合4.3要求。

5.4 容积检验

测量箱体内部尺寸,计算有效容积。应符合4.5要求。

5.5 保温试验

5.5.1 试验环境

环境温度为＋43℃±1℃

5.5.2 试验方法

将冷藏箱(包)内冷媒放入温度低于－18℃的冰箱或速冷箱内,低温冷冻24 h。将冷冻好的冷媒摆放入冷藏箱(包)内,将测试温度传感器置于箱(包)内几何中心点处,盖紧箱(包)盖,确保牢固密封。再将冷藏箱(包)放入温度＋43℃的恒温室(箱)内,每小时记录一次温度,直到冷藏箱(包)内温度达到＋8℃,记录试验的总时间,应符合4.6要求。

5.6 跌落试验

5.6.1 试验环境:温度18℃～25℃、常湿。

5.6.2 试验方法

箱(包)内部装上额定数量1/3的冷媒。然后将箱(包)从距平整光滑的水泥地面1米(从箱包距地面最低点计)处进行自由落体。进行26次的自由落体,跌落试验顺序见表4:

表4 跌落试验顺序

跌落顺序	面	跌落顺序	边	跌落顺序	角
1	顶面	7	前面的顶边	19	前面顶部的左角
2	底面	8	后面的顶边	20	前面顶部的右角
3	前面	9	左面的顶边	21	后面顶部的左角
4	后面	10	右面的顶边	22	后面顶部的右角
5	左面	11	前面的底边	23	前面的底部左角
6	右面	12	后面的底边	24	前面的底部右角
		13	左面的底边	25	后面的底部左角
		14	右面的底边	26	后面的底部右角
		15	前面的左边		
		16	前面的右边		
		17	后面的左边		
		18	后面的右边		

在做此实验的过程中,当产品内部的装载物露出时终止此试验。按表4顺序做完试验后需按4.7对产品进行评价。

按5.5的试验方法进行保温试验,应符合4.6要求。

6 检验规则

6.1 冷藏箱(包)应由制造厂技术检验部门进行检验,合格后方可提交验收。

6.2 冷藏箱(包)必须成批提交验收,验收检查分逐批检查(出厂检查)和周期检查(型式检验)。

6.3 逐批检查

6.3.1 逐批检查按GB 2828的规定进行。

6.3.2 抽样方案采用一次抽样,抽样方案的严格性从正常检查抽样方案开始,其不合格检查水平、检查项目和合格质量水平(AQL)按表5规定。

表5

不合格分类	B	C
检查分组	I	II
检查项目	4.6	4.1、4.2、4.3、4.4、4.5、7.1、7.2、7.3
检查水平	II	II
合格质量水平(AQL)	0.25	1.0

6.3.3 单位产品不合格判定

    a) 表5 I 组中有一项不合格,判单位产品不合格;

    b) 表5 II 组中有两项不合格,判单位产品不合格。

6.3.4 转移规则

6.3.4.1 冷藏箱(包)在进行正常检查时,若在连续不超过五批中有两批经初次检查(不包括再次提交检查批)不合格,则从下一批检查转到加严检查。

6.4 周期检查

6.4.1 在下列情形时,应进行周期检查。

    a) 新产品投产前;

    b) 老产品的设计、工艺或所有材料有重大改变时;

    c) 连续生产的产品每年不少于一次;

    d) 间隔一年以上再生产时。

6.4.2 周期检查按GB 2828的规定进行。

6.4.3 周期检查前应先进行逐批检查,从逐批检查合格的批中抽取样本进行周期检查。

6.4.4 周期检查采用一次抽样方案,判别水平为II,其不合格分类,检查分组,检查项目,判定组数,不合格质量水平(RQL)按表6规定。

表6

不合格分类	B	C
检查分组	I	II
检查项目	4.6、4.7	4.1、4.2、4.3、4.4、4.5、7.1、7.2、7.3

6.4.5 单位产品不合格判定

    a) 表6 I 组中有一项不合格,判单位产品不合格;

    b) 表6 II 组有两项不合格,判单位产品不合格。

7 标志、包装、贮运

7.1 名牌应置于冷藏箱的明显位置,名牌应符合 GB 191 相关规定。

7.2 包装箱上标识应符合 GB 191 相关规定。

7.3 冷藏箱(包)内应有产品使用说明书和产品检验合格证。

7.4 包装的冷藏箱储藏在相对湿度≤85%,清洁、干燥、通风良好、不得有腐蚀性气体的环境中。

7.5 冷藏箱(包)在运输过程中应保持清洁干燥,严禁雨淋,不得与有腐蚀性物品混装,装卸时应小心轻放。

ICS 11.220
B 42

中华人民共和国农业行业标准

NY/T 1624—2008

兽医组织镊、敷料镊

Animal tissue forceps and dressing forceps

2008-05-16 发布　　　　　　　　　　2008-07-01 实施

中华人民共和国农业部 发布

NY/T 1624—2008

前　言

本标准由中华人民共和国农业部兽医局提出。

本标准由全国畜牧业标准化技术委员会归口。

本标准起草单位：农业部畜牧兽医器械质检中心、江苏通宝实业公司。

本标准主要起草人：周河、刘东生、王飞虎、孔蓉、张志轩。

本标准为首次发布。

兽医组织镊、敷料镊

1 范围

本标准规定了兽医组织镊、敷料镊的型式和基本尺寸、技术要求、试验方法、检验规则、标志、包装、运输、贮存。

本标准适用于兽医组织镊、敷料镊。

2 规范性引用文件

下列文件中的条款通过本标准的引用而成为本标准的条款。凡是注日期的引用文件,其随后所有的修改单(不包括勘误的内容)或修订版均不适用于本标准,然而,鼓励根据本标准达成协议的各方研究是否可使用这些文件的最新版本。凡是不注明日期的引用文件,其最新版本适用于本标准。

GB 191 包装储运图示标志

GB/T 1220 不锈钢棒

GB 2828 逐批检查计数抽样程序及抽样表(适用于连续批的检查)

GB 2829 周期检查计数抽样程序及抽样表(适用于生产过程稳定性的检查)

GB 4340 金属维氏硬度试验方法

YY/T 0149 不锈钢医用器械耐腐蚀性能试验方法

YY/T 0295 医用镊通用技术条件

3 型式和基本尺寸

3.1 兽医组织镊的型式见图1。

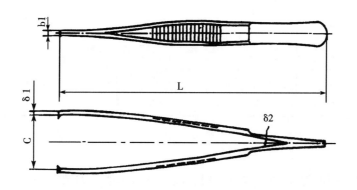

L——长度　　　　　　　　　　　　　　　　　　　　δ1——壁厚
b1——厚度　　　　　　　　　　　　　　　　　　　δ2——壁厚
C——张开宽度

图1 兽医组织镊型式图

3.2 兽医敷料镊的型式见图2。

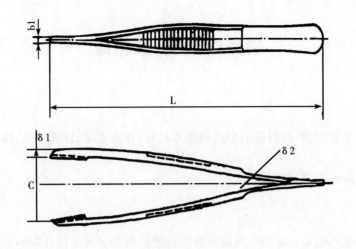

L——长度
b1——厚度
C——张开宽度

δ1——壁厚
δ2——壁厚

图2　兽医敷料镊型式图

3.3　兽医组织镊、敷料镊的基本尺寸见表1。

表1　兽医组织镊、敷料镊的基本尺寸

单位：mm

L	b1		δ1		δ2	C
基本尺寸	基本尺寸	极限偏差	基本尺寸	极限偏差		
125	2.20	±0.20	1.25	±0.20	0.60	22～26
140			1.40			
160	2.50				0.70	28～34
180			1.50			
200	2.80		1.60		0.80	32～38
250	3.20	±0.24	1.80		0.90	40～46
300	3.50		2.00		1.00	48～52

4　技术要求

4.1　兽医组织镊、敷料镊的型式、基本尺寸应符合图1、图2和表1的规定。

4.2　兽医组织镊、敷料镊的制造材料应按表2中的规定选用。

表2　材料

零件名称	材料名称			标准号
镊片	2 Cr 13	1 Cr 13	1 Cr 18 Ni 9	
铆片	2 Cr 13 1 Cr 13	1 Cr 13	1 Cr 18 Ni 9 0 Cr 18 Ni 9	GB/T 1220
导向销				
定位销				

4.3　选用2 Cr 13、1 Cr 13不锈钢材料制成的镊片，其硬度应符合表3的规定。

表 3 硬 度

材料	2 Cr 13	1 Cr 13	1 Cr 18 Ni 9
硬度	380～480 HV 0.5	330～410 HV 0.5	300 HV 0.5
二片之差	50 HV 0.5	40 HV 0.5	42 HV 0.5

4.4 兽医组织镊、敷料镊应有良好的弹性,进行弹性试验时,变形量不得超过 1.6 mm。

4.5 兽医组织镊、敷料镊应对称,表面应光滑,不得有锋棱、毛刺、裂纹、麻点、砂眼。

4.6 兽医组织镊、敷料镊的捏合力应符合表 4 的规定。

表 4 捏 合 力

规格 mm	125～180	200～300
捏合力 N	2～5	3～6

4.7 兽医组织镊、敷料镊的二片连接应牢固,按 YY/T 0295 附录 C 规定进行试验时,二片头端张开距离为全长的 100%。

4.8 兽医组织镊的唇头钩、敷料镊的唇头齿应清晰完整,不得有缺齿、烂齿的缺陷。

4.9 兽医组织镊的唇头钩、敷料镊的唇头齿与槽应吻合。

4.10 兽医组织镊、敷料镊的导向销、定位销固定应牢固,开闭时应灵活、不卡塞。

4.11 兽医组织镊、敷料镊的耐腐蚀性能,应不低于 YY/T 0149 中 b 级。

4.12 兽医组织镊、敷料镊的柄花应清晰完整,不得缺花、烂花。

4.13 兽医组织镊、敷料镊的外表面可以制造成有光亮或无光亮,其表面粗糙度 Ra 之数值应不大于表 5 的规定。

表 5 表面粗糙度
单位:μm

外表特征	部 位	
	内表面	外表面
有光亮	1.6	0.2
无光亮		0.8

5 试验方法

5.1 外观:模仿使用动作以目力观察,应符合 4.5、4.8、4.9、4.10、4.12 的规定。

5.2 表面粗糙度:按比较块或电测法进行测量,应符合 4.13 的规定。

5.3 尺寸:用通用或专用量具测量,应符合 3.3 的规定。

5.4 硬度试验:按 GB 4340 的方法测定,在二片镊片的弹簧片处各测三点,取其每处三点的算术平均值,应符合 4.3 的规定。

5.5 变形量试验:按 YY/T 0295 附录 A 中规定进行,应符合 4.4 的规定。

5.6 捏合力试验:按 YY/T 0295 附录 B 中规定进行,应符合 4.6 的规定。

5.7 连接牢固度试验:按 YY/T 0295 附录 C 中规定进行,应符合 4.7 的规定。

5.8 耐腐蚀性能试验:按 YY/T 0419 中规定的沸水试验法(A 法)进行,应符合 4.11 的规定。

6 检验规则

6.1 检验分类

兽医组织镊、敷料镊的检验分为逐批检查(出厂检验)和周期检验(型式检验)。

6.2 逐批检查

6.2.1 逐批检查按 GB 2828 的规定进行。

6.2.2 兽医组织镊、敷料镊逐批检查采用二次抽样方案,按每百单位产品不合格品数计算,其具体要求应符合表 6 的规定。

表 6 逐批检查

序号	检验项目	对应章条		不合格分类	检查水平 IL	合格质量水平 AQL
		技术要求	试验方法			
1	硬度	4.3	5.4			
2	弹性	4.4	5.5			4
3	捏合力	4.6	5.6	B		
4	连接牢固度	4.7	5.7		I	
5	耐腐蚀性	4.11	5.8	C		2.5
6	粗糙度	4.13	5.2			
7	外观	4.5	5.1	C		6.5

6.3 周期检验

6.3.1 正常生产时,每六个月不少于一次周期检验,有下列情况之一时应进行周期检验。

    a) 新产品或老产品转厂生产的试制定型鉴定时;

    b) 正式生产后,如结构、材料、工艺有较大改变,可能影响产品性能时;

    c) 产品停产两年以上重新生产时;

    d) 出厂检验结果与上次型式检验有较大差异时;

    e) 上级技术监督机构提出进行型式检验的要求时。

6.3.2 型式检验按 GB 2829 的规定进行。

6.3.3 型式检验采用判别水平Ⅱ的二次抽样方案,按每百单位产品不合格品数计数,样品从出厂检验合格批中抽取 $n_1 = n_2 = 5$,其具体要求应符合表 7 的规定。

表 7 周期检验

组别	检验顺序	检验项目	对应章条		不合格分类	不合格质量水平 RQL	样本大小 $n_1 = n_2$	判定组别 Ac1 Re1 Ac2 Re2
			技术要求	试验方法				
Ⅰ	1	硬度	4.3	5.4				
	2	弹性	4.4	5.5				1 3
	3	捏合力	4.6	5.6	C	65	5	
	4	连接牢固度	4.7	5.7				4 5
Ⅱ	5	外观	4.6	5.1	C	80	5	
			4.9					1 5
			4.10					
			4.11					5 6
			4.13					
Ⅲ	6	耐腐蚀性	4.11	5.8	B	50	5	2 3
	7	粗糙度	4.13	5.2				3 4

7 标志、包装、运输、贮存

7.1 标志

每把兽医组织镊、敷料镊应有以下标志：

a) 商标或制造商代号；

b) 规格。

7.2 包装

7.2.1 同一规格兽医组织镊、敷料镊应装入小盒内，盒上或盒内应有下列标志：

a) 制造商名称和商标；

b) 产品名称；

c) 产品执行标准；

d) 规格；

e) 使用说明书和检验合格证；

f) 包装日期；

g) 包装员代号。

7.2.2 同一规格的兽医组织镊、敷料镊，应装入防潮的瓦楞纸箱内，箱上应有下列标志：

a) 制造商名称、商标和地址；

b) 产品名称和产品执行标准；

c) 规格；

d) 数量；

e) 毛重；

f) 体积(长×宽×高)；

g) 出厂日期；

h) "小心轻放"、"防潮"等字样和标志，应符合 GB 191 的有关规定，箱上字样和标志应保证不会因历时较久而模糊不清。

7.3 运输

兽医组织镊、敷料镊在运输过程中应保持清洁干燥，严禁雨淋，不得与有腐蚀性物品混装，装卸时，应小心轻放。

7.4 贮存

7.4.1 贮存兽医组织镊、敷料镊的仓库应干燥通风，不得有腐蚀性气体，相对湿度不大于85%。

7.4.2 兽医组织镊、敷料镊在符合7.3和7.4.1条规定的条件下，自出厂日期起，产品保质期为1年。

ICS 65.020.30
B 47

中华人民共和国农业行业标准

NY/T 1625—2008

柞 蚕 种 质 量

Quality of tussah race

2008-05-16 发布

2008-07-01 实施

中华人民共和国农业部 发布

前　言

本标准由中华人民共和国农业部提出。

本标准主要起草单位：辽宁省果蚕管理总站、辽宁省蚕业科学研究所、沈阳农业大学。

本标准主要起草人：宋国柱、郝东田、李喜生、石生林、高增力、贾慧群、张金山、韩兆国。

柞蚕种质量

1 范围

本标准规定柞蚕(*Antheraea pernyi*)母种、原种、普通种的质量标准、检验方法和结果报告。

本标准适用于柞蚕(*Antheraea pernyi*)母种、原种、普通种的检验。

2 规范性引用文件

下列文件中的条款通过本标准的引用而成为本标准的条款。凡是注日期的引用文件,其随后所有的修改单(不包括勘误的内容)或修订版均不适用于本标准,然而,鼓励根据本标准达成协议的各方研究是否可使用这些文件的最新版本。凡是不注日期的引用文件,其最新版本适用于本标准。

NY/T 1092—2006 STH 柞蚕一代杂交种

NY/T 1626—2008 柞蚕种放养技术规程

3 术语和定义

下列术语和定义适用于本标准。

3.1

健蛹率 healthy pupa rate

抽检样品中健蛹数量占抽检总数百分率。

3.2

全茧量 cocoon weight

一粒鲜茧的重量。

3.3

茧层量 cocoon shell weight

茧层、茧衣和茧柄的重量。

3.4

茧层率 cocoon stell rate

茧层量占全茧量的百分率。

3.5

雌蛹率 female pupa rate

雌蛹数占抽样数的百分率。

3.6

千粒茧重 weight of per 1 000 cocoons

指1 000粒样品茧的重量。

3.7

蛹期微粒子病率 pebrine contamination rate of pupa

检出微粒子病蛹数占抽样总数的百分率。

3.8

卵期微粒子病率 pebrine contamination rate of egg

检出的微粒子病卵粒数占受检种卵数的百分率。

3.9

实用孵化率　practical hatching rate

受检卵两天内孵化出蚁蚕数占受检卵粒数的百分率。

4　质量要求

4.1　种茧质量检验

4.1.1　蛹期微粒子病率

蛹期微粒子病检出率指标见表1。

表1　蛹期微粒子病检出率指标

种　级	母　种	原　种	普　通　种
春季微粒子病检出率	0	0	≤1%
秋季微粒子病检出率	0	≤1%	≤3%
一化性蚕区微粒子病检出率	0	≤2%	≤4%

4.1.2　健蛹率

健蛹率指标见表2。

表2　健蛹率指标

种　级	母　种	原　种	普　通　种
一化性蚕区	≥92%	≥87%	≥80%
二化性蚕区	≥97%	≥92%	≥85%

4.1.3　茧层率

茧层率指标见表3。

表3　茧层率指标

种　级	母　种	原　种	普　通　种
一化性蚕区	≥9.0%	≥8.5%	≥8.0%
二化性蚕区	≥10.0%	≥9.5%	≥9.0%

4.1.4　种茧雌蛹率

雌蛹率40%以上。

4.2　种卵质量检验

4.2.1　种卵微粒子病率

4.2.1.1　母种

种卵微粒子病检出率为0。

4.2.1.2　原种

二化性柞蚕区春季繁育的种卵微粒子病检出率为0,秋季繁育种卵微粒子病检出率在0.2%以下。一化性蚕区种卵微粒子病检出率在0.2%以下。

4.2.1.3　普通种

二化性蚕区春季繁育的种卵微粒子病检出率在0.3%以下,秋季繁育种卵微粒子病检出率在0.4%以下。一化性地区种卵微粒子病检出率在0.4%以下。

4.2.2　孵化率

二化一放蚕区种卵孵化率75%以上,一化蚕区种卵孵化率85%以上,二化地区种卵孵化率92%以上。

5 检验方法

5.1 种茧

5.1.1 检验时间

5.1.1.1 一化性蚕区

种茧微粒子病率、健蛹率、全茧量、茧层量、茧层率,在每年10月上旬调查。

5.1.1.2 二化性蚕区

种茧检验时期在11月上、中旬,一般在柞蚕蛹进入滞育后进行。根据不同年份的气候特点可适当进行调整。

5.1.2 抽样

按种茧放置的上中下、前后左右等不同位置,随机抽取;抽取的比例为0.5%,不足100粒的抽足100粒,超过100粒但不足200粒的抽足200粒,每份样茧最多不超过200粒。

5.1.3 检验

5.1.3.1 测定样品茧重量

称取全部样品重量并记录。

5.1.3.2 剖茧

将所有样茧全部剖开,鉴别雌、雄蛹并计数。

5.1.3.3 测定茧层量

将全部样茧的茧壳去除杂质,称重并计数。

5.1.3.4 目检

按抽茧数量全部进行撕蛹检查,撕蛹部位为蛹体背部第2~3环节处,按健蛹和非健蛹标准进行鉴定,并分类记录。

5.1.3.5 镜检

目检确定的非健蛹由两个镜检员自己制片对检,剩余样品母种全部制片镜检,原种、普通种适用时可全部镜检。

5.1.4 计算

5.1.4.1 千粒茧重

千粒茧质量以其1 000粒茧的质量分数(G_1)表示,按公式(1)计算:

$$G_1 = \frac{G_2}{N} \times 1\,000 \quad \cdots\cdots\cdots\cdots\cdots\cdots\cdots\cdots\cdots\cdots\cdots\cdots\cdots\cdots\cdots\cdots \quad (1)$$

式中:

G_1——千粒重,单位为千克(kg);

G_2——样茧重,单位为千克(kg);

N——样茧总数,单位为粒。

计算结果精确到小数点后一位。

5.1.4.2 茧层率

按公式(2)计算,计算结果保留1位小数。

$$C = \frac{G_3}{G_4} \times 100 \quad \cdots\cdots\cdots\cdots\cdots\cdots\cdots\cdots\cdots\cdots\cdots\cdots\cdots\cdots\cdots\cdots \quad (2)$$

式中:

C——茧层率,单位为百分数(%);

G_3——样茧茧层重,单位为千克(kg);

G_4——样茧全茧重,单位为千克(kg)。

5.1.4.3 健蛹率

按公式(3)计算,计算结果保留1位小数。

$$H_1 = \frac{H_2}{N} \times 100 \quad\cdots\cdots\cdots\cdots\cdots\cdots\cdots\cdots\cdots\cdots\cdots\cdots\cdots (3)$$

式中:

H_1——健蛹率,单位为百分数(%);

H_2——样茧健蛹数,单位为粒;

　N——样茧总数,单位为粒。

5.1.4.4 雌蛹率

按公式(4)计算,计算结果保留1位小数。

$$F_1 = \frac{F_2}{N} \times 100 \quad\cdots\cdots\cdots\cdots\cdots\cdots\cdots\cdots\cdots\cdots\cdots\cdots\cdots (4)$$

式中:

F_1——雌蛹率,单位为百分数(%);

F_2——雌蛹数,单位为粒;

　N——样茧总数,单位为粒。

5.1.4.5 蛹期微粒子病率

按公式(5)计算,计算结果保留1位小数。

$$P_1 = \frac{P_2}{N} \times 100 \quad\cdots\cdots\cdots\cdots\cdots\cdots\cdots\cdots\cdots\cdots\cdots\cdots\cdots (5)$$

式中:

P_1——蛹期微粒子病率,单位为百分数(%);

P_2——样茧微粒子病蛹数,单位为粒;

　N——样茧总数,单位为粒。

5.1.5 签发合格证

对检验合格蚕种签发合格证,其格式见表4。

表4　蚕种质量检验合格证

检验编号		生产场名	
生产者		品种	
蛹期微粒子病率		健蛹率	
雌蛹率		千粒茧重	
茧层率		数量	
产地		种级	
检验单位(盖章)		检验人员(签名)	
		签证人员(签名)	
检验日期　　年　月　日		发证日期　　年　月　日	

5.2 种卵

5.2.1 种卵微粒子病

5.2.1.1 抽样

每个品种或每批抽取有代表性的蚕卵1 000粒。

5.2.1.2 计算

按公式(6)计算,计算结果取小数点后1位。

$$M_1 = \frac{M_2}{M} \times 100 \quad \cdots\cdots\cdots\cdots\cdots\cdots\cdots\cdots\cdots\cdots\cdots\cdots \quad (6)$$

式中：

M_1 ——雌蛾微粒子病率，单位为百分数（%）；

M_2 ——检出微粒子病蛾数，单位为只；

M ——受检蛾总数，单位为只。

5.2.2 种卵孵化率

5.2.2.1 抽样

每个品种或每批抽取有代表性的蚕卵 200 粒～500 粒。

5.2.2.2 检验方法

将样卵置于 22℃～26℃条件下，暖卵至孵化调查实用孵化率。

5.2.2.3 计算

按公式(7)计算，计算结果取小数点后 1 位。

$$H_r = \frac{E_1}{E} \times 100 \quad \cdots\cdots\cdots\cdots\cdots\cdots\cdots\cdots\cdots\cdots\cdots\cdots \quad (7)$$

式中：

H_r ——实用孵化率，单位为百分数（%）；

E_1 ——样卵两天孵化数，单位为粒；

E ——样卵总数，单位为粒。

ICS 65.020.30
B 47

中华人民共和国农业行业标准

NY/T 1626—2008

柞蚕种放养技术规程

Regulation of tussah race outdoor rearing

2008-05-16 发布

2008-07-01 实施

中华人民共和国农业部 发布

前　言

本标准由中华人民共和国农业部提出。

本标准主要起草单位：辽宁省果蚕管理总站、辽宁省蚕业科学研究所、沈阳农业大学。

本标准主要起草人：郝东田、宋国柱、马积彪、高增立、刘佩锋、韩兆国、贺俭、王德胜。

柞蚕种放养技术规程

1 范围

本标准规定了柞蚕（*Antheraea pernyi*）良种繁育的术语、定义和放养技术。

本标准适用于柞蚕（*Antheraea pernyi*）母种、原种和普通种的放养。

2 规范性引用文件

下列文件中的条款通过本标准的引用而成为本标准的条款。凡是注日期的引用文件，其随后所有的修改单（不包括勘误的内容）或修订版均不适用于本标准，然而，鼓励根据本标准达成协议的各方研究是否可使用这些文件的最新版本。凡是不注日期的引用文件，其最新版本适用于本标准。

NY/T 1092—2006 STH 柞蚕一代杂交种

NY/T 1265—2008 柞蚕种质量

3 术语和定义

下列术语和定义适用于本标准。

3.1

母种 original strain of authorized race

生产原种用种及留根用种。

3.2

原种 parent race

生产普通种用种。

3.3

普通种 conventional race

生产原料茧用种。

3.4

一化性蚕区 univoltine sericue tural area

自然条件下，一年中只发生一个世代的地区。

3.5

二化性蚕区 bivoetine sericue tural area

自然条件下，一年中发生二个世代的地区。

3.6

二化一放蚕区 single rearing of bivoltine sericue tural area

一年只能放养一次柞蚕的地区。

3.7

健蛹 healthy pupa

蛹形正，蛹体环节紧凑，无萎缩状态，颅顶板清白透明，血液清晰黏稠，脂肪体细腻饱满，无黄褐色渣点，中肠膜色白新鲜。

3.8

非健蛹 unhealthy pupa

微粒子病蛹、死笼、死蚕、伤蛹、缩腔蛹、半脱皮蛹、畸形蛹、嫩蛹、发育蛹、脂肪体不饱满蛹、脂肪体变色、有渣点等劣蛹。

4 繁育技术

4.1 繁育程序

柞蚕良种繁育分为母种→原种→普通种三级。

4.1.1 母种

留根母种单蛾区放养。繁育母种分区放养。

4.1.2 原种

用繁育母种繁育。

4.1.3 普通种

用原种繁育。

4.2 制种

4.2.1 留根母种

单蛾区发蛾,异蛾区或同蛾区交配,单蛾产卵,全部镜检,制种量不少于用种量的2倍。建立谱系档案。

4.2.2 繁育母种

分区发蛾,异区交配,全部镜检,制种量不少于用种量的1.5倍。

4.2.3 原种

按4.5.4的要求严格选蛾,全部镜检。

4.2.4 普通种

按4.5.4的要求选蛾,适用时可抽检或全部镜检。

4.3 放养量

4.3.1 一化性蚕区

4.3.1.1 母种

每人放养量不超过150蛾。

4.3.1.2 原种

每人放养卵量0.4 kg。

4.3.1.3 普通种

每人放养卵量0.5 kg。

4.3.2 二化性蚕区

4.3.2.1 母种

留根母种,每人放养量不超过60蛾;繁育母种,每人放养量不超过200蛾。

4.3.2.2 原种和普通种

每人放养卵量不超过2.0 kg,小蚕分区放养,3龄期淘汰病、弱区,混合放养。

4.3.3 二化一放蚕区

4.3.3.1 母种

留根母种每人放养量不超过100蛾;繁育母种每人放养量不超过300蛾。

4.3.3.2 原种

每人放养卵量不超过1.5 kg。

4.3.3.3 普通种

每人放养卵量不超过 2.0 kg。

4.4 蚕种管理

4.4.1 食叶量

4.4.1.1 春蚕母种、原种、普通种

小蚕期食叶量不超过柞叶量 1/3。大蚕期食叶量母种、原种不超过 1/2,普通种不超过 2/3。

4.4.1.2 秋蚕母种

小蚕期食叶量不超过柞叶量 1/2,大蚕期食叶量不超过 2/3。

4.4.2 蚕期提纯

及时淘汰病、弱蚕,保证群体健壮。母种淘汰杂色蚕区,保持品种固有性状。

4.4.3 蚕期检查

4.4.3.1 母种

5 龄蚕期脓病、软化病发病率低于 3%;无微粒子病区。

4.4.3.2 原种

5 龄蚕期脓病、软化病发病率低于 4%;微粒子病率不高于 0.5%。

4.4.3.3 普通种

5 龄蚕期脓病、软化病发病率低于 5%;微粒子病率不高于 1%。

4.5 繁育过程质量预控要求

4.5.1 蚕

具有本品种固有的特征、特性,发育整齐,体色一致。

4.5.2 茧

茧形端正,大小匀整,封口紧密,茧层厚薄均匀,茧衣完整。

4.5.3 蛹

蛹体端正,颅顶板清白,血液清亮、黏度大,脂肪体饱满、无渣点。

4.5.4 蛾

形态端正,体色一致,腹部环节紧凑,鳞毛厚密,血液清晰,背血管不变色,翅脉坚硬。

4.5.5 卵

大小均匀,色泽一致。

4.6 茧期管理

4.6.1 摘茧

当 80% 的蚕结茧时剔出晚蚕。剔蚕 5 d 后可摘茧。摘茧后分区、分品种保管。

4.6.2 种茧保护

摘茧后的各级种茧,置于自然温度下保护。如蛹期发育滞后,可在通风条件下,将室内温度调升到 26℃~28℃;秋季种茧在 18℃~20℃ 温度条件下保护 25 d~30 d,以促进滞育。

4.6.3 选茧

春蚕于摘茧后 5 d 进行;秋蚕、二化一放于摘茧后 10 d 进行;一化性柞蚕区可在摘茧 15 d 后进行。选茧按 4.5.2 要求执行,剔出不良茧。

ICS 65.060.20
B 91

中华人民共和国农业行业标准

NY/T 1627—2008

手扶拖拉机底盘　质量评价技术规程

Technical specifications of quality evaluation for walking tractor chassis

2008-05-16 发布　　　　　　　　　　　2008-07-01 实施

中华人民共和国农业部 发布

前　言

本标准由中华人民共和国农业部农业机械化管理司提出。

本标准由全国农业机械标准化技术委员会农业机械化分技术委员会归口。

本标准起草单位：农业部农业机械试验鉴定总站、江苏省农业机械试验鉴定站、常州东风农机集团有限公司、浙江四方集团公司。

本标准主要起草人：郝文录、畅雄勃、孔华祥、高涛、孙陈明。

手扶拖拉机底盘 质量评价技术规程

1 范围

本标准规定了手扶拖拉机底盘(以下简称底盘)的质量指标、试验方法和检验规则。

本标准适用于手扶拖拉机底盘。

2 规范性引用文件

下列文件中的条款通过本标准的引用而成为本标准的条款。凡是注日期的引用文件,其随后所有的修改单(不包括勘误的内容)或修订版均不适用于本标准,然而,鼓励根据本标准达成协议的各方研究是否可使用这些文件的最新版本。凡是不注日期的引用文件,其最新版本适用于本标准。

GB/T 3098.1—2000 紧固件机械性能 螺栓、螺钉和螺柱

GB/T 3098.2—2000 紧固件机械性能 螺母 粗牙螺纹

GB/T 4269.1 农林拖拉机和机械、草坪和园艺动力机械 操作者操纵机构和其他显示装置用符号 第1部分:通用符号(GB/T 4269.1—2000,idt ISO 3767—1:1991)

GB/T 4269.2 农林拖拉机和机械、草坪和园艺动力机械 操作者操纵机构和其他显示装置用符号 第2部分:农用拖拉机和机械用符号(GB/T 4269.2—2000,idt ISO 3767—2:1991)

GB/T 6229—2007 手扶拖拉机试验方法

GB/T 6231 拖拉机清洁度测定方法

GB/T 9480 农林拖拉机和机械、草坪和园艺动力机械 使用说明书编写规则(GB/T 9480—2001,eqv ISO 3600:1996)

GB 10395.1—2001 农林拖拉机和机械 安全技术要求 第1部分:总则(GB 10395.1—2001,eqv ISO 4254—1:1989)

GB 10396 农林拖拉机和机械、草坪和园艺动力机械 安全标志和危险图形 总则(GB 10396—2006,ISO 11684:1995,MOD)

GB/T 13306 标牌

GB/T 19407 农业拖拉机操纵装置 最大操纵力(GB/T 19407—2003,ISO/TR 3778:1987,MOD)

JB/T 9827—1999 拖拉机传动箱 技术条件

3 质量要求

3.1 一般要求

3.1.1 底盘上承受载荷的紧固件(半轴壳、机架与箱体、轮毂与轮辋固定等处)强度等级为:螺栓不低于GB/T 3098.1—2000 中规定的8.8级,螺母不低于GB/T 3098.2—2000 中规定的8级。其扭紧力矩应符合其强度等级要求。

3.1.2 底盘上各接合面接合紧密,不得有松动现象。在试验期间,允许各密封面、管接头处在调整紧固件三次后无渗漏。

3.1.3 各操纵机构操作时应轻便灵活、松紧适度,定位准确,无卡滞现象,运行时无不正常响声,各机构行程应符合使用说明书的规定;离合制动手柄、变速杆、转向手柄的最大操纵力应符合GB/T 19407要求。按照底盘使用说明书规定的配套动力进行负荷试验时,不得有脱档、乱档和零部件损坏现象。

3.1.4 机架表面应平整,无明显翘曲、皱纹;焊接牢固、焊缝平直,无焊渣及飞溅物;涂漆表面应光滑平整,颜色均匀。

3.1.5 配套动力大于 4.5 kW 的底盘应有制动装置。

3.1.6 底盘的整机、随机工具、配附件等应符合装箱单要求,不得有错装、漏装现象。

3.2 安全要求

3.2.1 安全防护

皮带轮、输出轴等旋转件应加防护装置,其结构合理、无尖角和锐棱,其强度和刚度应符合 GB 10395.1—2001 中 6.1 的规定,固定牢固。皮带轮防护装置应将皮带轮的咬合点包入,防护装置边缘距咬合点距离大于 12 cm,咬合点侧面有遮挡。

3.2.2 安全警示标志

3.2.2.1 操纵装置的操纵方向不明显时,应在操纵装置上或其附近用操纵符号或文字标明,操纵符号应符合 GB/T 4269.1 及 GB/T 4269.2 的规定。

3.2.2.2 在机体明显处设置停车、驻车制动及下坡、转向操作指示等警示标志,安全标志应符合 GB 10396 的规定。

3.3 主要性能要求

3.3.1 离合、制动性能

离合器应接合平稳、分离彻底,并稳定传递全部扭矩;制动器应制动可靠。

3.3.2 噪声

空载运转时底盘传动箱噪声应不大于 88 dB(A)。

3.3.3 清洁度

底盘传动箱内腔清洁度限值按式(1)计算。

$$G \leqslant 15 \times P + 400 \quad\cdots\cdots\cdots\cdots\cdots\cdots\cdots\cdots\cdots\cdots\cdots\cdots\cdots\cdots \quad (1)$$

式中:

G——清洁度限值,单位为毫克(mg);

P——配套发动机的 12 小时标定功率值,单位为千瓦(kW)。

3.3.4 传动效率

当用底盘使用说明书规定的配套动力进行满负荷试验时,底盘的传动效率应不低于理论传动效率的 95%。计算理论传动效率时,各传动副的传动效率取值为:一对圆柱齿轮传动效率取值为 0.97,一对圆锥齿轮传动效率取值为 0.96,一组球轴承传动效率取值为 0.99,一组滚子轴承传动效率取值为 0.98,一组 V 形皮带传动效率取值为 0.94,一组链传动效率取值为 0.96。

3.4 标牌

在底盘的易见部位应安装能永久保持的产品标牌,标牌的型式、尺寸应符合 GB/T 13306 的规定,标牌应安装端正、牢固,字迹清晰,并应至少标明如下内容:

    a) 产品型号及名称;

    b) 配套发动机的标定功率(12 h);

    c) 制造厂名称、地址;

    d) 产品出厂编号;

    e) 产品出厂日期。

3.5 使用说明书

使用说明书的编写应符合 GB/T 9480 的规定,内容应至少包括:

    a) 主要技术参数;

b) 安全注意事项(包含安装发动机时应安装防护装置的说明);

c) 配套发动机的安装和操作说明;

d) 正确的使用、操作说明及图示说明;

e) 调整方法说明;

f) 维护与保养说明;

g) 常见故障处理方法;

h) 机器上张贴的安全标志图示。

4 试验方法

4.1 安全要求检查

按3.2检查。

4.2 紧固件强度等级检查

按3.1.1目测检查紧固件强度等级;用扭矩仪检测各紧固件的扭紧力矩。

4.3 密封性、操纵机构性能、外观质量和错装、漏装现象检查

分别按3.1.2、3.1.3、3.1.4和3.1.6目测检查。

4.4 性能试验

在试验台上对底盘的驱动轴施加载荷,进行试验。

4.4.1 离合、制动性能试验

在无负荷和不小于规定负荷80%(当配套动力为一个范围时,则选用配套动力的中值)的情况下对所有前进档和倒退档进行换档操作,同时对所有前进档和倒退档分别进行不少于2次的接合、分离和制动试验,按3.3.1条检查。

4.4.2 噪声试验

在4.4.1条无负荷试验的同时对所有前进档和倒退档分别进行噪声检测,在底盘传动箱周围按JB/T 9827—1999中4.3条确定测量位置。

4.4.3 清洁度测定

按GB/T 6231规定进行测定。

4.4.4 传动效率试验

按照底盘使用说明书规定进行磨合试运转后换至常用工作档位,按规定配套动力施加负荷(当配套动力为一个范围时,则选用最小和最大配套动力分别进行),测取输入和输出的扭矩和转速,按式(2)计算传动效率。

$$\eta = \frac{T_2 \times n_2}{T_1 \times n_1} \times 100 \quad \cdots\cdots\cdots\cdots\cdots\cdots\cdots\cdots\cdots\cdots\cdots\cdots\cdots\cdots\cdots\cdots\cdots\cdots \quad (2)$$

式中:

η——传动效率,单位为百分数(%);

T_1——输入扭矩,单位为牛顿米(N·m);

n_1——输入转速,单位为转每分(r/min);

T_2——输出扭矩,单位为牛顿米(N·m);

n_2——输出转速,单位为转每分(r/min)。

4.5 最大操纵力试验

按GB/T 6229—2007中6.3.2条测量。

4.6 标牌检查

按3.4要求检查。

4.7 使用说明书检查

按3.5要求检查。

5 检验规则

5.1 抽样方法

采用随机抽样方法,在工厂近一年内生产的产品中随机抽取2台,供抽样的手扶拖拉机底盘应不少于26台。在销售部门抽样时,不受上述限制。

5.2 不合格分类

被检测项目凡不符合表1要求的均为不合格(缺陷)。按其对产品质量的影响程度,分为A类不合格、B类不合格和C类不合格。不合格项目分类见表1。

5.3 评定规则

逐项考核,按类判定。当各类不合格项目数均小于不合格判定数时,则判定为合格;否则判为不合格。抽样判定方案见表2。

试验期间,因产品质量原因造成故障,致使试验不能正常进行,则判该产品不合格。

表1 检验项目及不合格分类表

项目分类		项 目 名 称		对应条款	备 注
A	1	安全要求	安全防护	3.2.1	
			安全操作及警示标志	3.2.2	
	2	离合、制动性能		3.3.1	配套动力≤4.5 kW的不检查制动性能
	3	空载噪声		3.3.2	
B	1	操纵机构性能		3.1.3	
	2	传动效率		3.3.4	
	3	最大操纵力		3.1.3	
	4	紧固件强度等级		3.1.1	
C	1	清洁度		3.3.3	
	2	外观质量		3.1.4	
	3	密封性		3.1.2	
	4	标牌		3.4	
	5	使用说明书审查		3.5	
	6	错装、漏装现象		3.1.6	

表2 抽样判定方案

不合格项目分类	A	B	C
项目数	3	4	6
样本数	2		
项次数	3×2	4×2	6×2
不合格判定数	1	2	3

ICS 65.060.20
B 91

中华人民共和国农业行业标准

NY/T 1628—2008

玉米免耕播种机 作业质量

Operating quality for no–tillage maize planter

2008-05-16 发布

2008-07-01 实施

中华人民共和国农业部 发布

前　言

本标准由中华人民共和国农业部农业机械化管理司提出。

本标准由全国农业机械标准化技术委员会农业机械化分技术委员会归口。

本标准起草单位：农业部农业机械化技术开发推广总站、农业部农业机械试验鉴定总站、山东省农业机械技术推广站、天津市农业机械推广站、内蒙古自治区农牧业机械技术推广站、河北省农业机械技术推广站。

本标准主要起草人：丁翔文、徐振兴、李博强、陈传强、张宝乾、程国彦、王家源。

玉米免耕播种机 作业质量

1 范围

本标准规定了玉米免耕播种机的作业质量、检测方法和检验规则。

本标准适用于玉米免耕播种机进行免耕条播、免耕精播作业的质量评定。

2 规范性引用文件

下列文件中的条款通过本标准的引用而成为本标准的条款。凡是注日期的引用文件,其随后所有的修改单(不包括勘误的内容)或修订版均不适用于本标准,然而,鼓励根据本标准达成协议的各方研究是否可使用这些文件的最新版本。凡是不注日期的引用文件,其最新版本适用于本标准。

GB 4404.1 粮食作物种子 禾谷类

GB/T 5262 农业机械试验条件 测定方法的一般规定

3 术语和定义

下列术语和定义适用于本标准。

3.1

免耕播种 no-tillage planting

前茬作物收获后,直接在未经耕整的残留物覆盖地上,或经带状旋耕、秸秆粉碎处理后的免耕播种作业。

3.2

免耕条播 no-tillage drilling

按农艺要求规定的行距、播深与播量将种子成条状地播入种沟的免耕播种作业。

3.3

免耕精播 no-tillage precision drilling

按农艺要求规定的行距、株距与播深将种子单粒精密播入种沟或种穴的免耕播种作业。

3.4

播种断条 break ridge in a field

播行内大于 50 cm 没有种子时为断条。

3.5

断条率 rate of break ridge in a field

断条总长度占测定总长度的百分率。

3.6

漏播 miss

单粒精密播种的播行内种子粒距大于 1.5 倍理论粒距者。

3.7

漏播率 rate of miss

漏播株数占总测定株数的百分率。

3.8

重播 multiples

单粒精密播种的播行内种子粒距小于或等于 0.5 倍理论粒距者。

3.9

重播率　rate of multiples

重播株数占总测定株数的百分率。

3.10

合格粒距　spacing of normally sown seeds

单粒精密播种的播行内种子粒距大于 0.5 倍,且小于或等于 1.5 倍理论粒距者。

3.11

粒距合格率　rate of spacing of normally sown seeds

合格粒距数占总测定数的百分率。

3.12

晾籽率　rate of exposed seeds

播后未被土壤覆盖的种子质量占总播种质量的百分率。

3.13

播前(后)覆盖率　rate of mulch dispersion before(after)drilling

播前(后)地表有秸秆覆盖的测点占总测点的百分率。

3.14

地表覆盖变化率　rate of mulch dispersion

播前与播后地表秸秆覆盖率的差值。

3.15

邻接行距　neighboring row spacing

播种作业中所形成的机具相邻播幅中相邻播行间的距离。

4　作业质量要求

4.1　作业条件

地块平整,地表覆盖较为均匀,土壤含水率适宜种子发芽。种子应符合 GB 4404.1 中规定的要求,播量符合当地农艺要求。颗粒状化肥含水率不超过 12%,小结晶粉末状化肥含水率不超过 2%。机手应按使用说明书规定的要求调整和使用玉米免耕播种机。

4.2　作业质量指标

在 4.1 规定的作业条件下,玉米免耕播种机作业质量指标应符合表 1 的规定。

表 1　作业质量要求一览表

序号	检测项目名称	质量指标要求		检测方法对应的条款号
		条播	精播	
1	种子机械破损率,%	≤1.5	机械式排种器:≤1.5 气力式排种器:≤1.0	5.2.1
2	播种深度合格率[1],%	≥75.0	≥75.0	5.2.2
3	施肥深度合格率[1],%	≥75.0	≥75.0	5.2.2
4	邻接行距合格率[2],%	≥80.0	≥80.0	5.2.3
5	晾籽率,%	≤3.0	≤1.5	5.2.4
6	播种均匀性变异系数,%	≤45	—	5.2.5
7	断条率,%	≤5.0	—	5.2.6
8	粒距合格率,%	—	≥95.0	5.2.7

表 1（续）

序号	检测项目名称	质量指标要求		检测方法对应的条款号
		条播	精播	
9	漏播率,%	—	≤2.0	5.2.7
10	重播率,%	—	≤2.0	5.2.7
11	地表覆盖变化率,%	≤25.0	≤25.0	5.2.8
12	地表地头状况	地表平整,镇压连续,无因堵塞造成的地表拖堆。地头无明显堆种、堆肥,无秸秆堆积,单幅重(漏)播宽度≤0.5 m		

注:1) 当地农艺要求播种(施肥)深度为 h,当 h≥3.0 cm 时,h±1.0 cm 为合格;当 h<3.0 cm 时,h±0.5 cm 为合格。
　　2) 邻接行距行的偏差不超过 6 cm 为合格。

5 检测方法

5.1 作业条件测定

5.1.1 抽样方法

划分出同一机手驾驶机组班次所进行的播种作业范围。作业地块面积不小于 50 m×140 m,沿测试地块长、宽方向的中点连十字线,把地块划分成四块,随机选取对角的两块作为检测样本。

5.1.2 地表覆盖率

采用五点法检查,从四个地角沿对角线 1/4～1/8 长度内选出一个比例数后算出距离,确定出四个检测点的位置,再加上某一对角线的中点,作为测点。与播种前进方向成 45°角取 20 m 长,每隔 20 cm 作为一个测点,数出有秸秆覆盖的点数,按式(1)计算地表覆盖率。

$$J = \frac{j_g}{j_q} \times 100 \quad\cdots\cdots\cdots\cdots\cdots\cdots\cdots\cdots\cdots\cdots\cdots\cdots\cdots\cdots\cdots\cdots (1)$$

式中:

J——地表覆盖率,%;

j_g——有秸秆覆盖的测点数,单位为个;

j_q——测点总数,单位为个。

5.1.3 土壤绝对含水率

测点选取同 5.1.2。在全播深范围内取样,按 GB/T 5262 测出每个测点的土壤绝对含水率,并计算平均值,也可以用土壤湿度仪直接测量。

5.1.4 土壤坚实度

测点选取同 5.1.2。用土壤坚实度仪测定全播深的土壤坚实度,并计算平均值。

5.2 作业质量测定

5.2.1 种子机械破损率

先按 GB/T 5262 测定种子的原始破损率 B_1,再将排种机构调整到当地农艺要求的播量,机组按正常作业速度在待播地中驶过 50 m,从各个排种口接取排下的种子,将排下的种子混合均匀后分成三等份,每份用四分法分取约 100 g 种子作为样本,称出样本总质量和样本中破损种子总质量,按式(2)、式(3)计算,并求出平均值。

$$B_2 = \frac{P_1}{P} \times 100 \quad\cdots\cdots\cdots\cdots\cdots\cdots\cdots\cdots\cdots\cdots\cdots\cdots\cdots (2)$$

$$V = B_2 - B_1 \quad\cdots\cdots\cdots\cdots\cdots\cdots\cdots\cdots\cdots\cdots\cdots\cdots\cdots\cdots (3)$$

式中：

B_2——种子机械破损率，%；

P_1——种子排出口种子样本中破损种子质量，单位为克（g）；

P——种子排出口种子样本质量，单位为克（g）；

V——种子机械破损率，%。

5.2.2 播种（施肥）深度合格率

测点选取同 5.1.2。测定行数为 6 行，选左、中、右各 2 行，播种行数少于 6 行的全测。测定测试小区长度和测点为：条播和精播测试小区长度为 4 m，每行选 5 个测点，在测试小区内均布；在测点上，垂直切开土层，测定最上层种子（肥料）的覆土层厚度，按式（4）计算测试小区播种（施肥）深度合格率，并求平均值。

$$H = \frac{h_1}{h_0} \times 100 \quad\cdots\cdots\cdots\cdots\cdots\cdots\cdots\cdots\cdots\cdots\cdots\cdots\cdots\cdots\cdots\cdots\cdots\cdots\cdots\quad (4)$$

式中：

H——播种（施肥）深度合格率，%；

h_1——播种（施肥）深度合格点数，单位为个；

h_0——测定总点数，单位为个。

5.2.3 邻接行距合格率

测试小区位置同 5.1.2。每个测试小区宽度为两个工作幅宽，长度为 10 m。在边行均布 5 个测定基准点，测定各工作幅的邻接行距，按式（5）计算邻接行距合格率，并求平均值。

$$H_L = \frac{d_1}{z_1} \times 100 \quad\cdots\cdots\cdots\cdots\cdots\cdots\cdots\cdots\cdots\cdots\cdots\cdots\cdots\cdots\cdots\cdots\cdots\cdots\quad (5)$$

式中：

H_L——邻接行距合格率，%；

d_1——邻接行距合格点数，单位为个；

z_1——邻接行距测定总点数，单位为个。

5.2.4 晾籽率

测试小区位置同 5.1.2。每个测试小区为一个工作幅宽，长度为 10 m，测定每个测试小区的面积及晾籽质量，按式（6）计算测试小区晾籽率，求平均值。

$$P_z = \frac{P_m}{M_s \times S_i} \times 100 \quad\cdots\cdots\cdots\cdots\cdots\cdots\cdots\cdots\cdots\cdots\cdots\cdots\cdots\cdots\cdots\quad (6)$$

式中：

P_z——晾籽率，%；

P_m——测试小区晾籽质量，单位为千克（kg）；

M_s——单位面积播种量，单位为千克每公顷（kg/hm²）；

S_i——测试小区面积，单位为公顷（hm²）。

5.2.5 播种均匀性变异系数

播后直接剖开土层检测，也可在小苗出齐后测定。以 40 cm 为一区段，各测试小区每个测定行连续取 10 段，测定每段的种子（幼苗）数；按式（7）、式（8）、式（9）计算段平均种子粒数（苗数）、$\overline{X}$、标准差 S、变异系数 V。

$$\overline{X} = \frac{\sum X_i}{n} \quad\cdots\cdots\cdots\cdots\cdots\cdots\cdots\cdots\cdots\cdots\cdots\cdots\cdots\cdots\cdots\cdots\cdots\cdots\cdots\quad (7)$$

$$S = \sqrt{\frac{\sum (X_i - \overline{X})^2}{n}} \quad\cdots\cdots\cdots\cdots\cdots\cdots\cdots\cdots\cdots\cdots\cdots\cdots\cdots\cdots\cdots\quad (8)$$

$$V = \frac{S}{\overline{X}} \times 100 \quad \cdots\cdots\cdots\cdots\cdots\cdots\cdots\cdots\cdots\cdots (9)$$

式中：

n——各测试小区区段总数；

X_i——区段内的种子（苗）数；

$\overline{X}$——区段平均种子（苗）数；

S——标准差；

V——变异系数，%。

5.2.6 断条率

测试小区位置及测定行的选取同5.1.2。测定时，各测试小区每个测定行连续测定5 m，测定每段大于50 cm无种（苗）区的区段长度。按式(10)计算断条率 d_t。

$$d_t = \frac{\sum d_i}{L} \times 100 \quad \cdots\cdots\cdots\cdots\cdots\cdots\cdots\cdots (10)$$

式中：

d_t——断条率，%；

d_i——测定区内大于50 cm无种子（苗）区的区段长度，单位为厘米（cm）；

L——测定区总长度，单位为厘米（cm）。

5.2.7 免耕精播粒距合格率、漏播率和重播率

测试小区位置同5.1.2。测试小区位置及测定行的选取与5.3相同。每行测定长度为连续20个粒距，测定所有粒距，并与理论粒距值进行比较。按式(11)、式(12)、式(13)分别计算粒距合格率、漏播率和重播率。

$$k_1 = \frac{J_1}{J_0} \times 100 \quad \cdots\cdots\cdots\cdots\cdots\cdots\cdots\cdots (11)$$

$$k_2 = \frac{J_2}{J_0} \times 100 \quad \cdots\cdots\cdots\cdots\cdots\cdots\cdots\cdots (12)$$

$$k_3 = \frac{J_3}{J_0} \times 100 \quad \cdots\cdots\cdots\cdots\cdots\cdots\cdots\cdots (13)$$

式中：

k_1——粒距合格率，%；

J_1——合格粒距数，单位为个；

J_0——测定粒距总数，单位为个；

J_2——漏播粒距数，单位为个；

k_2——漏播率，%；

J_3——重播粒距数，单位为个；

k_3——重播率，%。

5.2.8 地表覆盖变化率

按5.1.1选取测点，按5.1.2测试方法测定并计算出播前、播后的地表覆盖率，播前与播后地表覆盖率之差即为播后地表覆盖变化率。

5.2.9 地表地头状况

现场目测地表平整、镇压连续情况，有无明显堆种、堆肥及秸秆堆积现象。随机选5点，用测具测量单幅重（漏）播宽度，计算平均值。

6 检验规则

6.1 单项判定规则

6.1.1 作业质量考核项目

按玉米免耕播种机作业功能在表 2 中确定。

表 2　作业质量考核项目表

检测项目	作业功能	
	免耕条播	免耕精播
种子机械破损率	√	√
播种深度合格率	√	√
施肥深度合格率	√	√
邻接行距合格率	√	√
晾籽率	√	√
播种均匀性变异系数	√	—
断条率	√	—
粒距合格率	—	√
漏播率	—	√
重播率	—	√
地表覆盖变化率	√	√
地表地头状况	√	√
注：表中"√"为考核项；"—"为不考核项。		

6.1.2 检测项目的分类

检测结果不符合本标准表 1 规定的要求时判该项目不合格。检测项目按玉米免耕播种机作业质量的影响程度分为 A、B 类。检测项目分类见表 3。

表 3　检测项目分类表

分 类		检测项目名称
类	项	
A	1	种子机械破损率
	2	邻接行距合格率
	3	晾籽率
	4	断条率
	5	粒距合格率
	6	漏播率
B	1	播种深度合格率
	2	施肥深度合格率
	3	播种均匀性变异系数
	4	重播率
	5	地表覆盖变化率
	6	地表地头状况

6.2 综合判定规则

对确定的检测项目进行逐项考核。A 类项目全部合格、B 类项目不多于 2 项不合格时,判定玉米免耕播种机作业质量为合格;否则为不合格。

ICS 65.060.20
B 91

中华人民共和国农业行业标准

NY/T 1629—2008

拖拉机排气烟度限值

Limits for exhaust smoke from tractor

2008-05-16 发布

2008-07-01 实施

中华人民共和国农业部 发布

前　言

本标准由中华人民共和国农业部农业机械化管理司提出。

本标准由全国农业机械标准化技术委员会农业机械化分技术委员会归口。

本标准起草单位：农业部农业机械试验鉴定总站、中国一拖集团有限公司、江苏江淮动力股份有限公司。

本标准主要起草人：卜宇翔、张超建、王庆厚、张素洁、朱星贤、牛敏杰。

拖拉机排气烟度限值

1 范围

本标准规定了拖拉机稳态排气烟度的测量方法、判定方法和烟度限值。

本标准适用于以柴油机为动力的轮式、履带和手扶拖拉机。用于拖拉机及其他非固定作业农业机械的柴油机可参照执行。

2 规范性引用文件

下列文件中的条款通过本标准的引用而成为本标准的条款。凡是注日期的引用文件,其随后所有的修改单(不包括勘误的内容)或修订版均不适用于本标准,然而,鼓励根据本标准达成协议的各方研究是否可使用这些文件的最新版本。凡是不注日期的引用文件,其最新版本适用于本标准。

GB/T 1250 极限数值的表示方法和判定方法

GB/T 3871.13—2006 农业拖拉机 试验规程 第13部分:排气烟度测量(ISO 789-4:1986,MOD)

3 测量方法

3.1 试验条件应符合 GB/T 3871.13—2006 中 4.2、4.3 的规定,试验室大气因子 f_a 应在 $0.96 \leqslant f_a \leqslant 1.06$ 范围内。

自然吸气和机械增压柴油机的试验室大气因子按式(1)计算:

$$f_a = (\frac{99}{P_s}) \times (\frac{T_a}{298})^{0.7} \quad\text{..} \quad (1)$$

带或不带进气中冷的涡轮增压柴油机的试验室大气因子按式(2)计算:

$$f_a = (\frac{99}{P_s})^{0.7} \times (\frac{T_a}{298})^{1.5} \quad\text{..} \quad (2)$$

式中:

P_s——试验室干空气压,单位千帕(kPa);

T_a——柴油机进气的绝对温度,单位开尔文(K)。

3.2 测量的试验设备、试验程序应符合 GB/T 3871.13—2006 的规定。

4 判定方法

拖拉机排气烟度值测量结果的判定按 GB/T 1250 中的修约值比较法进行。

5 烟度限值

5.1 各测量点的稳态排气烟度光吸收系数应不大于表1规定的限值。

5.2 若测量点的名义流量未在表1中列出,则该测点的稳态排气烟度限值用比例插值法求出。

表 1 拖拉机排气烟度限值

名义流量(q) L/s	光吸收系数(k) m⁻¹
≤42	2.50
45	2.43
50	2.31
55	2.21
60	2.11
65	2.04
70	1.97
75	1.91
80	1.85
85	1.80
90	1.75
95	1.71
100	1.66
105	1.63
110	1.58
115	1.55
120	1.52
125	1.49
130	1.47
135	1.44
140	1.41
145	1.39
150	1.36
155	1.34
160	1.32
165	1.30
170	1.28
175	1.27
180	1.25
185	1.23
190	1.22
195	1.20
≥200	1.18

ICS 65.060.01
B 90

中华人民共和国农业行业标准

NY/T 1630—2008

农业机械修理质量标准编写规则

Rules for drafting of repairing quality standards for agricultural machinery

2008-05-16 发布　　　　　　　　　　　2008-07-01 实施

中华人民共和国农业部 发布

前　言

本标准由中华人民共和国农业部农业机械化管理司提出。

本标准由全国农业机械标准化技术委员会农业机械化分技术委员会归口。

本标准起草单位：农业部农业机械试验鉴定总站、黑龙江省农业机械维修研究所、中国农机学会农机维修学会。

本标准主要起草人：王桂显、温芳、杨金生、张天翊、欧南发、王海翔、张亚萍。

农业机械修理质量标准编写规则

1 范围

本标准规定了农业机械修理质量标准的结构编排要求和内容编写要求。

本标准适用于农业机械整机及其零、部件修理质量标准的编写。

2 规范性引用文件

下列文件中的条款通过本标准的引用而成为本标准的条款。凡是注日期的引用文件,其随后所有的修改单(不包括勘误的内容)或修订版均不适用于本标准,然而,鼓励根据本标准达成协议的各方研究是否可使用这些文件的最新版本。凡是不注日期的引用文件,其最新版本适用于本标准。

GB/T 1.1—2000 标准化工作导则 第1部分:标准的结构和编写规则(neq ISO/IEC Directives,Part:3,1997)

GB/T 1.2—2002 标准化工作导则 第2部分:标准中规范性技术要系内容的确定方法(ISO/IEC Directives,Part:2,1997)

GB/T 20000.3 标准化工作指南 第3部分:引用文件

3 术语和定义

下列术语和定义适用于本标准。

3.1

农业机械修理质量 repairing quality for agricultural machinery

农业机械修理后满足其修理技术要求的程度。

3.2

标准值 normal value

产品设计图纸及图样规定应达到的技术指标数值。

3.3

极限值 limiting value

零、部件应进行修理或更换的技术指标数值。

3.4

修理验收值 repairing accept value

修理后应达到的技术指标数值。

4 标准结构编排要求

4.1 标准的构成要素和要素内容的确立应符合 GB/T 1.1—2000、GB/T 1.2—2002、GB/T 20000.3 和本标准第5章的规定。

4.2 标准构成要素的编排一般应采用表1的编排方式。

表 1 修理质量标准结构要素的典型编排

要素类型	要素编排	对应国家标准的条款			本标准条款
		GB/T 1.1—2000	GB/T 1.2—2002	GB/T 20000.3	
资料性概述要素	必备要素 封面	6.1.1	—	—	—
	可选要素 目次	6.1.2	—	—	—
	必备要素 前言	6.1.3	—	—	—
	可选要素 引言	6.1.4	—	—	—
规范性一般要素	必备要素 名称	6.2.1	—	—	5.1
	必备要素 独立编为一章 范围	6.2.2	—	—	5.2
	可选要素 规范性引用文件	6.2.3	—	全文	5.3
规范性技术要素	可选要素 术语和定义	6.3.1	—	—	—
	可选要素 符号和缩略语	6.3.2	—	—	—
	必备要素 独立编为一章 修理技术要求	6.3.3	5,6,8,9	—	5.4
	可选要素 独立编为一章 检验方法	6.3.5	6	—	5.5
	必备要素 独立编为一章 验收与交付		6	—	5.6
	可选要素 独立编为一章 防护与贮存	6.3.7	6	—	5.7
	可选要素 规范性附录	6.3.8	—	—	—
资料性补充要素	可选要素 资料性附录	6.4.1	—	—	—
	可选要素 参考文献	6.4.2	—	—	—

5 标准内容编写要求

5.1 名称

标准名称应简练,并明确表示出标准的主题。由主体要素修理对象名称和补充要素修理质量两部分组成。

示例:

1. 谷物联合收割机　修理质量
2. 农用柴油机喷油泵总成　修理质量
3. 拖拉机发动机曲轴　修理质量

5.2 范围

标准范围应明确表述标准的内容提要和标准的适用对象,采用分段落表述方式。表述为:

——本标准规定了×××修理技术要求、检验方法、验收与交付等。

——本标准适用于×××(修理对象的表述应与标准名称表述一致)的主要零、部件及整机的修理质量评定。必要时,可说明亦可参照适用的范围以及不适用的范围。

示例(以《谷物联合收割机　修理质量》为例):

1 范围

本标准规定了谷物联合收割机主要零、部件及整机的修理技术要求、检验方法、验收与交付及防护与贮存。

本标准适用于全喂入自走式谷物联合收割机的主要零、部件及整机的修理质量评定,其他型式收割机可参照使用。

5.3 规范性引用文件

5.3.1 标准中规范性引用文件的引导语应采用 GB/T 1.1—2000 中 6.2.3 规定的表述引出。

5.3.2 引用的标准应符合 GB/T 20000.3 的规定。

5.4 修理技术要求

5.4.1 条款的编排

5.4.1.1 按其技术内容设置独立的条款。

5.4.1.2 条目按其技术内容或隶属关系归类编排。条目的层次以满足明晰表达其所属内容的需要确定,在条目的上一层设置类别标题。

5.4.1.3 对于复杂农业机械的修理质量标准,其修理技术要求条款按农业机械的结构(工作系统或工作单元)归类编排,末尾类目为整机。对于农业机械零、部件和简易农业机械的修理质量标准,类别的次序不作具体要求。

示例(以《谷物联合收割机　修理质量》为例):

3　修理技术要求

3.1　发动机

3.1.1～3.1.3(发动机的修理技术要求)

3.2　传动系

3.2.1～3.2.3(传动系的修理技术要求)

3.3　转向系

3.4　制动系

3.10　整机(末尾类目)

5.4.2 条款的确定

5.4.2.1 条款应根据农业机械的使用要求和可能发生的修理内容确定。

5.4.2.2 产品设计时为保证产品使用性能而规定的技术要求,在使用中发生变化,引起功能下降或性能改变的,应把该项技术要求列为修理技术要求的条款;对与使用因素无关的产品设计要求不列入修理技术要求条款。

5.4.2.3 对修理前需要进行检测、判定的技术内容,应设置修前鉴定技术要求条款。

5.4.2.4 对有特定修理工艺要求的修理项目,应列出其修理工艺的技术要求条款。如喷油泵修理列出零、部件应使用干净柴油清洗的要求。对于通用性的修理工艺要求,可引用农机修理通用技术规范等相关标准的规定,不再单独设置修理工艺的技术要求条款。

5.4.2.5 对零、部件的修理技术要求条款,应列出发生改变的具体工作部位的修理技术要求,如尺寸、形状、位置和配合关系等。对于进行修复的零件工作部位,应列出修复尺寸要求,必要时可列出其修复工艺要求。

5.4.2.6 对整机或总成的修理技术要求条款,应列出其主要零、部件和整机的修理技术要求,包括整机或其零、部件的装配、调整、试验技术要求,以及修后性能技术要求等。对已具有独立修理质量标准的零、部件,可直接引用标准。

5.4.2.7 对修后有磨合、试验及性能检查要求的农业机械整机或总成,应设置相应的磨合、试验及检查技术要求条款。

5.4.2.8 对有安全技术要求的农业机械,应设置修后安全技术要求条款。

5.4.2.9 对有修理工艺要求的,应作为资料性附录。

5.4.3 指标的确定

5.4.3.1 对于零、部件工作部位的技术要求指标,根据其工作内容需要,可规定出极限值。极限值应根据使用一定期限仍未达到磨损极限来确定,可作为零、部件修理前鉴定其是否需要更换或修理的依据。

5.4.3.2 对于可度量的修理技术要求指标,应给出修理验收值。

5.4.3.3 对于零、部件的修理技术要求指标,修理验收值一般应采用标准值。

5.4.3.4 对整机、总成或系统、工作机构等与使用功能相关联的修理技术要求指标,其修理验收值可低于标准值,但具体指标值应经充分的试验验证后确定。

示例(以《谷物联合收割机 修理质量》为例):

3 修理技术要求

3.1 发动机

3.1.6 大修后的发动机在标定转速时,功率应达到原机标定功率的95%以上,燃油消耗率不应超过标定值的2%。

5.4.3.5 对于涉及安全、环保等重要使用性能(如制动性能)的修理技术要求指标,其修理验收值应采用标准值,且不低于国家相应标准的规定。

5.4.3.6 对定性的修理技术要求指标,应符合农业机械的使用功能要求,使用准确的语句表述。

示例(以《谷物联合收割机 修理质量》为例):

3 修理技术要求

3.1 发动机

3.1.4 发动机应运转平稳,由低速变高速过程中不应有放炮、窜油、冒浓烟和敲击声。

5.4.3.7 对于修后的安全技术要求(包括安全防护装置和安全标志等),其修理技术要求指标应符合产品设计规定。

5.5 检验方法

5.5.1 对于需要使用专用设备或特有方法才能进行修前鉴定和修后检验的整机或零部件,其修理质量标准中应设置检验方法章节。

5.5.2 对于采用普通方法和常规手段进行修理技术要求检验的农业机械,修理质量标准中不设置检验方法章节。

5.5.3 检验方法应结合特殊的检验项目,对检验设备、试验条件、检验程序、操作要求和数据处理等内容做出规定。

5.6 验收与交付

5.6.1 验收条款应对修理竣工后需验收的项目、判定的依据以及判定规则做出规定。对不符合验收要求的项目,判定为单项不合格,要求返修处理,不对修理质量做综合判定。

5.6.2 交付条款应对承修方需提供的竣工验收证据和保修凭证等文件资料做出规定。

5.7 防护与贮存

5.7.1 对修后农业机械的防护方法和贮存条件有特殊要求的,修理质量标准中应设置防护与贮存章节。

5.7.2 防护与贮存条款应对修后农业机械(包括整机及其零、部件)的标记、标签与防护、包装要求及修后农业机械的特殊储存、运输条件要求等做出规定。这些规定可包括修理内容的标记、标签及有关危险警告的说明文字材料或者是修后农业机械的防锈、防尘、防震及安全储运条件等要求。

ICS 65.060.90
B 92

中华人民共和国农业行业标准

NY/T 1631—2008

方草捆打捆机　作业质量

Operating quality for rectangular baler

2008-05-16 发布　　　　　　　　　　　　　　2008-07-01 实施

中华人民共和国农业部 发布

前　言

本标准由中华人民共和国农业部农业机械化管理司提出。

本标准由全国农业机械标准化技术委员会农业机械化分技术委员会归口。

本标准起草单位：农业部农业机械化技术开发推广总站、中国农业机械化科学研究院。

本标准主要起草人：杨林、徐振兴、张咸胜、陈俊宝、程国彦、张树阁。

方草捆打捆机　作业质量

1　范围

本标准规定了方草捆打捆机作业质量指标、检测方法和检验规则。

本标准适用于方草捆捡拾打捆机作业质量评定。

2　规范性引用文件

下列文件中的条款通过本标准的引用而成为本标准的条款。凡是注日期的引用文件,其随后所有的修改单(不包括勘误的内容)或修订版均不适用于本标准。然而,鼓励根据本标准达成协议的各方研究是否可使用这些文件的最新版本。凡是不注日期的引用文件,其最新版本适用于本标准。

GB/T 5262　农业机械试验条件　测定方法的一般规定

3　术语和定义

下列术语和定义适用于本标准。

3.1

捡拾打捆　picking up and tying

将地面上的牧草或稻、麦秸秆捡拾、压实、捆扎成捆的作业过程。

3.2

牧草总损失率　total loss rate of forage

牧草捡拾损失率、牧草压缩损失率之和。

3.3

牧草捡拾损失率　forage picking up loss rate

捡拾作业过程中,漏拾牧草质量占草捆质量及漏拾牧草质量、压缩损失牧草质量总和的百分比。

3.4

牧草压缩损失率　forage pressing loss rate

压捆过程中,压缩损失牧草质量占草捆质量及压缩损失质量、漏拾牧草质量总和的百分比。

3.5

成捆率　rate of finished bale

打捆总数与散捆数之差占打捆总数的百分比。

3.6

草捆密度　bale density

草捆质量与草捆体积之比。

3.7

草捆抗摔率　rate of bale anti-falling

草捆数与摔散草捆数之差占草捆数的百分比。

3.8

规则草捆率　rate of regular bale

草捆数与不规则草捆数之差占草捆数的百分比。

4 作业质量要求

4.1 作业条件

4.1.1 打捆作业的牧草含水率为 17%～23%，稻、麦秸秆含水率为 10%～23%。

4.1.2 草捆截面一般为(360～410)mm×(460～560)mm；草捆长度 700 mm～1 000 mm。

4.2 作业质量指标

在 4.1 规定的作业条件下，方草捆打捆机作业质量指标应符合表 1 的规定。

表 1 作业质量要求一览表

序号	检测项目名称		质量指标要求	检测方法对应的条款号
1	牧草总损失率,%		≤4	5.3
2	成捆率,%	牧草	≥97	5.4
		稻、麦秸秆	≥95	
3	草捆密度,kg/m³	禾本科牧草	≥130	5.5
		豆科牧草	≥150	
		稻、麦秸秆	≥100	
4	草捆抗摔率,%	牧草	≥95	5.6
		稻、麦秸秆	≥92	
5	规则草捆率,%		≥95	5.7
注:草捆密度是按含水率为 20%折算。				

5 检测方法

5.1 抽样方法

测定地块应满足草捆数达到 100 捆。沿地块长宽方向对边中点,连十字线,把地块划成 4 块,随机选取对角的 2 块作为检测样本。

5.2 含水率

牧草含水率、稻麦秸秆含水率按 GB/T 5262 的规定测定。

5.3 牧草总损失率

5.3.1 牧草捡拾损失率

随机抽取 5 个草捆间长度,在打捆后的地段上,将捡拾器漏拾的 7 cm 以上牧草及压缩器在压缩牧草时造成的损失收集起来,称其质量,按式(1)计算。

$$S_j = \frac{G_j}{G_k + G_j + G_y} \times 100 \quad \cdots\cdots\cdots\cdots\cdots\cdots\cdots\cdots\cdots\cdots\cdots\cdots\cdots \quad (1)$$

式中:

S_j——牧草捡拾损失率,单位为百分数(%);

G_j——测区漏拾牧草质量,单位为千克(kg);

G_k——测区内草捆质量,单位为千克(kg);

G_y——测区压缩牧草损失质量,单位为千克(kg)。

5.3.2 牧草压缩损失率

随机抽取 5 个草捆间长度,在压缩器后的地段上,将压缩器在压缩牧草时造成的损失及捡拾器漏拾的 7 cm 以上牧草收集起来,称其质量,按式(2)计算。

$$S_y = \frac{G_y}{G_k + G_y + G_j} \times 100 \quad \cdots\cdots\cdots\cdots\cdots\cdots\cdots\cdots\cdots\cdots\cdots\cdots\cdots \quad (2)$$

式中:

S_y——牧草压缩损失率，单位为百分数（％）。

5.3.3 牧草总损失率

按式(3)计算。

$$S = S_j + S_y \quad \cdots\cdots\cdots\cdots\cdots\cdots\cdots\cdots\cdots\cdots\cdots\cdots\cdots\cdots \quad (3)$$

式中：

S——牧草总损失率，单位为百分数（％）。

5.4 成捆率

从作业区内统计打成的草捆数和散捆数，按式(4)计算。

$$S_k = \frac{I_d - I_s}{I_d} \times 100 \quad \cdots\cdots\cdots\cdots\cdots\cdots\cdots\cdots\cdots\cdots \quad (4)$$

式中：

S_k——成捆率，单位为百分数（％）；

I_d——作业区内累计打捆数，单位为捆；

I_s——作业区内累计散捆数，单位为捆。

5.5 草捆密度

选取 5 个行程，每个行程测量 2 个草捆的长、宽、高、质量，计算草捆体积，草捆密度按式(5)计算，并求其平均值。

$$\rho = \frac{G}{V} \quad \cdots\cdots\cdots\cdots\cdots\cdots\cdots\cdots\cdots\cdots\cdots\cdots\cdots \quad (5)$$

式中：

ρ——草捆密度，单位为千克每立方米（kg/m³）；

V——草捆体积，单位为立方米（m³）；

G——草捆质量，单位为千克（kg）。

5.6 草捆抗摔率

选取 5 个行程，每个行程取 2 个草捆，自 5 m 高度自由下落，每捆连续摔 3 次，记录摔散的草捆数。按式(6)计算。

$$K_s = \frac{I_{kc} - I_{ks}}{I_{kc}} \times 100 \quad \cdots\cdots\cdots\cdots\cdots\cdots\cdots\cdots\cdots \quad (6)$$

式中：

K_s——草捆抗摔率，单位为百分数（％）；

I_{kc}——被测草捆数，单位为捆；

I_{ks}——累计摔散捆数，单位为捆。

5.7 规则草捆率

测定草捆横截面四个边长的尺寸，当其最大值与最小值之差不大于长边平均值的 10％时，判为规则草捆，否则，判为不规则草捆。每个单向行程测 5 个草捆，按式(7)计算。

$$S_g = \frac{I_{gc} - I_{gb}}{I_{gc}} \times 100 \quad \cdots\cdots\cdots\cdots\cdots\cdots\cdots\cdots\cdots \quad (7)$$

式中：

S_g——规则草捆率，单位为百分数（％）；

I_{gc}——被测草捆数，单位为捆；

I_{gb}——不规则草捆数，单位为捆。

6 检验规则

6.1 单项判定规则

6.1.1 作业质量考核项目

按方草捆打捆机作业功能在表 2 中确定。

表 2 作业质量考核项目表

检测项目	作业功能		
	牧草		稻、麦秸秆
	禾本科	豆科	
牧草总损失率	√	√	—
成捆率	√	√	√
草捆密度	√	√	√
草捆抗摔率	√	√	√
规则草捆率	√	√	√
注:表中"√"为考核项;"—"为不考核项。			

6.1.2 检测项目的分类

检测结果不符合本标准表 1 规定的要求时判该项目不合格。检测项目按方草捆打捆机作业质量的影响程度分为 A、B 类。检测项目分类见表 3。

表 3 检测项目分类表

分类		检测项目名称
类	项	
A	1	草捆抗摔率
	2	规则草捆率
B	1	成捆率
	2	牧草总损失率
	3	草捆密度

6.2 综合判定规则

对确定的检测项目进行逐项考核。A 类项目全部合格、B 类项目不多于 1 项不合格时,判定方草捆打捆机作业质量为合格;否则为不合格。

ICS 65.060.99
B 90

中华人民共和国农业行业标准

NY/T 1632—2008

可燃废料压制机 质量评价技术规范

Technical specifications of quality evaluation for extruder of
combustible waste materials

2008-05-16 发布
2008-07-01 实施

中华人民共和国农业部 发布

前　言

本标准由中华人民共和国农业部农业机械化管理司提出。

本标准由全国农业机械标准化技术委员会农业机械化分技术委员会归口。

本标准起草单位:农业部干燥机械设备质量监督检验测试中心。

本标准主要起草人:顾冰洁、潘九君、牛文祥、修德龙、尹思万、李峰耀、姜平。

可燃废料压制机 质量评价技术规范

1 范围

本标准规定了可燃废料压制机的术语和定义、质量指标、试验方法和检验规则。

本标准适用于螺旋制棒和环模压块可燃废料压制机的质量评价。

2 规范性引用文件

下列文件中的条款通过本标准的引用而成为本标准的条款。凡是注日期的引用文件，其随后所有的修改单（不包括勘误的内容）或修订版均不适用于本标准，然而，鼓励根据本标准达成协议的各方研究是否可使用这些文件的最新版本。凡是不注日期的引用文件，其最新版本适用于本标准。

GB/T 3768 声学、声压法测定噪声源声功率级 反射面上方采用包络测量表面的简易法

GB/T 3797 电气控制设备

GB/T 5748 作业场所粉尘浓度测试方法的一般规定

GB/T 8170 数值修约规则

GB 9969.1 工业产品使用说明书 总则

GB 10395.1 农林拖拉机和机械 安全技术要求 第1部分：总则

GB 10396 农林拖拉机和机械、草坪和园艺动力机械 安全标志和危险图形 总则

JB/T 5673 农林拖拉机及机具涂漆 通用技术条件

3 术语和定义

下列术语和定义适用于本标准。

可燃废料压制机 extruder of combustible waste materials

将经过干燥、粉碎等前期处理的稻壳、秸秆、锯末等可燃废料压制成一定形状用作燃料的机器。

4 质量指标

4.1 性能要求

可燃废料压制机的性能要求应符合表1的规定。

表 1 性能要求

序号	项　目	指　标
1	生产率，t/h	≥企业标准规定值（或设计值）
2	吨料耗电量，(kW·h)/t	螺旋制棒：≤150；环模压块：≤50
3	成品密度，kg/m³	螺旋制棒：≥800；环模压块：≥500
4	成品率，%	螺旋制棒：≥85；环模压块：≥90
5	成品质量	表面光滑，无毛边、刺角；棒料的直线度≥90%；裂纹应不超过同一方向表面长度的1/2

4.2 环境指标

环境指标应符合表2的要求。

表 2　环境指标

序号	项　　目	指　　标
1	噪声,dB(A)	压块≤90;制棒≤85
2	作业环境粉尘浓度,mg/m³	≤10

4.3　安全性

4.3.1　外露回转件应有安全防护装置。装置设置应符合 GB 10395.1 的规定。

4.3.2　电器设备安全可靠,应符合 GB/T 3797 的规定,电器绝缘电阻≥1 MΩ。

4.3.3　螺旋制棒压制机的喂料口和出料口处、环模压块压制机的旋转轴和成型模处,应在明显处标有安全警示标志,标志应符合 GB 10396 的规定。

4.3.4　产品说明书应有安全注意事项内容。

4.4　一般要求

4.4.1　成型模及环模表面硬度≥50 HRC,使用寿命≥500 h。螺旋推进器首次焊修时间≥20 h,正常作业状态下,每次焊修间隔时间≥12 h,总体工作寿命≥1 000 h。

4.4.2　焊接应牢固可靠,焊缝平整均匀,无漏焊、烧穿、夹渣、咬边、裂纹、弧坑等缺陷。

4.4.3　涂漆应符合 JB/T 5673 的规定。漆膜厚度≥45 μm,漆膜附着力不低于Ⅱ级。外观色泽应均匀,表面应平整光滑,无露底、起皱、起泡、流挂等缺陷。

4.4.4　紧固件联接应牢固,应无松动现象。

4.4.5　整机各运转部件应运转平稳,无异常响声。

4.4.6　各部位轴承温升≤25℃;最高温度≤75℃。

4.4.7　各润滑部位润滑应充分,无渗漏现象。

4.4.8　制棒设备应设有温度显示和调整装置,控制范围为:有效工作温度内允许波动±10℃。

4.5　使用信息要求

4.5.1　产品使用说明书

4.5.1.1　产品使用说明书的编写格式和内容应符合 GB 9969.1 的规定。

4.5.1.2　产品使用说明书应有"三包"等质量保证内容。

4.5.2　标志、标牌

4.5.2.1　每台可燃废料压制机应在相应的位置标有运行标志。

4.5.2.2　每台可燃废料压制机应在明显的位置装有固定的金属铭牌,其内容应包括:

 a)　产品名称和型号;

 b)　产品主要技术参数;

 c)　制造日期和产品编号;

 d)　制造厂名称、厂址;

 e)　产品执行标准编号。

5　试验方法

5.1　试验条件及要求

5.1.1　试验用物料应是可燃废料压制机使用说明书中明示的压制物料之一,且数量充足,能满足测试时间需要。

5.1.2　物料含水率和粒度应符合表3的规定。

表 3 物料含水率和粒度

机型 \ 种类	稻 壳		秸 秆		锯 末	
	含水率,%	粒度,mm	含水率,%	粒度,mm	含水率,%	粒度,mm
螺旋制棒	8～11	/	5～12	5～12	≤12	/
环模压块	8～11	1～1.2	≤12	5～10	≤12	/

5.1.3 试验用仪器应在检定周期内,且检定合格,其测量精度应满足试验要求。

5.1.4 试验前应测定样机的主要技术参数。

5.1.5 记录试验的环境温度和背景噪声。

5.1.6 试验前应按照产品使用说明书的要求,将样机调整到正常工作状态。

5.1.7 试验做 3 次,每次试验时间不少于 10 min,每两次试验间隔时间不低于 20 min,测试结果取 3 次试验数据的平均值。

5.1.8 试验数据处理应符合 GB/T 8170 的规定。

5.2 性能测试

5.2.1 生产率

试验样机正常生产运转后,从出料口计时取料,按式(1)计算:

$$Q = 3.6 \times \frac{G}{T} \quad\text{……………………………………………} (1)$$

式中:

Q——生产率,单位为吨每小时(t/h);

G——每次测定时间内称取物料质量,单位为千克(kg);

T——每次测定时间,单位为秒(s)。

5.2.2 吨料耗电量

在测定生产率的同时测定单位耗电量,按式(2)计算:

$$P = \frac{A}{Q} \quad\text{……………………………………………} (2)$$

式中:

P——单位耗电量,单位为千瓦小时每吨(kW·h/t);

A——实测耗电量,单位为千瓦小时每小时(kW·h/h)。

5.2.3 成品密度

用排液法测量成品密度。准备 1 000 ml 量杯、0.5 ml 移液管、50 ml 量杯,感量为 0.1 g 的天平各一个。用天平分别称取整块成品 3 份,每份质量约为 15 g,用塑料薄膜封闭严密。用 1 000 ml 量杯取适量水 L_q。取 1 份成品,全部浸入水中,读取量杯中水面最大的整数刻度体积(L_{h1}),并将整数刻度线上部的液体用移液管移至 50 ml 量杯中,读出移出液体的体积(L_{h2})。测量 3 次,取 3 次平均值为结果值,按式(3)、式(4)计算。

$$L_h = L_{h1} + L_{h2} \quad\text{……………………………} (3)$$

$$\gamma = \frac{M}{1\,000 \times (L_h - L_q)} \quad\text{……………………………} (4)$$

式中:

γ——成品密度,单位为千克每立方米(kg/m³);

M——每次称取成品物料质量,单位为克(g);

L_q——浸入成品前水的体积,单位为毫升(ml);

L_h——浸入成品后水的体积,单位为毫升(ml);

L_{h1} ——1 000 ml 量杯中水的整数刻度体积,单位为毫升(ml);

L_{h2} ——50 ml 量杯中水的整数刻度体积,单位为毫升(ml)。

5.2.4 成品率

在测定生产率同时,按表 1 中第 5 项的要求从出料中挑出合格成品,冷却至室温,称出其质量,除以测定时间内出料总质量的值,即为成品率。

5.2.5 成品质量

按表 1 中第 5 项要求,逐项检查成品物料质量。

5.3 环境指标检查

5.3.1 作业场所噪声的测试方法应符合 GB/T 3768 的规定。

5.3.2 作业场所粉尘浓度测试方法应符合 GB/T 5748 的规定。

5.4 安全性检查

按 4.3 的要求逐项检查。在停机状态下用兆欧表检测电机的绝缘电阻。

5.5 一般要求检查

5.5.1 主要零部件质量

按 4.4.1 的要求逐项检查,用硬度计检测成型模硬度。

5.5.2 焊接质量

清除焊口表面焊渣,按 4.4.2 的要求逐项目测检查。

5.5.3 涂漆及外观质量

目测检查涂漆的外观质量,按 4.4.3 的要求逐项检查涂漆。

5.5.4 紧固件联接状态

试验开始前、后,分别按 4.4.4 的要求,用扳手检查各联接件的紧固状态。

5.5.5 整机运转稳定性

按 4.4.5 的要求目测逐项检查。

5.5.6 轴承温升

按 4.4.6 的要求检查。试验开始前空运转 30 min 停机,立即用测温仪表检测各运转部位的轴承温度,计算出各部位的温升,取最大温升值为测定值。

5.5.7 润滑及密封

试验开始前、后,分别按 4.4.7 的要求目测检查。

5.5.8 温控

按 4.4.8 的要求检查。在试验过程中,调整到稳定的作业温度,用点温计或远红外测温仪测量工作温度变化,测试时间内测量次数不少于 10 次。

5.6 使用信息检查

5.6.1 产品使用说明书检查

按 4.5.1 的要求逐项检查。

5.6.2 标志、标牌

按 4.5.2 的要求逐项检查。

6 检验规则

6.1 不合格项分类

被检验项目凡是不符合第 4 章规定的,均称为不合格。按其对产品质量影响的严重程度分为 A 类不合格、B 类不合格和 C 类不合格 3 类。本标准 4.3、4.5.1、4.5.2 各项,其中有一分项不合格即判定该项为不合格。不合格分类见表4。

6.2 抽样方案

6.2.1 应在生产单位近12个月内生产的产品中随机抽样。

6.2.2 抽样基数不少于10台,样本数为2台,在用户和销售部门抽样时,不受此限制。

6.3 判定原则

6.3.1 采用逐项考核、按类判定的原则。当各类不合格项目数均小于不合格判定数时,则判定为合格;否则判为不合格。抽样判定方案见表5。

6.3.2 试验期间,因产品质量原因造成故障,致使试验不能正常进行,则判该产品不合格。

表4 不合格分类

不合格分类		项　　目
类	项	
A	1	安全性
	2	吨料耗电量
	3	成品密度
	4	成品率
	5	噪声
B	1	生产率
	2	主要零部件质量
	3	成品质量
	4	产品使用说明书
	5	作业环境粉尘浓度
C	1	焊接质量
	2	紧固件联接状态
	3	涂漆及外观质量
	4	运转稳定性
	5	轴承温升
	6	润滑与密封
	7	温控
	8	标志、标牌

表5 抽样判定方案

不合格项目分类	A	B	C
项目数	5	5	8
样本数		2	
项次数	5×2	5×2	8×2
不合格判定数	1	2	3

ICS 65.060.20
B 91

中华人民共和国农业行业标准

NY/T 1633—2008

微型耕耘机　质量评价技术规范

Technical specifications of quality evaluation for handheld rotary tiller

2008-05-16 发布

2008-07-01 实施

中华人民共和国农业部 发布

前　言

本标准由中华人民共和国农业部农业机械化管理司提出。

本标准由全国农业机械标准化技术委员会农业机械化分技术委员会归口。

本标准起草单位：农业部农业机械试验鉴定总站、江苏省农业机械试验鉴定站、四川省农业机械鉴定站、常州东风农机集团有限公司、浙江四方集团公司。

本标准主要起草人：畅雄勃、耿占斌、李庆东、蔡国芳、张山坡、昌茂宏、徐章其。

微型耕耘机　质量评价技术规范

1　范围

本标准规定了微型耕耘机(以下简称微耕机)的质量要求、试验方法和检验规则。

本标准适用于功率不大于7.5 kW、直接用驱动轮轴驱动旋转工作部件的微耕机的质量评价,其他微耕机可参照使用。

2　规范性引用文件

下列文件中的条款通过本标准的引用而成为本标准的条款。凡是注日期的引用文件,其随后所有的修改单(不包括勘误的内容)或修订版均不适用于本标准,然而,鼓励根据本标准达成协议的各方研究是否可使用这些文件的最新版本。凡是不注日期的引用文件,其最新版本适用于本标准。

GB/T 9480　农林拖拉机和机械、草坪和园艺动力机械　使用说明书编写规则

JB/T 9832.2—1999　农林拖拉机及机具　漆膜附着性能测定方法　压切法

JB/T 9798.2　手扶拖拉机配套旋耕机　试验方法

JB/T 10266.1—2001　微型耕耘机　技术条件

JB/T 10266.2—2001　微型耕耘机　试验方法

JB/T 51082　拖拉机产品可靠性考核

3　质量要求

3.1　一般要求

3.1.1　微耕机应按照规定批准的产品图样和技术文件制造,试验样机应符合JB/T 10266.2—2001第3章的规定。试验样机的验收与磨合应符合JB/T 10266.2—2001第4章的规定。

3.1.2　各操纵手柄应安装在驾驶员前方。最大操纵力为:手操纵力应不大于250 N;脚操纵力应不大于600 N。

3.1.3　各自动回位的操纵手柄在操纵力去除后应能自动返回原来位置。

3.1.4　油门操纵机构应为右手操作,并能保证发动机在全程调速范围内稳定运转。

3.1.5　离合机构应能分离彻底,接合平顺,完全结合时应能传递发动机的全部扭矩。

3.1.6　各运动件装配后应灵活、可靠,不得有卡滞现象和异常响声。

3.2　安全技术要求

安全技术要求应符合JB/T 10266.1—2001第4.2的规定。

3.3　主要性能要求

3.3.1　主要性能指标

微耕机的主要性能指标应符合表1规定。

表 1　主要性能指标

序号	项　　　目	指　　标
1	总长,mm	≤1 800
2	结构质量(无工作部件),kg	≤150
3	结构比质量(无工作部件),kg/kW	≤40

表 1（续）

序号	项 目		指 标
4	静态环境噪声,dB(A)		≤86
5	驾驶员操作位置处噪声,dB(A)		≤93
6	清洁度,mg/kW		≤30
7	旋耕性能	最大耕深,cm	≥10
8		耕深变异系数（前进方向）,%	≤20
9		平均耕宽,cm	设计值+5.0
10		碎土率,%	≥50
11		植被覆盖率,%	≥50
12		地表平整度,cm	≤6
13		作业效率	≥工厂规定值

3.3.2 常温启动性能

常温下应能顺利启动。

3.3.3 密封性能

整个试验过程中允许调整紧固件并允许更换一次,调整或更换后应无漏油、漏水、漏气现象。因检测需要而动过的部位不再进行考核。

3.3.4 涂漆质量

机罩、扶手、防护罩漆膜应光滑平整,颜色均匀,无明显涂漆缺陷;漆膜附着性能不低于 JB/T 9832.2—1999 中规定的Ⅱ级要求。

3.3.5 外观质量

整机布置合理、美观匀称,外露件表面光洁,壳体接合整齐。

3.4 故障

整个试验过程中应无严重故障、致命故障。

3.5 可靠性

平均故障间隔时间(MTBF)不小于150 h。

3.6 产品使用说明书

产品使用说明书编印应符合 GB/T 9480 的规定。

4 试验方法

4.1 安全技术要求

按照 JB/T 10266.1—2001 第4.2的规定进行安全技术要求检查。

4.2 整机参数测定

根据制造厂提供的使用说明书和技术规格,按照 JB/T 10266.2—2001 第5章的规定进行整机参数测定。

4.3 操纵力测定

按照 JB/T 10266.2—2001 第6.3的规定进行操纵力测定。

4.4 清洁度测定

按照 JB/T 10266.1—2001 第5.2的规定进行清洁度测定。

4.5 噪声测量

按照 JB/T 10266.2—2001 第 6.4 的规定进行静态环境噪声测量和驾驶员操作位置处噪声测量。

4.6 旋耕性能试验

按照 JB/T 10266.2—2001 第 6.6 的规定进行最大耕深、前进方向耕深变异系数、平均耕宽、碎土率、植被覆盖率和地表平整度测量。

4.7 作业效率

按照 JB/T 9798.2 进行作业效率试验。

4.8 常温启动性能试验

在环境温度大于 5℃时,连续 2 min 内启动操作不超过 3 次。

4.9 密封性检查

在整个试验过程中检查微耕机漏油、漏水、漏气现象。

4.9.1 漏油的检查部位及检查方法

离合器、制动器、飞轮室、油箱、通气孔、各油管接头、各结合面、旋转轴外露端处及油堵等。静结合面手摸无湿润,动结合面目测无滴漏和流痕。

4.9.2 漏水的检查部位及检查方法

检查水箱开关,水封及水管接头处不得有漏水现象;水箱、发动机缸体、缸盖、缸垫和水管表面不得有渗水现象。

4.9.3 漏气的检查部位及检查方法

检查发动机机体与缸盖结合部、进排气结合部应无漏气现象。

4.10 故障检查

在整个试验过程中进行故障检查,故障分类按照 JB/T 51082 进行。

4.11 可靠性

可靠性考核评定办法和故障判断按照 JB/T 51082 进行。

4.12 涂漆质量检查

检查漆膜外观和附着性能。目测检查覆盖件外漆膜是否光泽平整、颜色均匀;是否有严重漏喷、混喷、露底、起皮和流痕等;依据 JB/T 9832.2—1999 检查主要覆盖件漆膜的附着性能。

4.13 外观质量检查

目测检查整机布置是否合理、美观匀称,外露件表面是否光洁,壳体接合是否整齐。

4.14 产品使用说明书审查

按照 GB/T 9480 的要求,对产品使用说明书进行审查。

5 检验规则

5.1 抽样方法

采用随机抽样方法,在工厂近一年内生产的产品中随机抽取 2 台,供抽样的微耕机不得少于 26 台。在销售部门抽样时,不受上述限制。

5.2 不合格分类

被检测项目凡不符合第 3 章要求的均为不合格(缺陷)。按其对产品质量的影响程度,分为 A 类不合格、B 类不合格和 C 类不合格。不合格项目分类见表 2。

5.3 评定规则

逐项考核,按类判定。当各类不合格项目数均小于不合格判定数时,则判定为合格;否则判为不合格。抽样判定方案见表 3。

试验期间,因产品质量原因造成故障,致使试验不能正常进行,则判该产品不合格。

表 2 检验项目及不合格分类表

项目分类		项目名称	对应条款	备 注
A 类	1	安全技术要求	3.2	
	2	静态环境噪声	3.3.1	
	3	驾驶员操作位置处噪声	3.3.1	
	4	严重故障和致命故障	3.4	
B 类	1	植被覆盖率	3.3.1	
	2	地面平整度	3.3.1	
	3	作业效率	3.3.1	
	4	常温启动性能	3.3.2	
	5	操纵性能	3.1.2	
	6	碎土率	3.3.1	
	7	产品使用说明书	3.6	
C 类	1	密封性能	3.3.3	
	2	一般故障	3.4	
	3	结构比质量	3.3.1	
	4	涂漆质量	3.3.4	
	5	外观质量	3.3.5	
	6	平均耕宽	3.3.1	
	7	传动箱清洁度	3.3.1	
	8	最大耕深	3.3.1	
	9	耕深变异系数	3.3.1	

表 3 抽样判定方案

不合格项目分类	A	B	C
项目数	4	7	9
样本数		2	
项次数	4×2	7×2	9×2
不合格判定数	1	2	3

ICS 13.080.99
B 11

中华人民共和国农业行业标准

NY/T 1634—2008

耕地地力调查与质量评价技术规程

Rules for soil quality survey and assessment

2008-05-16 发布

2008-07-01 实施

中华人民共和国农业部 发布

前　言

本标准的附录 A、附录 B、附录 C 和附录 D 为规范性附录，附录 E、附录 F、附录 G 和附录 H 为资料性附录。

本标准由中华人民共和国农业部种植业管理司提出并归口。

本标准起草单位：全国农业技术推广服务中心、山东省土壤肥料总站、江苏省扬州市土壤肥料站、上海市农业技术推广服务中心、湖南省土壤肥料工作站。

本标准主要起草人：彭世琪、田有国、辛景树、李涛、任意、张炳宁、朱恩、张月平、孟晓民、黄铁平、汤建东。

耕地地力调查与质量评价技术规程

1 范围

本标准规定了耕地地力与耕地环境质量调查与评价的方法、程序与内容。

本标准适用于耕地地力与耕地环境质量的调查与评价，也适用于园地地力与园地环境质量的调查与评价。

2 规范性引用文件

下列文件中的条款通过本标准的引用而成为本标准的条款。凡是注日期的引用文件，其随后所有的修改单（不包括勘误的内容）或修订版均不适用于本标准，然而，鼓励根据本标准达成协议的各方研究是否可使用这些文件的最新版本。凡是不注日期的引用文件，其最新版本适用于本标准。

GB 12999　水质采样样品的保存和管理技术规定

GB/T 2260　中华人民共和国行政区划代码

GB/T 6920　水质 pH 的测定　玻璃电极法

GB/T 7467　水质　六价铬的测定　二苯碳酰二肼分光光度法

GB/T 7468　水质　总汞的测定　冷原子吸收分光光度法

GB/T 7475　水质　铜、锌、铅、镉的测定　原子吸收分光光度法

GB/T 7484　水质　氟化物的测定　离子选择电极法

GB/T 7485　水质　总砷的测定　二乙基二硫代氨基甲酸银分光光度法

GB/T 10114　县级以下行政区划代码编制规则

GB/T 11914　水质　化学需氧量的测定　重铬酸盐法

GB/T 14550　土壤中六六六和滴滴涕测定的气相色谱法

GB/T 17138　土壤质量　铜、锌的测定　火焰原子吸收分光光度法

GB/T 17141　土壤质量　铅、镉的测定　石墨炉原子吸收分光光度法

GB/T 18407.1　农产品安全质量　无公害蔬菜产地环境要求

NY 5010　无公害食品　蔬菜产地环境条件

NY/T 53　土壤全氮测定法

NY/T 148　石灰性土壤有效磷测定方法

NY/T 309　全国耕地类型区、耕地地力等级划分

NY/T 310　全国中低产田类型划分与改良技术规范

NY/T 391　绿色食品　产地环境技术条件

NY/T 395　农田土壤环境质量监测技术规范

NY/T 889　土壤速效钾和缓效钾含量的测定

NY/T 890　土壤有效态锌、锰、铁、铜含量的测定　二乙三胺五乙酸(DTPA)浸提法

NY/T 1121.4　土壤检测　第 4 部分：土壤容重的测定

NY/T 1121.6　土壤检测　第 6 部分：土壤有机质的测定

NY/T 1121.7　土壤检测　第 7 部分：酸性土壤有效磷的测定

NY/T 1121.8　土壤检测　第 8 部分：土壤有效硼的测定

NY/T 1121.9　土壤检测　第 9 部分：土壤有效钼的测定

NY/T 1121.10　土壤检测　第 10 部分：土壤总汞的测定

NY/T 1121.11 土壤检测 第 11 部分:土壤总砷的测定

NY/T 1121.12 土壤检测 第 12 部分:土壤总铬的测定

NY/T 1121.13 土壤检测 第 13 部分:土壤交换性钙和镁的测定

NY/T 1121.14 土壤检测 第 14 部分:土壤有效硫的测定

NY/T 1121.15 土壤检测 第 15 部分:土壤有效硅的测定

NY/T 1377 土壤中 pH 的测定

LY/T 1229—1999 森林土壤水解性氮的测定

3 术语和定义

下列术语和定义适用于本标准。

3.1

耕地 cultivated land

用于种植粮食作物、蔬菜和其他经济作物的土地。其中蔬菜地是指专用蔬菜地、季节性蔬菜地,包括日光温室、塑料大棚、露天菜地三种类型,露天菜地包括拱棚、常年种植的露天菜地以及连续两年以上粮菜间作套种的土地。

3.2

耕地地力 cultivated land productivity

在当前管理水平下,由土壤本身特性、自然条件和基础设施水平等要素综合构成的耕地生产能力。

3.3

耕地质量 cultivated land quality

耕地满足作物生长和清洁生产的程度,包括耕地地力和耕地环境质量两方面。本标准所指耕地环境质量,界定在土壤重金属污染、农药残留与灌溉水质量等方面。

4 工作准备

4.1 资料准备

4.1.1 图件资料

地形图(采用中国人民解放军总参谋部测绘局测绘的地形图)、土壤普查成果图、基本农田保护区规划图、土地利用现状图、行政区划图、农田水利分区图、主要污染源点位图及其他相关图件。

4.1.2 数据及文本资料

土壤普查成果资料、基本农田保护区划定统计资料;调查区域近三年种植面积、粮食单产、总产统计资料等;历年土壤肥力、植株检测资料;水土保持、生态环境建设、水利区划资料;土壤典型剖面照片、土壤肥力监测点景观照片、当地典型景观照片;历年肥料、农药、除草剂等农用化学品销售及使用情况;主要污染源调查资料,污染源地点、污染类型、方式、排污量等。

4.2 技术准备

4.2.1 确定耕地地力评价因子

根据耕地地力评价因子总集(参见附录 E),选取耕地地力评价因子。选取的因子应对耕地地力有较大的影响,在评价区域内的变异较大,具有相对长期的稳定性,因子之间独立性较强。各地可根据当地情况适当增加评价因子。

4.2.2 建立地理信息系统(GIS)支持下的耕地资源数据库标准

见附录 A。

4.2.3 确定评价单元

用土地利用现状图、土壤图叠加形成的图斑作为评价单元。

4.2.4 确定调查采样点

4.2.4.1 布点原则

布点应考虑地形地貌、土壤类型与分布、肥力高低、作物种类和管理水平等,同时要兼顾空间分布的均匀性。蔬菜地还要考虑设施类型、蔬菜种类、种植年限等。

耕地地力调查布点应与耕地环境质量调查布点相结合。

4.2.4.2 确定调查采样点位置数量

布点前应进行路线勘察调查,根据地形地貌、土壤类型、作物种类等因素,应用评价单元图,进行综合分析,根据调查精度确定调查与采样点数量及位置。同时,将统一编号的采样点标绘在评价单元图上,形成调查点位图。在县域调查时,原则上要求大田每 1 000 亩*、蔬菜地每 500 亩～1 000 亩布设一个样点。调查点与采样点的位置必须一一对应。

对于耕地地力调查土样,在土壤类型及地形条件复杂的区域,在优势农作物或经济作物种植区适当加大取样点密度。对于环境质量调查土样,在工矿企业及城镇周边等土壤易受污染的区域,应适当加大耕地环境质量调查取样点密度。对于环境质量调查水样,蔬菜、水果等直接食用的农产品生产区要加大采样密度。

5 野外调查内容

5.1 采样点基本情况

对采样点的立地条件、土壤剖面性状、农田设施、灌溉水源等情况进行调查,对土地利用现状进行补充调查,见附录 B。

5.2 采样点农业生产情况

向采样点所属农户调查耕作管理、施肥水平、产量水平、种植制度、灌溉等情况,见附录 C。采样点农业生产情况调查表编码应与采样点基本情况调查表一致。

5.3 采样点污染源基本情况

调查污染类型、污染形态、排放量等情况,见附录 B。

6 样品采集

6.1 混合土壤样品的采集

6.1.1 采样工具

用不锈钢土钻或用铁锨与木铲或竹铲配合。

6.1.2 分样点布点方法

在已确定的田块中,以 GPS 仪定位点为中心,向四周辐射确定多个分样点,每个混合土壤样取 15 个以上分样点,每个分样点的采土部位、深度、数量要求一致。采集蔬菜地土壤混合样品时,一个混合土壤样应在同一具有代表性的蔬菜地或设施类型里采集。采样时应避开沟渠、林带、田埂、路旁、微地形高低不平地段。根据采样地块的形状和大小,确定适当的分样点布点方法,长方形地块采用"S"法,近似正方形地块采用"X"法或棋盘形布点法。

6.1.3 采样方法

采集的各样点土壤要用手掰碎,挑出根系、秸秆、石块、虫体等杂物,充分混匀后,四分法留取 1.5 kg 装入样品袋。用铅笔填写两张标签,土袋内外各具。标签主要内容为:野外编号(要与调查表编号相一致)、采样深度、采样地点、采样时间、采样人等。

6.1.4 采样深度

---

* 亩为非法定计量单位,1 亩＝667m²。

大田采集耕层土样,采样按 0 cm~20 cm 采集,蔬菜地除采集耕层土样外,三分之一样点要采集亚耕层土样,采样深度为耕层 0 cm~20 cm、亚耕层 20 cm~40 cm。

6.2 土壤物理性质测定样品的采集

测定土壤容重等物理性状,须用原状土样,其样品可直接用环刀在各土层中采取。采取土壤结构性的样品,须注意土壤湿度,不宜过干或过湿,应在不粘铲、经接触不变形时分层采取。在取样过程中须保持土块不受挤压、不变形,尽量保持土壤的原状,如有受挤压变形的部分要弃去。每个样点采集 3 个环刀样。

6.3 水样的采集

6.3.1 采样时间

取样时间选在灌溉高峰期,用 500 ml 聚乙烯瓶采集。

6.3.2 采样位置

渠灌水(包括地表水和地下水)在调查区的渠首取样;井灌水以抽水取样;排水自排水出口或受纳水体取样。

6.3.3 采样方法

水样采集要求瞬时采样。采集前用此水洗涤样瓶和塞盖 2~3 次,每个样点采 4 瓶水样,每瓶装九成满,其中 3 瓶分别加硫酸、硝酸、氢氧化钠固定剂。4 瓶水样用同一个样品号,分别在标签上注明:"水样编号-无"、"水样编号-硫"、"水样编号-硝"、"水样编号-碱"。采集的水样当天送到检测单位处理。灌溉水样固定剂和测定时间参照 GB 12999 执行,具体见附录 D。

7 分析测试

7.1 测试内容

7.1.1 耕地地力样品

7.1.1.1 物理性状

土壤容重(选择 10%~20% 的取样点进行分析)。

7.1.1.2 化学性状

7.1.1.2.1 大田样品

pH、有机质、全氮、碱解氮、有效磷、缓效钾、速效钾和有效态(铜、锌、铁、锰、硼、钼、硅、硫)。

7.1.1.2.2 蔬菜地样品

pH、有机质、全氮、碱解氮、有效磷、缓效钾、速效钾,有效态(铜、锌、铁、锰、硼、钼、硅、硫)、交换性钙和镁。

7.1.2 耕地环境质量样品

7.1.2.1 土壤样品

pH、铅、镉、汞、砷、铬、铜、六六六、DDT。

7.1.2.2 水样样品

pH、化学需氧量(COD)、汞、铅、镉、砷、六价铬、氟化物。

7.2 测试方法

7.2.1 耕地地力样品测试方法

7.2.1.1 土壤容重的测定

按 NY/T 1121.4 规定的方法测定。

7.2.1.2 土壤 pH 的测定

按 NY/T 1377 规定的方法测定。

7.2.1.3 土壤有机质的测定

按 NY/T 1121.6 规定的方法测定。

7.2.1.4 土壤全氮的测定

按 NY/T 53 规定的方法测定。

7.2.1.5 土壤碱解氮的测定

按 LY/T 1229 规定的方法测定。

7.2.1.6 土壤有效磷的测定

石灰性土壤按 NY/T 148 规定的方法测定,酸性土壤按 NY/T 1121.7 规定的方法测定。

7.2.1.7 土壤缓效钾和速效钾的测定

按 NY/T 889 规定的方法测定。

7.2.1.8 土壤有效态铜、锌、铁、锰的测定

按 NY/T 890 规定的方法测定。

7.2.1.9 土壤有效硼的测定

按 NY/T 1121.8 规定的方法测定。

7.2.1.10 土壤有效钼的测定

按 NY/T 1121.9 规定的方法测定。

7.2.1.11 土壤有效硅的测定

按 NY/T 1121.15 规定的方法测定。

7.2.1.12 土壤交换性钙和镁的测定

按 NY/T 1121.13 规定的方法测定。

7.2.1.13 土壤有效硫的测定

按 NY/T 1121.14 规定的方法测定。

7.2.2 耕地环境质量样品测试方法

7.2.2.1 土壤 pH 的测定

按 NY/T 1377 规定的方法测定

7.2.2.2 土壤铅、镉的测定

按 GB/T 17141 规定的方法测定。

7.2.2.3 土壤总汞的测定

按 NY/T 1121.10 规定的方法测定。

7.2.2.4 土壤总砷的测定

按 NY/T 1121.11 规定的方法测定。

7.2.2.5 土壤总铬的测定

按 NY/T 1121.12 规定的方法测定。

7.2.2.6 土壤总铜的测定

按 GB/T 17138 规定的方法测定。

7.2.2.7 土壤六六六、DDT 的测定

按 GB/T 14550 规定的方法测定。

7.2.2.8 水质 pH 的测定

按 GB/T 6920 规定的方法测定。

7.2.2.9 水质化学需氧量的测定

按 GB/T 11914 规定的方法测定。

7.2.2.10 水质总汞的测定

按 GB/T 7468 规定的方法测定。

7.2.2.11 水质铅、镉的测定

按 GB/T 7475 规定的方法测定。

7.2.2.12 水质总砷的测定

按 GB/T 7485 规定的方法测定。

7.2.2.13 水质六价铬的测定

按 GB/T 7467 规定的方法测定。

7.2.2.14 水质氟化物的测定

按 GB/T 7484 规定的方法测定。

8 数据库建立

将调查、分析数据进行录入、审核、建库,质量控制见附录 A。

9 耕地地力评价

9.1 评价单元赋值

根据各评价因子的空间分布图或属性数据库,将各评价因子数据赋值给评价单元。

9.1.1 点位分布图赋值

对点位分布图(如养分点位分布图),采用插值的方法将其转换为栅格图,与评价单元图叠加,通过加权统计给评价单元赋值。

9.1.2 矢量分布图赋值

对矢量分布图(如土壤质地分布图),将其直接与评价单元图叠加,通过加权统计、属性提取,给评价单元赋值。

9.1.3 线型图赋值

对线型图(如等高线图),使用数字高程模型,形成栅格图,再与评价单元图叠加,通过加权统计给评价单元赋值。

9.2 确定各评价因子权重

采用特尔斐法(参见附录 F)与层次分析法(参见附录 G)相结合的方法确定各评价因子权重。

9.3 确定各评价因子隶属度

对定性数据采用特尔斐法(参见附录 F)直接给出相应的隶属度;对定量数据采用特尔斐法与隶属函数法结合的方法确定各评价因子的隶属函数,将各评价因子的值代入隶属函数,计算相应的隶属度(参见附录 H)。

9.4 计算耕地地力综合指数

采用式(1)累加法计算每个评价单元的综合地力指数。

$$IFI = \sum (F_i \times C_i) \quad\cdots\cdots\cdots\cdots\cdots\cdots\cdots\cdots\cdots\cdots\cdots\cdots\cdots (1)$$

式中:

IFI——耕地地力综合指数(Integrated Fertility Index);

F_i——第 i 个评价因子的隶属度;

C_i——第 i 个评价因子的组合权重。

9.5 划分地力级别

将耕地地力综合指数按从大到小的顺序等距分为(5~10)等份,耕地地力综合指数越大,耕地地力水平越高。

9.6 评价图件编绘

按附录 A 的要求,编绘生成耕地地力等级分布图及其他相关专题图件。

9.7 归入全国耕地地力等级体系

依据 NY/T 309,归纳整理各级耕地地力要素主要指标,形成与粮食生产能力相对应的地力等级,并将各级耕地地力归入全国耕地地力等级体系。

9.8 划分中低产田类型

依据 NY/T 310,分析评价单元耕地土壤主导障碍因素,划分并确定中低产田类型、面积和主要分布区域。

10 耕地环境质量评价

10.1 确定评价单元

将各耕地环境质量评价采样点作为评价单元,对各采样点耕地环境质量单独进行评价,计算土(水)单项污染指数。对耕地环境质量土壤采样点附近同时采集灌溉水样的,还应将土壤采样点和相应的水样采样点作为一个评价单元,再计算其土、水综合污染指数,对该评价单元的耕地环境质量进行综合评价。

10.2 评价指标

10.2.1 农田土壤单项指标

见表1。

表 1 农田土壤单项指标限值　　　　　　　　单位为毫克每千克

级别	利用方式	pH 范围		铜	铅	镉	铬	砷	汞	六六六	DDT
符合绿色食品产地环境条件（1级）	旱地	pH＜6.5	≤	50	50	0.30	120	25	0.25	0.1	0.1
		pH6.5－7.5	≤	60	50	0.30	120	20	0.30	0.1	0.1
		pH＞7.5	≤	60	50	0.40	120	20	0.35	0.1	0.1
	水田	pH＜6.5	≤	50	50	0.30	120	20	0.30	0.1	0.1
		pH6.5－7.5	≤	60	50	0.30	120	20	0.40	0.1	0.1
		pH＞7.5	≤	60	50	0.40	120	15	0.40	0.1	0.1
符合无公害食品产地环境条件（2级）	不分	pH＜6.5	≤	50	100	0.30	150	40	0.30	0.5	0.5
		pH6.5－7.5	≤	100	150	0.30	200	30	0.50	0.5	0.5
		pH＞7.5	≤	100	150	0.60	250	25	1.0	0.5	0.5
不合格（3级）	不分	pH＜6.5	＞	50	150	0.30	150	40	0.30	0.5	0.5
		pH6.5－7.5	＞	100	150	0.30	200	30	0.50	0.5	0.5
		pH＞7.5	＞	100	150	0.60	250	25	1.0	0.5	0.5

注:其中镉、汞、砷、铬、六六六和 DDT 为严控指标,铜和铅为一般控制指标。

10.2.2 农田灌溉水单项指标

见表2。

表 2 农田灌溉水单项指标限值　　　　　　　　单位为毫克每升

级别	pH	化学需氧量	汞	镉	砷	铅	六价铬	氟化物
符合绿色食品和无公害食品产地环境条件(1级)	5.5≤pH≤8.5	≤150	≤0.001	≤0.005	≤0.05	≤0.1	≤0.1	≤2.0
不合格(2级)	pH＜5.5或＞8.5	＞150	＞0.001	＞0.005	＞0.05	＞0.1	＞0.1	＞2.0

注:其中镉、汞、砷、铅和六价铬为严控指标,pH、化学需氧量和氟化物为一般控制指标。

10.3 污染指数计算

10.3.1 土(水)单项污染指数计算

适用于土壤或灌溉水中某一特定污染物,其污染指数计算方法如式(2):

单项污染指数(除水质 pH 污染指数外)

$$P_i = C_i/S_i \quad\quad\quad\quad\quad\quad\quad\quad\quad\quad\quad (2)$$

式中:

P_i——单项污染指数;

C_i——污染物实测值;

S_i——污染物指标限值。

单项污染指数(水质 pH 污染指数)计算方法如式(3):

$$P_i = |C_i - S_i| / |S_{最高} - S_i| \quad\quad\quad\quad\quad\quad\quad (3)$$

式中:

P_i——水质 pH 污染指数;

C_i——pH 实测值;

$S_i = (S_{最高} + S_{最低})/2 \quad S_{最高},S_{最低}$ 分别为 pH 的上限值和下限值(分别为 8.5 和 5.5)。

当 $P_i < 1$ 为单项污染物未超标,$P_i > 1$ 为单项污染物超标。

10.3.2 土(水)综合污染指数计算

适用于评价某个环境评价样点土壤或灌溉水的综合污染程度,土壤或灌溉水综合污染指数用式(4)计算。

对严控指标,当单项污染物超标时,应降级后再计算综合污染指数。当严控指标未超标时,直接计算综合污染指数。应先计算单项污染指数,再计算土壤或水的综合污染指数。综合污染指数大于 1,则视为不符合该级别的标准。

$$P_{土(水)} = \sqrt{\frac{P_{平均}{}^2 + P_{max}{}^2}{2}} \quad\quad\quad\quad\quad\quad\quad (4)$$

式中:

$P_{土(水)}$——为土壤或灌溉水综合污染指数;

$P_{平均}$——为土壤或灌溉水各单项污染指数(P_i)的平均值;

P_{max}——为土壤或灌溉水各单项污染指数中最大值。

10.3.3 耕地环境质量综合污染指数计算

适用于污染区域内耕地环境质量作为一个整体与外区域耕地质量比较,或一个区域内耕地环境质量在不同历史时段的比较。其评价方法如下式(5):

$$P_{综} = W_土 \cdot P_土 + W_水 \cdot P_水 \quad\quad\quad\quad\quad\quad\quad (5)$$

式中:

$P_{综}$——耕地环境质量综合污染指数;

$W_土、W_水$——分别为土和水这两个环境要素在耕地环境质量评价中所占的权重,分别为 0.65 和 0.35,各地也可根据实际情况采用特尔斐法(见附录 F)确定;

$P_土、P_水$——分别为土壤和灌溉水的综合污染指数。

10.4 耕地环境质量级别划分

耕地环境质量分级标准见表 3。

表 3 耕地环境质量分级标准

等级划定	综合污染指数	污染等级	污染水平
1	$P_{综} \leqslant 0.7$	安全	清洁
2	$0.7 < P_{综} \leqslant 1.0$	警戒限	尚清洁

表 3（续）

等级划定	综合污染指数	污染等级	污染水平
3	$1.0 < P_{综} \leqslant 2.0$	轻污染	土壤污染物超过背景值,视为轻度污染
4	$2.0 < P_{综} \leqslant 3.0$	中污染	土壤受到中度污染
5	$P_{综} > 3.0$	重污染	土壤污染已相当严重

11 结果验证

绘制耕地地力等级分布图,将评价结果与当地实际情况进行对比分析,并选择典型农户实地调查,验证评价结果与当地实际情况的吻合程度。

附 录 A

（规范性附录）

耕地资源数据库的内容、标准与质量控制

A.1 数据库的内容

A.1.1 空间数据库的内容

包括地形图、土壤图、基本农田保护区规划图、土地利用现状图、农田水利分区图、主要污染源点位图、耕地地力与耕地环境质量调查点位图等数字化图层。

A.1.2 属性数据库的内容

包括各个图层自动生成的属性数据和调查收集的属性数据及土壤检测的有关数据。

A.2 数据库的标准

A.2.1 空间数据库的标准

图形的数字化采用图件扫描矢量化或手扶数字化仪。矢量图形采用 ESRI 的 shapeFiles 格式，栅格图形采用 ESRI Gird 的格式。对各数字化图层要求投影方式为高斯-克吕格投影，6 度分带；坐标系为西安 80 坐标系；高程系统采用 1956 年黄海高程基准；野外调查 GPS 定位数据，初始数据采用经纬度并在调查表格中记载，装入 GIS 系统与图件匹配时，再投影转换为上述直角坐标系坐标。

A.2.2 属性数据库的标准

在建立关系数据库平台的地区或单位，数据存放在关系数据库（SQL）中；在没有建立关系数据库平台的地区或单位，数据存放在 ACCESS 中。

A.3 数据质量控制

A.3.1 空间数据的质量控制

A.3.1.1 输入图件质量控制

扫描影像应能够区分图内各要素，若有线条不清晰现象，需重新扫描。扫描影像数据经过角度纠正，纠正后的图幅下方两个内图廓点的连线与水平线的角度误差不超过 0.2 度。

公里网格线交叉点为图形纠正控制点，每幅图应选取不少于 20 个控制点，纠正后控制点的点位绝对误差不超过 0.2 mm（图面值）。

矢量化要求图内各要素的采集无错漏现象，图层分类和命名符合统一的规范，各要素的采集与扫描数据相吻合，线划（点位）整体或部分偏移的距离不超过 0.3 mm（图面值）。

所有数据层具有严格的拓扑结构。面状图形数据中没有碎片多边形。图形数据及对应的属性数据输入正确。

A.3.1.2 输出图件质量控制

图件必须覆盖整个辖区，不得丢漏。图内要素必有项目包括评价单元图斑、各评价要素图斑和调查点位数据、线状地物、注记。图外要素必有项目包括图名、图例、坐标系及高程系说明、比例尺、制图单位全称、制图时间等。

A.3.2 属性数据的质量控制

属性数据应由专人录入,可采用两次录入的方式互相验证,确保数据准确无误。耕地面积数应统一校正到等于当地政府公布的耕地面积。

附　录　B
（规范性附录）
采样点基本情况调查表及填表说明

表 B.1　采样点基本情况调查表

统一编号		家庭住址	省(市、自治区)　　县(市、区、旗)　　乡(镇)　　村　　组					户主姓名	
野外编号		采样地块	名称：　东经(°′″)北纬(°′″)海拔：　m 面积：　亩					样点类型	
土壤类型	土类：　　亚类：　　土属：　　土种：					采样深度(cm)			
立地条件	地形部位		剖面性状	质地构型		土地整理	地面平整度		(°)
	坡　　度	(°)		耕层厚度	cm		梯田化水平	梯田类型	
	坡　　向			耕层质地				熟化年限	
	成土母质			障碍层次	类　型			灌溉水源类型	
	盐碱类型				出现位置	cm		田间输水方式	
	土壤侵蚀	类　型			厚　度	cm		灌溉保证率	%
		程　度		潜水水质及埋深		m		排涝能力	
污染情况	污染物类型		污染面积(亩)			采样点距污染源距离(km)			
	污染源企业名称			污染源企业地址					
	污染物形态			污染物排放量					
	污染范围		污染造成的危害			污染造成的经济损失			

调查人：　　　　调查日期：　　年　月　日

B.1　基本项目

B.1.1　统一编号

由 14 位数字组成,分为四段,第一段 6 位数字,表示县及县以上的行政区划;第二段 3 位数字,表示乡、镇或街道办事处;第三段 3 位数字,表示居民委员会或村民委员会;第四段 2 位数字,表示采样顺序号:

$$\underset{第一段}{\underline{\times\times\times\times\times\times}}\ \underset{第二段}{\underline{\times\times\times}}\ \underset{第三段}{\underline{\times\times\times}}\ \underset{第四段}{\underline{\times\times}}$$

第一段使用 GB/T 2260 所规定的标准代码,并根据行政区划变动情况采用该标准的最新版本。

第二段按照 GB10114 和国家统计局发布的其他相关规定编写,其中第一位为类别标识,以"0"表示街道办事处,"1"表示镇,"2、3"表示乡,"4、5"表示政企合一的单位(如农、林、牧场等);第二、三位数字为该单位在该类别中的顺序号。具体编码方法如下:

1) 街道的代码,应在本县(市、区)范围内,从 001 到 099 由小到大顺序编写;

2) 镇的代码,应在本县(市、区)范围内,从 100 至 199 由小到大顺序编写,县政府所在地的镇(城关镇)编码一律用"100",其余的镇从 101 开始顺序编写;

3) 乡的代码,应在本县(市、区)范围内,从 200 至 399 顺序编写;

4) 对于政企合一单位,如坐落在乡、镇地域内在行政管理上相对独立的农场、林场和牧场等,可以作为所在县的一个区划单位,分配相当于乡(镇、街道)一级的代码,这些单位的地址代码在400~599 范围内取值。

第三段为村民委员会和居民委员会的地址代码,用 3 位顺序码表示,具体编码方法如下:

1) 居民委员会的地址代码从 001～199 由小到大顺序编写；

2) 村民委员会的地址代码从 200～399 由小到大顺序编写。

第二段、第三段代码应以当地统计局编制上报的行政区划代码库为准，并采用当地行政区域变动后经过调整的最新代码。

第四段代码以在所属居民委员会或村民委员会范围内的采样顺序，从 01 至 99 由小到大顺序编写。

B.1.2 野外编号

编号方法由各地根据实际情况自行规定。野外编号主要标注于外业工作底图或各类样品的标签上，并与采样点的调查表格相对应。编制时应本着便于记忆的原则，采用邮政编码＋取样顺序号、调查队分组号＋取样顺序号、取样日期（月、日）＋顺序号等方法，并注意所编号码在本地区的唯一性。

B.1.3 家庭住址

填采样地块所属农户的住址。

采用民政部门认可的正式名称，不能填写简称或俗称。用简体字书写，不要使用繁体字。简化字应按国家颁布的简化字总表的规定书写。市辖区应写明全称。

B.1.4 采样地块

B.1.4.1 名称

指当地群众对样点所在地块的通俗称呼或所在地块的方位。

B.1.4.2 经纬度及海拔高度

由 GPS 仪进行测定。

经纬度的计量单位可以选择十进制度，小数点后保留 5 位小数；也可以选择度分秒（° ′ ″），秒的小数点后保留 2 位小数。

B.1.4.3 面积

指调查农户取样点所在地块的面积，精确到 0.1 亩。

B.1.5 样点类型

指大田、蔬菜地、土壤环境（面源污染、点源污染）、园地等，对 2 种（含 2 种）以上类型，在名称之间以"，"相隔。如：大田，面源污染。

B.1.6 土壤类型

土壤分类命名采用全国第二次土壤普查时的修正稿，表格上记载的土壤名称及其代码应与土壤图一致。

B.1.7 采样深度

按实际情况，取几层填写几层，用"，"相隔，单位统一为厘米。如：0 cm～20 cm，20 cm～40 cm。

B.2 立地条件调查项目

B.2.1 地形部位

指中小地貌单元。如河流及河谷冲积平原要区分出河床、河漫滩、一级阶地、二级阶地、高阶地等；山麓平原要区分出坡积裾、洪积锥、洪积扇（上、中、下）、扇间洼地、扇缘洼地等；黄土丘陵要区分出塬、梁、峁、坪等；低山丘陵与漫岗要区分为丘（岗）顶部、丘（岗）坡面、丘（岗）坡麓、丘（岗）间洼地等；平原河网圩田要区分为易涝田、渍害田、良水田等；丘陵冲垄稻田按宽冲、窄冲，纵向分冲头、冲中部、冲尾，横向分冲、塝、岗田等；岩溶地貌要区分为石芽地、坡麓、峰丛洼地、溶蚀谷地、岩溶盆地（平原）等。各地应结合当地实际进行筛选，并使描述更加具体。

B.2.2 坡度

填样点所在地块的整体坡度，计至小数点后一位。具体数值可以在地形图上进行量算；有条件的也可通过测坡仪实地测定。

B.2.3 坡向

按地表坡面所对的方向分为 E(东)、S(南)、W(西)、N(北)、SE(东南)、SW(西南)、NW(西北)、NE(东北)等。坡度<3°时填平地。

B.2.4 成土母质

按成因类型即母质是否经过重新移动和移运力的差异分为残积物、崩积物、坡积物、冲积物、洪积物、湖积物、海积物、冰水沉积物、冰碛物、风积物等。可以上述分类为基础,结合母质成分进一步细化。

B.2.5 盐碱类型

填土壤含有可溶性盐的类型和轻重程度(轻、中、重、无)。

盐碱类型分为苏打盐化、硫酸盐盐化、氯化物盐化、碱化等。盐碱化程度可依据土样检测结果来判定。在野外调查时可根据返盐季节地表盐分积累和作物缺苗状况来划分盐化程度,具体标准为①地表盐结皮明显,作物缺苗50%以上,不死的苗生长也显著受抑制的,为重度;②地表盐结皮明显,作物缺苗30%~50%,为中度;③地表盐结皮尚明显,作物缺苗10%~30%,生长基本正常的,为轻度;④局部偶可发现盐结皮或盐霜,作物不缺苗,生长基本正常的,为威胁区(这里将其归入轻度)。碱化程度也可按上述作物缺苗程度来划分。

B.2.6 土壤侵蚀

按侵蚀类型和侵蚀程度记载。根据土壤侵蚀营力,侵蚀类型可划分为水蚀、风蚀、重力侵蚀、冻融侵蚀、混合侵蚀等。侵蚀程度分为无明显、轻度、中度、强度、极强度、剧烈等6级。

B.3 剖面性状调查项目

B.3.1 质地构型

按1m土体内不同质地土层的排列组合形式来填写。要注意反映特异层次的厚度及出现位置。一般可分为薄层型(红黄壤地区土体厚度<40 cm,其他地区<30 cm)、松散型(通体砂型)、紧实型(通体黏型)、夹层型(夹砂砾型、夹黏型、夹料姜型等)、上紧下松型(漏砂型)、上松下紧型(蒙金型)、海绵型(通体壤型)等几大类型。

B.3.2 耕层厚度

实际测量确定,单位统一为厘米,取整数位。

B.3.3 耕层质地

采用卡庆斯基分类制,分为砂土(松砂土、紧砂土)、砂壤、轻壤、中壤、重壤、黏土(轻黏土、中黏土、重黏土)等。

B.3.4 障碍层次

B.3.4.1 类型

按对植物生长构成障碍的土层类型来填,如铁盘层、黏盘层、砂砾层、潜育层、卵石层、石灰结核层等。

B.3.4.2 出现位置

按障碍层最上层到地表的垂直距离来填。

B.3.4.3 厚度

按障碍层的最上层到最下层的垂直距离来填。

B.3.5 潜水水质及埋深

潜水是指埋藏在地表以下第一个隔水层以上的地下水。潜水水质按含盐量(g/L)多少,填淡水(<1)、微淡水(1~3)、咸水(3~10)、盐水(10~50)、卤水(>50);潜水埋深填常年潜水面与地面的铅垂距离,取整数位,米。潜水水质和埋深之间以空格隔开,如微淡水 15 m。

B.4 土地整理调查项目

B.4.1 地面平整度

按局部(即取样点所在地块范围)地面起伏情况(参考坡度)来确定,一般分为平整(<3°)、基本平整(3°~5°)、不平整(>5°)。

B.4.2 梯田化水平

梯田类型分为条田、水平梯田、坡式梯田、隔坡梯田、坡耕地等五种类型,熟化年限在2年之内的填新修梯田,2年以上的按年限填写。

B.4.3 灌溉水源类型

按不同灌溉水源(河流、湖泊、水库、深层地下水、浅层地下水、污水、泉水、旱井等)的利用程度依次填写,有几种填几种。

B.4.4 田间输水方式

分为渠道和管道两大类,其中渠道又可根据是否采用防渗技术细分为土渠、防渗渠道等。同一块地灌溉水源和田面输水方式可能有多种,应全部填写。

B.4.5 灌溉保证率

指预期灌溉用水量在多年灌溉中能够得到充分满足的年数的出现几率。一般旱涝保收田的灌溉保证率在75%以上。

B.4.6 排涝能力

指排涝骨干工程(干、支渠)和田间工程(斗、农渠)按多年一遇的暴雨不致成灾的要求能达到的标准。如抗10年一遇、抗5~10年一遇、抗5年一遇等。也可填强、中、弱等。

B.5 土壤污染情况调查项目

B.5.1 污染物类型

根据污染物的属性分为有机物污染(包括有机毒物的各种有机废弃物、农药等)、无机物污染(包括有害元素的氧化物、酸、碱和盐类等)、生物污染(包括未经处理的粪便、垃圾、城市生活污水、饲养场及屠宰的污物中所携带的一个或多个有害的生物种群、潜伏在土壤中的植物病原体等)、放射性物质污染等。

B.5.2 污染面积

指土壤取样点所属本污染类型的污染物扩散的面积。

B.5.3 采样点距污染源距离

指取样地块距污染源的最短距离。应在距离污染源0.25 km、0.5 km、1.0 km处分别选择地块取样。

B.5.4 污染源企业名称

填在管理部门注册登记的全称。

B.5.5 污染源企业地址

企业厂址所属省、县、街道、门牌号或省、县、乡、村等。

B.5.6 污染物形态

指液体、气体、粉尘、固体等。

B.5.7 污染物排放量

填污染源每日排放的污染物总量,计至小数点后一位。

通过实地监测,根据污染物排放规律(连续均匀排放、不均匀间歇排放、每日排放时数等),计算出日平均排放量。也可根据生产工艺流程中物料的消耗及实际生产规模从理论上进行估算。

B.5.8 污染范围

指污染源的污染物已扩散的地方,以距离(m)、人口数来反映。

B.5.9 污染造成的危害

指污染对农作物造成的直接危害及间接危害,包括表现的症状、减产幅度、品质劣化情况等。

B.5.10 污染造成的经济损失

指因减产、品质下降等造成的年直接经济损失,有几年按几年计算平均损失。

附　录　C
（规范性附录）
采样点农业生产情况调查表及填表说明

表 C.1　采样点农业生产情况调查表

统一编号			家庭住址	省(市、自治区)　县(市、区、旗)　乡(镇)　村　组										户主姓名	
野外编号			家庭人口		耕地面积(亩)				采样地块面积(亩)				样点类型		
土壤管理	种植制度		品　种		有机肥		氮　肥		磷　肥		钾　肥		复合(混)肥		其他
	设施类型				畜粪 人粪 禽粪		碳铵 尿素 硝铵		普钙 重钙		氯化钾 硫酸钾		一铵 二铵		
	耕翻方式		肥料投入情况	N											
	耕翻次数			P₂O₃											
	耕翻深度	cm		K₂O											
	秸秆还田 种类		用量(kg/亩)												
	方法														
	数量	kg/亩	价格(元/亩)												
灌溉方式		年灌溉次数		年灌水量(m³)		年灌溉费用(元/亩)			年肥料费用(元/亩)						
农药投入情况	农药名称		种子投入情况	作物名称		机械投入情况	作物名称		产销情况	作物名称					
	用量(kg/亩)			品　种			耕翻(元/亩)			面积(亩)					
	全年次数			来　源			播种(元/亩)			产量(kg/亩)					
				用量(kg/亩)			收获(元/亩)			销量(kg/亩)					
	价格(元/亩)			价格(元/亩)			其他(元/亩)			价格(元/kg)					
	费用合计	元/亩		费用合计	元/亩		费用合计	元/亩		收入(元/亩)					
农膜费用	元/亩	人工投入	个	折合	元	其他费用	元/亩	投入合计	元/亩		收入合计			元/亩	

调查人：　　　　　　　调查日期：　　　年　月　日

C.1　基本项目

C.1.1　统一编号

同 B.1.1,且同一调查点,采样点基本情况调查表和采样点农业生产情况调查表中的统一编号应对应一致。

C.1.2　野外编号

同 B.1.2,且同一调查点,采样点基本情况调查表和采样点农业生产情况调查表中的野外编号应对应一致。

C.1.3　家庭住址

同 B.1.3。

C.1.4　家庭人口

以调查农户户籍登记为准。

C.1.5　耕地面积

填调查年度农户种植的所有耕地(包括承包地)面积总数,计至小数点后一位,如5.8亩。

C.1.6　采样地块面积

指调查农户取样点所在地块的面积,精确到0.1亩。

C.1.7 样点类型

同 B.1.5。

C.2 土壤管理情况

C.2.1 种植制度

填种植作物和熟制,分为一年一熟、二年三熟、一年二熟、二年五熟、一年三熟、一年四熟等。如:小麦—玉米,一年二熟。

C.2.2 设施类型

包括日光温室、塑料大棚、露天菜地三种类型。

C.2.3 耕翻方式

采样地块上一年度内耕翻深度最深的一种方式,如翻耕、深松耕、旋耕、耙地、糖地、中耕等。采用免耕方式时还应注明实施年限,如免耕 3 年。

C.2.4 耕翻次数

采样地块上一年度内被耕翻的次数。

C.2.5 耕翻深度

采样地块上一年度内耕翻的最大深度,取整数位。

C.2.6 秸秆还田

种类填麦草、稻草、玉米秆、棉秆等;方法填翻压还田、覆盖还田、堆沤还田、过腹还田等;数量填上一年度内每亩耕地的总还田量。还田数量可依据还田方法不同按农产品产量和经济系数来推算。

C.3 灌溉情况

C.3.1 灌溉方式

分为漫(畦)灌、沟灌、间歇灌(波涌灌)、膜上灌、坐水种、喷灌、微灌等。有几种写几种。

C.3.2 灌溉次数

上一年度内灌溉的总次数。

C.3.3 年灌水量

上一年度内每亩灌溉的总水量,取整数位。

C.3.4 灌溉费用

上一年度内平均每亩用于灌溉的总投入,计算到小数点后一位。

C.4 肥料投入情况

填采样地块上一年度内投入的肥料品种及其养分含量、平均每亩施用量及相应价格、各种肥料投资的总和,计至小数点后一位。表中没有涉及的肥料品种,可根据实际情况予以添加。有机肥种类比较多,可填得更为具体一些,如:畜粪尿(猪、马、羊、牛等)、人粪尿、禽粪(鸡、鸭、鸽、鹅、海鸟等)、厩肥、堆肥、沤肥、沼气肥、秸秆肥、蚕肥、饼肥(豆饼、菜子饼、花生饼、棉子饼、茶子饼等)、绿肥、海肥、城镇生活垃圾、泥杂肥、腐植酸类等。属工厂化生产的商品有机肥要予以注明。有机无机复合肥中的有机质部分在此处反映,并予以注明。微肥、叶面肥、微生物肥等填在其他一栏。

C.5 农药投入情况

采样地块上一年度内使用的主要农药品种及其每亩用量、次数、时间、价格等。费用合计填每亩地所有农药投资的总和。用量取整数位,费用计至小数点后一位。

C.6 种子投入情况

采样地块上一年度内种植的主要作物及品种名称。已通过国家正式审定(认定)的,要填写正式名称。来源按种子取得的途径,填自家留种、邻家留种(换种)、经营部门(单位或个人)等。费用合计填每亩地一年内所有种子投资的总和。用量、费用均计至小数点后一位。

C.7 机械投入情况

采样地块上一年度内所种植主要作物的机械作业投入情况。各项费用均计至小数点后一位。

C.8 农膜费用

采样地块上一年度内用于购买农膜的费用,换算成每亩费用,计至小数点后一位。

C.9 人工投入

采样地块上一年度内投入人工的数量及其价格,换算成每亩费用,计至小数点后一位。

C.10 其他投入

采样地块全年除上述已列举支出外的所有其他投资总和,换算成每亩费用,计至小数点后一位。

C.11 投入合计

表中所列举的灌溉、肥料、农药、种子、机械、农膜、人工和其他支出的总和,计至小数点后一位。

C.12 产销情况

采样地块上一年度内所种植的各种农作物的面积、每亩产量、市场价格、销售量和销售收入等,计至小数点后一位。

C.13 收入合计

采样地块全年种植业销售收入的总和,换算成每亩费用,计算到小数点后一位。

附 录 D

（规范性附录）

灌溉水采样固定剂和测定时间要求

表 D.1 灌溉水采样固定剂和测定时间要求

采样瓶	固定剂	测定项目	测定时间要求
第1瓶	无	pH,氟化物	pH,1 d内测定。 氟化物,7 d内测定。
第2瓶	浓 H_2SO_4,pH<2	化学需氧量,砷	化学需氧量,6 d内测定。 砷,1月内测定。
第3瓶	浓 HNO_3,pH<2	汞,镉,铅等重金属	汞,15 d内测定。 其他,1月内测定。
第4瓶	40%NaOH,pH8~9	六价铬	1 d内测定。

附 录 E

（资料性附录）

耕地地力评价因子总集

表 E.1 耕地地力评价因子总集

气象	≥0℃积温		土壤理化性状	质地	
	≥10℃积温			孔隙度	
	年降水量			容重	
	全年日照时数			pH	
	光能辐射总量			CEC	
	无霜期			有机质	
	干燥度			全氮	
立地条件	经度			有效磷	
	纬度			速效钾	
	海拔			缓效钾	
	地貌类型			有效锌	
	地形部位			有效硼	
	坡度			有效钼	
	坡向			有效铜	
	成土母质			有效硅	
	土壤侵蚀类型			有效锰	
	土壤侵蚀程度			有效铁	
	林地覆盖率			有效硫	
	地面破碎情况			交换性钙	
	冬季地下水位			交换性镁	
	潜水埋深			田间持水量	
	地表岩石露头状况		障碍因素	障碍层类型	
	地表砾石度			障碍层出现位置	
	田面坡度			障碍层厚度	
	水质类型			耕层含盐量	
剖面性状	剖面构型			一米土层含盐量	
	质地构型			盐化类型	
	有效土层厚度			地下水矿化度	
	耕层厚度		土壤管理	灌溉保证率	
	腐殖层厚度			灌溉模数	
				抗旱能力	
				排涝能力	
				排涝模数	
				轮作制度	
				梯田类型	
				梯田熟化年限	
注:省级和县级的耕地地力评价因子从该表中选取。					

附 录 F

（资料性附录）

特 尔 斐 法

F.1 基本原理

该方法的核心是充分发挥一组专家对问题的各自独立看法,然后归纳、反馈,逐步收缩、集中,最终产生评价与判断。例如给出一组地下水位的深度,评价不同深度对作物生长影响的程度通常由专家给出。

F.2 特尔斐法的基本步骤

特尔斐法的基本步骤如图 F.1 所示。

F.2.1 确定提问的提纲

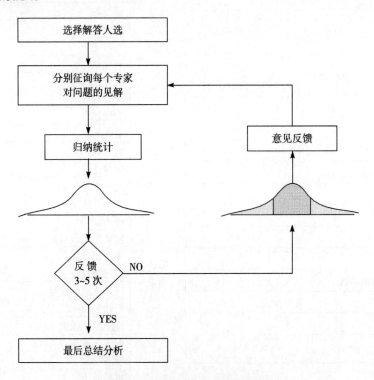

图 F.1 特尔斐法的基本步骤

列出的调查提纲应当用词准确,层次分明,集中于要判断和评价的问题。为了使专家易于回答问题,通常还在提出调查提纲的同时提供有关背景材料。

F.2.2 选择专家

为了得到较好的评价结果,通常需要选择对问题了解较多的专家 10～50 人,少数重大问题可选择 100 人以上。

F.2.3 调查结果的归纳、反馈和总结

收集到专家对问题的判断后,应作一归纳。定量判断的归纳结果通常符合正态分布。这时可在仔细听取了持极端意见专家的理由后,去掉两端各 25％的意见,寻找出意见最集中的范围,然后把归纳结

果反馈给专家，让他们再次提出自己的评价和判断。这样反复 3～5 次后，专家的意见会逐步趋近一致。这时就可作出最后的分析报告。

F.3 统计参数

统计分析时常用到算术平均数和变异系数。设专家 i 对第 j 项调查的评定为 C_{ij}，则第 j 项评价的算术平均值为 $m_j = \sum C_{ij}/n$，式中 n 为专家总数；第 j 项评价的变异系数为 $V = S_j/m_j$，其中 S_j 为 C_{ij} 的标准差，m_j 为均值。

附 录 G
（资料性附录）
层次分析法确定耕地地力评价因子的权重

G.1 层次分析法基本原理

基本原理是根据问题的性质和要达到的总目标，将问题分解为不同的组成因子，按照因子间的相互关联影响以及隶属关系将因子按不同层次聚合，形成一个多层次的分析结构模型，并最终把系统分析归结为最低层（供决策的方案、措施等）相对于最高层（总目标）的相对重要性权值的确定或相对优劣次序的排序问题。

在排序计算中，每一层次的因素相对上一层次某一因素的单排序问题又可简化为一系列成对因素的判断比较。通过判断矩阵，在计算出某一层次相对于上一层次各个因素的单排序权值后，用上一层次因素本身的权值加权综合，即可计算出某层因素相对于上一层整个层次的相对重要性权值，即层次总排序权值。在一般的决策问题中，决策者不可能给出精确的比较判断，这种判断的不一致性可以由判断矩阵的特征根的变化反映出来。以判断矩阵最大特征根以外的其余特征根的负平均值作为一致性指标，用以检查和保持决策者判断思维过程的一致性。

G.2 层次分析法的基本步骤

G.2.1 建立层次结构模型

在深入分析所面临的问题之后，将问题中所包含的因素划分为不同层次，如目标层、准则层、指标层、方案层、措施层等，用框图形式说明层次的递阶结构与因素的从属关系。当某个层次包含的因素较多时（如超过9个），可将该层次进一步划分为若干子层次。

示例：从全国耕地地力评价因子总集中，选取14个评价因子作为某县的耕地地力评价因子，并根据各因子间的关系构造了层次结构（图 G.1）。

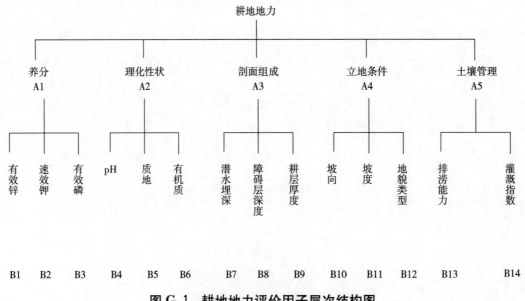

图 G.1 耕地地力评价因子层次结构图

G.2.2 构造判断矩阵

层次分析法的基础是人们对于每一层次中各因素相对重要性给出的判断。这些判断通过引入合适的标度用数值表示出来,写成判断矩阵。判断矩阵表示针对上一层次某因素,本层次与之有关因子之间相对重要性的比较。假定 A 层因素中 ak 与下一层次中 B1,B2,…,Bn 有联系,构造的判断矩阵一般取如下形式:

表 G.1 判断矩阵形式

a_k	B_1	B_2	…	B_n
B_1	b_{11}	b_{12}	…	b_{1n}
B_2	b_{21}	b_{22}	…	b_{2n}
⋮	⋮	⋮		⋮
B_n	b_{n1}	b_{n2}	…	b_{nn}

判断矩阵元素的值反映了人们对各因素相对重要性(或优劣、偏好、强度等)的认识,一般采用 1～9 及其倒数的标度方法。当相互比较因素的重要性能够用具有实际意义的比值说明时,判断矩阵相应元素的值则可以取这个比值。判断矩阵的元素标度采用特尔菲法。

表 G.2 判断矩阵标度及其含义

标 度	含 义
1	表示两个因素相比,具有同样重要性
3	表示两个因素相比,一个因素比另一个因素稍微重要
5	表示两个因素相比,一个因素比另一个因素明显重要
7	表示两个因素相比,一个因素比另一个因素强烈重要
9	表示两个因素相比,一个因素比另一个因素极端重要
2,4,6,8	上述两相邻判断的中值
倒数	因素 i 与 j 比较得判断 bij,则因素 j 与 i 比较的判断 $bji=1/bij$

G.2.3 层次单排序及其一致性检验

建立比较矩阵后,就可以求出各个因素的权值。采取的方法是用和积法计算出各矩阵的最大特征根 λmax 及其对应的特征向量 W,并用 $CR=CI/RI$ 进行一致性检验。计算方法如下:

1) 按式(G.1)将比较矩阵每一列正规化(以矩阵 B 为例)

$$\hat{b}_{ij} = \frac{b_{ij}}{\sum_{i=1}^{n} b_{ij}} \quad\cdots\cdots\cdots\cdots\cdots\cdots\cdots\cdots\cdots\cdots\cdots\cdots (G.1)$$

2) 按式(G.2)每一列经正规化后的比较矩阵按行相加

$$\overline{W}_i = \sum_{j=1}^{n} \hat{b}_{ij}, j=1,2,\cdots,n \quad\cdots\cdots\cdots\cdots\cdots\cdots\cdots (G.2)$$

3) 按式(G.3)对向量

$$\overline{W} = [\overline{W}_1, \overline{W}_2, \cdots, \overline{W_n}] \quad\cdots\cdots\cdots\cdots\cdots\cdots\cdots\cdots\cdots (G.3)$$

按式(G.4)正规化

$$W_i = \frac{\overline{W}_i}{\sum_{i=1}^{n} \overline{W}_i}, i=1,2,\cdots,n \quad\cdots\cdots\cdots\cdots\cdots\cdots (G.4)$$

所得到的 $W=[W_1,W_2,\cdots,W_n]^T$ 即为所求特征向量,也就是各个因素的权重值。

4) 按式(G.5)计算比较矩阵最大特征根 λmax

$$\lambda_{\max} = \sum_{i=1}^{n} \frac{(BW)_i}{nW_i}, i = 1, 2, \cdots, n \quad \cdots\cdots\cdots\cdots\cdots\cdots\cdots\cdots\cdots\cdots\cdots \quad (G.5)$$

式中$(BW)_i$表示向量BW的第i个元素。

一致性检验：首先按式(G.6)计算一致性指标CI

$$CI = \frac{\lambda_{\max} - n}{n - 1} \quad \cdots\cdots\cdots\cdots\cdots\cdots\cdots\cdots\cdots\cdots\cdots\cdots\cdots \quad (G.6)$$

式中n为比较矩阵的阶，也即是因素的个数。

然后根据表G.3查找出随机一致性指标RI，由式(G.7)计算一致性比率CR，

$$CR = \frac{CI}{RI} \quad \cdots\cdots\cdots\cdots\cdots\cdots\cdots\cdots\cdots\cdots\cdots\cdots\cdots\cdots\cdots \quad (G.7)$$

表 G.3　随机一致性指标 RI 的值

n	1	2	3	4	5	6	7	8	9	10	11
RI	0	0	0.58	0.90	1.12	1.24	1.32	1.41	1.45	1.49	1.51

当$CR<0.1$就认为比较矩阵的不一致程度在容许范围内；否则必须重新调整矩阵。

G.2.4　层次总排序

计算同一层次所有因素对于最高层(总目标)相对重要性的排序权值，称为层次总排序。这一过程是从最高层次到最低层次逐层进行的。若上一层次 A 包含 m 个因素 A1,A2,……,Am,其层次总排序权值分别为 a1,a2,……,am,下一层次 B 包含 n 个因素 B1,B2,……,Bn,它们对于因素 Aj 的层次单排序权值分别为 b1j,b2j,……,bnj,(当 Bk 与 Aj 无联系时,bkj=0)此时 B 层次总排序权值由下表给出。

表 G.4　B 层次总排序的权值计算

层次 A 层次 B	A_1 a_1	A_2 a_2	…… ……	A_m a_m	B 层次总排序权值
B_1	b_{11}	b_{12}	……	b_{1m}	$\sum_{i=1}^{m} a_1 b_{1i}$
B_2	b_{21}	b_{22}	……	b_{2m}	$\sum_{j=1}^{m} a_j b_{2j}$
$\vdots$	$\vdots$	$\vdots$		$\vdots$	$\vdots$
B_n	b_{n1}	b_{n2}	……	b_{nm}	$\sum_{j=1}^{m} a_j b_{nj}$

G.2.5　层次总排序的一致性检验

这一步骤也是从高到低逐层进行的。如果 B 层次某些因素对于 Aj 单排序的一致性指标为 CIj,相应的平均随机一致性指标为 CR_j,则 B 层次总排序随机一致性比率用式(G.8)计算。

$$CR = \frac{\sum_{j=1}^{m} a_j CI_j}{\sum_{i=1}^{m} a_j RI_j} \quad \cdots\cdots\cdots\cdots\cdots\cdots\cdots\cdots\cdots\cdots\cdots\cdots \quad (G.8)$$

类似地，当$CR<0.1$时，认为层次总排序结果具有满意的一致性，否则需要重新调整判断矩阵的元素取值。

附 录 H
（资料性附录）
模糊评价法确定耕地地力评价因子的隶属度

H.1 基本原理

模糊子集、隶属函数与隶属度是模糊数学的三个重要概念。一个模糊性概念就是一个模糊子集，模糊子集 $\underset{\sim}{A}$ 的取值自 $0\rightarrow1$ 中间的任一数值（包括两端的 0 与 1）。隶属度是元素 χ 符合这个模糊性概念的程度。完全符合时隶属度为 1，完全不符合时为 0，部分符合即取 0 与 1 之间一个中间值。隶属函数 $\mu_{\underset{\sim}{A}}(x)$ 是表示元素 x_i 与隶属度 μ_i 之间的解析函数。根据隶属函数，对于每个 x_i 都可以算出其对应的隶属度 μ_i。

示例：小麦对赤霉病的抗性，可以用式（H.1）建立以下隶属函数。

$$\mu_{\underset{\sim}{A}}(x) = 1 - \frac{1}{5}kl \quad\cdots\cdots\cdots\cdots\cdots\cdots\cdots\cdots\cdots\cdots (H.1)$$

式中，k 为赤霉病普遍率（%）；l 为严重度（0～5 级）。当 k 与 l 都为 0 时，$\mu=1$，表示抗性最强；当 $k=100\%$，$l=5$ 时，$\mu=0$、表示完全无抗性（图 H.1）。

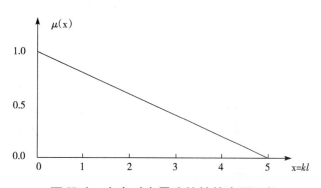

图 H.1　小麦对赤霉病抗性的隶属函数

应用模糊子集、隶属函数与隶属度的概念，可以将农业系统中大量模糊性的定性概念转化为定量的表示。对不同类型的模糊子集，可以建立不同类型的隶属函数关系。

H.2 隶属度函数类型

根据模糊数学的理论，将选定的评价指标与耕地地力之间的关系分为戒上型函数、戒下型函数、峰型函数、直线型函数以及概念型 5 种类型的隶属函数。

H.2.1 戒上型函数模型

适合这种函数模型的评价因子，其数值越大，相应的耕地地力水平越高，但到了某一临界值后，其对耕地地力的正贡献效果也趋于恒定（如有效土层厚度、有机质含量等等）。

$$y_i = \begin{cases} 0, & u_i \leqslant u_t \\ 1/(1+a_i(u_i-c_i)^2), & u_t < u_i < c_i,(i=1,2,\cdots,m) \\ 1, & c_i \leqslant u_i \end{cases} \quad\cdots\cdots (H.2)$$

式中，y_i 为第 i 个因子的隶属度；u_i 为样品实测值；c_i 为标准指标；a_i 为系数；u_t 为指标下限值。

H.2.2 戒下型函数模型

适合这种函数模型的评价因子，其数值越大，相应的耕地地力水平越低，但到了某一临界值后，其对耕地地力的负贡献效果也趋于恒定(如土壤容重等)。

$$y_i = \begin{cases} 0, & u_t \leqslant u_i \\ 1/(1+a_i(u_i-c_i)^2), & c_i < u_i < u_t,(i=1,2,\cdots,m) \\ 1, & u_i \leqslant c_i \end{cases} \quad \cdots\cdots\cdots\cdots (H.3)$$

式中,u_t 为指标上限值。

H.2.3 峰型函数模型

适合这种函数模型的评价因子,其数值离一特定的范围距离越近,相应的耕地地力水平越高(如土壤 pH 等)。

$$y_i = \begin{cases} 0, & u_i > u_{t1} \text{ 或 } u_i < u_{t2} \\ 1/(1+a_i(u_i-c_i)^2), & u_{t1} < u_i < u_{t2} \\ 1, & u_i = c_i \end{cases} \quad \cdots\cdots\cdots\cdots (H.4)$$

式中,u_{t1}、u_{t2} 分别为指标上、下限值。

H.2.4 直线型函数模型

适合这种函数模型的评价因子,其数值的大小与耕地地力水平呈直线关系(如坡度、灌溉指数)。

$$Yi = a_iu_i + b \quad \cdots\cdots\cdots\cdots\cdots\cdots\cdots\cdots (H.5)$$

式中,a_i 为系数,b 为截距。

H.2.5 概念型指标

这类指标其性状是定性的、非数值性的,与耕地地力之间是一种非线性的关系,如地貌类型、土壤剖面构型、质地等。这类因子不需要建立隶属函数模型。

H.3 隶属度的计算

对于前四种类型,可以用特尔斐法对一组实测值评估出相应的一组隶属度,并根据这两组数据拟合隶属函数;也可以根据唯一差异原则,用田间试验的方法获得测试值与耕地地力的一组数据,用这组数据直接拟合隶属函数,求得隶属函数中各参数值。再将各评价因子的实测值带入隶属函数计算,即可得到各评价因子的隶属度。鉴于质地对耕地某些指标的影响,有机质、阳离子代换量、速效钾、有效磷等指标应按不同质地类型分别拟合隶属函数。

对于概念型评价因子,可采用特尔菲法直接给出隶属度。

ICS 65.060.30
B 91

中华人民共和国农业行业标准

NY/T 1635—2008

水稻工厂化(标准化)育秧设备
试验方法

Test method of equipments for rice factory seedling nursing

2008-05-16 发布

2008-07-01 实施

中华人民共和国农业部 发布

前　言

本标准的附录 B 为规范性附录,附录 A 和附录 C 为资料性附录。

本标准由中华人民共和国农业部农业机械化管理司提出。

本标准由全国农业机械标准化技术委员会农业机械化分技术委员会归口。

本标准起草单位:广东省农业机械鉴定站。

本标准主要起草人:曾筱鸿、李弘业、胡兵文、张汉月、向文永、陈连飞、冼干明。

水稻工厂化(标准化)育秧设备 试验方法

1 范围

本标准规定了水稻工厂化(标准化)育秧设备的术语定义和性能试验方法。

本标准适用于水稻工厂化(标准化)育秧设备的鉴定、选型和验收试验。

2 规范性引用文件

下列文件中的条款通过本标准的引用而成为本标准的条款。凡是注日期的引用文件,其随后所有的修改单(不包括勘误的内容)或修订版均不适用于本标准。然而,鼓励根据本标准达成协议的各方研究是否可使用这些文件的最新版本。凡是不注日期的引用文件,其最新版本适用于本标准。

GB/T 3543.3 农作物种子检验规程 净度分析

GB/T 3543.4 农作物种子检验规程 发芽试验

GB/T 3543.6 农作物种子检验规程 水分测定

GB 4064 电气设备安全设计导则

GB 4404.1 粮食作物种子 禾谷类

GB 5083 生产设备安全卫生设计总则

GB/T 5262 农业机械试验条件 测定方法的一般规定

GB/T 5918 配合饲料混合均匀度测定

GB/T 6971—1986 饲料粉碎机 试验方法

JB/T 9796 固定式农业机械 噪声声功率级的测定

JB/T 9820.3—1999 饲料混合机 试验方法

3 术语和定义

下列术语和定义适用于本标准。

3.1

水稻工厂化(标准化)育秧设备 equipments for rice factory seedling nursing

用于水稻育秧土制备、种子预处理、播种、发芽、育秧等环节的机械设备。

3.2

土壤粗细度(过筛率) soil granularity

通过土壤分析筛的土量占取样土量的百分比。

3.3

秧苗密度 seedling density

育秧终期,毯状秧苗盘每平方厘米的秧苗株数。

3.4

合格穴 qualified cave

播种后或育秧终期,钵状秧苗盘每穴有4粒±2粒种子(或株秧苗)的穴。

3.5

合格秧 qualified seedling

育秧终期,每株有2片~4片叶的秧苗。

4 性能试验

4.1 基本要求

4.1.1 核测样机的主要技术特征参数。

4.1.2 样机应按使用说明书要求进行安装,调试至正常工作状态。试验前空运转 10 min～20 min,无异常声响。试验期间样机工作应保持稳定。

4.1.3 试验用电压为 380 V± 19V 和/或 220 V± 11V。

4.1.4 试验用稻谷种子应符合 GB 4404.1 规定的水稻常规良种的要求,种子的含水率、净度和标准发芽率的测定分别按 GB/T 3543.3、GB/T 3543.4 和 GB/T 3543.6 的规定进行。

4.1.5 试验用水为常温清水(或悬浮物粒径少于 0.5 mm)。

4.1.6 碎土试验用土块应为适合秧苗生长的土壤,土壤 pH 在 4.5～7.0 之间,含水率≤20%,含杂率≤3%,最大土块尺寸≤150 mm,无石块、金属等损坏设备的杂物。

4.1.7 播种试验用土颗粒最大尺寸,毯状秧苗底土≤5 mm,覆土≤2 mm;钵状秧苗底土和覆土≤2 mm;并根据当地农艺要求,添加农药、肥料混合配制。

4.1.8 试验用仪器、仪表可按附录 A 确定,试验前应按规定检定或校准合格。

4.2 安全检查

4.2.1 检查育秧设备的安全性是否符合 GB 5083 的规定,系统电气及控制装置是否符合 GB 4064 的规定。

4.2.2 检查各电气设备及其控制装置的接地电阻是否符合要求,接地是否牢固可靠。

4.2.3 检查各电气设备的绝缘电阻是否符合要求。

4.2.4 检查各运动部件是否有安全防护装置,并且牢固可靠。

4.2.5 检查碎土机和脱水机的机盖联锁装置是否有效、可靠。

4.2.6 检查脱水机的制动装置是否有效、可靠。

4.2.7 检查催芽机及发芽室的自动加热恒温系统是否有效、可靠。

4.2.8 检查发芽室入口处和各危险部位是否有危险警示标志。

4.2.9 检查各设备的使用说明书安全注意事项的内容是否全面正确。

4.3 碎土机组

4.3.1 碎土试验

空载起动后,均匀投放土块,15 min 后开始测定,分别在细土和粗土出口处接取物料,每次测定时间不小于 10 min,同时记录接取物料的时间、电压、电流、消耗功率及耗电量,共测定 3 次,每次间隔不小于 15 min,取平均值。当碎土机和筛土机分别独立安装使用时,测试应分别进行。

4.3.2 碎土成品生产率

按式(1)计算。

$$P_s = \frac{M_s}{T_s} \times 3.6 \quad\text{……………………………………} (1)$$

式中:

P_s——碎土成品生产率,单位为吨每小时(t/h);

M_s——细土质量,单位为千克(kg);

T_s——碎土作业时间,单位为秒(s)。

4.3.3 成品耗电量

按式(2)计算。

$$E_s = \frac{Q_s}{M_s} \times 1\,000 \quad \cdots\cdots\cdots\cdots\cdots\cdots\cdots\cdots\cdots\cdots\cdots\cdots\cdots\cdots \quad (2)$$

式中：

E_s——成品耗电量,单位为千瓦小时每吨($kW \cdot h/t$);

Q_s——碎土作业耗电量,单位为千瓦小时($kW \cdot h$)。

4.3.4 碎土成品率

按式(3)计算。

$$f_s = \frac{M_s}{M_s + M_{sb}} \times 100 \quad \cdots\cdots\cdots\cdots\cdots\cdots\cdots\cdots\cdots\cdots\cdots\cdots \quad (3)$$

式中：

f_s——碎土成品率,单位为百分数(%);

M_{sb}——粗土质量(kg)。

4.3.5 土壤基本特征

4.3.5.1 土壤容重

按 GB/T 5262 规定进行测定。

4.3.5.2 土壤含杂率

试验用土经人工碾碎,随机取 5 份样品,每份约 500 g,挑拣出其中的砂石、杂草等杂物,按式(4)计算土壤含杂率。

$$i_s = \frac{m_i}{m_{io}} \times 100 \quad \cdots\cdots\cdots\cdots\cdots\cdots\cdots\cdots\cdots\cdots\cdots\cdots\cdots \quad (4)$$

式中：

i_s——土壤含杂率,单位为百分数(%);

m_i——土壤样品中杂物质量,单位为克(g);

m_{io}——土壤样品质量,单位为克(g)。

4.3.5.3 土壤含水率

按 GB/T 5262 规定的方法进行。

4.3.5.4 土壤粗细度

在碎土作业前,随机抽取 5 份样品,每份不少于 100 g,用 5 mm 和 40 mm 孔土壤分析筛进行筛分,按式(5)分别计算土壤粗细度 c_5、c_{40},分别取平均值。碎土作业后(有筛土工序的,应在筛土后取样),随机抽取 5 份样品,每份不少于 100 g,用作底土的用 5 mm 孔筛,用作覆土的用 2 mm 孔筛进行筛分。

$$c_j = \frac{m_{cj}}{m_{co}} \times 100 \quad \cdots\cdots\cdots\cdots\cdots\cdots\cdots\cdots\cdots\cdots\cdots\cdots \quad (5)$$

式中：

c_j——土壤粗细度,单位为百分数(%),$j=2$、5 或 40;

m_{cj}——通过 j mm 孔土壤分析筛的碎土质量,单位为克(g);

m_{co}——土壤样品质量,单位为克(g)。

4.3.6 轴承温度

按 GB/T 6971 的规定进行检测。

4.3.7 噪声

测点布置在离样机主要声源外廓 1 m 及工人经常操作处,离地面高度 1.5 m,每点测 3 次,取平均值。当测得的噪声值与背景噪声值之差不大于 10 dB(A)时,应按 JB/T 9796 的规定进行修正。

4.3.8 操作位置空气粉尘浓度

按 GB/T 6971—1986 第 1.5.7 条的规定进行检测。

4.4 混合机

4.4.1 试验条件

4.4.1.1 试验物料为≤5 mm 的细土。

4.4.1.2 试验过程不添加水、农药或化肥等物质。

4.4.1.3 混合时间按使用说明书规定。

4.4.2 混合试验

测定小时生产率、成品耗电量、混合均匀度、残留率,方法按 JB/T 9820.3—1999 第 5 章的规定。

4.5 脱芒机

4.5.1 脱芒试验

空载起动,运转正常后,开始均匀投放种子,在脱芒机成品出口处和杂质出口处接取净种子和杂质进行称量,同时记录接取物料的时间、电压、电流、消耗功率及耗电量,共测定 3 次,取 3 次的平均值。

4.5.2 脱芒成品生产率

按式(6)计算。

$$P_a = \frac{M_a}{T_a} \times 3\,600 \quad\cdots\cdots\cdots\cdots\cdots\cdots\cdots\cdots\cdots\cdots\cdots\cdots\cdots\cdots\cdots\cdots\cdots\cdots (6)$$

式中:

P_a——脱芒成品生产率,单位为千克每小时(kg/h);

M_a——脱芒成品种子质量,单位为千克(kg);

T_a——测定时间,单位为秒(s)。

4.5.3 千克种子脱芒耗电量

按式(7)计算。

$$E_a = \frac{Q_a}{M_a} \quad\cdots\cdots\cdots\cdots\cdots\cdots\cdots\cdots\cdots\cdots\cdots\cdots\cdots\cdots\cdots\cdots\cdots\cdots\cdots\cdots (7)$$

式中:

E_a——千克种子脱芒耗电量,单位为千瓦小时每千克(kW·h/kg);

Q_a——脱芒作业耗电量,单位为千瓦小时(kW·h)。

4.5.4 脱芒成品率

按式(8)计算。

$$f_a = \frac{M_a}{M_{ao}} \times 100 \quad\cdots\cdots\cdots\cdots\cdots\cdots\cdots\cdots\cdots\cdots\cdots\cdots\cdots\cdots\cdots\cdots (8)$$

式中:

f_a——脱芒成品率(%);

M_{ao}——脱芒前种子质量,单位为千克(kg)。

4.5.5 脱芒后种子含杂率

在脱芒后的净种子中,随机抽取 5 份,每份约 100 g,拣出带芒粒、枝梗、芒刺和破碎粒等。按式(9)计算含杂率,并取 5 次平均值。

$$i_a = \frac{m_a}{m_{ao}} \times 100 \quad\cdots\cdots\cdots\cdots\cdots\cdots\cdots\cdots\cdots\cdots\cdots\cdots\cdots\cdots\cdots (9)$$

式中:

i_a——脱芒后种子含杂率,单位为百分数(%);

m_a——样品中芒刺等杂物质量,单位为克(g);

m_{ao}——样品质量,单位为克(g)。

4.6 催芽机

4.6.1 催芽试验

按催芽箱的最大容量称取经脱芒处理的种子,用清水冲洗后浸泡 24 h,出水静置 1 h 后放进催芽箱内,根据试验时的气候条件,设定催芽时间。

分别在早、午、晚环境温差较大时记录环境温度、湿度、大气压,箱内温度、湿度。检查自动控温、自动进水和水位控制装置工作是否灵敏可靠。

4.6.2 催芽生产率

按式(10)计算。

$$P_r = \frac{M_r}{T_r} \times 60 \quad\quad\quad\quad\quad\quad\quad\quad (10)$$

式中:

P_r——催芽生产率,单位为千克每小时(kg/h);

M_r——催芽种子质量,单位为千克(kg);

T_r——催芽时间,单位为分(min)。

4.6.3 千克种子催芽耗电量

按式(11)计算。

$$E_r = \frac{Q_{re} - Q_{rb}}{M_r} \quad\quad\quad\quad\quad\quad\quad\quad (11)$$

式中:

E_r——千克种子催芽耗电量,单位为千瓦小时每千克(kW·h/kg);

Q_{re}——催芽终止电能表读数,单位为千瓦小时(kW·h);

Q_{rb}——催芽起始电能表读数,单位为千瓦小时(kW·h)。

4.6.4 种子发芽率

在出箱种子中随机抽取 5 份,每份 100 粒,检查种子破胸露白粒数,按式(12)计算发芽率,并取 5 次平均值。

$$g = \frac{m_g}{m_{go}} \times 100 \quad\quad\quad\quad\quad\quad\quad\quad (12)$$

式中:

g——发芽率,单位为百分数(%);

m_g——种子破胸露白粒数,单位为粒;

m_{go}——每份种子粒数,单位为粒。

4.7 脱水机

4.7.1 脱水试验

按额定负荷称取催芽后的种子,装入网袋,均匀放置在转筒内。测量脱水周期内的时间、电压、电流、消耗功率及耗电量。脱水后取出种子称量,共测定 3 次,取平均值。

4.7.2 脱水周期

按式(13)计算。

$$T_w = T_{wl} + T_{ww} + T_{wo} + T_i \quad\quad\quad\quad\quad\quad (13)$$

式中:

T_w——脱水周期,单位为分(min);

T_{wl}——种子装入脱水机时间,单位为分(min);

T_{ww}——脱水作业时间,单位为分(min);

T_{wo}——卸料时间,单位为分(min);

T_i——使用说明书规定的间歇时间,单位为分(min)。

4.7.3 脱水生产率

按式(14)计算。

$$P_w = \frac{60nM_w}{\sum\limits_{i=1}^{n} T_{wi}} \quad\text{...} (14)$$

式中：

P_w——脱水小时生产率，单位为千克每小时(kg/h)；

n——测定次数，$n \geqslant 3$，单位为次；

M_w——额定批次脱水种子质量(浸泡前)，单位为千克(kg)；

T_{wi}——一个脱水周期时间，单位为分(min)。

4.7.4 千克种子脱水耗电量

按式(15)计算。

$$E_w = \frac{\sum\limits_{i=1}^{n} Q_{wi}}{nM_w} \quad\text{...} (15)$$

式中：

E_w——千克种子脱水耗电量，单位为千瓦小时每千克(kW·h/kg)；

Q_{wi}——一个批次脱水作业耗电量，单位为千瓦小时(kW·h)。

4.7.5 相对脱水率

按式(16)计算。

$$w = \frac{M_1 - M_2}{M_1} \times 100 \quad\text{...} (16)$$

式中：

w——相对脱水率，单位为百分数(%)；

M_1——一批种子脱水前质量，单位为克(g)；

M_2——一批种子脱水后质量，单位为克(g)。

4.7.6 脱水后种子含水率

按 GB/T 3543.6 的规定测定脱水后的种子含水率。

4.7.7 噪声

噪声测定按 4.3.7 条的规定进行。

4.8 播种机(流水线)

4.8.1 空载转速

测定空运转时播种机的播土轴、播种轴、覆土轴的转速。

4.8.2 播种试验

按农艺要求调整播土量、播种量、覆土量和喷水量。

播种期间各工序均应正常连续作业，不得停顿或间歇。每次测定连续播种不少于 50 盘，记录试验时间、电压、电流、消耗功率和耗电量，共测 2 次，取平均值。

4.8.3 秧盘前进速度

测定秧盘在输送带上前行从播土入口至覆土出口所需时间，按式(17)计算秧盘前进速度。

$$V = \frac{L}{T_v} \quad\text{...} (17)$$

式中：

V——秧盘前进速度，单位为米每秒(m/s)；

L——秧盘前进距离,单位为米(m);

T_v——测定时间,单位为秒(s)。

4.8.4 播种生产率

按播种种子质量计算生产率,用式(18)计算;按播种秧盘数计算生产率,用式(19)计算。

$$P_p = \frac{M}{T_p} \times 3\,600 \quad\cdots\cdots\cdots\cdots\cdots\cdots\cdots\cdots\cdots\cdots\cdots (18)$$

式中:

P_p——按播种种子质量计算播种生产率,单位为千克每小时(kg/h);

M——播种种子质量,单位为千克(kg);

T_p——按播种种子质量计算测定时间,单位为秒(s)。

$$P_{pd} = \frac{D}{T_{pd}} \times 3\,600 \quad\cdots\cdots\cdots\cdots\cdots\cdots\cdots\cdots\cdots\cdots\cdots (19)$$

式中:

P_{pd}——按播种秧盘数计算播种生产率,单位为盘每小时(盘/h);

D——播种秧盘数,单位为盘;

T_{pd}——按播种秧盘数计算测定时间,单位为秒(s)。

4.8.5 千克种子播种耗电量

按式(20)计算。

$$E_p = \frac{Q_p}{M} \quad\cdots\cdots\cdots\cdots\cdots\cdots\cdots\cdots\cdots\cdots\cdots\cdots\cdots\cdots (20)$$

式中:

E_p——千克种子播种耗电量,单位为千瓦小时每千克(kW·h/kg);

Q_p——播种耗电量,单位为千瓦小时(kW·h)。

4.8.6 播种均匀度

毯状秧苗检查播种均匀度。在播种线上,播种后、覆土前,随机抽取10个秧盘,每个秧盘之间间隔3个~5个秧盘,每个秧盘按附录B图B.1规定的方框抽样,检查抽样方框内的种子数,按式(21)分别计算每盘播种样本及总样本标准差,按式(22)计算每盘播种均匀度及总播种均匀度。

$$s = \sqrt{\frac{1}{n-1}\sum_{i=1}^{n}(x_i - \overline{x})^2} \quad\cdots\cdots\cdots\cdots\cdots\cdots\cdots\cdots\cdots (21)$$

式中:

s——样本标准差;

n——样本数,单位为个;

x_i——取样框内种子粒数,单位为粒;

$\overline{x}$——每盘样本框内种子粒数平均值,单位为粒。

$$u_p = \left(1 - \frac{s}{\overline{x}}\right) \times 100 \cdots\cdots\cdots\cdots\cdots\cdots\cdots\cdots\cdots\cdots (22)$$

式中:

u_p——播种均匀度,单位为百分数(%)。

4.8.7 播种合格穴率

钵状秧苗检查播种合格穴率。按4.8.6的规定抽取秧盘,每盘按附录B图B.2规定的方案抽样,检查样块各穴的种子粒数,按式(23)计算每盘播种合格穴率,取平均值。

$$u_1 = \frac{y}{t} \times 100 \quad\cdots\cdots\cdots\cdots\cdots\cdots\cdots\cdots\cdots\cdots\cdots\cdots (23)$$

式中:

u_1——播种合格穴率,单位为百分数(%);

y——种子粒数合格的穴数,单位为个;

t——抽查穴数,单位为个。

4.8.8 喷水量稳定性变异系数

在播种过程,每隔约 2 min 接取 1 盘水,共接取 10 盘,按 JB/T 9820.3 的规定计算。

4.8.9 底土排量稳定性变异系数

按 4.8.8 规定进行。

4.9 发芽室

4.9.1 发芽试验

按规定放置已播种的秧盘,记录入室种子质量、秧盘数、装车数。每隔 4 h 测量一次环境温度、湿度和大气压,同时测量室内温度、湿度,记录电压、电流、消耗功率和耗电量,检查自动控温装置和自动水位控制装置是否正常工作。

4.9.2 千克种子发芽耗电量

按式(24)计算。

$$E_g = \frac{Q_{ge} - Q_{gb}}{M} \quad\cdots\cdots\cdots\cdots\cdots\cdots\cdots\cdots\cdots\cdots\cdots\cdots\cdots\cdots (24)$$

式中:

E_g——千克种子发芽耗电量,单位为千瓦小时每千克(kW·h/kg);

Q_{ge}——发芽时电能表终止读数,单位为千瓦小时(kW·h);

Q_{gb}——发芽时电能表起始读数,单位为千瓦小时(kW·h)。

4.10 育秧质量

4.10.1 秧盘抽样方案

育秧终期,在育秧田绿化大棚的接近四角和中心位置的秧架的上层、中层、下层各抽取 1 盘秧苗;在秧田采用 5 点法各抽取 1 盘秧苗。

4.10.2 毯状秧苗盘秧苗密度

每盘秧苗按附录 B 图 B.1 规定取样,检查取样方框内的秧苗株数,按式(25)计算秧苗密度,取总平均值。

$$\rho = \frac{N}{A} \times 100 \quad\cdots\cdots\cdots\cdots\cdots\cdots\cdots\cdots\cdots\cdots\cdots\cdots\cdots\cdots (25)$$

式中:

ρ——秧苗密度,单位为株每平方厘米(株/cm²);

N——取样框内的秧苗株数,单位为株;

A——取样框面积,单位为平方厘米(cm²)。

4.10.3 钵状秧苗盘育秧合格穴率

每盘秧苗按附录 B 图 B.2 规定的方案取样,分别检查样本内各穴的秧苗株数,按式(23)计算钵盘育秧合格穴率并求平均值。

4.10.4 合格秧率

用 4.10.2 或 4.10.3 抽取的样品,按盘统计每盘取出秧苗的总株数,检查其中合格秧株数,按式(26)计算合格秧率,取平均值。

$$q = \frac{N_q}{N_t} \times 100 \quad\cdots\cdots\cdots\cdots\cdots\cdots\cdots\cdots\cdots\cdots\cdots\cdots\cdots\cdots (26)$$

式中:

q——合格秧率,单位为百分数(%);

N_q——每盘抽样方框(穴)内的合格秧株数,单位为株;

N_t——每盘抽样方框(穴)内的全部秧苗总株数,单位为株。

4.11 试验记录

试验数据可记录在附录 C 中。

附 录 A

（资料性附录）

仪器、仪表及其准确度要求

表 A.1 仪器、仪表及其准确度

序号	仪器、仪表名称	准确度要求
1	电参数测量仪	1.5 级
2	电流钳表	±2%
3	三相四线有功电能表	2 级
4	单相电能表	2 级
5	精密天平	1/10 000 g
6	天平	0.1 g
7	台秤	3 级
8	流量计	±1%
9	秒表	±0.5 s/d
10	钢卷尺	±1%
11	容重计	±1%
12	声级计	±1 dB(A)
13	温度计	0.1℃
14	点温计	0.1℃
15	湿度计	±2%
16	大气压力表	1.5 级
17	无触点式转速表	±1 r/min
18	土壤分析筛	/
19	空气粉尘采样仪	±2%
20	恒温烘干箱	±1℃
21	电子自动数粒仪	±4/1 000

附 录 B
（规范性附录）
测定播种质量和育秧质量的抽样方案

B.1 毯状秧苗盘内种子/秧苗抽样方案

在测定毯状秧苗盘的播种均匀度和秧苗密度时，按图 B.1 所示的抽样方案进行取样。

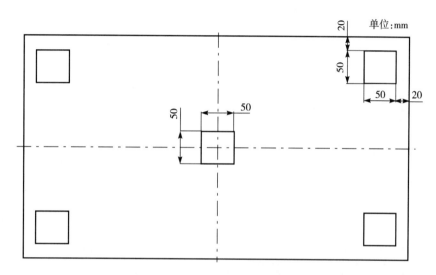

图 B.1 毯状秧苗盘内种子/秧苗抽样方案示意图

B.2 钵状秧苗盘内种子/秧苗抽样方案

测定钵状秧苗盘的播种合格穴率和育秧合格穴率时，按图 B.2 所示的抽样方案进行取样。

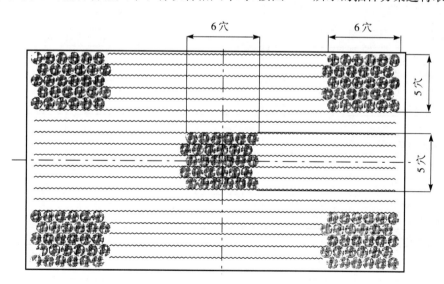

注：每盘在四角和中心位置各取 30 穴（5 穴×6 穴），共 150 穴。

图 B.2 钵状秧苗盘内种子/秧苗抽样方案示意图

附　录　C

（资料性附录）

试 验 记 录 表

表 C.1　样机主要技术特征

项　　目		设计值	核测值
碎土机	型号		
	型式		
	生产率,t/h		
	碎土轮外径,mm		
	锤片(叶片)数,片		
	碎土轮转速,r/min		
	筛网孔径,mm		
	筛网面积(外径×长),mm		
	外形尺寸(长×宽×高),mm		
	电机　型号		
	电机　额定功率,kW		
	电机　转速,r/min		
筛土机	型号		
	型式		
	生产率,t/h		
	筛网孔尺寸,mm		
	筛网面积(长×宽),mm		
	外形尺寸(长×宽×高),mm		
	电机　型号		
	电机　额定功率,kW		
	电机　转速,r/min		
混合机	型号		
	型式		
	总容积/有效容积,m³		
	混合器转速,r/min		
	混合时间,min		
	外形尺寸(长×宽×高),mm		
	电机　型号		
	电机　额定功率,kW		
	电机　转速,r/min		
脱芒机	型号		
	处理能力,kg/h		
	处理模式		
	漏斗容量(种子),kg		
	外形尺寸(长×宽×高),mm		
	质量,kg		
	电机　型号		
	电机　额定功率,kW		
	电机　转速,r/min		

表 C.1(续)

项　目			设计值	核测值
催芽机	型号			
	最大种子(干)装载量,kg			
	加热方式			
	加热装置	功率,kW		
		电压,V		
		数量,个		
	温控范围,℃			
	循环水量,L/h			
	空气混入量,L/h			
	催芽箱内廓尺寸(长×宽×高),mm			
	外形尺寸(长×宽×高),mm			
脱水机	型号			
	型式			
	电机功率,kW			
	转子转速,r/min			
	额定装载量/干种子装载量,kg			
	外形尺寸(长×宽×高),mm			
播种线	型号			
	播种能力,盘/h			
	播种量(干种子),g			
	加料斗容量(播种/培土/床土),L			
	输送方式			
	输送速度,m/s			
	喷水量,mL/盘			
	电机	型号		
		额定功率,kW		
		转速,r/min		
	外形尺寸(长×宽×高),mm			
塑料育苗盘	型式			
	外形尺寸(长×宽×高),mm			
	内腔尺寸(长×宽×高),mm			
	质量,g			
	渗水孔尺寸,mm			
	渗水孔个数或穴数(分穴式),个			
发芽车	载盘量,个			
	最大装载种子质量,kg			
	装载质量,kg			
	外形尺寸(长×宽×高),mm			
	质量,kg			
发芽室	容纳育苗盘数,个			
	容纳发芽车数,辆			
	加热方式			
	电热管	功率,kW		
		电压,V		
		数量,个		
	温控范围,℃			
	加湿方式			
	加湿装置(型号/功率,kW)			
	蒸发量,L/h			
	内廓尺寸(长×宽×高),mm			
绿化大棚	型式			
	内廓尺寸(长×宽×肩高),m			
	育苗架距×行数,m×行			
	育苗架层距×层数,cm×层			
	育苗架外形尺寸(长×宽×高),m			

检测人：　　　　　　记录人：　　　　　　校核人：

表 C.2 育秧设备安全检查记录表

设备型号、名称_____ 检查地点_____
样机编号_____ 检查日期_____

序号	安全检查内容	检查结果
1	育秧设备的安全性是否符合 GB 5083 的规定，系统电气及控制装置是否符合 GB 4064 的规定	
2	各电气设备及其控制装置的接地电阻是否符合要求，接地是否牢固可靠	
3	各电气设备的绝缘电阻是否符合要求	
4	各运动部件是否有安全防护装置，并且牢固可靠	
5	碎土机和脱水机的机盖联锁装置是否有效、可靠	
6	脱水机的制动装置是否有效、可靠	
7	催芽机及发芽室的自动加热恒温系统是否有效、可靠	
8	发芽室入口处和各危险部位是否有危险警示标志	
9	各设备的使用说明书关于安全注意事项的内容是否全面、正确	
备注		

检查人：　　　　　　　　记录人：　　　　　　　　校核人：

表 C.3 种子基本特征测定记录表

检测地点：_____ 检测日期：_____
环境温度：_____℃ 相对湿度：_____%

测定项目		测定结果					
测定序号		1	2	3	4	5	平均值
稻谷品种							
容重，g/L							
千粒质量，g							
含水率，%							
净度	取样种子质量，g						
	好种子质量，g						
	净度，%						
标准发芽率	取样种子粒数，粒						
	发芽种子粒数，粒						
	标准发芽率，%						
备注	标准发芽温度：　　　　℃，湿度：　　　　%，发芽天数：　　　　天。						

检测人：　　　　　　　　记录人：　　　　　　　　校核人：

表C.4 碎土机组性能试验记录表

机器型号、名称＿＿＿＿＿＿＿＿＿＿　　试验地点＿＿＿＿＿＿＿＿＿＿

样机编号＿＿＿＿＿＿＿＿＿＿＿＿　　试验日期＿＿＿＿＿＿＿＿＿＿

环境温度＿＿＿＿＿＿＿＿＿＿℃　　相对湿度＿＿＿＿＿＿＿＿＿＿％　　大气压＿＿＿＿＿＿＿kPa

测 定 项 目		1	2	3	平均值
试验电压,V					
电流,A					
消耗功率,kW					
测定时间,s					
耗电量,kW·h					
主轴空载转速,r/min					
轴承温升	环境温度,℃				
	轴承温度,℃				
	温　升,℃				
碎土成品率	细土质量,kg				
	粗土质量,kg				
	成品率,%				
成品小时生产率,kg/t					
成品耗电量,kW·h/t					
噪声	环境噪声,dB(A)				
	测点1噪声,dB(A)				
	测点2噪声,dB(A)				

粉尘	测点位置	滤片始质量 mg	滤片末质量 mg	采气流量 L/min	采气时间 min	粉尘浓度 mg/m³

备　注	

检测人：　　　　记录人：　　　　　　　　校核人：

表C.5 土壤基本特征测定记录表

检测地点：＿＿＿＿＿＿＿＿＿＿＿　　检测日期：＿＿＿＿＿＿＿＿＿＿

环境温度：＿＿＿＿＿＿＿＿＿＿℃　　相对湿度：＿＿＿＿＿＿＿＿＿＿％

序号	测 定 项 目		1	2	3	4	5	平均
1	容重,g/L							
2	含水率	盒质量,g						
		烘前总质量,g						
		烘后总质量,g						
		含水率,%						
3	含杂率	取样土质量,g						
		杂质质量,g						
		含杂率,%						
4	底土粗细度	取样总质量,g						
		通过5mm孔土壤分析筛的质量,g						
		粗细度,%						
5	覆土粗细度	取样总质量,g						
		通过2mm孔土壤分析筛的质量,g						
		粗细度,%						
6	碎土前粗细度	取样总质量,g						
		通过40mm孔土壤分析筛的质量,g						
		粗细度(过40mm孔筛),%						
		通过5mm孔筛的质量,g						
		粗细度(过5mm孔筛),%						
备　注	第1项～5项在碎土后测定,第6项在碎土前测定。							

检测人：　　　　记录人：　　　　　　　　校核人：

表C.6 混合机性能试验记录表

机器型号、名称＿＿＿＿＿＿＿　　试验地点＿＿＿＿＿＿＿＿＿

样机编号＿＿＿＿＿＿＿＿＿＿　　试验日期＿＿＿＿＿＿＿＿＿

环境温度＿＿＿＿＿＿＿℃　　相对湿度＿＿＿＿＿＿＿％　　大气压＿＿＿＿＿＿kPa

测定项目		1	2	3	平均值
试验电压,V					
电流,A					
消耗功率,kW					
耗电量,kW·h					
主轴空载转速,r/min					
混合周期	加料时间,min				
	混合时间,min				
	排料时间,min				
残留率	额定批次总质量,kg				
	残留物料质量,kg				
	残留率,%				
混合小时生产率,t/h					
混合耗电量,kW·h/t					
混合均匀度,%					
备注					

检测人：　　　记录人：　　　　校核人：

表C.7 脱芒机性能试验记录表

机器型号、名称＿＿＿＿＿＿＿　　试验地点＿＿＿＿＿＿＿＿＿

样机编号＿＿＿＿＿＿＿＿＿＿　　试验日期＿＿＿＿＿＿＿＿＿

环境温度＿＿＿＿＿＿＿℃　　相对湿度＿＿＿＿＿＿＿％　　大气压＿＿＿＿＿＿kPa

测定项目		1	2	3	平均值
试验电压,V					
电流,A					
消耗功率,kW					
耗电量,kW·h					
主轴空载转速,r/min					
脱芒时间,s					
脱芒小时生产率,kg/h					
千克种子耗电量,kW·h/kg					
成品率	处理质量,kg				
	脱芒成品质量,kg				
	脱芒成品率,%				
含杂率	样品质量,kg				
	杂质质量,kg				
	含杂率,%				
备注					

检测人：　　　记录人：　　　　校核人：

538

表 C.8 催芽机性能试验记录表

机器型号、名称＿＿＿＿＿＿＿＿＿　　试验地点＿＿＿＿＿＿＿＿＿＿

样机编号＿＿＿＿＿＿＿＿＿＿＿　　试验日期＿＿＿＿＿＿＿＿＿＿

测定项目			1			2			平均值
测定时间		早	午	晚	早	午	晚		
环境条件	记录时间,h:min								
	大气压,kPa								
	温度,℃								
	湿度,%								
设定温度,℃									
箱内温度,℃									
控温偏差,℃									
入箱种子质量(干),kg									
催芽耗时	起始时间,h:min								
	结束时间,h:min								
	作业时间,h								
耗电量	起始读数,kW·h								
	结束读数,kW·h								
	耗电量,kW·h								
生产率,kg/h									
千克种子耗电量,kW·h/kg									
发芽率	试验序号	1	2	3	4	5	平均值		
	取样种子粒数,粒								
	正常露白粒数,粒								
	发芽率,%								
备　注									

检测人：　　　　　　　　记录人：　　　　　　　　校核人：

表 C.9 脱水机性能试验记录表

机器型号、名称＿＿＿＿＿＿＿＿＿＿　　　试验地点＿＿＿＿＿＿＿＿＿＿＿＿

样机编号＿＿＿＿＿＿＿＿＿＿＿＿　　　试验日期＿＿＿＿＿＿＿＿＿＿＿＿

环境温度＿＿＿＿＿＿＿＿＿℃　　相对湿度＿＿＿＿＿＿＿＿＿＿％　　大气压＿＿＿＿＿＿＿＿kPa

测定项目		1	2	3	平均值
试验电压,V					
电流,A					
消耗功率,kW					
耗电量,kW·h					
主轴空载转速,r/min					
脱水周期	加料时间,min				
	脱水时间,min				
	排料时间,min				
	间歇时间,min				
相对脱水率	脱水前质量,kg				
	脱水后质量,kg				
	相对脱水率,%				
脱水后含水率	样品盒质量,g				
	样品及盒烘前质量,g				
	样品及盒烘后质量,g				
	种子含水率,%				
种子质量(浸泡前),kg					
脱水小时生产率,kg/h					
千克种子耗电量,kW·h/kg					
噪声	环境噪声,dB(A)				
	测点1噪声,dB(A)				
	测点2噪声,dB(A)				
备　注					

检测人：　　　　　　　记录人：　　　　　　　校核人：

表 C.10 播种机(流水线)性能试验记录表

机器型号、名称＿＿＿＿＿＿＿＿＿＿ 试验地点＿＿＿＿＿＿＿＿＿＿＿

样机编号＿＿＿＿＿＿＿＿＿＿＿ 试验日期＿＿＿＿＿＿＿＿＿＿＿

环境温度＿＿＿＿＿＿＿＿＿℃ 相对湿度＿＿＿＿＿＿＿＿％ 大气压＿＿＿＿＿＿＿kPa

测定项目		1	2	平均值
试验电压,V				
电流,A				
消耗功率,kW				
测定时间,s				
空载转速	播土轴,r/min			
	播种轴,r/min			
	覆土轴,r/min			
秧盘前进速度	测定时间,s			
	前进距离,m			
	前进速度,m/s			
播种质量(干),kg				
播种盘数,盘				
播种耗电量,kW·h				
生产率	按质量计,t/h			
	按盘数计,盘/h			
千克种子耗电量,kW·h/kg				
备　注				

检测人: 记录人: 校核人:

表 C.11 播种均匀度、底土排量和喷水量稳定性变异系数检验记录表

机器型号、名称＿＿＿＿＿＿＿＿＿＿＿ 试验地点＿＿＿＿＿＿＿＿＿＿＿＿＿＿

样机编号＿＿＿＿＿＿＿＿＿＿＿＿＿＿ 试验日期＿＿＿＿＿＿＿＿＿＿＿＿＿＿

环境温度＿＿＿＿＿＿＿＿＿＿＿℃ 相对湿度＿＿＿＿＿＿＿＿＿＿％ 大气压＿＿＿＿＿＿＿kPa

试验序号	秧盘序号	播种均匀度								底土排量 (kg)	喷水量 (kg)
		样本框内种子粒数,粒					平均值粒	标准差	均匀度 (%)		
		1	2	3	4	5					
1	1										
	2										
	3										
	4										
	5										
	6										
	7										
	8										
	9										
	10										
2	1										
	2										
	3										
	4										
	5										
	6										
	7										
	8										
	9										
	10										
总平均值,粒											
总标准差											
总均匀度,%											
变异系数,%											
备 注	播种的总平均值、总标准差、总均匀度的样本数为2次试验的总样本数。										

检测人: 记录人: 校核人:

表 C.12 播种合格穴率检验记录表

设备型号、名称＿＿＿＿＿＿＿＿＿＿＿＿＿＿＿ 试验地点＿＿＿＿＿＿＿＿＿＿＿＿＿＿＿

样机编号＿＿＿＿＿＿＿＿＿＿＿＿＿＿＿＿＿ 试验日期＿＿＿＿＿＿＿＿＿＿＿＿＿＿＿

	1		2		合格穴总平均值（%）
每盘穴数,个					
秧盘序号	合格穴数(个)	合格穴率(%)	合格穴数(个)	合格穴率(%)	
1					
2					
3					
4					
5					
6					
7					
8					
9					
10					
平均值					
备注					

检测人：　　　　　　　　记录人：　　　　　　　　校核人：

表 C.13 发芽室性能试验记录表

设备型号、名称＿＿＿＿＿＿＿＿＿＿＿＿＿＿＿ 试验地点＿＿＿＿＿＿＿＿＿＿＿＿＿＿＿

样机编号＿＿＿＿＿＿＿＿＿＿＿＿＿＿＿＿＿ 试验日期＿＿＿＿＿＿＿＿＿＿＿＿＿＿＿

测定项目		1			2			平均值
测定时间		早	午	晚	早	午	晚	
环境条件	记录时间,h:min							
	大气压,kPa							
	温度,℃							
	湿度,%							
设定温度,℃								
室内温度,℃								
室内湿度,%								
控温偏差,℃								
种子质量(干),kg								
发芽耗时	起始时间,h:min							
	结束时间,h:min							
	作业时间,h							
耗电量	起始读数,kW·h							
	结束读数,kW·h							
	耗电量,kW·h							
秧盘数,盘								
装车台数,台								
千克种子耗电量,kW·h/kg								
备注								

检测人：　　　　　　　　记录人：　　　　　　　　校核人：

表 C.14 毯状秧苗盘秧苗密度检验记录表

设备型号、名称＿＿＿＿＿＿＿＿　　　试验地点＿＿＿＿＿＿＿＿

样机编号＿＿＿＿＿＿＿＿＿＿　　　试验日期＿＿＿＿＿＿＿＿

每盘抽样数,个											
抽样面积(长×宽),mm²											
取样层	秧盘序号	样品序号	1	2	3	4	5	总数	平均值		
上	1	秧苗株数,株									
		秧苗密度,株/cm²									
	2	秧苗株数,株									
		秧苗密度,株/cm²									
	3	秧苗株数,株									
		秧苗密度,株/cm²									
	4	秧苗株数,株									
		秧苗密度,株/cm²									
	5	秧苗株数,株									
		秧苗密度,株/cm²									
中	1	秧苗株数,株									
		秧苗密度,株/cm²									
	2	秧苗株数,株									
		秧苗密度,株/cm²									
	3	秧苗株数,株									
		秧苗密度,株/cm²									
	4	秧苗株数,株									
		秧苗密度,株/cm²									
	5	秧苗株数,株									
		秧苗密度,株/cm²									
下	1	秧苗株数,株									
		秧苗密度,株/cm²									
	2	秧苗株数,株									
		秧苗密度,株/cm²									
	3	秧苗株数,株									
		秧苗密度,株/cm²									
	4	秧苗株数,株									
		秧苗密度,株/cm²									
	5	秧苗株数,株									
		秧苗密度,株/cm²									
平均秧苗密度,株/cm²											
备　注											

检测人:　　　　　　　　　　　记录人:　　　　　校核人:

表 C.15 钵状秧苗盘育秧合格穴率检验记录表

设备型号、名称＿＿＿＿＿＿＿＿＿ 试验地点＿＿＿＿＿＿＿＿

样机编号＿＿＿＿＿＿＿＿＿ 试验日期＿＿＿＿＿＿＿＿

每盘抽样穴数,个						
秧盘序号	1	2	3	4	5	平均值
合格穴数,个						
合格穴率,%						
秧盘序号	6	7	8	9	10	
合格穴数,个						
合格穴率,%						
秧盘序号	11	12	13	14	15	
合格穴数,个						
合格穴率,%						
平均合格穴率,%						
备 注						

检测人： 记录人： 校核人：

表 C.16 合格秧率检验记录表

设备型号、名称＿＿＿＿＿＿＿＿＿ 试验地点＿＿＿＿＿＿＿＿

样机编号＿＿＿＿＿＿＿＿＿ 试验日期＿＿＿＿＿＿＿＿

每盘抽样数(穴数),个									
抽样总面积,mm²									
取样层	秧盘序号	1	2	3	4	5	总数	平均值	
上	抽检秧苗数,株								
	合格秧数,株								
	合格秧率,%								
中	抽检秧苗数,株								
	合格秧数,株								
	合格秧率,%								
下	抽检秧苗数,株								
	合格秧数,株								
	合格秧率,%								
平均合格秧率,%									
备 注									

检测人： 记录人： 校核人：

ICS 65.040
P 35

中华人民共和国农业行业标准

NY/T 1636—2008

高效预制组装架空炕连灶
施工工艺规程

Construction specifications for high–performance prefabricated and
assembled elevated–kang–and–cooking–stove unit

2008-05-16 发布

2008-07-01 实施

中华人民共和国农业部 发布

前　言

本标准由中华人民共和国农业部提出并归口。

本标准起草单位：辽宁省农村能源办公室。

本标准主要起草人：郭继业、王莹、栾云松、赵大伟、黄岳海、林剑锋。

高效预制组装架空炕连灶
施工工艺规程

1 范围

本标准规定了高效预制组装架空炕连灶施工工艺及热性能指标。

本标准适用于高效预制组装架空炕连灶的施工,其他类型炕连灶参照执行。

2 规范性引用文件

下列文件中的条款通过本标准的引用而成为本标准的条款。凡是注明日期的引用文件,其随后所有的修改单(不包括勘误的内容)或修订版均不适用于本标准,然而,鼓励根据本标准达成协议的各方研究是否可使用这些文件的最新版本。凡是不注明日期的引用文件,其最新版本适用于本标准。

NY/T 8—2006 民用柴炉、柴灶热性能测试方法

NY/T 58—1987 民用炕连灶热性能测试方法

3 术语和定义

本标准采用下列术语和定义。

3.1

省柴节煤连炕灶

指灶体具有保温措施,通风合理,灶膛设有拦火装置,并配有炉箅、灶门、烟插板,热效率达到25%～35%之间。

3.2

高效预制组装架空炕

指炕底部架空,冷墙体设有保温措施,炕内宽敞,排烟通畅,散热和保温良好,综合热效率在70%以上。

4 省柴节煤灶

4.1 砌筑材料

砌筑灶体材料需准备3.25级～4.25级水泥2～3袋、水泥保温砖(240 mm×115 mm×53 mm)150块～200块、粗中砂0.5 m³～0.8 m³、黏土0.3 m³～0.4 m³、细炉渣灰0.1 m³～0.2 m³、瓷砖50～70块(300 mm×200 mm或150 mm×150 mm)。根据家庭人口数量需要选择合适的铁锅、铁灶门、铁炉箅、灶进烟口处烟插板各一个。不同规格铁锅砌筑节柴省煤灶尺寸见表1。

表1 省柴节煤灶砌筑规格

规格 (印)	直　　径(mm)				深　　度(mm)		吊火高度 (mm)	灶体高度 (mm)
	外口直径	误差	里口直径	误差	尺寸	误差		
3	395	±2	395	±2	140	±1.5	130	450
4	450	±2	450	±2	165	±1.5	135	450
5	475	±2	475	±2	185	±1.5	140	450
6	540	±2	540	±2	195	±1.5	145	500
7	625	±2	565	±2	205	±1.5	150	500

表 1（续）

规格 (印)	直　径(mm)				深　度(mm)		吊火高度 (mm)	灶体高度 (mm)
	外口直径	误差	里口直径	误差	尺寸	误差		
8	655	±2	595	±3	240	±1.5	160	500
10	705	±3	645	±3	240	±2	170	550
12	755	±3	690	±3	260	±2	180	550
16	815	±3	755	±3	275	±2	200	600

4.2　通风道

节柴省煤灶的通风形式可分为自然通风灶和强制通风灶。自然通风灶的通风道(灰坑)宽度不得小于炉箅子宽度,深度为 400 mm 以上,长度根据锅的大小确定。强制通风灶要在通风道内炉箅子下方设集风室,通风管内壁要光滑、严密。

进风口(通风道在灶体外所留部分)长为 200 mm～240 mm,进风口实际面积要大于炉箅子有效通风面积的 1.5 倍以上。

4.3　灶体高度

灶体高度为 450 mm～600 mm。

4.4　添柴(煤)口

添柴(煤)口高 130 mm～150 mm,宽 180 mm～200 mm,并要安装铁灶门,铁灶门封闭要严密,开、关灵活。添柴(煤)口的上沿要低于锅脐 20 mm 以上。

4.5　灶内炉箅子的选用、放法、位置

炉箅子在选用时,要根据日常所常用燃料选定。烧用稻草的大灶可选用缝宽为 13 mm～18 mm 的炉箅,要求横放炉箅;烧用玉米秸、高粱秸的大灶可选用缝宽为 10 mm～12 mm 的炉箅;烧用枝柴和使用鼓风机烧碎煤的大灶可选用缝宽为 7 mm～9 mm 的炉箅。

在安装炉箅时,要以锅脐为中心,炉箅面积 30%～45% 要朝向进烟口(喉眼),其余背向进烟口。炉箅在灶门一侧要高于灶膛里面的一侧,形成 12°～18° 夹角,以利通风(见图 1)。

4.6　灶膛

4.6.1　灶膛材料及形状

灶膛应采用保温材料套成。其形状应采用弧形拱状,内壁要光滑无裂痕。锅沿与灶体结合部位厚度不超过 20 mm。

烧柴草灶套形要求底部稍大,为平底式;烧煤灶套形要求底部稍小,炉箅子周围为碗状。

4.6.2　吊火高度

烧煤灶　120 mm～140 mm

煤柴混烧灶　140 mm～160 mm

烧柴灶　160 mm～200 mm

可根据日常所用燃料多次试烧确定最佳数值。

4.6.3　拦火

拦火圈可采用马蹄形或弧形,设置在灶膛内进烟口一侧,拦火圈顶部最高处与锅的距离为 20 mm～30 mm,两侧距锅的距离逐渐增大。拦火圈大小、高低应通过多次试烧而定,但拦火强度不应过大。

4.7　进烟口

灶膛内进炕烟口(喉眼)高 100 mm～120 mm,宽 180 mm～220 mm,里侧要求逐渐加宽、抬高,呈扁宽喇叭形;进烟口里侧要求抹严、光滑、无裂痕(见图 1)。

4.8　灶的热性能

灶的热性能按 GB 4363—1984《民用柴炉、柴灶热性能测试方法》执行。

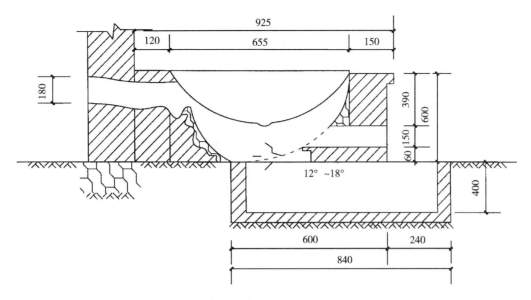

图 1　节柴省煤灶断面示意图

灶的热效率应为 25%～35%。

5　高效预制组装架空炕

5.1　炕体材料

炕体材料必须具有一定的机械强度、坚固耐用;取材容易,价格便宜,具有较好的传热性能和蓄热性能。高效预制组装架空炕的炕体材料要依据取材容易和材料的热性能指标来选取。常用的有石板、水泥钢筋混凝土预制板等。

5.2　砌炕前准备的材料

准备的材料:18 块炕板、1 m³ 中砂、0.6 m³ 黏土、200 块水泥保温砖(240 mm×115 mm×53 mm)、两袋 4.25 级水泥、0.2 m³ 干细炉渣;烟插板一个;炕墙瓷砖 50 片～70 片(300 mm×200 mm 或 150 mm×150 mm)。

5.3　炕体下部地面处理

炕体下部地面必须夯实,并用混凝土将地面抹平,待养生坚固后方可使用;在搭砌炕前首先要挂满挂严,以防漏烟。

5.4　底板支柱

5.4.1　支柱放线

在炕体下部按准备好的炕板尺寸确定放线,并要在地面上用笔划出每块板的位置。

5.4.2　支柱数量

支柱数量视炕板数量多少而定。

5.4.3　支柱砌筑

炕中间支柱中心点必须与所支撑的四块炕板的角顶点重合。炕底板支柱与炕面板支柱的支撑点要重合。

5.5　炕体

5.5.1　炕底板

炕底板在安放时要稳拿稳放,待平稳牢固后方可再进行下一块。底板安放好后,可用 1∶2 水泥砂浆将底板缝隙抹严,再用 5∶1 砂泥将炕板面层找平,然后采用干细炉渣灰在上面铺平 10 mm,并找平踩实。要求底板不得有漏气现象。底板摆放时要以 0.5% 的坡度由炕头往炕梢渐高。

5.5.2 炕体内结构及炕体尺寸

炕体内不设前分烟、落灰膛或其他不必要阻挡，在炕梢增加人字缓流式后阻烟墙。

炕体长可根据房间宽度、室内设施和人口需要决定，长为 2 000 mm～3 500 mm，宽为 1 600 mm～2 000 mm，高为 550 mm～700 mm。不同类型的架空炕砌筑尺寸见表 2。

表 2　不同类型的架空炕砌筑尺寸

类　别	炕长 (mm)	炕宽 (mm)	炕高 (mm)	烟箱厚度(mm)	
				炕头	炕梢
1 型	2 000	1 600	550	340	320
2 型	2 000	1 800	600	340	320
3 型	2 500	1 700	550	340	320
4 型	2 500	1 800	600	360	340
5 型	3 000	1 800	600	360	340
6 型	3 000	1 900	700	360	340
7 型	3 500	1 800	650	360	340
8 型	3 500	2 000	700	360	340

5.5.3 前炕墙

前炕墙以立砖砌筑或采用预制件，用 1：3 的水泥砂浆将缝隙抹严，不得漏气。炕墙厚度为 60 mm～80 mm；高度，炕头为 260 mm，炕梢为 240 mm。面板支柱炕头为 180 mm～200 mm，炕梢为 160 mm～180 mm。

5.5.4 后阻烟墙

炕体内必须设人字缓流式后阻烟墙。后阻烟墙设在排烟口前部，由两块 420 mm×(160 mm～180 mm)×60 mm 预制件组成，也可用水泥保温砖砌筑，两侧留口距离要根据烟囱抽力大小而定，尺寸为 270 mm～340 mm，并用水泥砂浆或砂泥抹严阻烟墙与上下炕板接触部位。

施工中要根据烟囱抽力大小，两侧留口尺寸要灵活掌握。如果烟囱在火炕上下两角的位置时，要用一段长 700 mm 的立砖墙，改变烟囱进口位置，其阻烟墙要后移 260 mm～300 mm，其阻烟墙的尺寸不变（见图 4、图 5）。

5.5.5 炕体保温墙

炕体接触的冷墙部位都要设保温墙。在炕内靠近冷墙部位再砌一道立砖围墙，与冷墙间距为 40 mm～50 mm，内充珍珠岩或干细炉渣并捣实，上面抹砂泥封严。

5.5.6 炕排烟口

炕排烟口尺寸：高为 140 mm～160 mm，宽为 180 mm～200 mm。要求内壁光滑、严密。

5.5.7 烟插板

炕排烟口处要设烟插板，烟插板开关要灵活，两侧砌炕围墙要挤严，高度不得高于围墙顶面。烟插板的尺寸不得小于炕排烟口尺寸。

5.5.8 炕面板

炕面板安放时要做到严密、平整，要搭在合适的支柱位置，不得出现搭偏和翘动现象。炕面板的四周要坐砂泥放板，以保炕周边严密和炕面周边稍翘起的效果。

5.6 炕面泥

炕面板摆放好后用 4：1 或 5：1 砂泥抹面，其平均厚度为 50 mm。要求抹第一遍泥炕头为 55 mm，炕梢为 35 mm；待炕面泥干到八分时，可抹第二遍泥，采用筛好后的细砂、细黏土，加适量白灰或水泥按 3：1 比例合成，平均抹 5 mm 厚。抹后的炕面泥要求平整、光滑、无裂痕。

5.7 不同类型高效预制组装架空炕连灶砌筑形式(见图2～图10)

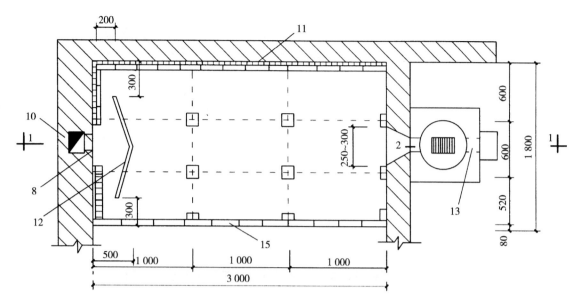

图2 高效预制组装架空炕连灶烟囱在中间砌筑平面图

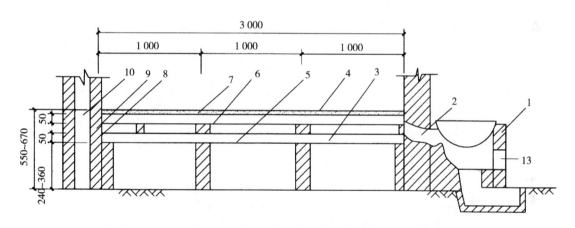

图3 高效预制组装架空炕连灶烟囱在中间砌筑1—1纵剖面图

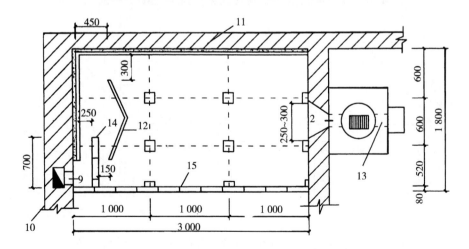

图4 高效预制组装架空炕连灶烟囱在炕上角砌筑平面图

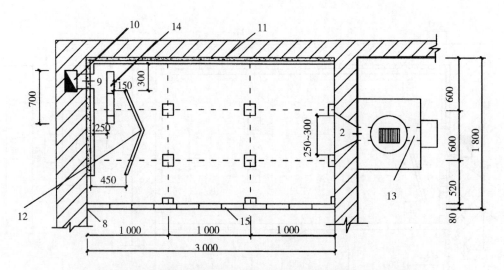

图 5　高效预制组装架空炕连灶烟囱在炕下角砌筑平面图

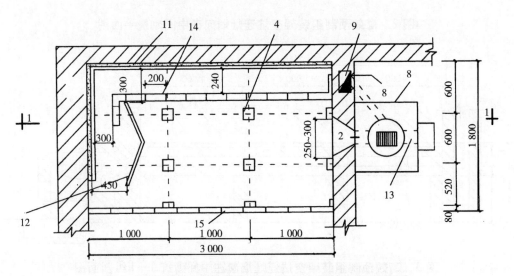

图 6　高效预制组装倒卷帘式架空炕连灶砌筑平面图

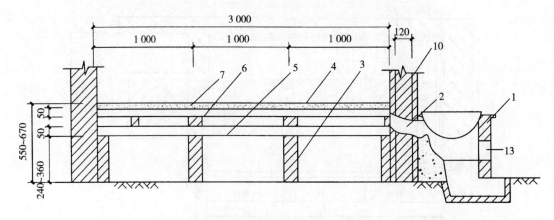

图 7　高效预制组装倒卷帘式架空炕连灶砌筑 1—1 纵剖面图

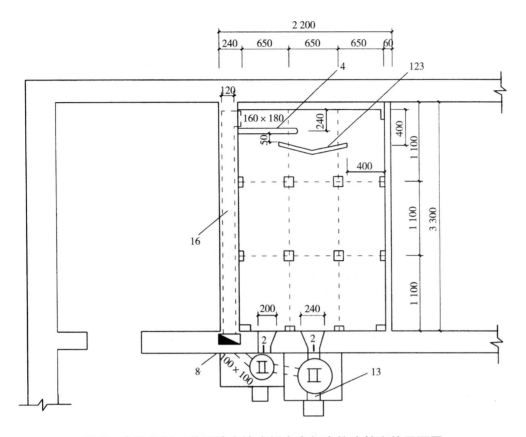

图 8　高效预制组装隔墙火墙式倒卷帘架空炕连灶砌筑平面图

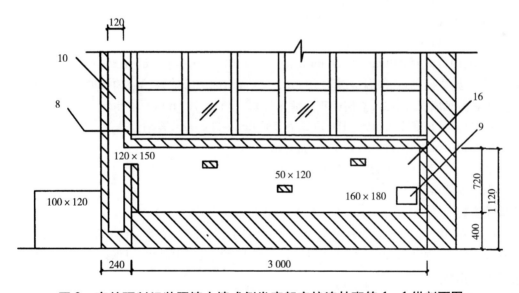

图 9　高效预制组装隔墙火墙式倒卷帘架空炕连灶砌筑 1—1 纵剖面图

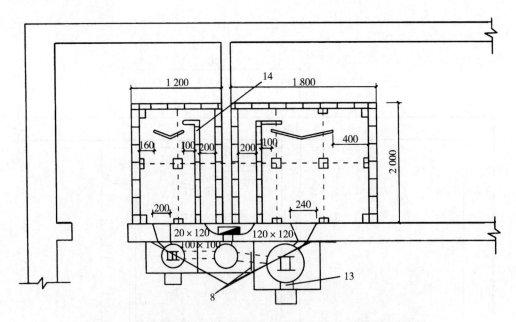

图 10 高效预制组装双炕式倒卷帘架空炕连灶砌筑平面图

不同类型高效预制组装架空炕连灶图中说明：

1） 灶：根据锅大小确定，锅台平面高度不得超过炕面底面。

2） 灶进烟口：高 80 mm～100 mm、宽 180 mm～200 mm，要求里口大，呈喇叭形。

3） 底板支柱：120 mm～240 mm×120 mm×炕梢 370 mm、炕头 350 mm。

4） 炕面板支柱：120 mm×120 mm×炕梢 160 mm、炕头 180 mm。

5） 炕底板尺寸：炕全长减去 50 mm 后的 1/3×600 mm×50 mm，计 9 块。

6） 炕面板尺寸：同炕底板尺寸，计 6 块；炕板宽 500 mm 的计 3 块。

7） 炕面抹面泥：炕头 60 mm、炕梢 40 mm、平均 50 mm。

8） 炕梢烟插板：大于火炕排烟口，要求放置严密、使用灵活。

9） 火炕排烟口：200 mm×160 mm（宽×高）。

10） 烟囱：内口截面 240 mm×120 mm、180 mm×180 mm、直径 160 mm。

11） 保温墙：立砖砌筑、保温层缝隙 40 mm～50 mm，内填珍珠岩、干细炉渣等保温材料。

12） 炕梢分烟墙：预制件或立砖砌筑尺寸每边 420 mm×160 mm×50 mm。

13） 添柴（煤）口：高 130 mm～150 mm、宽 180 mm～200 mm，要增设灶门。

14） 倒卷帘火炕立砖分烟墙，要求严密、光滑。

15） 前炕墙立砖砌筑，正面镶彩色瓷砖。

16） 隔墙火墙：宽 240 mm。

5.8 炕墙镶瓷砖

为美化居室环境，可在前炕墙外侧镶瓷砖。要严格掌握瓷砖在炕墙上镶好后，缝隙要对齐，图案要找好，表面要平整。炕墙瓷砖镶好后，7 天以内养生期不能烧火或少烧火，以保证瓷砖的牢固性。

5.9 炕热性能指标

炕的热性能按 NY/T 58—1987《民用炕连灶热性能测试方法》测试。

6 综合热效率

省柴节煤灶、高效预制组装架空炕综合热效率应达 70% 以上。

ICS 27.010
F 13

中华人民共和国农业行业标准

NY/T 1637—2008

二甲醚民用燃料

Dimethyl ether household fuel

2008-05-16 发布
2008-07-01 实施

中华人民共和国农业部 发布

前　言

本标准的附录 A 是资料性附录,本标准的附录 B 是规范性附录。

本标准由中华人民共和国农业部科技教育司提出并归口。

本标准起草单位:农业部科技发展中心、中国农村能源行业协会新型液体燃料与燃具专业委员会、中国科学院山西煤炭化学研究所。

本标准主要起草人:陈正华、张榕林、牛玉琴、刘耕、谭猗生。

二甲醚民用燃料

1 范围

本标准规定了二甲醚用作民用燃料的要求、试验方法、检验规则和标志、包装、运输、贮存、安全使用措施。

本标准适用于以单独或与液化石油气按一定比例配混的二甲醚民用燃料。

2 规范性引用文件

下列文件中的条款通过本标准的引用而成为本标准的条款。凡是注日期的引用文件,其随后所有的修改单(不包括勘误的内容)或修订版均不适用于本标准。然而,鼓励根据本标准达成协议的各方研究是否可使用这些文件的最新版本。凡是不注日期的引用文件,其最新版本适用于本标准。

GB 190 危险货物包装标志

GB 5842 液化石油气钢瓶

GB 11174 液化石油气

GB 14193 液化气体充装规定

GB 50160 石油化工企业设计防火规范

GBJ 16 建筑设计防火规范

SH/T 0221 液化石油气密度或相对密度测定法(压力密度计法)

SH/T 0232—92 液化石油气铜片腐蚀试验法

SH/T 0233 液化石油气采样法

SY/T 7509 液化石油气残留物测定法

3 要求

3.1 二甲醚民用燃料的特性见附录 A。

3.2 二甲醚民用燃料性能应符合表 1 要求。为确保安全使用,二甲醚单独作民用燃料时,应加入加臭剂,其加入量不得超过 0.001%(m/m)。

表 1 二甲醚民用燃料的技术条件

序 号	项 目		指 标	
			一级品	二级品
1	二甲醚(+C3-C4 烃)/%(m/m)	≥	99.0	98.0
2	甲醇/%(m/m)	≤	0.6	1.2
3	水分/%(m/m)	≤	0.4	0.8
4	残留物/mL/100 mL	≤	0.7	1.4
5	铜片腐蚀/级	≤	1	1
6	C3-C4 烃/%(m/m)		0～0.2(报告)	0～0.4(报告)

4 试验方法

4.1 二甲醚民用燃料组成

二甲醚民用燃料主要成分是组成二甲醚、甲醇和水分(参见表1中的1、2、3项)。

色谱分析方法见附录B。

4.2 残留物

按 SY/T 7509 中的规定进行测定,一般不测,只在型式检验时测定。

4.3 铜片腐蚀

参照 SH/T 0232—92(6.1节不用加水饱和)进行,一般不测,只在型式检验时测定。

5 检验规则

5.1 采样按 SY/T 0233 的规定进行。

5.2 检验项目分类及判别方法:见表2。

表2 检验项目分类及判别方法

分　类	序　号	项目名称	出厂检验	型式检验	判别方法
A类	1	二甲醚	√	√	不允许有不合格项目
	2	铜片腐蚀		√	
B类	3	甲醇	√	√	允许有一项不合格
	4	水分	√	√	
	5	残留物		√	
C类	6	C3-C4 烃		√	报告,不作判别

依据表2,对不符合项目指标的产品可两次复验,复验不合格,禁止投入使用。

5.3 出厂检验

生产厂应由检验部门按4.1项试验方法,做出厂检验。检验合格后,签发合格证,方可出厂。

5.4 型式检验

在下述情况之一时,作型式检验:

——新工艺、新产品鉴定时;

——产品长期停产后又恢复生产时;

——正常生产时每年一次;

——国家质量监督机构提出进行型式检验的要求时。

6 标志、包装、运输和贮存

6.1 标志

包装外部应有下列标签、标志:

——生产厂名称、地址;

——产品名称和产品标准的编号;

——生产日期;

——总质量;

——燃料等级;

——应标有按 GB 190 中规定的"易燃液体"警告标志。

6.2 包装、运输、贮存

储存于阴凉、通风仓库内,远离火种、热源,防止阳光直射。保持容器密封,应与氧化剂、酸性、碱类分开存放。禁止使用易产生火花的机械设备和工具。搬运时轻装轻卸,防止包装及容器损坏。

在没有二甲醚燃料的包装、运销、贮存标准前,可用符合 GB 11174 及所引用的标准的要求进行包装、运输、贮存。

储灌站必须符合 GBJ 16 和城镇燃气设计规范的要求。

二甲醚燃料的充装必须符合 GB 5842 及 GB 14193 的规定,严禁超量充装。

二甲醚燃料可用符合用于液化石油气规定的铁路罐车、汽车罐车与瓶装运输。

6.3 安全措施

二甲醚应用安全措施参照 GB 50160—1992 执行。

应使用耐二甲醚溶胀的密封材料,防范泄漏及其引发的着火、爆炸。

附 录 A

（资料性附录）

二甲醚民用燃料的特性

A.1 二甲醚燃料

二甲醚（Dimethyl ether,DME）又称甲醚（Methyl ether），化学式 CH_3OCH_3。

二甲醚是无色、易燃、有轻微醚味的气体，毒性较低。

二甲醚根据用途及纯度分成：气雾剂级、工业级、燃料级。

二甲醚燃料根据用途分成：二甲醚民用燃料与二甲醚车用燃料。在无二甲醚车用燃料标准时，本标准可供参照。

二甲醚民用和车用燃料与液化石油气（LPG）相似，通常为罐装燃料，在压力下为液体。

民用燃料经减压后以气体输出，在配套灶具上燃烧。

车用燃料与前者不同，在压力下以液体输出，在发动机内燃烧，无残液问题，二甲醚含量可适当调整。

A.2 二甲醚与液化石油气的特性

A.2.1 二甲醚燃烧热

1 455 kJ/mol,31 582 kJ/kg（7 545 kcal/kg）。

A.2.2 二甲醚密度

661 kg/m³（20℃,饱和蒸气压下）。

A.2.3 蒸气压

不同温度下的液化石油气组分与二甲醚蒸气压见表 A.1（MPa,绝压）。

表 A.1

温度℃	5	10	15	20	30	40
1 正丙烷	0.533	0.617	0.711	0.817	1.06	1.36
2 正丁烷	0.121	0.143	0.171	0.201	0.275	0.367
3 正戊烷	0.028	0.038	0.044	0.057	0.082	0.116
4 二甲醚	0.31	0.364	0.44	0.501	0.671	0.880

二甲醚40℃蒸气压为0.880 MPa,远低于 GB 11174 规定的液化石油气 37.8℃时的 1.38 MPa,因此,按 GB 11174 将二甲醚作民用燃料,使用更安全。二甲醚组成单一,在使用过程中组成基本不变,便于与燃具配套,提高燃烧效率。

A.2.4 液化石油气与二甲醚的爆炸范围

液化石油气与二甲醚的爆炸范围见表 A.2。

表 A. 2

项　　目	爆炸下限/%（V/V）	爆炸上限/%（V/V）
液化石油气	1.5	9.5
二甲醚	3.45	26.7

二甲醚的爆炸下限比液化石油气高，使用更安全。

A.2.5　二甲醚的溶胀性

二甲醚对橡胶、塑料制品的溶胀性比液化石油气强，管道及阀门法兰联接不能用石棉橡胶垫片、普通橡胶 O 型密封圈，应改用耐二甲醚溶胀的材料。液化石油气瓶减压阀的膜片，也需用耐二甲醚溶胀的材料。

A.2.6　二甲醚和液化石油气的掺混使用

二甲醚和液化石油气按比例掺烧，可有利于提高液化石油气热效率，但作为产品出售应明确标明为含二甲醚燃料及含量，同时应改用耐二甲醚溶胀材料。

附 录 B

（规范性附录）

二甲醚民用燃料的色谱分析法

B.1 二甲醚民用燃料主要由二甲醚、甲醇、水组成，用色谱法测定。

仪器：通用的气相色谱仪。

色谱条件：色谱柱：GDX 401 60～80 目，柱长 3 m；

热导检测器（TCD）；氢气作载气，流量 40 mL/min，桥流 120 mA；

柱温 90℃，气化室 150℃，检测室 120℃。

出峰顺序：C1-C4 烃，二甲醚（DME），水（H_2O），甲醇（MeOH），用校正面积归一法计算。

B.2 有关组分在 TCD 上的 f（相对质量校正因子，DME 为建议值）

表 B.1

组分	C1	C2	C3	C4	DME	H_2O	MeOH
f（相对）	0.58	0.75	0.86	0.87	1.05	0.87	1.00

应为液相取样，液相样品需经热水浴（90℃～95℃）完全气化，以气体定量阀进样。

B.3 组分的含量用下式计算

$$C[\%(m/m)] = (Ai \times fi / \sum Ai \times fi) \times 100\%$$

式中：

C——组分的含量；

Ai——i 组分的峰面积；

fi——i 组分的相对质量校正因子。

ICS 97.040
Y 68

中华人民共和国农业行业标准

NY/T 1638—2008

沼 气 饭 锅

Biogas cooker

2008-05-16 发布

2008-07-01 实施

中华人民共和国农业部 发布

前　言

附录 A 是资料性附录。

本标准由中华人民共和国农业部科技教育司提出并归口。

本标准起草单位:农业部沼气科学研究所、农业部沼气产品及设备质量监督检验测试中心。

本标准主要起草人:郑时选、王超、丁自力、陈子爱、李晋梅。

沼 气 饭 锅

1 范围

本标准规定了沼气饭锅的技术要求、试验方法和检验规则标志、包装、运输和贮存。

本标准适用于每次焖饭的最大稻米量在 2.5 kg 以下的家用饭锅和每次焖饭的最大稻米量在 10 kg 以下的公用饭锅。

2 规范性引用文件

下列文件中的条款通过本标准的引用而成为本标准的条款。凡是注日期的引用文件，其随后所有的修改单（不包括勘误的内容）或修订版均不适用于本标准，然而，鼓励根据本标准达成协议的各方研究是否可使用这些文件的最新版本。凡是不注日期的引用文件，其最新版本适用于本标准。

GB 16410—1996 家用燃气灶具

GB/T 16411—1996 家用燃气用具的通用试验方法

3 术语和定义

下列术语和定义适用于本标准。

沼气饭锅（简称饭锅）

以沼气为燃料，可自动检测饭的生熟程度，并能自动关断主燃烧器的燃烧器具。

4 产品分类和型号编制

4.1 饭锅分为家用型和公用型。

4.2 饭锅型号编制包括以下内容：

4.2.1 家用沼气饭锅用汉语拼音 JF 表示，公用沼气饭锅用汉语拼音 GF 表示。

4.2.2 沼气用汉语拼音 Z 表示。

4.2.3 饭锅每次能加热的最大稻米量用 L 表示。容量和质量的换算见附录 A。

4.2.4 型号表示：

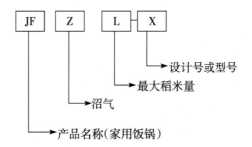

型号示例：JFZ·4L-A 是指一次焖饭最大稻米量4 L的家用沼气饭锅。

注：此处的 A 可以是表示型号，例如保温型，也可以是表示产品的设计系列。

5 要求

5.1 基本设计参数

5.1.1 家用饭锅前沼气额定压力 800 Pa 或 1 600 Pa，公用沼气饭锅前额定压力 1 600 Pa。

5.1.2 家用沼气饭锅额定热流量应不小于 0.8 kW,公用沼气饭锅额定热流量应不小于 4.0 kW。

5.2 气密性

在 4.2 kPa 压力下,沼气管道入口到燃烧器阀门漏气量应<0.03 L/h。

5.3 热流量偏差

总额定热流量精度<±10%。

5.4 火焰传递

无风状态下,火焰传递 4 s 着火无爆燃。

5.5 燃烧状态

无风状态下,火焰燃烧应均匀,无离焰、回火和黑烟。点火燃烧器无熄火和回火。

5.6 热效率

热效率应≥60%。

5.7 焖饭性能

米饭不夹生不烧焦。

5.8 保温性能

具有保温燃烧器的饭锅,米饭中心部位温度在 80℃以上,无明显焦疤。

5.9 噪声

燃烧噪声<45 dB(A),熄火噪声<55 dB(A)。

5.10 表面温升

5.10.1 操作时手触及部位的表面温度金属部位<室温+25℃,非金属部位<室温+35℃。

5.10.2 操作时手触及部位的周围部位的表面温度<室温+105℃。

5.10.3 干电池外壳<室温+20℃。

5.10.4 软管接头表面温度<室温+20℃。

5.10.5 阀门外壳表面温升<室温+50℃。

5.11 点火性能

点火 10 次有 8 次以上点燃,不得连续 2 次失效,无爆燃。

5.12 安全装置

5.12.1 熄火保护装置:开阀时间<20 s,闭阀时间<30 s。

5.12.2 温控装置:闭阀温度在水沸点+0.5℃和+4.5℃之间。

5.13 干烟气中 CO 浓度

干烟气中 CO 浓度($\alpha=1$,V%)<0.05。

5.14 耐用性能

5.14.1 燃气旋塞阀工作 6 000 次后应符合气密性要求,不妨碍使用。

5.14.2 点火装置 6 000 次后应符合点火性能要求,不妨碍使用。

5.14.3 熄火保护装置 1 000 次后应符合气密性及开、闭阀时间要求。

5.14.4 电磁阀 30 000 次后应符合气密性要求,不妨碍使用。

5.14.5 控温器 1 000 次后性能不变。

5.15 结构

5.15.1 结构应符合 GB 16410—1996 中 5.3.5 要求。

5.15.2 饭锅沼气导管应符合 GB 16410—1996 中 5.3.1.10 的要求。

5.16 材料

5.16.1 饭锅内锅应使用熔点大于500℃的金属材料制做。

5.16.2 材料应符合 GB 16410—1996 的 5.4.1~5.4.3,5.4.5~5.4.8,5.4.10 要求。

5.17 外观

外观应美观大方,表面经处理后色调匀称,不存在有损外观的缺陷。

6 试验方法

6.1 试验条件

6.1.1 实验室条件

应符合 GB/T 16411—1996 的规定。

6.1.2 试验用仪表

应符合 GB/T 16411—1996 的规定。

6.1.3 试验用沼气

沼气热值应符合 21 MJ±1 MJ。

6.2 试验项目及方法

6.2.1 气密性试验

按 GB/T 16411—1996 中 6 的规定进行。

6.2.2 沼气热流量试验

按 GB/T 16411—1996 中 5 的规定进行。

6.2.3 火焰传递

在额定压力下点燃饭锅燃烧器,检查火焰点燃状态并用秒表测试点燃传递时间。

6.2.4 燃烧状态

在额定压力下点燃燃烧器,检查火焰燃烧应均匀,无离焰、回火和黑烟。点火燃烧器无熄火和回火。

6.2.5 热效率

按 GB 16410—1996 中 6.14.4.3 的规定进行。

6.2.6 焖饭性能

按 GB 16410—1996 中 6.14.4.1 的规定进行。

6.2.7 保温性能

按 GB 16410—1996 中 6.14.4.2 的规定进行。

6.2.8 噪声

按 GB/T 16411—1996 中 8 的规定进行。

6.2.9 表面温升

按 GB 16410—1996 中 6.9.2 的规定进行。

6.2.10 点火性能

按 GB/T 16411—1996 中 10 的规定进行。

6.2.11 安全保护装置

按 GB 16410—1996 中 6.11.1 和 6.11.2 的规定进行。

6.2.12 干烟气中 CO 浓度

按 GB 16410—1996 中 6.8.1 的规定进行。

6.2.13 耐用性能

按 GB 16410—1996 中 6.13.1 和 6.13.3 的规定进行。

6.2.14 结构

按 GB 16410—1996 中 5.3.5 要求进行。

6.2.15 材料

按 GB 16410—1996 中 6.18 的规定进行。

6.2.16 外观试验

按本标准 5.17 的要求进行。

7 检验规则

7.1 出厂检验

7.1.1 饭锅出厂前应逐台按本标准 5.2,5.5,5.11,5.17 和 8.1 的规定进行。

7.1.2 产品出厂应有厂方质检部门检验合格证。

7.2 型式检验

7.2.1 有下列情况之一应进行型式检验:

    a) 新产品或老产品转厂生产的试制定型鉴定;

    b) 正式生产后,如结构、材料、工艺有较大改变,可能影响产品性能时;

    c) 产品停产一年后,恢复生产时;

    d) 出厂检验结果与上次型式检验有较大差异时;

    e) 国家质量监督机构提出进行型式检验要求时。

7.2.2 型式检验应按本标准 6.2.1 至 6.2.16 的全部项目进行。

7.2.3 型式检验的全部项目均符合本标准规定时,判定该型式检验合格。有任何项目不合格,改进不合格项目,应重新进行一次型式检验,所有项目合格,判定该型式检验合格。

7.3 逐批检验和周期检验

按 GB 16410—1996 中 7.3 和 7.4 的规定执行。

7.4 不合格分类

7.4.1 气密性、燃烧状态、烟气中 CO_2 含量、熄火保护装置不符合规定,称为 A 类不合格。

7.4.2 热效率、焖饭性能、点火装置、温度控制装置不符合规定,称为 B 类不合格。

7.4.3 除 7.5.1 和 7.5.2 规定以外的性能不符合规定,称为 C 类不合格。

7.5 判定原则

    a) 饭锅有一个 A 类不合格,称为 A 类不合格品;

    b) 饭锅有二个 B 类不合格或一个 B 类二个 C 类不合格,称为 B 类不合格品;

    c) 饭锅有四个 C 类不合格,称为 C 类不合格。

8 标志、包装、运输、贮存

8.1 标志

每台饭锅应在其明显位置设置铭牌标志,其内容应包括下列各项:

    a) 名称和型号;

    b) 使用燃气;

    c) 沼气额定压力;

    d) 沼气热流量;

    e) 制造厂名称和制造时间;

    f) 出厂编号。

8.2 包装

8.2.1 包装应安全牢固，包装箱外应标明产品、名称、型号、使用燃气、厂名和出厂时间，包装箱应有小心轻放、请勿倒置、防潮、防震等字样。

8.2.2 包装箱内应有产品附件清单、出厂合格证、保修单和安装使用说明书。

8.2.3 每台饭锅出厂时应有安装使用说明书。安装使用说明书应包括以下内容：

    a) 外形尺寸及安装说明；

    b) 点火、熄火操作方法；

    c) 安全注意事项；

    d) 维修注意事项；

    e) 厂址及联系等有关信息。

8.3 运输

8.3.1 运输过程中应防止剧烈震动、挤压、雨淋及化学物品的侵蚀。

8.3.2 搬运时严禁滚动和抛掷。

8.4 贮存

8.4.1 成品必须贮存在干燥通风、周围无腐蚀性气体的仓库里。

8.4.2 库存饭锅应按型号分类存放，防止挤压和倒垛损坏。

附　录　A

（资料性附录）

沼气饭锅容量和质量换算表

饭锅容积 (L)	内锅止口处内径 (mm)	额定煮米量	
		(kg)	(L)
2.0	180	0.6	0.75
3.0	200	1.0	1.25
4.0	220	1.4	1.75
5.5	240	1.9	2.38
7.0	260	2.5	3.13
8.5	280	3.1	3.88
10.5	300	3.8	4.75

ICS 65.040
P 35

中华人民共和国农业行业标准

NY/T 1639—2008

农村沼气"一池三改"技术规范

Technology criterion on rural biogas digester and three renovations

2008-05-16 发布

2008-07-01 实施

中华人民共和国农业部 发布

前　言

本标准由中华人民共和国农业部科技教育司提出并归口。

本标准起草单位：农业部科技教育司、农业部科技发展中心、西北农林科技大学、中国农学会。

本标准主要起草人：白金明、王久臣、寇建平、郝先荣、阎成、邱凌、李景明、刘耕、王全辉、孙哲、刘荣志、冯桂真、孙玉芳。

农村沼气"一池三改"技术规范

1 范围

本标准规定了农村户用沼气池与圈舍、厕所、厨房的总体布局、技术要求、建设要求、管理方法以及操作和安全规程。

本标准适用于农村户用沼气池与圈舍、厕所和厨房的配套改造和建设。

2 规范性引用文件

下列文件中的条款通过本标准的引用而成为本标准的条款。凡是注明日期的引用文件,其随后所有的修改单(不包括勘误的内容)或修订版均不适用于本标准,然而,鼓励根据本标准达成协议的各方研究是否可使用这些文件的最新版本。凡是不注明日期的引用文件,其最新版本适用于本标准。

GB/T 3606 家用沼气灶

GB/T 4750 户用沼气池标准图集

GB/T 4751 户用沼气池质量检查验收规范

GB/T 4752 户用沼气池施工操作规程

GB 7636 农村家用沼气管路设计规范

GB 7637 农村家用沼气管路施工安装操作规程

NY/T 90 农村家用沼气发酵工艺规程

NY/T 344 家用沼气灯

NY/T 466—2001 户用农村能源生态工程 北方模式设计施工和使用规范

NY/T 467—2001 户用农村能源生态工程 南方模式设计施工和使用规范

3 总体布局

3.1 农村沼气"一池三改"建设应根据当地自然、经济和社会条件,因地制宜,统筹规划。在建设沼气池的同时,同步改建或新建圈舍、厕所和厨房简称"三位一体"。

3.2 "三位一体"设施应由专业技术人员按照农户实际情况逐户设计,同步施工。

3.3 "三位一体"设施应建在庭院的背风向阳处(图1)。北纬38°~40°地区坐北朝南,北纬38°以南地区

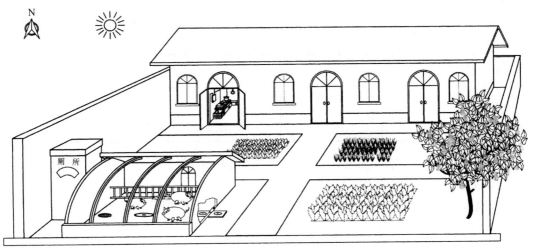

图 1 "一池三改"设施布局示意图

的向阳面可偏向东南 5°~10°,北纬 40°以北地区的向阳面可偏向西南 5°~10°。

3.4 沼气池应建在畜禽舍和卫生厕所下,畜禽舍和厕所的人畜粪便及冲洗水应通过进料管自动直接流入沼气池,便于及时进料、冬季保温和清洁卫生(图 2)。

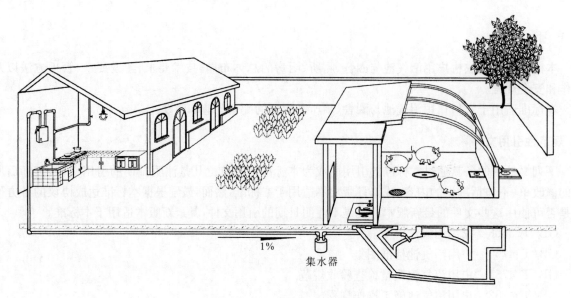

图 2 "一池三改"剖面示意图

3.5 厕所建在畜禽圈舍旁,并靠近沼气池进料口的位置。

4 沼气池

4.1 户用沼气池应选择 GB/T 4750 池型和农业部推荐的池型,主要技术指标和设计参数应符合 GB/T 4750 规定。

4.2 沼气池池容依据庭院养殖畜禽数量和用气人口,参照表 1 确定。一般选择 8 m³ 池。

4.3 沼气池主进料口在北方可设置在圈舍内。其他地区宜位于畜禽圈舍外,通过进料管使畜禽圈舍和厕所的人畜粪污直接进入沼气池内。进料管宜采用内径 20 cm~30 cm 的水泥管、陶瓷管、壁厚大于 3 mm 的 PVC 管或用进料管模直接浇筑于池墙中部,管口下沿距池底约 50 cm。如采用直管进料方式,进料管下端距池墙上端不少于 30 cm。

表 1 户用沼气池容积与畜禽养殖量的关系

池容 (m³)	用气量 (m³)	养猪量 (头)	养牛量 (头)	养羊量 (头)	养鸡量 (只)
6	1.0	3~4	1	10~12	67~68
8	1.2	5~6		12~14	89~90
10	1.5	6~7	1~2	14~16	111~112

4.4 沼气池出料口设置在禽畜圈舍外,同时宜配置手动出料器,抽渣管采用内径 11 cm、壁厚大于 3 mm 的 PVC 管,斜插并浇筑于池墙中,底端距池底 25 cm。

4.5 沼气池水压间旁应设置容积 2 m³~3 m³ 的贮肥间,通过溢流口与水压间相连,实现沼液自动出料和沼气池限压(图 3)。

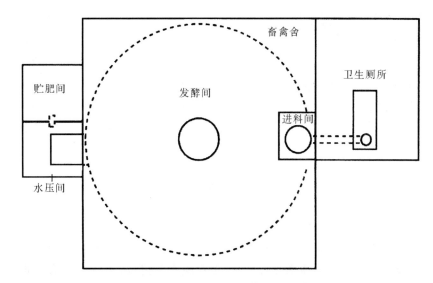

图 3 主体设施平面布局图

4.6 沼气池的出料间、贮肥间、水压间必须加盖厚度为 5 cm 以上、C20 钢筋混凝土盖板，盖板上宜设计便于日常管理的扣手和观察口，观察口上放置带有把手的小盖板。

4.7 沼气池由持"沼气生产工"国家职业资格证书的技术员按 GB/T 4752 规程施工，按照 GB/T 4751进行质量检验，按照 NY/T 90 启动和运行。

5 畜禽舍

5.1 畜禽舍面积应不小于 10 m²，养殖量应不少于 3 头猪单位。

5.2 畜禽舍地面标高高出自然沼气池 150 mm，采用 C15 混凝土现浇，以 2% 的坡降坡向粪液收集口。地面用水泥砂浆抹面、压光、拉毛，保留一定的粗糙度。畜禽舍踢脚线墙角用水泥砂浆按 20 mm×20 mm 做成弧形，以利于清扫和不积存粪便污垢。畜禽舍粪液收集口尽可能远离食槽和畜禽活动圈，其直径为 200 mm，以防堵塞。猪舍参照 NY/T 466—2001 图 3 进行建设；牛舍参照 NY/T 466—2001 附录 E 进行建设；羊舍参照 NY/T 466—2001 附录 D 进行建设；鸡舍参照 NY/T 466—2001 附录 C 进行建设。

5.3 畜禽舍要做到冬暖、夏凉、通风、干燥、明亮（图 4）。在北纬 35°以北地区，要建设成太阳能畜禽舍（图 5）。

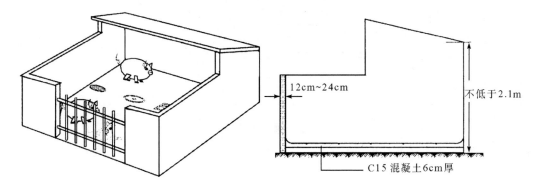

图 4 普通畜禽圈舍示意图

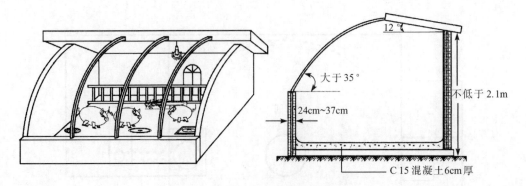

图5 太阳能畜禽圈舍示意图

6 厕所

6.1 厕所面积应不小于 2 m²。如果配套太阳能热水器或燃气热水器等其他洗浴设施,面积应根据具体情况相应加大,并用隔墙将入厕区和洗浴区隔开,洗浴水应专管排放,不得进入沼气池。采用燃气热水器提供热水时,燃气热水器不得安装在厕所和浴室内。

6.2 厕所便槽与沼气池进料口直接相连,蹲位地面宜高于沼气池地面 20 cm 以上。

6.3 厕所宜安装蹲便器、沼液冲厕装置和沼气灯或电灯(图6)。

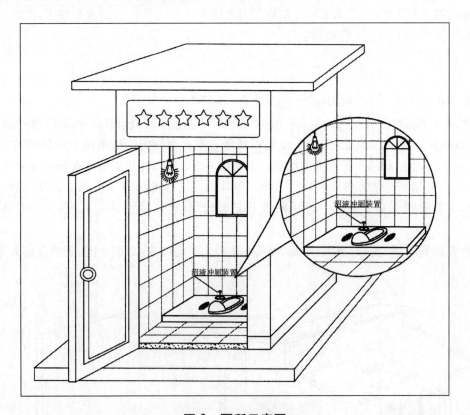

图6 厕所示意图

6.4 厕所墙体砖砌,水泥砂浆抹面,地面用 C15 混凝土现浇并抹面。有条件的农户,厕所墙面和地面宜贴瓷砖。

7 厨房

7.1 厨房应设置窗户,以便通风和采光,灶台、厨柜和水池要布局合理(图7)。

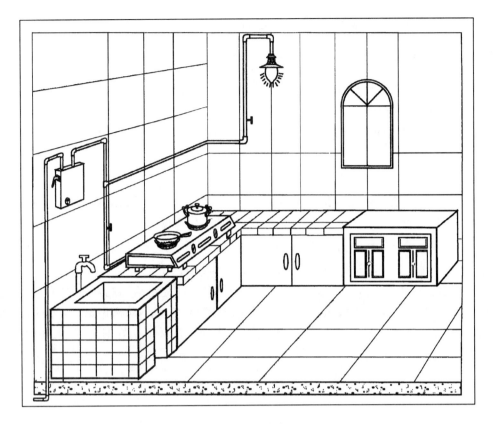

图 7　厨房设施布局图

7.2　厨房内应设固定灶台,地面硬化。灶台长度宜大于 100 cm,宽度大于 55 cm,高度 60 cm～70 cm,沼气调控净化器横向偏离灶台 50 cm,距离地面 150 cm～170 cm。

7.3　按照 GB/T 3606 和 NY/T 344,选择质量合格的沼气灶和沼气灯;按照 GB 7636 和 GB 7637,设计并安装沼气输配管路(图 8)。沼气输配系统安装要横平竖直,美观大方。

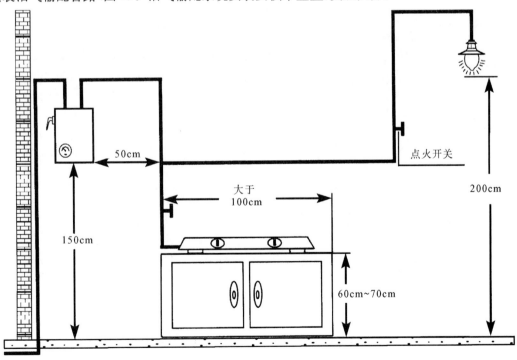

图 8　沼气输配管路示意图

7.4 灶台上方可选择使用自排油烟抽风道、排油烟机或排烟风扇。

8 运行与安全、管理规范

8.1 畜禽圈舍内应常年饲养畜禽,定期出料、进料,保证有充足的沼气发酵原料。

8.2 厕所与厨房应保持清洁卫生。

8.3 按照沼气池运行安全规范管理沼气系统。在沼气灶具后上方墙上明显位置张贴沼气安全使用常识。

8.3.1 进料间、出料间、水压间和贮肥间应加盖,以防人畜跌入。

8.3.2 禁止对沼气微生物有毒害的农药、抗菌素、杀菌剂、杀虫剂或洗浴、洗衣水进入沼气池。

8.3.3 严禁在沼气池导气管口试火,以免引起回火,导致沼气池爆炸。

8.3.4 经常检查沼气输配系统是否漏气,闻到臭鸡蛋味时,要立即开门、开窗并切断气源,不得开灯或使用家用电器,也不能吸烟、使用明火,待室内无味时,再检修漏气部位。

8.3.5 沼气池检修,须有专业人员进行。进入沼气池检修前,应先将沼气池内的发酵料液清除干净,把所有盖板敞开1 d～2 d,并向池内鼓风排出残存沼气;再用鸡、兔等小动物做试验,如没有异常情况发生,在池外监护人员的监护下方能入池,严禁单人操作;入池人员必须系好安全带,入池后有头晕、发闷的感觉,应立即出池,以防意外发生。

ICS 65.060
B 90

中华人民共和国农业行业标准

NY/T 1640—2008

农业机械分类

Agricultural machinery classification

2008-07-14 发布

2008-07-14 实施

中华人民共和国农业部 发布

前　言

本标准由中华人民共和国农业部提出。

本标准由全国农业机械标准化技术委员会农业机械化分技术委员会归口。

本标准起草单位：农业部农业机械试验鉴定总站、农业部农业机械维修研究所。

本标准主要起草人：朱良、王心颖、韩雪、杨金生、邹德臣、储为文、张健。

农业机械分类

1 范围

本标准规定了农业机械(不含农业机械零部件)的分类及代码。

本标准适用于农业机械化管理中对农业机械的分类及统计,农业机械其他行业可参照执行。

2 术语和定义

下列术语和定义适用于本标准。

2.1

田间管理机械 field management machinery

农作物及草坪、果树生长过程中的管理机械,包括中耕、植保和修剪机械。

2.2

收获后处理机械 post-harvest processing machinery

对收获的作物进行脱粒、清选、干燥、仓储及种子加工的机械与设备。

2.3

农用搬运机械 agricultural conveying machinery

符合农业生产特点的运输和装卸机械。

2.4

畜牧水产养殖机械 animal husbandry breeding and aquiculture machinery

畜牧养殖和水产养殖生产过程中所需的饲料(草)加工、饲养及畜产品采集加工机械。

3 原则及规定

3.1 采用线分类法对农业机械进行分类,共分大类、小类和品目三个层次。

3.2 小类及各小类的品目,根据需要设立了带有"其他"字样的收容项。

3.3 对多用途农业机械,按照其主要用途确定类别或尽可能划分到前种类别。如:对于可同时用于耕地作业和中耕作业的铧式犁,归入耕地机械。

3.4 对联合作业机械,按照其主体作业对象和作业功能进行归类。如旋耕播种机,归入播种机械。

4 代码结构及编码方法

4.1 大类代码以 2 位阿拉伯数字表示,代码从"01"至"14"。

4.2 小类代码以 4 位阿拉伯数字表示,具体品目代码以 6 位阿拉伯数字表示,最后 2 位为顺序码。小类及品目代码均由上位类代码加顺序码组成。代码结构图如下:

4.3 小类及品目中数字尾数为"99"的代码均表示其他类目。尾数为"9999"的品目代码均表示其他小类的具体品目。

5 分类及代码

农业机械共分 14 个大类,57 个小类(不含"其他"),276 个品目(不含"其他")。农业机械分类及代码见表1。

表 1 农业机械分类及代码表

大类		小类		品目	
代码	名称	代码	名称	代码	名称
01	耕整地机械	0101	耕地机械	010101	铧式犁
				010102	翻转犁
				010103	圆盘犁
				010104	栅条犁
				010105	旋耕机
				010106	耕整机(水田、旱田)
				010107	微耕机
				010108	田园管理机
				010109	开沟机(器)
				010110	浅松机
				010111	深松机
				010112	浅耕深松机
				010113	机滚船
				010114	机耕船
				010199	其他耕地机械
		0102	整地机械	010201	钉齿耙
				010202	弹齿耙
				010203	圆盘耙
				010204	滚子耙
				010205	驱动耙
				010206	起垄机
				010207	镇压器
				010208	合墒器
				010209	灭茬机
				010299	其他整地机械
		0199	其他耕整地机械	019999	
02	种植施肥机械	0201	播种机械	020101	条播机
				020102	穴播机
				020103	异型种子播种机
				020104	小粒种子播种机
				020105	根茎类种子播种机
				020106	水稻(水、旱)直播机
				020107	撒播机
				020108	免耕播种机
				020199	其他播种机械

表 1（续）

大 类		小 类		品 目	
代码	名 称	代码	名 称	代码	名 称
02	种植施肥机械	0202	育苗机械设备	020201	秧盘播种成套设备（含床土处理）
				020202	秧田播种机
				020203	种子处理设备（浮选、催芽、脱芒等）
				020204	营养钵压制机
				020205	起苗机
				020299	其他育苗机械设备
		0203	栽植机械	020301	蔬菜移栽机
				020302	油菜栽植机
				020303	水稻插秧机
				020304	水稻抛秧机
				020305	水稻摆秧机
				020306	甘蔗种植机
				020307	草皮栽补机
				020308	树木移栽机
				020399	其他栽植机械
		0204	施肥机械	020401	施肥机（化肥）
				020402	撒肥机（厩肥）
				020403	追肥机（液肥）
				020404	中耕追肥机
				020499	其他施肥机械
		0205	地膜机械	020501	地膜覆盖机
				020502	残膜回收机
				020599	其他地膜机械
		0299	其他种植施肥机械	029999	
03	田间管理机械	0301	中耕机械	030101	中耕机
				030102	培土机
				030103	除草机
				030104	埋藤机
				030199	其他中耕机械
		0302	植保机械	030201	手动喷雾器（含背负式、压缩式、踏板式）
				030202	电动喷雾器（含背负式、手提式）
				030203	机动喷雾喷粉机（含背负式机动喷雾喷粉机、背负式机动喷雾机、背负式机动喷粉机）
				030204	动力喷雾机（含担架式、推车式机动喷雾机）
				030205	喷杆式喷雾机（含牵引式、自走式、悬挂式喷杆喷雾机）
				030206	风送式喷雾机（含自走式、牵引式风送喷雾机）
				030207	烟雾机（含常温烟雾机、热烟雾机）
				030208	杀虫灯（含灭蛾灯、诱虫灯）
				030299	其他植保机械
		0303	修剪机械	030301	嫁接设备
				030302	茶树修剪机
				030303	果树修剪机
				030304	草坪修剪机
				030305	割灌机
				030399	其他修剪机械
		0399	其他田间管理机械	039999	

表 1（续）

大类		小类		品目	
代码	名称	代码	名称	代码	名称
04	收获机械	0401	谷物收获机械	040101	自走轮式谷物联合收割机（全喂入）
				040102	自走履带式谷物联合收割机（全喂入）
				040103	背负式谷物联合收割机
				040104	牵引式谷物联合收割机
				040105	半喂入联合收割机
				040106	梳穗联合收割机
				040107	大豆收获专用割台
				040108	割晒机
				040109	割捆机
				040199	其他谷物收获机械
		0402	玉米收获机械	040201	背负式玉米收获机
				040202	自走式玉米收获机
				040203	自走式玉米联合收获机（具有脱粒功能）
				040204	穗茎兼收玉米收获机
				040299	其他玉米收获机械
		0403	棉麻作物收获机械	040301	棉花收获机
				040302	麻类作物收获机
				040399	其他棉麻作物收获机械
		0404	果实收获机械	040401	葡萄收获机
				040402	果实捡拾机
				040403	草莓收获机
				040499	其他果实收获机械
		0405	蔬菜收获机械	040501	豆类蔬菜收获机
				040502	叶类蔬菜收获机
				040503	果类蔬菜收获机
				040599	其他蔬菜收获机械
		0406	花卉（茶叶）采收机械	040601	花卉采收机
				040602	啤酒花收获机
				040603	采茶机
				040699	其他花卉（茶叶）采收机械
		0407	籽粒作物收获机械	040701	油菜籽收获机
				040702	葵花籽收获机
				040703	草籽收获机
				040704	花生收获机
				040799	其他籽粒作物收获机械
		0408	根茎作物收获机械	040801	薯类收获机
				040802	大蒜收获机
				040803	甜菜收获机
				040804	药材挖掘机
				040805	甘蔗收获机
				040806	甘蔗割铺机
				040807	甘蔗剥叶机
				040899	其他根茎作物收获机械

表 1（续）

大类		小类		品目	
代码	名称	代码	名称	代码	名称
04	收获机械	0409	饲料作物收获机械	040901	青饲料收获机
				040902	牧草收获机
				040903	割草机
				040904	翻晒机
				040905	搂草机
				040906	捡拾压捆机
				040907	压捆机
				040999	其他饲料作物收获机械
		0410	茎秆收集处理机械	041001	秸秆粉碎还田机
				041002	高杆作物割晒机
				041099	其他茎秆收集处理机械
		0499	其他收获机械	049999	
05	收获后处理机械	0501	脱粒机械	050101	稻麦脱粒机
				050102	玉米脱粒机
				050103	脱扬机
				050199	其他脱粒机械
		0502	清选机械	050201	粮食清选机
				050202	种子清选机
				050203	甜菜清理机
				050204	籽棉清理机
				050205	扬场机
				050299	其他清选机械
		0503	剥壳（去皮）机械	050301	玉米剥皮机
				050302	花生脱壳机
				050303	棉籽剥壳机
				050304	干坚果脱壳机
				050305	青豆脱壳机
				050306	大蒜去皮机
				050399	其他剥壳（去皮）机械
		0504	干燥机械	050401	粮食烘干机
				050402	种子烘干机
				050403	籽棉烘干机
				050404	果蔬烘干机
				050405	药材烘干机
				050406	油菜籽烘干机
				050407	热风炉
				050499	其他干燥机械
		0505	种子加工机械	050501	脱芒（绒）机
				050502	种子分级机
				050503	种子包衣机
				050504	种子加工机组
				050505	种子丸粒化处理机
				050506	棉籽脱绒成套设备
				050599	其他种子加工机械

表 1（续）

大 类		小 类		品 目	
代码	名 称	代码	名 称	代码	名 称
05	收获后处理机械	0506	仓储机械	050601	金属筒仓
				050602	输粮机
				050603	简易保鲜储藏设备
				050699	其他仓储机械
		0599	其他收获后处理机械	059999	
06	农产品初加工机械	0601	碾米机械	060101	碾米机
				060102	砻谷机
				060103	谷糙分离机
				060104	组合米机
				060105	碾米加工成套设备
				060199	其他碾米机械
		0602	磨粉（浆）机械	060201	打麦机
				060202	洗麦机
				060203	磨粉机
				060204	面粉加工成套设备
				060205	淀粉加工成套设备
				060206	磨浆机
				060207	粉条（丝）加工机
				060299	其他磨粉（浆）机械
		0603	榨油机械	060301	螺旋榨油机
				060302	液压榨油机
				060303	毛油精炼成套设备
				060304	滤油机
				060399	其他榨油机械
		0604	棉花加工机械	060401	轧花机
				060402	皮棉清理机
				060403	剥绒机
				060404	棉花打包机
				060499	其他棉花加工机械
		0605	果蔬加工机械	060501	水果分级机
				060502	水果打蜡机
				060503	切片切丝机
				060504	榨汁机
				060505	蔬菜清洗机
				060506	薯类分级机
				060507	蔬菜分级机
				060599	其他果蔬加工机械
		0606	茶叶加工机械	060601	茶叶杀青机
				060602	茶叶揉捻机
				060603	茶叶炒（烘）干机
				060604	茶叶筛选机
				060699	其他茶叶加工机械
		0699	其他农产品初加工机械	069999	

表 1（续）

大　类		小　类		品　目	
代码	名　称	代码	名　称	代码	名　称
07	农用搬运机械	0701	运输机械	070101	农用挂车
				070102	手扶拖拉机变型运输机
				070103	农业运输车辆
				070104	挂桨机
				070199	其他运输机械
		0702	装卸机械	070201	码垛机
				070202	农用吊车
				070203	农用叉车
				070204	农用装载机
				070299	其他装卸机械
		0703	农用航空器	070301	农用固定翼飞机
				070302	农用旋翼飞机
		0799	其他农用搬运机械	079999	
08	排灌机械	0801	水泵	080101	离心泵
				080102	潜水泵
				080103	微型泵
				080104	泥浆泵
				080105	污水泵
				080199	其他水泵
		0802	喷灌机械设备	080201	喷灌机
				080202	微灌设备(微喷、滴灌、渗灌)
				080203	水井钻机
				080299	其他喷灌机械设备
		0899	其他排灌机械	089999	
09	畜牧水产养殖机械	0901	饲料（草）加工机械设备	090101	青贮切碎机
				090102	铡草机
				090103	揉丝机
				090104	压块机
				090105	饲料粉碎机
				090106	饲料混合机
				090107	饲料破碎机
				090108	饲料分级筛
				090109	饲料打浆机
				090110	颗粒饲料压制机
				090111	饲料搅拌机
				090112	饲料加工成套设备
				090113	饲料膨化机
				090199	其他饲料(草)加工机械设备
		0902	畜牧饲养机械	090201	孵化机
				090202	育雏保温伞
				090203	螺旋喂料机
				090204	送料机
				090205	饮水器
				090206	清粪机(车)
				090207	鸡笼鸡架
				090208	消毒机
				090209	药浴机
				090210	网围栏
				090299	其他畜牧饲养机械

表 1（续）

大类		小类		品目	
代码	名　称	代码	名　称	代码	名　称
09	畜牧水产养殖机械	0903	畜产品采集加工机械设备	090301	挤奶机
				090302	剪羊毛机
				090303	牛奶分离机
				090304	储奶罐
				090305	家禽脱羽设备
				090306	家禽浸烫设备
				090307	生猪浸烫设备
				090308	生猪刮毛设备
				090309	屠宰加工成套设备
				090399	其他畜产品采集加工机械设备
		0904	水产养殖机械	090401	增氧机
				090402	投饵机
				090403	网箱养殖设备
				090404	水体净化处理设备
				090499	其他水产养殖机械
		0999	其他畜牧水产养殖机械	099999	
10	动力机械	1001	拖拉机	100101	轮式拖拉机
				100102	手扶拖拉机
				100103	履带式拖拉机
				100104	半履带式拖拉机
				100199	其他拖拉机
		1002	内燃机	100201	柴油机
				100202	汽油机
				100299	其他内燃机
		1003	燃油发电机组	100301	汽油发电机组
				100302	柴油发电机组
				100399	其他燃油发电机组
		1099	其他动力机械	109999	
11	农村可再生能源利用设备	1101	风力设备	110101	风力发电机
				110102	风力提水机
				110199	其他风力设备
		1102	水力设备	110201	微水电设备
				110202	水力提灌机
				110299	其他水力设备
		1103	太阳能设备	110301	太阳能集热器
				110302	太阳灶
				110399	其他太阳能设备
		1104	生物质能设备	110401	沼气发生设备
				110402	沼气灶
				110403	秸秆气化设备
				110404	秸秆燃料致密成型设备(含压块、压棒、压粒等设备)
				110499	其他生物质能设备
		1199	其他农村可再生能源利用设备	119999	

表 1（续）

大 类		小 类		品 目	
代码	名 称	代码	名 称	代码	名 称
12	农田基本建设机械	1201	挖掘机械	120101	挖掘机
				120102	开沟机（开渠用）
				120103	挖坑机
				120104	推土机
				120199	其他挖掘机械
		1202	平地机械	120201	平地机
				120202	铲运机
				120299	其他平地机械
		1203	清淤机械	120301	挖泥船
				120302	清淤机
				120399	其他清淤机械
		1299	其他农田基本建设机械	129999	
13	设施农业设备	1301	日光温室设施设备	130101	日光温室结构（含墙体、屋面、骨架、覆膜）
				130102	卷帘机
				130103	保温被
				130104	加温炉
				130199	其他日光温室设施设备
		1302	塑料大棚设施设备	130201	大棚结构（含骨架、覆膜、卡具）
				130202	手动卷膜器
				130299	其他塑料大棚设施设备
		1303	连栋温室设施设备	130301	连栋温室结构（含基础、骨架、覆盖材料）
				130302	开窗机
				130303	拉幕机（含遮阳网、保温幕）
				130304	排风机
				130305	温帘
				130306	苗床
				130307	二氧化碳发生器
				130308	加温系统（含燃油热风炉、热水加温系统）
				130309	无土栽培系统
				130310	灌溉首部（含灌溉水增压设备、过滤设备、水质软化设备、灌溉施肥一体化设备以及营养液消毒设备等）
				130399	其他连栋温室设施设备
		1399	其他设施农业设备	139999	
14	其他机械	1401	废弃物处理设备	140101	固液分离机
				140102	废弃物料烘干机
				140103	有机废弃物好氧发酵翻堆机
				140104	有机废弃物干式厌氧发酵装置
				140199	其他废弃物处理设备
		1402	包装机械	140201	计量包装机
				140202	灌装机
				140299	其他包装机械

表 1（续）

大类		小类		品目	
代码	名称	代码	名称	代码	名称
14	其他机械	1403	牵引机械	140301	卷扬机
				140302	绞盘
				140399	其他牵引机械
		1499	其他机械	149999	

ICS 65.020.99
B 04

中华人民共和国农业行业标准

NY/T 1641—2008

农业机械质量评价技术规范标准
编写规则

Rules for drafting of technical specifications
of quality evaluation standards for agricultural machinery

2008-07-14 发布
2008-08-10 实施

中华人民共和国农业部 发布

前　言

本标准由中华人民共和国农业部提出。

本标准由全国农业机械标准化技术委员会农业机械化分技术委员会归口。

本标准起草单位：农业部农业机械试验鉴定总站、中国农业机械化科学研究院。

本标准主要起草人：王心颖、王松、陈俊宝、张健、储为文、柏永萍。

农业机械质量评价技术规范标准编写规则

1 范围

本标准规定了农业机械质量评价技术规范标准的结构和编写要求。

本标准适用于农业机械质量评价技术规范标准(以下简称质量评价标准)的编写。农业机械零部件和在用农业机械质量评价技术规范标准可参照执行。

2 规范性引用文件

下列文件中的条款通过本标准的引用而成为本标准的条款。凡是注日期的引用文件,其随后所有的修改单(不包括勘误的内容)或修订版均不适用于本标准,然而,鼓励根据本标准达成协议的各方研究是否可使用这些文件的最新版本。凡是不注日期的引用文件,其最新版本适用于本标准。

GB/T 1.1—2000 标准化工作导则 第 1 部分:标准的结构和编写规则(ISO/IEC Directives,Part 3,1997,NEQ)

GB/T 1.2—2002 标准化工作导则 第 2 部分:标准中规范性技术要素内容的确定方法(ISO/IEC Directives,Part 2,1992,NEQ)

GB 10395.1 农林拖拉机和机械 安全技术要求 第 1 部分:总则(GB 10395.1—2001,eqv ISO 4254—1:1989)

GB 10396 农林拖拉机和机械、草坪和园艺动力机械 安全标志和危险图形 总则(GB 10396—2006,ISO 11684:1995,MOD)

GB/T 14162 产品质量监督计数抽样程序及抽样表(适用于每百单位产品不合格数为质量指标)

GB/T 20000.3 标准化工作指南 第 3 部分:引用文件(GB/T 20000.3—2003,ISO/IEC Guide 15:1977,MOD)

3 术语和定义

下列术语和定义适用于本标准。

3.1

质量评价技术规范 technical specification of quality evaluation

规定产品的质量要求、检测方法和检验规则的规范性文件。

4 结构与编排要求

4.1 质量评价标准一般情况下应针对每种机械编制一项单独的标准。

4.2 质量评价标准的构成要素、要素内容的确定方法、编排格式等应符合 GB/T 1.1—2000 、GB/T 1.2—2002 和本标准第 5 章的规定。

4.3 质量评价标准中的要素一般应采用表 1 规定的典型编排。

表 1 质量评价标准要素的典型编排

要素类型		要素的编排	GB/T 1.1—2000 的条款	GB/T 1.2—2002 的条款	GB/T 20000.3 的条款	本标准的条款
资料性概述 要素	必备要素	封面	6.1.1	—	—	—
	必备要素	目次	6.1.2	—	—	5.3

表 1（续）

要素类型		要素的编排	GB/T 1.1—2000 的条款	GB/T 1.2—2002 的条款	GB/T 20000.3 的条款	本标准的条款
资料性概述 要素	必备要素	前言	6.1.3	—	—	5.4
	可选要素	引言	6.1.4	—	—	—
规范性一般 要素	必备要素	名称	6.2.1	—	—	5.2
	必备要素 独立编为一章	范围	6.2.2	—	—	5.5
	可选要素 独立编为一章	规范性引用文件	6.2.3	—	全文	5.6
规范性技术 要素	可选要素 独立编为一章	术语和定义	6.3.1	—	—	5.7
	可选要素	符号和缩略语	6.3.2	—	—	—
	必备要素 独立编为一章	基本要求	—	—	—	5.8
	必备要素 独立编为一章	质量要求	—	5,8,9	—	5.9
	必备要素 独立编为一章	检测方法	6.3.5	6	—	5.10
	必备要素 独立编为一章	检验规则	6.3.4	6	—	5.11
	可选要素	规范性附录	6.3.8	—	—	5.12
资料性补充 要素	可选要素	资料性附录	6.4.1	—	—	5.12
	可选要素	参考文献	6.4.2	—	—	—

5 编写要求

5.1 通则

质量评价标准编写应简洁明确，内容完整。所包含的图、表、公式、引用标准、引用条文、引用图表以及数值的表述、量值单位、符号、字体和字号等均应符合 GB/T 1.1—2000 的规定。

5.2 名称

质量评价标准名称由主体要素和补充要素组成。主体要素为产品名称，补充要素为"质量评价技术规范"；产品所属的专业领域跨行业时，名称应为"农业机械"、产品名称和"质量评价技术规范"组成。

示例：

示例 1. 喷雾器　质量评价技术规范

示例 2. 农业机械　潜水泵　质量评价技术规范

5.3 目次

按质量评价标准内容依次列出前言、引言、章、带有标题的条、附录（在圆括号中标明其性质）及对应的页码。

5.4 前言

5.4.1 前言由特定部分和基本部分组成。

5.4.2 特定部分应视情况依次给出下列信息：

——说明与对应的国际标准、国家标准、行业标准的关系，与对应的国家标准、行业标准中质量要求、项目和检测方法的差异及解释，视需要给出；

——说明代替或废除的全部或部分其他文件；

——说明与前一版本相比的主要技术变化；

——说明每个附录的性质（规范性或资料性附录）。

5.4.3 基本部分应视情况依次给出下列信息：

——本标准提出单位；

示例：本标准由中华人民共和国农业部提出。

——本标准归口单位；

示例：本标准由全国农业机械标准化技术委员会农业机械化分技术委员会归口。

——本标准起草单位，包括负责起草单位和参加起草单位（应写单位全称），并按序排列，以"、"间隔、以"。"结束；

——本标准主要起草人，包括负责起草人和参加起草人，并按序排列，以"、"间隔、以"。"结束，一般不超过 7 人；

——标准所代替的标准的历次发布版本情况。首次发布标准且未代替其他标准的不需说明。

如果标准分部分出版，则应将上述列项中的"本标准……"改为"本部分……"。

5.5 范围

5.5.1 明确质量评价标准的对象和所涉及的各方面，指明适用界限。以两款表述：

——本标准规定了××机具的质量要求、检测方法和检验规则。

——本标准适用于××机具的质量评定。

5.5.2 对质量评价标准名称中较长且需在文中重复使用的术语给出简称，表述为（以下简称×××）。

5.5.3 当质量评价标准的适用范围被限定在特定规格、型式、用途等产品时，应具体表述。必要时，说明不适用的产品范围。

5.5.4 当其他规格、型式、用途的同类或相关产品尚无质量评价标准时，可视情况规定"××产品可参照执行"，在第二款末尾接述。一般情况下，对机具的其他类型检验不做"参照执行"规定。

5.6 规范性引用文件

5.6.1 质量评价标准中引用的标准应符合 GB/T 20000.3 的规定。

5.6.2 引用的文件应为国家标准、行业标准，并按标准代号首字母顺序由小到大排列。不应引用地方标准和企业标准。

5.6.3 当引用完整标准或标准的某部分，且接受其将来所有改变时，采用不注日期引用。强制性标准应尽可能不注日期引用，推荐性标准宜注日期引用。

5.6.4 当有适用的方法标准时，尽可能采用引用方式，不重复表述。

5.7 术语和定义

5.7.1 对不进行定义其含义会引起误解或对技术内容的理解产生困惑、歧义时，才有必要将这些术语一一列出并进行定义。

5.7.2 在质量评价标准范围所限定的领域内定义概念，且在该标准后文中再次提及。

5.7.3 典型引导语："下列术语和定义适用于本标准"、"GB/T ×××标准中确立的以及下列术语和定义适用于本标准"。

5.8 基本要求

5.8.1 质量评价所需的文件资料

质量评价标准中应明确规定进行质量评价所需收集的文件资料（名称、要求、数量、原件还是复印件等），应包括：

——产品规格；

——企业产品执行标准或产品制造验收技术条件；

——产品使用说明书；

——三包凭证；

——样机照片（应能充分反映样机特征）；

——必要的其他文件。如需提供产品图样，在标准中应明示产品图样类别和数量要求。

5.8.2 主要技术参数核对与测量

5.8.2.1 规定样机需核对与测量的主要技术参数。

5.8.2.2 应编制"产品确认表"，其内容应能表征产品的主要结构特征和技术参数，便于分辨型号和核实样机（样品）与技术文件规定的一致性，具体条目应不少于产品标牌给出的范围。该条款一般情况下用于描述样品特征，不作为判定内容；当法律法规有要求或确需对相关内容进行考核时，可列入判定内容，但要明确合格判定标准及允许的偏差范围，如样机的外形尺寸、使用质量、标定功率等。

5.8.3 试验条件

5.8.3.1 当试验条件变化影响质量评价结果时，应规定对试验条件的要求，如试验的环境、场地、物料和样机状态等。

5.8.3.2 试验条件应满足相关标准规定，样机技术状态的调整应与使用说明书规定一致。试验条件较多或较复杂时，可在相应试验项目中分述。

5.8.4 主要仪器设备

5.8.4.1 通过规定被测参数的准确度要求等明确对检验用主要仪器设备的技术要求，其内容至少包括：测量参数的名称、测量范围（量程）、准确度要求。一般应列表表述。

5.8.4.2 各项规定应结合检测技术发展水平，充分满足检验要求，并与现行国家标准、行业标准相关要求协调一致。

5.8.4.3 如需规定检验用主要仪器设备的名称、准确度要求、数量等时，可作为资料性附录规定推荐使用的仪器设备一览表，其内容一般包括：仪器设备名称、测量准确度（准确度等级）、量程、数量等。当检验用仪器设备只有唯一来源，或不能以商业方式获得而必须单独制造时，质量评价标准中应包括设备规范，以确保有关各方都能进行可比性的检验。

示例：

4.3.1 检验用主要仪器设备的测量范围和准确度要求应不低于下表规定。另需工具：1 m×1 m 植被方框 1 个，500 mm×500 mm×200 mm 的金属框 1 个，标杆 11 根，取土钻 1 个，水平仪 1 把及土壤、植被样品盒等。

表× 主要仪器设备测量范围和准确度要求

序　号	测量参数名称		测量范围	准确度要求
1	质量	含水率样品质量	(0～200) g	0.1 g
		其他样品质量	(0～30) kg	0.05 kg
2	长度		(0～5) m	1 mm
3	时间		(0～24) h	0.5 s/d
4	转速		(0～9 999) r/min	1 r/min
5	压力		(0～5) MPa	0.2 MPa
6	温湿度		(0～100%)RH；(−10～60)℃	5%RH；0.5℃
7	力矩		(0～500) N·m	1%

4.3.2 检验用主要仪器设备参见附录B。

5.9 质量要求

5.9.1 一般原则

5.9.1.1 质量评价标准应尽可能在对应的现行国家标准、行业标准的基础上制定。

5.9.1.2 对有对应的国家标准、行业标准的产品，质量评价标准的质量要求一般应从这些标准中选取，或为全部项目或为部分项目，并尽可能直接引用这些标准规定的质量要求。同时，可根据需要予以补充和合理调整。

5.9.1.3 凡在有关法规、强制性标准中有规定的质量要求，不应低于其规定。

5.9.1.4 所规定的质量要求，应能在合理的时间内进行客观的试验检测和判定。

5.9.1.5 质量要求应不涉及与质量评价不直接相关的项目，如图样、包装、储存、运输、随车工具、随机附件和备件，制造企业在生产中实施的质量管理办法，质量评价机构独立检查质量管理的方法，人员操作，合同行为规定等。

5.9.2 编排与表述

5.9.2.1 在"质量要求"一章，规定各检验项目及其单项合格标准。

5.9.2.2 质量要求一般包括下列检验项目：

——性能；

——安全性（含环保、卫生）；

——装配、外观、涂漆质量等；

——操作方便性；

——可靠性；

——使用信息；

——关键零部件质量。

5.9.2.3 各项目按5.8.2.2规定依次编排，也可根据产品特点做适当调整。性能要求等检验项目的各子项目尽可能按试验、检查流程合理排序。

5.9.2.4 各项质量要求应根据相应检验项目特点采用规定极限数值、数值＋允许偏差、百分率或程度要求的方法表示。

5.9.2.5 一般以列表的方式表述检验项目及其质量指标。

示例：

表× 性能要求一览表

序号	项目	质量指标	对应的检测方法条款号
1	松土深度，cm	≥30	5.3.2
2	松土深度稳定性系数，%	≥85.0	5.3.4
3	土壤容重变化率，%	≥5	5.3.5
4	入土行程，m	≤2.5	5.3.6
5	通过性	性能试验期间不发生堵塞	5.4.1

5.9.2.6 性能要求的确定应满足评价该产品使用要求的需要，包括功能特性、结构特性和运行性能，如作业能力、作业质量、动力性能、能耗、与其他机具的配套性能等。

5.9.2.7 根据产品特性，环保、卫生要求等也可列入性能试验项目中。

5.9.2.8 安全性检查内容主要包括安全防护装置和安全使用信息两部分，安全防护装置主要针对外露运转件、高温部件防护装置的检查及过载保护、意外保护、漏电保护、灯光等安全运行要求的检查；安全使用信息主要包括安全警示标志、安全操作装置的提示及其他必要的安全提示、要求等。

5.9.2.9 装配、涂漆和外观质量要求应规定装配和安装、涂漆和防锈、外观质量要求等内容，如密封性，运转是否平稳，有无异常声响，转动部位是否转动灵活，主要紧固件及其拧紧力矩、零部件温升，涂漆表面质量和涂漆附着力，镀层厚度，部件不平衡量等。根据产品特性，密封性、零部件温升、部件不平衡量等也可列入性能试验项目中。

5.9.2.10 操作方便性要求的检查内容应针对具体机型进行描述。检查内容可包括下列内容：

——操纵装置的操作方便性；

——调整、保养及更换零部件的难易程度；

——操纵装置完成规定动作的正确性；

——保养点设置是否便于操作，保养点数是否合理；

——各种辅料（如油料、种子、肥料等）加装的难易程度；

——残留物清理的难易程度；

——操纵装置结构设计的合理性；

——操纵力大小；

——舒适性及视野。

5.9.2.11 可靠性要求可用有效度、首次无故障时间等量化表述。

5.9.2.12 使用信息要求包括使用说明书、三包凭证、操作标记和产品标牌要求等。使用说明书内容应全面、正确，且通俗易懂，便于使用者掌握。

5.9.2.13 当零部件质量对整机质量构成关键影响时，对关键零部件的名称和检查项目做出规定。关键零部件检查以项次合格率参与产品合格判定。

5.10 检测方法

5.10.1 一般要求

5.10.1.1 每项质量要求都应规定检测条件、检测程序、数据采集、数据处理等内容，必要时规定测量不确定度的要求。

5.10.1.2 检验项目的检测方法一般包括试验法、计算法、观察法（目测法）、主观评分法等。因技术原因不可能实现或费用过高、时间过长时，通常采用后两种方法。

5.10.1.3 质量评价标准的检测方法应尽可能通过直接引用现行国家标准、行业标准进行规定。如引用的现行国家标准、行业标准中有几种检测方法，则应明确选定允许采用的检测方法。无引用标准时，应自行规定检测方法。

5.10.1.4 检测方法应与质量评价标准的目的和用途相一致，应客观、简洁、准确并能得到明确的、可重复的或可再现的结果。

5.10.1.5 检测方法的顺序应与质量要求中检验项目的顺序相同。各检测项目对应的检测方法的表述顺序应尽可能按检测流程编排。

5.10.2 结构与编排

"检测方法"一章对应的"质量要求"编排为：

a) 性能试验；

b) 安全（含环保、卫生）质量检查；

c) 装配、外观、涂漆质量检查；

d) 操作方便性检查；

e) 可靠性评价；

f) 使用信息检查；

g) 关键零部件检查。

5.10.3 安全性检查

安全性检查应执行相关国家强制性标准的规定，对于尚无专业强制性标准的，应依据 GB 10395.1 和 GB 10396 的规定，针对具体产品明确安全性检查的具体部位、检查方法和合格要求，不应仅写标准号或简单照抄原文，避免检查的随意性和不确定性。同时，应关注对安全生产有影响的检查内容。

5.10.4 可靠性评价

应根据具体产品明确规定可靠性评价方法，评价的依据可以是可靠性试验结果，也可以是跟踪调查的结果。采用可靠性试验结果进行评价时，试验应按照相关标准规定的方法进行；采用跟踪调查的结果进行评价时,应规定跟踪调查的方法等相关要求。

5.10.5 使用信息审查

5.10.5.1 使用说明书审查可直接引用相关国家标准、行业标准,并根据需要予以补充和细化。审查内容至少应包括技术规格、安全注意事项、操作说明、维护保养说明、调整方法及调整量、易损件清单、印刷质量等。

5.10.5.2 规定三包凭证审查方法,审查内容应至少包括:产品名称、配套动力(如没有,则该项可舍去)、生产企业、修理者、整机三包有效期(月)、主要部件三包有效期(月)、主要部件清单、修理记录表(包括送货时间、交货时间、送修故障、修理情况、换退货证明等项目)、不实行三包情况的说明[主要包括使用维护保养不当、违规自行改装拆卸调整、无有效发票、未保持损坏原状、无证驾驶操作(如不实行牌证管理,则该项可舍去)、因不可抗力造成的故障]。

5.10.6 关键零部件检查

规定影响整机质量的关键零部件的名称、抽样方法、抽样数量、检测项目和检测方法、合格标准和判定原则等。

5.11 检验规则

5.11.1 结构编排与要求

5.11.1.1 检验规则由下列部分构成:
——不合格分类;
——检验单元划分(需要时);
——抽样方案;
——评定规则。

5.11.1.2 检验规则中应简明、准确地规定检验项目。检验项目应是质量评价标准中规定了质量要求的项目。

5.11.2 不合格分类

5.11.2.1 产品的质量要求不符合规定,称为不合格。不合格按质量要求表示单位产品质量的重要性,或者按质量要求不符合的严重程度来分类,一般将不合格分为 A 类不合格、B 类不合格和 C 类不合格。如有必要,可区分为多于三种类型的不合格;在单位产品比较简单的情况下,也可区分为两种类别的不合格或不区分类别。

5.11.2.2 产品的极重要质量要求不符合规定,或者产品的质量要求极严重不符合规定,应确定为 A 类不合格:
——产品的现行强制性国家标准、行业标准规定的质量要求;
——产品的安全、环保、卫生等质量要求。

5.11.2.3 产品的重要质量要求不符合规定,或者产品的质量要求严重不符合规定,应确定为 B 类不合格。

5.11.2.4 产品的一般质量要求不符合规定,或者产品的质量要求轻微不符合规定,应确定为 C 类不合格。

5.11.2.5 对质量要求中规定的全部检验项目均应规定合格判定标准,并进行不合格分类。一般应列表表述,见表 2。

5.11.3 对适用于多规格系列产品的质量评价标准,检验规则中应根据需要划分检验单元。

5.11.4 抽样方案

5.11.4.1 检验规则执行的抽样方案可按 GB/T 14162 的规定选取。

5.11.4.2 规定包括下列内容:样机要求、来源、抽样方法、抽样地点、抽样基数和抽样数量、说明样机用途、送达方式和评定后的处置方式。

表 2 检验项目及不合格分类表

不合格分类		检验项目	对应的质量要求的条款号
类别	序号		
A	1		
	2		
	…		
B	1		
	2		
	…		
C	1		
	2		
	…		

5.11.4.3 规定应采用随机抽样方法取得样机,抽样基数应符合 GB/T 14162 的要求,在市场或使用现场抽样可不受此限。

5.11.4.4 需要抽取备用样机(样品)时,应对备用样机的存放地点、启用条件和用途做出规定。

示例:

样机由制造企业提供且应是近半年内生产的合格产品,在制造企业明示的产品存放处或生产线上随机抽取,抽样基数应不少于××台(市场或使用现场抽样不受此限),抽样数量 3 台,其中 2 台用于检验,另 1 台备用。由于非质量原因造成试验无法继续进行时,启用备用样机。

5.11.5 评定规则

5.11.5.1 列表规定抽样判定方案。

5.11.5.2 对各样本的各类项目进行逐一检验。当各类不合格均小于相应的不通过判定数时,判定该产品质量合格,否则判为不合格。

示例:

采用逐项考核、按类判定的原则,当各类不合格项次数均小于不通过判定数时,则判定为合格;否则判为不合格。

表× 花键轴抽样判定方案

不合格分类	A	B	C
检验水平	Ⅱ	Ⅲ	Ⅳ
监督质量水平(p_0)	6.5	15	25
样本量(n)	5	5	5
项次数	5	7	9
不通过判定数(r)	2	3	4

5.12 附录

5.12.1 对于较为复杂的质量要求、试验方法可作为规范性附录列出;对需要给出的检验用仪器设备一览表、试验检测记录表等可作为资料性附录列出。

5.12.2 应注意标准正文中附录提及时的措词方式。对规范性附录一般表述为"按附录 A 的规定"、"见附录 C"等;对资料性附录一般表述为"参见附录 B"、"可按附录 D"。

5.12.3 按条文中提及附录的先后次序编排附录的顺序,以附录 A、附录 B、附录 C……进行排列。

5.12.4 附录由附录编号、附录性质(在括号内表述)、附录标题和附录条文等部分组成。附录中的章、条款、公式、表、图等均以附录编号进行相关编号,如 A.1,A.1.1,表 A.1,图 A.1,式(A.1)。

示例:

附　录　A

（规范性附录）

小时生产率计算方法

ICS 65.060.40
B 91

中华人民共和国农业行业标准

NY/T 1642—2008

在用背负式机动喷雾机
质量评价技术规范

Technical specifications of quality evaluation
for power knapsack sprayers in use

2008-07-14 发布　　　　　　　　　　　2008-08-10 实施

中华人民共和国农业部 发布

前　言

本标准的附录 A 为资料性附录。

本标准由中华人民共和国农业部提出。

本标准由全国农业机械标准化技术委员会农业机械化分技术委员会归口。

本标准负责起草单位：农业部南京农业机械化研究所、山东华盛中天药械有限公司。

本标准主要起草人：陈长松、胡桧、王忠群、郭丽。

在用背负式机动喷雾机质量评价技术规范

1 范围

本标准规定了在用背负式机动喷雾机检验条件、质量要求、检验方法以及质量评价规则。

本标准适用于农业、园林病虫害防治及卫生防疫中在用由汽油机驱动风机或液泵进行喷雾的背负式机动喷雾机(以下简称喷雾机)的质量评定。

2 规范性引用文件

下列文件中的条款通过本标准的引用而成为本标准的条款。凡是注日期的引用文件,其随后所有的修改单(不包括勘误的内容)或修订版均不适用于本标准,然而,鼓励根据本标准达成协议的各方研究是否可使用这些文件的最新版本。凡是不注日期的引用文件,其最新版本适用于本标准。

GB 10395.6 农林拖拉机与机械 安全技术要求 第6部分:植物保护机械(GB 10395.6-2006,ISO 4254-6:1995,MOD)

3 检验条件

3.1 检验前应将喷雾机使用状态记录在表1中。允许检验前对喷雾机作技术调整(维修、更换零部件等)。

表 1 喷雾机使用状态记录表

生产企业			机具型号		购买时间	
经销企业			商标			
故障发生部位及状态	部件	状态描述	零部件更换情况	部件	有	无
	风机			风机		
	液泵			液泵		
	药液箱			药液箱		
	喷头			喷头		
	磁电机			磁电机		
	化油器			化油器		
	启动装置			启动装置		

3.2 喷雾机性能试验在常温下进行,试验介质为不含固体悬浮物的清水。

3.3 检测场地应平整、干净,具有供水、排水等设施。

3.4 试验用汽油、机油应符合使用说明书的要求。

3.5 整机性能试验均在标定转速(允许误差±1%)下进行;带液泵喷雾机启动试验应在卸压状态下进行。

3.6 检验喷雾机前应清洗喷雾机,若发现喷头堵塞、滴漏等故障,先用清水冲洗喷头,然后排除故障,疏通喷孔时应采用毛刷,严禁用嘴吹吸喷头和滤网。

3.7 清洗完喷雾机的水应倒入专门的容器,统一处理。

3.8 测定喷雾机启动性能前应对汽油机进行检查和调整。

3.9 主要仪器测量范围和准确度要求参见附录 A。

4 质量要求

4.1 基本要求

   a) 喷雾机零部件应完好、齐全；

   b) 背带挂钩不易脱落；

   c) 背垫及背带上应有能充分吸收振动的软垫。

4.2 操作机构

   a) 操作机构应灵活、可靠；

   b) 油门操作手柄在最高位置时能达到标定转速，在最低位置能熄火；

   c) 油门操作手柄在最低位置时作怠速运转的发动机，应另有停机按钮。

4.3 整机喷雾性能

喷雾机在标定转速下喷雾时，雾流应连续、均匀。

4.4 整机密封性能

喷雾机在标定转速下喷雾时，各零部件及联接处应密封可靠，试验时不应出现接头脱落及漏液、漏油现象。

4.5 启动性能

   a) 手动拉绳启动方式以次数计算，启动 3 次，启动成功次数不少于 1 次；

   b) 手拉自回绳起动方式按时间计算，启动时间不超过 30 s。

4.6 药液箱

   a) 加液口应有过滤网，并符合 GB 10395.6 有关要求；

   b) 加液时，操作者应能看清液面位置；

   c) 药箱内药液应能方便、安全地排放；

   d) 药液箱盖应联结牢固，密封可靠，不会自动松动或开启而造成药液泄漏。

4.7 残留液量

喷雾终了时，药液箱内的残留液量不得超过 0.1 kg。

4.8 安全要求

4.8.1 对操作者有危险的部位，应有永久性的安全标志。安全标志应符合 GB 10395.6 的规定。

4.8.2 对操作者有危险的部位(启动轮、传动装置及高温部件)应有防护罩，防护罩应符合 GB 10395.6 的规定。

4.8.3 喷雾机液泵应设置限定工作压力的安全装置(如卸荷阀或限压阀)。

5 检验方法

5.1 基本要求检查

用目测法检查。

   a) 喷雾机零部件是否齐全；

   b) 用力提拉背带，检查挂钩是否牢固；

   c) 检查背垫及背带上的软垫是否符合要求。

5.2 操作机构检查

   a) 按使用说明书的要求启动并操作喷雾机，检查喷雾机在操作中是否灵活、可靠；

   b) 将油门手柄放置在最高位置，用转速表测定并记录此时的转速，检查是否能达到标定转速；

   c) 将油门手柄放置到最低位置，观察喷雾机是否能熄火。油门手柄在最低位置时作怠速运转的发动机,检查是否有停机按钮。

5.3 整机喷雾性能试验

启动喷雾机使其正常喷雾,调节油门手柄,用转速表测定汽油机转速,使汽油机稳定在标定转速,观察此时雾流是否连续、均匀。

5.4 整机密封性能试验

按 5.3 的方法使喷雾机在标定转速下正常喷雾,观察各零部件及联接处是否出现接头脱落及漏液、漏油现象。试验过程中允许对紧固件作出调整。

5.5 启动性能试验

a) 按使用说明书规定的操作方式进行启动试验。手动拉绳启动方式以次数计算,启动 3 次,记录启动成功次数;

b) 手拉自回绳起动方式按时间计算,按说明书规定的操作方式启动喷雾机,记录启动所需时间。试验过程中允许作必要的调整。

5.6 药液箱检查

a) 观察药液箱加液口是否有过滤网,检查过滤网是否符合 GB 10395.6 有关要求;

b) 在药液箱内注入清水,观察药液箱外表面,检查是否能看清液面位置;

c) 检查药箱内是否有能方便、安全地排放药液的装置;

d) 注满清水后用手旋紧药液箱盖,检查药液箱盖是否联结牢固,密封可靠。

5.7 残留液量试验

启动喷雾机使其正常喷雾,直至没有完整雾流喷出时停机,将残留液放入专门的容器,称重。

5.8 安全要求检查

a) 用目测法观察喷雾机上对操作者有危险的部位是否有安全标志,检查安全标志是否符合 GB 10395.6 的规定。

b) 用目测法观察喷雾机上启动轮、传动装置及高温部件上是否有防护罩。检查防护罩是否符合 GB 10395.6 的规定。

c) 调节喷雾机液泵的调节阀,检查其是否具有安全阀的功能,如果没有安全阀的功能,检查是否另设有安全阀。检查安全阀是否符合 GB 10395.6 的规定。

6 质量评价规则

6.1 检验项目分类

按检验项目对产品质量的影响程度分为 A 类和 B 类。检验项目分类见表 2。

表 2 检验项目分类

项目分类		检测项目
类别	序号	
A	1	安全要求
	2	整机喷雾性能
	3	整机密封性能
B	1	基本要求
	2	操作机构
	3	启动性能
	4	药液箱
	5	残留液量

6.2 判定原则

6.2.1 A类项目必须全部合格。不合格项经过调整或更换零部件后检测合格,则判定喷雾机为合格;否则判定为不合格。

6.2.2 B类项目允许2项不合格。不合格项经过调整或更换零部件后检测,不合格项不超过2项时,判定为合格;否则判定为不合格。

附　录　A

（资料性附录）

主要仪器测量范围和准确度要求

A.1　主要仪器测量范围和准确度要求

主要仪器测量范围和准确度要求见表 A.1

表 A.1

序号	测定参数名称	测量范围	准确度要求	备注
1	转速	（0～9 999）r/min	1 r/min	推荐使用数字式转速表
2	时间	（0～24）h	0.5 s/d	推荐使用电子秒表
3	压力	（0～5）MPa	0.2 MPa	推荐使用精密压力表
4	质量	（0～30）kg	0.05 kg	磅秤
5	温度	（−10～60）℃	0.5℃	温度计

ICS 65.060.40
B 91

中华人民共和国农业行业标准

NY/T 1643—2008

在用手动喷雾器质量评价技术规范

Technical specifications of quality evaluation
for operated sprayers in use

2008-07-14 发布　　　　　　　　　　　2008-08-10 实施

中华人民共和国农业部 发布

前　言

本标准的附录 A 为资料性附录。

本标准由中华人民共和国农业部提出。

本标准由全国农业机械标准化技术委员会农业机械化分技术委员会归口。

本标准负责起草单位：农业部南京农业机械化研究所、浙江市下喷雾器有限公司。

本标准主要起草人：陈长松、王忠群、胡桧、李冠军。

在用手动喷雾器质量评价技术规范

1 范围

本标准规定了在用手动喷雾器检验条件、质量要求、检验方法以及质量评价规则。

本标准适用于在农业、园林病虫草害防治以及卫生防疫中在用的压缩喷雾器、背负式手动喷雾器（以下简称喷雾器）的质量评定。

2 规范性引用文件

下列文件中的条款通过本标准的引用而成为本标准的条款。凡是注日期的引用文件，其随后所有的修改单（不包括勘误的内容）或修订版均不适用于本标准，然而，鼓励根据本标准达成协议的各方研究是否可使用这些文件的最新版本。凡是不注日期的引用文件，其最新版本适用于本标准。

GB 10395.1—2001 农林拖拉机和机械 安全技术要求 第 1 部分：总则（eqv ISO 4254‑1：1989）

GB 10395.6 农林拖拉机和机械 安全技术要求 第 6 部分：植物保护机械（GB 10395.6—2006，ISO 4254‑6：1995，MOD）

3 检验条件

3.1 允许检验前对喷雾器作技术调整（维修、更换零部件等）。检验前应将喷雾器状态检查记录在表 1 中。

表 1 手动喷雾器使用状态检查记录表

生产企业			机具型号		购买时间	
经销企业			商标			
故障发生部位及状态	部件	状态描述	零部件更换情况	部件	有	无
	药液箱			药液箱		
	唧筒帽			唧筒帽		
	液泵			液泵		
	出水阀			出水阀		
	空气室			空气室		
	摇杆			摇杆		
	开关			开关		
	喷头			喷头		

3.2 喷雾器性能试验在常温下进行，试验介质为不含固体悬浮物的清水。

3.3 检测场地应平整、干净，具有供水、排水等设施。检测可在农村现场或流动检测车上进行，应注意检测用水不应对周围环境造成污染。

3.4 检验喷雾器前应清洗喷雾器，若发现喷头堵塞、滴漏等故障，先用清水冲洗喷头，然后排除故障。疏通喷孔时应采用毛刷，严禁用嘴吹吸喷头和滤网。

3.5 清洗喷雾器的水应倒入专门的容器统一处理。

3.6 主要仪器测量范围和准确度要求参见附录 A。

4 质量要求

4.1 基本要求

a) 零部件应完好、齐全；

b) 背带挂钩不易脱落，运动件灵活可靠；

c) 喷雾器的喷雾压力应不低于 0.15 MPa。

4.2 安全要求

外置空气室应有提示危险和安全警告的标志，并符合 GB 10395.1—2001 要求。

4.3 揿压式截流阀

揿压式截流阀在"关"的位置能锁定。

4.4 过滤装置

a) 喷雾器应有两级或两级以上的过滤装置，过滤网孔应通畅；

b) 背负式喷雾器加液口应有过滤装置，其网孔尺寸应不大于 1.5 mm；

c) 末级网孔尺寸应不大于 1.0 mm。

4.5 整机喷雾性能

喷雾器在额定工作压力下喷雾时，雾流应连续、均匀，雾形完整。

4.6 整机密封性能

a) 向药液箱注入额定容量的清水，盖紧药液箱盖，将药液箱向任何方向倾斜与垂直线成 45°，不应有液体从药液箱盖、通气孔等部位漏出；

b) 喷雾器在最高工作压力下喷雾时，各零部件及其连接处不应有液体渗漏现象。

4.7 整机稳压性能

喷雾器按规定的试验压力进行整机稳压试验，5 min 内压力下降率应符合表 2 的规定。

表 2 稳压性能要求

项 目	型 式	
	背负式喷雾器	压缩喷雾器
密封试验压力，MPa	最高工作压力的 1.5 倍	
压力下降率，%	≤15	≤5

4.8 残留液量

喷雾器正常喷雾结束时，药液箱内残留药液应符合表 3 的要求。

表 3 残留液量

项 目	型 式	
	背负式喷雾器	压缩喷雾器
残留量，ml	≤120	≤30

4.9 药液箱

a) 药液箱盖应联结牢固，密封可靠，不会自动松动或开启而造成药液泄漏，戴手套不用工具应能打开并能牢固地盖紧；

b) 加液时，操作者应能看清液面位置；药液箱内药液应能方便、安全地排放；

c) 压缩喷雾器药液箱还应有发生故障时使压力降至安全压力（说明书或铭牌标注的安全压力）的

安全装置。

5 检验方法

5.1 基本要求检查

用目测法检查。

a) 用力提拉背带,检查挂钩是否牢固;

b) 操作喷雾器手柄,检查运动件是否灵活可靠;

c) 在套管和软管之间接入压力表,按使用说明书规定的频率(没有规定操作频率时,每分钟应不超过 30 次)操作喷雾器使之喷雾,记录喷雾器工作压力。

5.2 安全要求检查

用目测法检查外置空气室是否有符合 GB 10395.1—2001 的危险和安全警告标志。

5.3 揿压式截流阀检查

将揿压式截流阀放在"关"的位置,检查其是否能锁定。

5.4 过滤装置检查

a) 用目测法检查喷雾器是否有两级或两级以上的过滤装置,过滤网孔是否通畅;

b) 用工具显微镜测量或用等于喷孔直径 75% 的量规或钻头,分别测量背负式喷雾器加液口过滤装置和末级滤网孔尺寸是否符合要求。

5.5 整机喷雾性能试验

按照 5.1 条款中 b) 的方法操作喷雾器,观察雾流是否连续、均匀,雾形完整。检验过程中允许调整喷头及相关部件。

5.6 整机密封性能试验

a) 按照 4.6 的方法检验喷雾器药液箱盖、通气孔等部位是否有水渗漏出来。

b) 在套管和软管之间接入压力表,使喷雾器在说明书规定的最高工作压力下喷雾,检查各零部件及其连接处是否有渗漏现象。检验过程中允许对喷雾器各连接处作紧固处理。

5.7 整机稳压性能试验

在喷雾器出水接头处安装压力表和截流阀,关闭截流阀,升压至表 2 规定的试验压力,在 5 min 内观察各连接处是否有渗漏现象并记下压力下降量。检验过程中允许对喷雾器进行调整。

5.8 残留液量检查

操作喷雾器使之正常喷雾,至没有完整雾流喷出后停止作业,将药液箱内的残留液倒入专门的容器,称(量)出其质量(体积)。

5.9 药液箱检查

a) 戴手套对喷雾器药液箱盖进行打开和旋紧操作,检查是否不用工具就能顺利打开或密闭药液箱。

b) 向药液箱里加入清水,观察药液箱外表面,检查是否能看清液面位置;检查药液箱是否有方便、安全的排放装置。

c) 检查压缩喷雾器药液箱是否有降压的安全装置。

6 质量评价原则

6.1 检测项目分类

按检测项目对产品质量的影响程度分为 A 类和 B 类。检验项目分类见表 4。

表 4　检测项目分类表

项目分类		检测项目
类别	序号	
A	1	安全要求
	2	整机密封性能
	3	整机喷雾性能
B	1	基本要求
	2	揿压式截流阀
	3	过滤装置
	4	整机稳压性能
	5	残留液量
	6	药液箱

6.2　判定原则

6.2.1　A 类项目必须全部合格。不合格项经过调整或更换零部件后检测合格,则判定喷雾器为合格;否则判定为不合格。

6.2.2　B 类项目允许两项不合格。不合格项经过调整或更换零部件后进行检测,不合格项不超过两项时判定为合格;否则判定为不合格。

附 录 A

（资料性附录）

主要仪器测量范围和准确度要求

A.1 主要仪器测量范围和准确度要求

主要仪器测量范围和准确度要求见表 A.1

表 A.1

序号	测量参数名称	测量范围	准确度要求	备 注
1	时间	(0~24)h	0.5 s/d	推荐使用电子秒表
2	压力	(0~5)MPa	0.2 MPa	推荐使用精密压力表
3	质量	(0~30)kg	0.05 kg	推荐使用电子秤

ICS 65.020.99
B 91

中华人民共和国农业行业标准

NY 1644—2008

粮食干燥机运行安全技术条件

Safety specifications for grain dryer operation

2008-07-14 发布

2008-08-10 实施

中华人民共和国农业部 发布

前　言

本标准的附录 A、附录 B、附录 C 和附录 D 为资料性附录。

本标准由中华人民共和国农业部提出。

本标准由全国农业机械标准化技术委员会农业机械化分技术委员会归口。

本标准起草单位：农业部农机监理总站、农业部干燥机械设备质量监督检验测试中心。

本标准主要起草人：丁翔文、姚海、潘九君、高广智、邢佐群、崔士勇、吴君。

粮食干燥机运行安全技术条件

1 范围

本标准规定了粮食干燥机及配套设备结构安全要求、环境保护、安全标志和安全使用要求。

本标准适用于粮食干燥机及配套设备(以下简称干燥机)的安全监督检查。

2 规范性引用文件

下列文件中的条款通过本标准的引用而成为本标准的条款。凡是注日期的引用文件,其随后所有的修改单(不包括勘误的内容)或修订版均不适用于本标准,然而,鼓励根据本标准达成协议的各方研究是否可使用这些文件的最新版本。凡是不注日期的引用文件,其最新版本适用于本标准。

GB/T 3768　声学　声压法测定噪声源声功率级　反射面上方采用包络测量表面的简易法(GB/T 3768—1996,eqv ISO 3746:1995)

GB/T 3797—2005　电气控制设备

GB 4053.1　固定式钢直梯安全技术条件

GB 4053.3　固定式工业防护栏杆安全技术条件

GB/T 5748　作业场所空气中粉尘测定方法

GB/T 9480　农林拖拉机和机械、草坪和园艺动力机械使用说明书编写规则(GB/T 9480—2001,eqv ISO 3600:1996)

GB 10395.1—2001　农林拖拉机和机械　安全技术要求　第1部分:总则(eqv ISO 4254—1:1989)

GB 10396　农林拖拉机和机械、草坪和园艺动力机械　安全标志和危险图形　总则(GB/T 10396—2006,ISO 11684:1995,MOD)

GB 13271　锅炉大气污染物排放标准

GB 17440　粮食加工、储运系统粉尘防爆安全规程

GB 50057　建筑物防雷设计规范

3 结构安全要求

3.1 结构性能

3.1.1　干燥机塔体的整体框架应能保证干燥机的承重和抗风雪载荷的强度要求,防止出现倾斜和倒塌事故;角状盒板及箱体内侧板的材质和厚度应耐磨损或防锈蚀,保证干燥机的使用寿命≥10年。

3.1.2　热风炉管式换热器的管壁厚度应保证换热器的使用寿命≥5年(大修除外)。

3.1.3　燃烧煤、稻壳等固体燃料的热风炉在炉膛和换热器之间应设置沉降室。沉降室容积为:热功率≤1.4 MW时,≥炉膛容积的50%;热功率>1.4 MW时,≥炉膛容积。

3.1.4　各零部件的连接应牢固可靠,紧固件应有防松措施。

3.1.5　干燥机机体的结构及配风应合理,干燥机内不应有杂质堆积、与谷物分层或局部过干的烘干死角(区)。干燥机的内表面应平滑,保证粮食流动通畅,防止粮食和杂质积聚,不得带有凸台、凹槽等结构。装配式干燥机及金属粮仓连接螺栓的螺杆应朝向机外。

3.1.6　输送量≥100 t/h的提升机,在垂直机壳处应设置泄爆口,泄爆口面积≥1 m²/机筒容积(6 m³),泄爆装置应用轻质低惯性材料制造,机头部分应有不低于机筒截面积的泄爆面积,室外使用的泄爆装置

应防水、防老化和耐低温。

3.1.7 干燥机上盖和机体应设置检查、清理及维修的手孔,其孔盖与机身的连接设计应不必使用任何工具就可方便地从任何一侧打开,通过该手孔可将堵塞在排粮机构任何部位的杂质清除干净。

3.1.8 多点(辊)排粮干燥机的排粮机构各组运动部件和固定部件之间的间隙(排粮口尺寸)应相等且可调。

3.1.9 干燥机排粮装置(机构)应具有足够的强度和刚度,工作时不得产生变形。

3.2 防护装置

3.2.1 干燥机的风机和排粮减速机、热风炉的风机和减速机、提升机头轮电机和带式输送机的皮带轮、链轮等外露回转件及风机外露的进风口都应有防护装置,防护装置应符合 GB 10395.1—2001 的规定。

3.2.2 换热器进风口应加防杂物网,安装在地面上的换热器底部应加防鼠网,除换热器和风机进风口处,采用金属网防护装置的网孔尺寸应符合 GB 10395.1—2001 中 7.1.5 的规定。

3.2.3 外设人(钢直)梯应设置护笼,护笼的设置高度应符合 GB 4053.1 的要求;顶部及工作平台应设置防护栏杆,栏杆高度应符合 GB 4053.3 的要求。栏杆和护笼均应牢固可靠。

3.2.4 燃烧煤、稻壳等固体燃料的热风炉在炉膛和换热器之间设置副烟道或应急排热口,防止故障停机或突然断电时烧坏换热器,应急排热口应方便打开。

3.2.5 干燥机应均匀或对称设置在发生火情等意外时便于快速开启的紧急排粮口。

3.2.6 在周围 50 m 范围内,干燥机高度超过其他建筑物时应设置防雷措施,防雷措施应符合 GB 50057 的规定。

3.2.7 在 −5℃ 环境温度以下作业的干燥机热风管道和机体四周,应采取防止烫伤的保温措施,保温后的热风管道表面温度应≤45℃;热风炉体的外表面温度应≤65℃。

3.2.8 输送量≥20 t/h、提升高度≥20 m 的提升机,应设置止逆装置,以防满负荷停机时倒转。

3.3 电器设备

3.3.1 电器设备应安全可靠,电器绝缘电阻应≥1 MΩ。

3.3.2 电器控制系统应有可靠接地装置,安装应符合 GB/T 3797—2005 中 4.10 的规定。

3.3.3 直燃式燃油、燃气炉系统内应有火花扑灭装置或其他安全防火措施。

3.3.4 燃油、燃气炉点火装置应安全可靠。

3.3.5 应有热风温度显示和控制系统,粮温用传感器的精度≤0.5%,炉温用传感器的精度≤1.0%,仪表示值(系统)误差应≤3℃。

3.3.6 电控间内应配备声、光等报警装置,工作间和工作现场应配备警铃或报警灯等。

3.3.7 应使用能设定上下限温度的温控仪表,并能实现超温自动报警且有降温调控措施。

3.3.8 干燥机内的上下料位器应与流程前的输送或提升设备实现连锁自动控制,保证干燥机满粮状态。

3.3.9 功率超过 30 kW 的风机电动机应采取二次降压或变频启动等方法,降低启动负荷,减少电耗。

3.3.10 安装在封闭构筑物内的干燥机的电气及控制设备应符合 GB 17440 粉尘防爆规定。电动机应为全封闭型,轴端装有冷却风扇,机壳防护等级为:室内 IP 54,室外 IP 55。

3.3.11 电控间操作者站立的地面必须铺绝缘橡胶板;进行电器维修或电控操作前要切断电源,并有明示安全警示牌。

3.3.12 电动工具在使用前必须检查漏电防护是否安全;有高压线路经过的地方,应有安全警告标志。

4 环境保护

4.1 现场炉渣堆放点与粮食之间应有 10 m 以上的距离或增设隔离装置,除尘器烟尘和干燥机粉尘应密闭收集。

4.2 噪声

干燥机噪声应符合表 1 的规定。噪声测定方法及数据处理应符合 GB/T 3768 的规定。

表 1 噪声指标

单位为分贝[dB(A)]

项　目	指　标
风机口处	≤90
工作环境	≤85
操作室内	≤70

4.3 粉尘浓度

干燥机作业场所空气中粉尘排放应符合表 2 的规定。粉尘浓度测定方法和数据处理应符合 GB/T 5748 的规定。

表 2 粉尘浓度指标

单位为毫克/米³

项　目	指　标
粉尘浓度	室内≤10；室外≤15

4.4 烟尘排放

燃煤、稻壳等热风炉、燃油炉和燃气炉的烟尘排放浓度、烟气黑度、二氧化硫排放浓度应符合 GB 13271 的规定。

5 安全标志、标识

5.1 防护装置、外露运动的筛体、除尘风机出口等对人体存在危险的部位应有醒目的安全标志。安全标志的型式、颜色、尺寸应符合 GB 10396 的规定。安全标志见附录 A、附录 B、附录 C。

5.2 无文字安全标志的产品上，应用特殊的安全标志，安全标志见附录 D。

5.3 应在醒目位置标明主要旋转件的旋转方向。

6 使用说明书

6.1 随机提供的使用说明书应按 GB/T 9480 的规定进行编写。

6.2 使用说明书中应重现机器上的安全标志，并说明安全标志的固定位置。

6.3 使用无文字安全标志时，使用说明书中应用文字解释安全标志的意义。

6.4 使用说明书中应有详细的安全使用注意事项，其内容应包含第 7 章的规定。

7 操作安全要求

7.1 作业前

7.1.1 对干燥机的操作人员应进行岗前培训，实行持证上岗。

7.1.2 使用前，操作者应认真阅读使用说明书，了解各主要机械的结构，熟悉其性能和操作方法，掌握安全使用规定，了解危险部位安全标志所提示的内容。

7.1.3 按使用说明书的规定进行调整和保养，各联结件、紧固件应紧固，不得有松动现象。

7.1.4 仔细检查喂料斗和干燥机排粮装置，确认其无硬物和土、石块等。

7.1.5 检查、调整传动系统和风机等皮带、传动链的压紧度。

7.1.6 检查传动系统、电控装置、进出料口的防护装置。

7.1.7 在保证安全的情况下启动干燥机,空运转10 min～15 min,全部运转正常后进行喂料。

7.1.8 干燥机装满谷物后,点火或供热风,当热风温度达到所需值且稳定时,进行循环烘干或先进行循环烘干,待谷物达到所需含水率后进行连续烘干。

7.2 作业时

7.2.1 操作者作业时,要穿好紧袖紧身衣服,裤脚不要太长,防止卷入机内,女性操作者要戴工作帽。

7.2.2 进入干燥机的谷物必须进行清选,含杂率≤2%,严禁混入硬杂物,严禁用木棒、金属棒等在提升机喂入口强行喂入。

7.2.3 开机时按谷物的流动方向,反向从后向前开机;关机时按谷物流动的正(同)向关机。

7.2.4 当成套设备或流程中一台机械发生堵塞或其他异常故障时,关闭故障点前的所有设备,停止进、送料,立即检查处理、清除故障,装好防护装置后再开机。

7.2.5 再次开机前,应先清理提升机底部与各单机交接处的积料,发出开机警告,在保证人机安全的情况下,方可开机,无异常现象方能进料。

7.2.6 严禁酒后和过度疲劳者上岗作业。

7.2.7 严禁在机器运转时排除故障。

7.2.8 发生断电、故障等异常停机时,应打开热风炉副烟道和所有炉门,停止供热风并降低炉温。

7.2.9 工作完毕,待机器内部物料全部排出后,再空运转3 min～5 min方可停机。

7.2.10 提升机重新启动时,应先清理干净喂入口及底部堆积物料。

7.2.11 登高作业人员应系安全带和戴安全帽,穿防滑底鞋。

7.3 火灾预防

7.3.1 简易干燥机棚禁止用木板及各类易燃物品制成的板类等建筑,应采用耐火材料。

7.3.2 干燥机周围1 m内为危险区,禁止堆放各类种皮、稻壳、秸秆杂余物等易燃物品。

7.3.3 热风室、热风管内、冷风室、冷风管内及废气室应根据烘干量的大小,定期清理内部的轻杂质、粉尘和籽粒。

7.3.4 燃油、燃气炉在不同季节使用的燃料,必须按说明书中规定的执行,严禁使用不好雾化的燃油。

7.3.5 当燃烧器燃烧时,勿给油箱加油。

7.3.6 加油或检修燃料系统时,不许吸烟。

7.3.7 现场应配备灭火器、灭火砂等消防设备或工具,并保持状态良好;现场焊接操作时,附近不得有谷物、种子、油和易燃物品。

7.4 紧急灭火

7.4.1 油炉发生火情,先切断电、气、油源等,然后迅速用灭火器灭火。

7.4.2 发现干燥机塔体内有着火点出现,应立即进行以下操作:

    a) 迅速切断干燥机的电、气、油源等;

    b) 打开紧急排粮口,快速放粮;

    c) 关闭所有风机及闸门;

    d) 关停热风炉、油炉、气炉,打开副烟道和所有炉门降温,煤炉可根据情况适当加煤压火,若换热器损坏不用加煤,应立即停炉;

    e) 加大排粮装置转速,快速排出谷物及燃烧的火块或糊块,将炭结块去除;

    f) 清理干燥机内着火点的残余物,待炉温和干燥机内温度降至常温后,分析查找着火原因并及时处理后重新开机作业。

附 录 A

（资料性附录）

符号带和文字带组成的安全标志示例

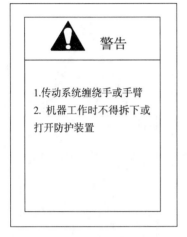

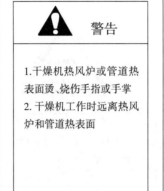

图 A.1　传动系统防护图装置
　　　　安全标志示例

图 A.2　干燥机热源表面
　　　　安全标志示例

图 A.3　风机口安全
　　　　标志示例

附　录　B
（资料性附录）
图形带和文字带组成的安全标志示例

机器工作时不得拆下或
打开防护装置

图 B.1　传动系统防护装置
安全标志示例

干燥机工作时远离热风炉
和管道热表面

图 B.2　干燥机热源表面
安全标志示例

风机工作时远离风机口

图 B.3　风机口安全
标志示例

附 录 C
（资料性附录）
无文字带安全标志示例

图 C.1 传动系统防护装置
安全标志示例

图 C.2 干燥机热源表面
安全标志示例

图 C.3 风机口安全
标志示例

附 录 D
（资料性附录）
阅读使用说明书安全标志示例

图 D.1 产品中使用无文字安全标志时
使用的文字"阅读使用说明书"
安全标志示例

图 D.2 产品中使用无文字安全标志时使用
的无文字"阅读使用说明书"安全
标志示例

ICS 65.060.50
B 91

中华人民共和国农业行业标准

NY/T 1645—2008

谷物联合收割机适用性评价方法

The evaluation method of suitability for corn combine harvester

2008-07-14 发布

2008-08-10 实施

中华人民共和国农业部 发布

前　言

本标准的附录 A、附录 B 和附录 C 均为资料性附录。

本标准由中华人民共和国农业部提出。

本标准由全国农业机械标准化技术委员会农业机械化分技术委员会归口。

本标准起草单位：国家场上作业机械及机制小农具质量监督检验中心、农业部农业机械试验鉴定总站、江苏沃得农业机械有限公司。

本标准主要起草人：吴庆波、高太宁、李博强、张玉芬、李纪萍、赵建红、卞大坚、王林、王芳、邢洪威。

谷物联合收割机适用性评价方法

1 范围

本标准规定了谷物联合收割机(以下简称收割机)适用性评价指标、评价方法、指标计算方法和评价规则。

本标准适用于谷物(水稻、小麦)联合收割机。

2 规范性引用文件

下列文件中的条款通过本标准的引用而成为本标准的条款。凡是注日期的引用文件,其随后所有的修改单(不包括勘误的内容)或修订版均不适用于本标准,然而,鼓励根据本标准达成协议的各方研究是否可使用这些文件的最新版本。凡是不注日期的引用文件,其最新版本适用于本标准。

GB/T 5262 农业机械试验条件 测定方法的一般规定

GB/T 6979.1 收获机械 联合收割机及功能部件 第1部分:词汇(GB/T 6979.1—2005,ISO 6689—1:1997,MOD)

GB/T 8097 收获机械 联合收割机 试验方法(GB/T 8097—1996,eqv ISO 8210:1989)

3 术语和定义

GB/T 5262、GB/T 6979.1规定的相关术语和定义及下列术语和定义适用于本标准。

3.1

收割机适用性 suitability for corn combine harvester

收割机对作业区域、农作物或农艺要求等作业条件的适应能力。

3.2

收割机适用度 the suitable degree of corn combine harvester

在确定的作业条件下,收割机作业性能满足产品明示作业质量标准的程度。

4 评价指标

收割机适用性评价指标及权重分配见表1。

5 评价方法

收割机对喂入(工作)量、籽粒含水率的适用性采用性能试验、跟踪考察、用户调查相结合的方法进行考核和评价;收割机对草谷比、作物品种、自然高度、倒伏程度、穗幅差、泥脚深度的适用性采用跟踪考察、用户调查相结合的方法进行考核和评价。

当受考核评价企业的产品在某个区域内的用户数量超过须调查用户数量的2.5倍时,可不进行跟踪考察,但其权重应分配给参与考核评价的其他三级指标项目(分配比例按照原来项目的权重比);当受考核评价企业的产品在某个区域内的用户数量不超过须调查用户数量的1.5倍时,不进行用户调查,但其权重应分配给参与考核评价的其他三级指标项目(分配比例按照原来项目的权重比);如果受客观条件所限,二级指标中部分项目不能进行,应将其权重分配给参与考核评价的其他指标项目(分配比例按照原来项目的权重比)。

作业区域分为:三季稻区域、双季稻区域、稻麦兼种区域、冬小麦区域、春小麦区域、单季粳稻区域。

表 1 评价指标及权重分配

一级指标	二级指标及权重		三级指标及权重		四级指标及权重	
	指标	权重	指标	权重	指标	权重
收割机适用度	喂入(工作)量	0.20	性能试验方法	0.50		
			跟踪考察方法	0.30		
	籽粒含水率	0.16	用户调查方法	0.20		
	草谷比	0.11/0.00			总损失率	0.70
	作物品种	0.18			破碎率	小麦:0.10;水稻:0.20
	自然高度	0.10	跟踪考察方法	0.60	含杂率	小麦:0.20;水稻:0.10
	倒伏程度	0.12	用户调查方法	0.40		
	穗幅差	0.00/0.11				
	泥脚深度	0.13				

注 1:二级指标的草谷比项目中履带全喂入、轮式机型的权重采用 0.11,半喂入机型的权重采用 0.00;二级指标的穗幅差项目中履带全喂入、轮式机型的权重采用 0.00,半喂入机型的权重采用 0.11。

注 2:四级指标及权重仅参加性能试验评价的适用度计算。

注 3:背负式收割机的配套动力应由受考核评价方选择匹配,性能试验或跟踪考察过程中不得更换。

5.1 性能试验的评价方法

5.1.1 两台样机均参加性能试验。

5.1.2 性能试验的区域和作物品种应在样机明示(或默示)的范围内选定,并应具有一定的代表性。

5.1.3 选用设计范围内适宜的工作档,按照 GB/T 8097 所规定的试验方法,对表 2 中所列的各工况点分别对两台样机各进行两次性能试验,测定各工况点下的总损失率、破碎率、含杂率三项性能指标,并将工况条件和试验数据记录在收割机性能试验结果记录表(见附录 A)中,性能试验结果取两台样机四次结果的算术平均值。

5.1.4 按 6.3 规定的方法分别计算出性能试验评价对表 1 中二级指标所列喂入(工作)量、籽粒含水率两个项目的适用度。

5.2 跟踪考察的评价方法

5.2.1 跟踪考察是对样机在产品明示(或默示)作业区域内的作业情况进行跟踪,按照表 1 中二级指标所列的喂入(工作)量、籽粒含水率、草谷比等 8 个项目,对其适应能力分别进行考察。

表 2 性能试验工况点

工况 1	大喂入(工作)量(设计值+20%)
工况 2	额定喂入(工作)量(设计值)
工况 3	小喂入(工作)量(设计值−20%)
工况 4	籽粒高含水率(小麦:>20%~30%,水稻:>30%~38%)
工况 5	籽粒中含水率(小麦:10%~20%,水稻:15%~30%)

注 1:按照以上工况点进行性能试验时,其他作物条件应满足相应产品作业质量标准的规定。

注 2:工况 1~工况 3 中的工作量是针对半喂入联合收割机而言的。额定工作量工况是指收割机在每公顷产量 7 500 kg~9 000 kg(籽粒含水率按13%折合计算)田块中,在设计的作业效率或产品明示作业效率范围中间值条件下进行作业,大(小)工作量工况是指在相同的产量条件下,作业效率在设计值(或产品明示作业效率范围中间值)+20%(−20%)条件下进行作业。

注 3:性能试验可在以上工况点附近进行,准确的工况点和试验结果利用性能曲线对应查找。

5.2.2 每个考察区域内对 3 台(或以上)样机进行一个作业季节的跟踪考察,样机考核应尽可能覆盖该区域内有代表性的作物条件,跟踪时间以参加考察样机纯工作时间之和计。

　　冬小麦区域、春小麦区域和单季粳稻区域的考察样机跟踪时间不得少于 60 h(不进行用户调查时,

跟踪时间不得少于 80 h);

稻麦兼种区域的考察样机进行小麦收割跟踪时间不得少于 30 h(不进行用户调查时,跟踪时间不得少于 45 h),进行水稻收割跟踪时间不得少于 60 h(不进行用户调查时,跟踪时间不得少于 80 h);

双季稻区域、三季稻区域的考察样机进行早稻收割跟踪时间不得少于 45 h(不进行用户调查时,跟踪时间不得少于 45 h),进行中稻和晚稻收割跟踪时间不得少于 60 h(不进行用户调查时,跟踪时间不得少于 80 h)。

5.2.3 考察人员在跟踪过程中应选择有代表性的工况点进行考察,并将样机的适用性情况记录在收割机跟踪考察记录表(见附录 B 的表 B.1)中。对每个工况点的考察一般不得少于两个观察点(一个有代表性的地块作为一个观察点)。

5.2.4 如果在考察区域内样机因故(堵塞情况除外)不能继续工作,应在该区域内重新跟踪同型号的其他机器,新选定的考察样机应符合 7.1.2 中的样机确定条件,同时对样机不能继续进行考察工作的具体情况做出详细记录。

5.2.5 参加考察的每台样机要按照收割机跟踪考察项目评价标准(见附录 B 的表 B.2),对应表 1 中二级指标所列的每个单项逐项进行综合评价,并将每个单项综合评价后的适用度记录在收割机跟踪考察记录表(见附录 B 的表 B.1)中。

全部考察工作结束后,要对各区域内所有考察样机的适用性情况,按照表 1 中二级指标所列的每个项目分别进行汇总,取对应考察项目的适用度平均值(泥角深度项目除外),作为该项目跟踪考察评价的适用度。

5.3 用户调查的评价方法

5.3.1 用户调查采取实地调查和发函调查两种形式进行。每个区域内实地调查 5 户,发函调查 15 户,有效调查表(对样机的适用性情况表述不清,视为无效)不得少于 15 份;不进行跟踪考察时,每个区域内实地调查 15 户,发函调查 5 户,有效调查表不得少于 18 份。

5.3.2 优先选择使用收割机两年以上的用户进行调查。被调查用户应按实际使用情况认真填写用户调查记录表(见附录 C)。

5.3.3 对有效的用户调查表,按表 1 中二级指标所列的每个项目分别进行汇总,取其适用度平均值,作为该项目用户调查评价的适用度。

6 指标计算方法

6.1 收割机适用度

$$T = \sum (T_i \times t_i) \cdots\cdots\cdots\cdots\cdots\cdots\cdots\cdots (1)$$

式中:

T——收割机适用度,%;

$i=1\sim8$,分别代表 8 个二级指标;

T_i——分别代表收割机对 8 个二级指标的适用度,%;

t_i——分别代表 8 个二级指标适用度的权重。

6.2 收割机对二级指标的适用度

$$T_i = \sum (T_{ij} \times t_{ij}) \cdots\cdots\cdots\cdots\cdots\cdots\cdots\cdots (2)$$

式中:

$i=1\sim8$,分别代表 8 个二级指标;

$j=1\sim3$,分别代表 3 个三级指标;

T_{ij}——分别代表收割机性能试验、跟踪考察、用户调查评价对二级指标的适用度,%;

t_{ij}——分别代表收割机性能试验、跟踪考察、用户调查评价适用度的权重。

6.3 收割机经过性能试验评价对二级指标的适用度

$$T_{i1} = \frac{1}{N}\sum_{k=1}^{N}\left(\frac{s}{s_k}\times 100\% \times 0.70 + \frac{p}{p_k}\times 100\% \times 0.20 + \frac{h}{h_k}\times 100\% \times 0.10\right) \cdots\cdots\cdots (3)$$

$$T_{i1} = \frac{1}{N}\sum_{k=1}^{N}\left(\frac{s}{s_k}\times 100\% \times 0.70 + \frac{p}{p_k}\times 100\% \times 0.10 + \frac{h}{h_k}\times 100\% \times 0.20\right) \cdots\cdots\cdots (4)$$

水稻、小麦联合收割机分别按公式(3)、(4)进行计算。

式中：

$i=1\sim2$，分别代表前两个二级指标项目；

$k=1\sim N$，分别代表各工况点性能试验；

N——参与评价的二级指标中某个项目性能试验工况点数，个；

T_{i1}——收割机经过性能试验评价对二级指标的适用度，%；

s——产品明示执行标准中的总损失率，%；

p——产品明示执行标准中的破碎率，%；

h——产品明示执行标准中的含杂率，%；

s_k——每个工况点条件下实测的总损失率，%；

p_k——每个工况点条件下实测的破碎率，%；

h_k——每个工况点条件下实测的含杂率，%。

当 $\frac{s}{s_k}\times 100\%$、$\frac{p}{p_k}\times 100\%$、$\frac{h}{h_k}\times 100\%$ 计算值大于 100% 时，以 100% 计。

7 评价规则

7.1 抽样方法

7.1.1 性能试验样机，应为企业新出厂的产品，在企业近一年内生产的自检合格品中随机抽取，抽样数量为 2 台同型号产品，抽样基数一般不少于 16 台，如果经评价方确认不是企业有意准备(或者在销售领域抽样)的情况下，抽样基数可不作限定。

7.1.2 跟踪考察样机，根据产品明示(或默示)的适应作物范围，在确定的考察区域内的用户中随机抽取。每个区域内抽取使用不超过一个作业季节的 3 台(或以上)同型号收割机。样机的确定，应考虑在跟踪考察时，能尽可能覆盖所在区域内有代表性的作业条件。

如果在某个跟踪考察区域内抽不到考察样机，应参照 7.1.1 的规定在企业内抽取跟踪考察样机。

7.1.3 用户调查样机，根据产品明示(或默示)的适应作物范围，在企业产品推广使用的作业区域内的用户中随机抽取。每个区域内抽取 20 个使用同型号收割机的用户进行调查。调查样机应为近两年内生产的使用满一个作业季节且主要工作部件处于完好状态的产品。

委托性适用性评价，样机确定根据委托目的和其他特殊要求由评价双方协定。

7.2 评价标准

根据产品(或单项)的适用度，按照表 3 对其适用性做出评价。

如果样机在某个工况点性能试验或跟踪考察时，连续三次发生堵塞，经调整无法正常工作时，评价样机的该单项适用度为 0。

表 3 适用性评价标准

产品(或单项)适用度	产品(或单项)评价
≤50%	不适用
>50%~65%	适用性较差

表 3（续）

产品(或单项)适用度	产品(或单项)评价
＞65％～80％	适用性一般
＞80％～95％	适用性较好
＞95％	适用性良好

7.3 评价结论

经过对××(企业)生产的××牌××型××联合收割机产品,在××区域内进行了适用性考核,其适用度为××％,该产品在这些区域内综合评价适用性××。其中,该产品对××(单项)适用性××。

附　录　A
（资料性附录）
收割机性能试验结果记录表

适应性试验项目：　　　　　　　　　　　　样机编号：

产品型号名称：　　　　　　　　　　　　　生产企业名称：

试验地点：　　　　　　　　　　　　　　　试验时间：

作物品种：　　　　　　　　　　　　　　　天气情况：

工况条件	喂入量,kg/s		每公顷产量,kg	
	籽粒含水率,%		作物草谷比	
	作物自然高度,mm		作物穗幅差,mm	
	机器前进速度,m/s		机器工作挡位	

性能试验		项　目　　　　测　值	第一次	第二次	平均值
	损失率	出粮口籽粒质量,g			
		割台损失籽粒质量,g			
		清选损失籽粒质量,g			
		夹带损失籽粒质量,g			
		未脱净损失籽粒质量,g			
		总籽粒质量,g			
		总损失率,%			
	脱粒质量	出粮口小样质量,g			
		出粮口小样籽粒质量,g			
		小样中破碎籽粒质量,g			
		破碎率,%			
		小样中杂质质量,g			
		含杂率,%			
备注					

试验人员：　　　　　　　　　　　　　　　汇总：

附　录　B

（资料性附录）

表 B.1　收割机跟踪考察记录表

产品型号名称：　　　　　　　　生产企业：　　　　　　　　样机编号：

样机出厂时间：　　　　　　　　考察地点：　　　　　　　　考察时间：

序号	项目名称	工况点范围		适用性情况	适用度
1	喂入量		额定喂入（工作）量85％以下		
			额定喂入（工作）量85％～115％		
			额定喂入（工作）量115％以上		
2	籽粒含水率		完熟期作物		
			过熟期作物		
			蜡熟期作物		
3	草谷比		小麦：0.6～1.2；水稻：1.0～2.4		
			小麦：＞1.2；水稻：＞2.4		
4	作物品种		品种一		
			品种二		
			品种三		
			品种四		
5	自然高度		全喂入 550 mm～1 200 mm；半喂入 650 mm～1 200 mm		
			全喂入＞1 200 mm；半喂入＞1 200 mm		
			全喂入 400 mm～550 mm；半喂入 500 mm～650 mm		
6	倒伏程度		不倒伏：倒伏角 0°～30°		
			中等倒伏：倒伏角 30°～60°		
			严重倒伏：倒伏角 60°～90°		
7	穗幅差		＜200 mm		
			200 mm～300 mm		
			＞300 mm（限自然高度＞750 mm）		
8	泥脚深度	轮式	泥脚深度：≤100 mm		
		履带式	接地压力：＞25 kPa		
			接地压力：＞24 kPa～25 kPa		
			接地压力：＞23 kPa～24 kPa		
			接地压力：＞22 kPa～23 kPa		
			接地压力：≤22 kPa		
备　注		1. 考察某个工况点适用性情况时，其他工况参照对应产品的作业质量标准要求。 2. 对作物品种跟踪考察时，小麦主要考虑冬小麦、春小麦、无芒麦、有芒麦四种作物；水稻主要考虑早稻（籼稻）、中稻（杂交稻）、晚稻（粳稻）三种作物。			

考察人员：　　　　　　　　　　汇总：

表 B.2　收割机跟踪考察项目评价标准

序号	项目名称	工况点范围	适用性情况及适用度范围					适用度
			不适用	较差	一般	较好	良好	
1	喂入量	额定喂入（工作）量 85%以下	0~35%	35%~45%	45%~55%	55%~65%	65%~75%	平均值
		额定喂入（工作）量 85%~115%	35%~50%	50%~60%	60%~70%	70%~80%	80%~90%	
		额定喂入（工作）量 115%以上	40%~50%	50%~65%	65%~80%	80%~95%	95%~100%	
2	籽粒含水率	完熟期作物	0~35%	35%~45%	45%~55%	55%~65%	65%~75%	平均值
		过熟期作物	35%~50%	50%~60%	60%~70%	70%~80%	80%~90%	
		蜡熟期作物	40%~50%	50%~65%	65%~80%	80%~95%	95%~100%	
3	草谷比	小麦 0.6~1.2 水稻 1.0~2.4	0~50%	50%~60%	60%~70%	70%~80%	80%~90%	平均值
		小麦>1.2 水稻>2.4	40%~50%	50%~65%	65%~80%	80%~95%	95%~100%	
4	作物品种	多品种	0~50%	50%~65%	65%~80%	80%~95%	95%~100%	平均值
5	自然高度	全喂入 550 mm~1 200 mm 半喂入 650 mm~1 200 mm	0~35%	35%~45%	45%~55%	55%~65%	65%~75%	平均值
		全喂入>1 200 mm 半喂入>1 200 mm	35%~50%	50%~65%	65%~80%	80%~95%	95%~100%	
		全喂入 400 mm~550 mm 半喂入 500 mm~650 mm	35%~50%	50%~65%	65%~80%	80%~95%	95%~100%	
6	倒伏程度	不倒伏:倒伏角 0°~30°	0~35%	35%~45%	45%~55%	55%~65%	65%~75%	平均值
		中等倒伏:倒伏角 30°~60°	35%~50%	50%~60%	60%~70%	70%~80%	80%~90%	
		严重倒伏:倒伏角 60°~90°	40%~50%	50%~65%	65%~80%	80%~95%	95%~100%	
7	穗幅差（半喂入机型）	<200 mm	0~35%	35%~45%	45%~55%	55%~65%	65%~75%	平均值
		200 mm~300 mm	35%~50%	50%~60%	60%~70%	70%~80%	80%~90%	
		>300 mm（限自然高度>750 mm）	40%~50%	50%~65%	65%~80%	80%~95%	95%~100%	
8	泥脚深度	轮式 泥脚深度≤100 mm	0~50%	50%~60%	60%~70%	70%~80%	80%~90%	
		履带式 接地压力>25 kPa~28 kPa	0~50%					
		履带式 接地压力>24 kPa~25 kPa	50%~65%					
		履带式 接地压力>23 kPa~24 kPa	65%~80%					
		履带式 接地压力>22 kPa~23 kPa	80%~95%					
		履带式 接地压力≤22 kPa~18 kPa	95%~100%					
备注		考察结束后,应对各工况点的考察结果分别进行汇总:在工况点上不能持续行走评价为不适应;在工况点上能持续行走,主要性能指标明显达不到明示作业质量标准,评价为较差;在工况点上能持续行走,主要性能指标接近明示作业质量标准,评价为一般;在工况点上能持续行走,主要性能指标可达到明示作业质量标准,评价为较好;在工况点上能持续行走,主要性能指标明显优于明示作业质量标准,评价为良好。							

附　录　C

（资料性附录）

用户调查记录表

用户信息	姓名			年龄		文化程度	
	地址					联系电话	
产品信息	出厂编号/日期			型号名称		购机地点	
	发动机厂家/功率					购机时间	
使用情况	总作业时间			使用区域		总作业量	
项目名称	适用性情况					适用度评价	
喂入（工作）量	小喂入量(小负荷)					优□　良□　中□　差□	
	中喂入量(中负荷)					优□　良□　中□　差□	
	大喂入量(超符合)					优□　良□　中□　差□	
籽粒含水率	作物完熟期(籽粒含水率中适中)					优□　良□　中□　差□	
	作物过熟期(籽粒含水率中较低)					优□　良□　中□　差□	
	作物蜡熟期(籽粒含水率中较高)					优□　良□　中□　差□	
草谷比	秸草相对籽粒的比例适中					优□　良□　中□　差□	
	秸草相对籽粒的比例偏大					优□　良□　中□　差□	
作物品种	冬小麦					优□　良□　中□　差□	
	春小麦					优□　良□　中□　差□	
	有芒麦					优□　良□　中□　差□	
	无芒麦					优□　良□　中□　差□	
	早稻(籼稻)					优□　良□　中□　差□	
	中稻(杂交稻)					优□　良□　中□　差□	
	晚稻(粳稻)					优□　良□　中□　差□	
自然高度	一般作物(全喂入 550 mm～1 200 mm;半喂入 650 mm～1 200 mm)					优□　良□　中□　差□	
	偏低作物(全喂入 400 mm～550 mm;半喂入 500 mm～650 mm)					优□　良□　中□　差□	
	偏高作物(＞1 200 mm)					优□　良□　中□　差□	
倒伏程度	作物不倒伏:(倒伏角＜30°)					优□　良□　中□　差□	
	作物一般倒伏:(倒伏角 30°～60°)					优□　良□　中□　差□	
	作物严重倒伏:(倒伏角＞60°)					优□　良□　中□　差□	
穗幅差（半喂入）	穗幅差:＜200 mm					优□　良□　中□　差□	
	穗幅差:200 mm～300 mm					优□　良□　中□　差□	
	穗幅差:＞300 mm(限自然高度＞750 mm)					优□　良□　中□　差□	
泥脚深度	轮式	泥脚深度:≤100 mm				优□　良□　中□　差□	
	履带式	泥脚深度:＜200 mm				优□　良□　中□　差□	
		泥脚深度:200 mm～250 mm				优□　良□　中□　差□	
		泥脚深度:＞250 mm				优□　良□　中□　差□	
备注	1. 用户应当根据实际情况,在相应的适用度评价栏的□中划"√",每行对应的"优、良、中、差"只允许划一个"√",否则无效。 2. 表中的"优、良、中、差"代表的适用度数值分别为"90％、80％、70％、50％"。 3. 取每个项目所含子项目适用度的平均值作为用户评价该项目的适用度。 4. 泥角深度是指体重 60 kg～65 kg 的人单腿赤脚站立于泥田中,身体稳定后足底至泥田表面的深度。						